高职高专“十二五”规划教材

市政工程计量与计价

曹永先　张　玲　主　编
许丽娜　田国锋　宋　梅　副主编

化学工业出版社
·北京·

本书以市政工程清单计价为核心，以施工图预算编制为重点，依据《建设工程工程量清单计价规范》(GB 50500—2008)、市政工程预算定额、市政工程量计算规则及相关费用文件而编写，全面阐述了市政工程计量计价的编制方法及要点。全书共分十章，主要介绍了市政工程造价基本知识、市政工程定额、市政工程消耗量定额的应用、市政工程预算、工程量清单计价基础知识、土石方工程量清单计价、道路工程工程量清单计价、桥涵护岸工程工程量清单计价、市政管网工程工程量清单计价、市政工程计价软件应用。

本书为高职高专市政工程技术、工程造价等相关专业和成人教育土建类及相关专业的教材，也可供从事工程造价管理工作的专业技术人员学习使用。

图书在版编目（CIP）数据

市政工程计量与计价/曹永先，张玲主编. —北京：化学工业出版社，2011.7（2017.1 重印）

高职高专“十二五”规划教材

ISBN 978-7-122-11441-9

Ⅰ. 市… Ⅱ. ①曹…②张… Ⅲ. 市政工程-工程造价-高等职业教育-教材 Ⅳ. TU723.3

中国版本图书馆 CIP 数据核字（2011）第 103866 号

责任编辑：王文峡　　文字编辑：张　赛

责任校对：徐贞珍　　装帧设计：刘丽华

出版发行：化学工业出版社（北京市东城区青年湖南街 13 号　邮政编码 100011）

印　　刷：北京云浩印刷有限责任公司

装　　订：三河市瞰发装订厂

787mm×1092mm　1/16　印张 19¾　字数 488 千字　2017 年 1 月北京第 1 版第 6 次印刷

购书咨询：010-64518888（传真：010-64519686）　售后服务：010-64518899

网　　址：http://www.cip.com.cn

凡购买本书，如有缺损质量问题，本社销售中心负责调换。

定　价：35.00 元

编 写 人 员

主　　编：　曹永先　张　玲

副 主 编：　许丽娜　田国锋　宋　梅

编写人员（按姓氏笔画排序）：

田国锋　许　斌　许丽娜　杜娟娟　李　广

李庆广　宋　梅　宋红丽　张　玲　范天东

赵景春　曹永先

主　　审：　顾　琦　孟　丽

前　言

本书是根据《国务院关于大力发展职业教育的决定》以及《教育部关于全面提高高等职业教育教学质量的若干意见》的指示精神，结合教育部、住房与城乡建设部联合印发的《关于实施职业院校建设行业技能型紧缺人才培养方案》中关于教学内容及教材建设的要求，并参照有关国家职业资格标准和行业岗位要求而编写的。

本书体系结构新颖，理论与实践相结合，注重学生职业能力和专业技能的培养，从提高学生的实践操作能力和推行“双证书”制度出发，依据国家最新清单计价规范及地方有关预算文件，符合学生的认知规律，适用于项目教学等先进职业教育教学模式。同时，联合多家市政施工企业及职业院校共同开发，适应市场需求，突出了市政造价专业技术人员实际工作的岗位需要。

本书建议教学课时为64学时，外加一周实训。教师可根据教学内容合理安排，实训项目可安排在施工现场或校内实训基地进行。

本书由曹永先、张玲主编，许丽娜、田国锋、宋梅副主编，顾琦、孟丽主审。全书共分10章，其中，第一章由山东城市建设职业学院许丽娜编写，第二章由济南城建集团田国锋编写，第三、五章由山东城市建设职业学院曹永先编写，第四章由东营市政公司赵景春编写，第六章第一节由山东省城乡建设勘察院宋红丽编写，第六章第二节由山东省宁阳县园林绿化局许斌编写，第六章第三节由济南华强市政工程有限公司杜娟娟编写，第七、十章由辽宁城市建设职业技术学院张玲编写，第八章第一节由济南城建集团李广编写，第八章第二节由济南城建集团李庆广编写，第八章第三节由济南城建集团范天东编写，第九章由辽宁城市建设职业技术学院宋梅编写。全书由山东城市建设职业学院曹永先统稿。

山东城市建设职业学院顾琦副教授、孟丽老师审阅了本书，他们对书稿提出了许多宝贵意见，在此表示衷心感谢。

本书在编写过程中，参阅了相关教材和技术文献，在此一并对有关专家和作者致以诚挚的谢意。

由于编写人员水平有限，不妥之处在所难免，敬请使用本书的教师和读者给予批评指正。

编者
2011年3月

目　录

第一章　市政工程造价基本知识 ………… 1

第一节　建设项目与工程造价 ………… 1

一、建设项目及其内容构成 ………… 1

二、建设项目的基本程序 ………… 2

三、工程造价概念与含义 ………… 8

四、建设项目与工程造价的联系 ………… 10

第二节　市政工程计价方法与程序 ………… 12

一、定额计价法的编制程序 ………… 12

二、工程量清单计价的编制程序 ………… 14

三、工程量清单计价法与定额计价法的区别和联系 ………… 15

第三节　市政工程费用 ………… 18

一、定额计价法市政工程费用项目的构成 ………… 18

二、工程量清单计价法市政工程费用项目的构成 ………… 25

三、费用定额的应用 ………… 26

本章小结 ………… 30

复习思考题 ………… 30

第二章　市政工程定额 ………… 31

第一节　定额概述 ………… 31

一、定额的基本概念 ………… 31

二、定额的特性 ………… 31

三、定额的作用 ………… 32

四、定额的分类 ………… 33

五、定额的编制与应用 ………… 36

第二节　市政工程施工定额 ………… 38

一、市政工程施工定额的概念 ………… 38

二、市政工程施工定额作用 ………… 38

三、市政工程施工定额的基本形式 ………… 40

第三节　市政工程消耗量定额 ………… 40

一、市政工程消耗量定额的概念 ………… 40

二、市政工程消耗量定额的作用 ………… 40

三、市政工程消耗量定额的编制 ………… 41

四、预算定额的指标 ………… 42

五、市政工程消耗量定额的组成和内容 … 43

六、预算定额的应用 ………… 44

第四节　市政工程价目表 ………… 47

本章小结 ………… 49

复习思考题 ………… 49

第三章　市政工程预算 ………… 50

第一节　市政工程预算概述 ………… 50

一、市政工程预算概念 ………… 50

二、市政工程预算的分类与作用 ………… 50

第二节　施工图预算 ………… 56

一、施工图预算的编制内容 ………… 56

二、施工图预算的编制依据 ………… 56

三、施工图预算的编制方法 ………… 57

四、综合单价计价法与定额工料单价法的区别 ………… 58

五、施工图预算编制程序 ………… 58

六、施工图预算的编制步骤（定额工料计价法） ………… 58

第三节　设计概算 ………… 64

一、设计概算概述 ………… 64

二、概算定额、概算指标 ………… 65

三、单位工程设计概算的编制方法 ………… 65

第四节　竣工结算与竣工决算 ………… 68

一、竣工结算 ………… 68

二、竣工决算 ………… 73

本章小结 ………… 75

复习思考题 ………… 75

第四章　市政工程预算定额的应用 ………… 76

第一节　通用项目 ………… 76

一、土石方工程 ………… 76

二、打拔工具桩 ………… 85

三、围堰工程 ………… 85

四、支撑工程 ………… 86

五、拆除工程 ………… 88

六、脚手架及其他工程 ………… 89

七、护坡、挡土墙 ………… 91

第二节　道路工程 ………… 91

一、路床（槽）整形 ………… 91

二、道路基层 ………… 93

三、道路面层 ………… 96

四、人行道侧缘石及其他 ………… 97

五、广场、运动场、停车场及其他 ……… 98
六、综合应用 ………………………………… 99
第三节 桥涵工程 ………………………… 100
一、打桩工程 ……………………………… 100
二、钻孔灌注桩工程 ……………………… 101
三、砌筑工程 ……………………………… 102
四、钢筋工程 ……………………………… 103
五、现浇混凝土工程 ……………………… 103
六、预制混凝土工程 ……………………… 104
七、立交箱涵工程 ………………………… 104
八、安装工程 ……………………………… 105
九、临时工程 ……………………………… 105
十、装饰工程 ……………………………… 107
第四节 排水工程 ………………………… 107
一、定型混凝土管道基础及敷设 ………… 108
二、定型井 ………………………………… 109
三、非定型井、渠、管道基础及砌筑 ……………………………………… 109
四、顶管工程 ……………………………… 111
五、给排水构筑物 ………………………… 112
六、模板、钢筋、井字架工程 …………… 114
第五节 山东省市政工程消耗量定额综合解释 ……………………………… 115
一、综合解释（一）(2006.10) ………… 115
二、综合解释（二）(2008.2) ………… 118
本章小结 ……………………………………… 120
复习思考题 …………………………………… 120
第五章 工程量清单计价基础知识 …… 122
第一节 概述 ……………………………… 122
一、工程量清单计价概念 ………………… 122
二、实行工程量清单计价的目的和意义 ………………………………… 124
三、工程量清单计价与定额计价的差别 ………………………………… 126
第二节 工程量清单的编制 ……………… 127
一、工程量清单的编制依据 ……………… 127
二、分部分项工程量清单 ………………… 127
三、措施项目清单 ………………………… 129
四、其他项目清单 ………………………… 130
五、规费项目清单 ………………………… 131
六、税金项目清单 ………………………… 131
第三节 工程量清单计价的编制 ………… 132
一、工程量清单计价项目构成 …………… 132
二、工程量清单计价 ……………………… 133
第四节 工程量清单计价费用的计算 ……… 144
一、分部分项工程费 ……………………… 144
二、措施项目费用 ………………………… 153
三、其他项目费用 ………………………… 154
四、规费 …………………………………… 155
五、税金 …………………………………… 155
第五节 工程量清单计价格式及表格 ……… 155
一、封面 …………………………………… 155
二、总说明 ………………………………… 157
三、汇总表 ………………………………… 158
四、分部分项工程量清单表 ……………… 162
五、措施项目清单表 ……………………… 164
六、其他项目清单表 ……………………… 165
七、规费、税金项目清单与计价表 ……… 172
八、工程价款支付申请（核准）表 ……… 172
本章小结 ……………………………………… 173
复习思考题 …………………………………… 174
第六章 土石方工程量清单计价 ……… 175
第一节 土石方工程工程量清单项目设置 ……………………………………… 175
一、挖土方工程量清单项目设置 ………… 175
二、挖石方工程量清单项目设置 ………… 177
三、填方及土石方运输工程量清单项目设置 ……………………………………… 177
四、土石方项目清单编制说明 …………… 178
第二节 土石方工程清单工程量计算 …… 178
一、挖一般土（石）方 …………………… 178
二、挖沟槽土（石）方 …………………… 181
三、挖基坑土（石）方 …………………… 182
四、填方 …………………………………… 183
五、余方弃置 ……………………………… 183
六、缺方内运 ……………………………… 184
七、土石方清单工程量计算的有关说明 ………………………………………… 184
第三节 土石方工程计量与计价实例 …… 184
一、施工组织设计 ………………………… 184
二、土石方工程分部分项工程量清单的编制 ………………………………………… 185
三、分部分项工程量清单计价表的编制 ………………………………………… 186
四、分部分项工程量清单与计价表 ……… 188
本章小结 ……………………………………… 188
复习思考题 …………………………………… 188
第七章 道路工程工程量清单计价 …… 189

第一节　道路工程工程量清单项目设置 …… 189
一、道路工程清单项目设置 ……………… 189
二、道路工程工程量清单项目设置的说明 ……………………………… 193
第二节　道路工程工程量清单编制 ………… 195
一、路基处理 ……………………………… 195
二、道路基层 ……………………………… 196
三、道路面层 ……………………………… 196
四、人行道及其他 ………………………… 199
第三节　道路工程工程量清单计价实例 …… 201
一、工程量清单的编制 …………………… 203
二、工程量清单计价 ……………………… 206
本章小结 ………………………………… 214
复习思考题 ……………………………… 214
第八章　桥涵护岸工程工程量清单计价 ……………………… 216
第一节　桥涵护岸工程工程量清单项目设置 ……………………………… 216
一、桩基工程工程量清单项目设置 ……… 216
二、现浇混凝土工程工程量清单项目设置 ……………………………… 218
三、预制混凝土工程工程量清单项目设置 ……………………………… 219
四、砌筑工程工程量清单项目设置 ……… 220
五、挡墙、护坡工程工程量清单项目设置 ……………………………… 220
六、立交箱涵工程工程量清单项目设置 ……………………………… 221
七、钢结构工程工程量清单项目设置 …… 221
八、装饰工程工程量清单项目设置 ……… 223
九、其他项目工程工程量清单项目设置 ……………………………… 223
第二节　桥涵护岸工程工程量清单编制 …… 224
一、桥涵护岸工程量清单编制方法与步骤 ……………………………… 224
二、桥涵护岸工程清单工程量计算 ……… 227
第三节　桥涵护岸工程量清单计价与实例 ……………………………… 246
一、桥涵护岸工程工程量清单计价 ……… 246
二、桥涵护岸工程量清单计价实例 ……… 248
本章小结 ………………………………… 254
复习思考题 ……………………………… 254
第九章　市政管网工程工程量清单计价 ……………………… 255
第一节　市政管网工程工程清单项目设置 ……………………………… 255
一、市政管网工程工程清单项目设置 …… 255
二、市政管网工程工程量清单项目设置的说明 ……………………………… 265
第二节　市政管网工程清单工程量计算 …… 267
一、清单工程量计算规则与方法 ………… 267
二、清单工程量计算与计价工程量计算的区别 ……………………………… 268
第三节　市政管网工程工程量清单计价编制实例 ……………………………… 272
一、工程量清单的编制 …………………… 273
二、工程量清单计价 ……………………… 279
本章小结 ………………………………… 284
复习思考题 ……………………………… 284
第十章　市政工程计价软件应用 ……… 286
第一节　市政工程清单计价软件应用 ……… 286
一、启动 ………………………………… 286
二、新建单位工程 ………………………… 286
三、工程概况 ……………………………… 286
四、分部分项 ……………………………… 286
五、措施项目 ……………………………… 292
六、其他项目 ……………………………… 294
七、人材机汇总 …………………………… 295
八、主要材料 ……………………………… 295
九、费用汇总 ……………………………… 296
十、报表 ………………………………… 298
第二节　市政工程定额计价软件应用 ……… 301
一、启动 ………………………………… 301
二、新建单位工程 ………………………… 301
三、工程概况 ……………………………… 301
四、预算书 ……………………………… 302
五、人材机汇总 …………………………… 303
六、主要材料 ……………………………… 303
七、费用汇总 ……………………………… 303
八、报表 ………………………………… 303
九、保存、退出 …………………………… 304
本章小结 ………………………………… 304
参考文献 ……………………………… 305

第一章　市政工程造价基本知识

知识目标

● 了解建设项目、工程造价的概念、市政工程费用组成的计算方法。

● 理解建设项目的构成、工程造价的特点、定额计价和清单计价的联系和区别、工程类别的划分及相关费率的取值。

● 掌握工程建设的程序，工程项目建设各阶段的主要工作，工程建设和工程造价的联系，定额计价法和清单计价的编制依据、内容、和编制程序，市政工程费用的组成及各组成费用的构成。

能力目标

● 能解释建设项目、工程造价的概念。

● 能举例说明建设项目的构成，什么是定额计价法和清单计价法，定额计价和清单计价的联系和区别，市政工程费用的构成。

● 能应用定额计价程序和清单计价程序进行市政工程费用的计算，准确的进行各相关费率的取值。

● 能操作工程建设程序、步骤。

第一节　建设项目与工程造价

一、建设项目及其内容构成

（一）建设项目的含义

建设项目是指有设计任务，按照一个总体设计进行施工的各个工程项目的总体。建设项目在经济上实行独立核算，在行政上具有独立的组织形式。如一个工厂、一所学校、一条高速公路等。建设项目的工程造价一般由编制设计总概算或设计概算或修正概算来确定。

（二）建设项目的构成

建设项目根据建设项目规模大小、复杂程度的不同，为便于分解管理，可将建设项目分解为单项工程、单位工程、分部工程和分项工程等。

1. 单项工程

具有独立的设计文件、独立施工，竣工后可独立发挥特定功能或效益的一组工程项目，称为一个单项工程。一个建设项目可由一个单项工程也可由若干个单项工程组成。

一般情况下，单项工程往往是在使用功能上具有相关性的一组建筑物或构筑物。如一所学校，包括办公楼、教学楼、实验楼、图书馆、食堂、锅炉房等就构成了一个单项工程，某个城区的立交桥、城市道路等分别是一个单项工程，其造价由编制单项工程综合概预算确定。

2. 单位工程

具备独立的施工条件（单独设计，可独立施工），但不能独立形成生产能力与发挥效益的工程。一般情况下，单位工程是一个单体的建筑物或构筑物，规模较大的单位工程可将其具有独立使用功能的部分作为一个或若干个子单位工程，它是单项工程的组成部分。单位工程是单项工程的组成部分，一个单项工程一般由若干个单位工程所组成。例如：城市道路这个单项工程由道路工程、排水工程、路灯工程等单位工程组成。单位工程造价一般由编制施工图预算（或单位工程设计概算）确定。

3. 分部工程

组成单位工程的若干个分部称为分部工程。分部的划分可依据专业性质或建筑部位的特征而确定。例如：一幢建筑物单位工程，可划分为土建安装分部和设备安装工程分部，而土建工程分部又可划分为地基与基础分部、主体结构、建筑装饰装修分部。而主体结构又可分为钢筋混凝土结构、混合结构、钢结构等几个分部。道路工程这个单位工程是由路床整形、道路基层、道路面层、人行道侧缘石及其他等分部工程组成。

4. 分项工程（定额子目）

组成分部工程的若干个施工过程称为分项工程。分项工程一般按工种、材料、施工工艺或设备类别进行划分。是市政工程的基本构造要素，是工程预算分项中最基本的分项单元。例如：道路基层这个分部工程可以再划分为 10cm 厚人工铺装碎石底层、10cm 厚人机配合碎石基层、20cm 人工铺装块石底层等分项工程。钢筋混凝土结构分部工程可分为模板、钢筋、混凝土等几个分项工程。

二、建设项目的基本程序

工程项目建设程序是指工程项目从策划、选择、评估、决策、设计、施工到竣工验收、投入生产和交付使用的整个建设过程中，各项工作必须遵循的先后工作次序。工程项目建设程序是工程建设过程客观规律的反映，是工程项目科学决策和顺利进行的重要保证。

世界上各个国家和国际组织在工程项目建设程序上可能存在着某些差异，但是按照工程建设项目发展的内在规律，投资建设一个工程项目都要经过投资决策和建设实施两个发展时期。这两个发展时期又可分为若干个阶段，它们之间存在着严格的先后次序，可以进行合理的交叉，但不能任意颠倒次序。

以世界银行贷款项目为例，其建设周期包括项目选定、项目准备、项目评估、项目谈判、项目实施和项目总结评价六个阶段。每一个阶段的工作深度，决定着项目在下一阶段的发展，彼此相互联系、相互制约。在项目选定阶段，要根据借款申请国所提出的项目清单，进行鉴别选择，一般根据项目性质选择符合世界银行贷款原则，有助于当地经济和社会发展的急需项目。被选定的项目经过 1～2 年的准备，提出详细可行性研究报告，由世界银行组织专家进行项目评估之后，与申请国贷款银行谈判、签订协议，然后进入项目的勘察设计、采购、施工、生产准备和试运转等实施阶段，在项目贷款发放完成后一年左右进行项目的总结评价。正是由于其科学、严密的项目周期，保证了世界银行在各国投资保持有较高的成功率。

按照我国现行规定，一般大、中型及限额以上工程项目的建设程序可以分为以下几个阶段。

（1）根据国民经济和社会发展长远规划，结合行业和地区发展规划的要求，提出项目建议书。

（2）在勘察、试验、调查研究及详细技术经济论证的基础上编制可行性研究报告。

（3）根据咨询评估情况，对工程项目进行决策。

（4）根据可行性研究报告，编制设计文件。

（5）初步设计经批准后，做好施工前的各项准备工作。

（6）组织施工，并根据施工进度，做好生产或动用前的准备工作。

（7）项目按批准的设计内容完成，经投料试车验收合格后正式投产交付使用。

（8）生产运营一段时间（一般为1年）后，进行项目后评价。

1. 项目建议书阶段

项目建议书是业主单位向国家提出的要求建设某一项目的建议文件，是对工程项目建设轮廓的设想。项目建议书的主要作用是推荐一个拟建项目，论述其建设的必要性、建设条件的可行性和获利的可能性，供国家选择并确定是否进行下一步工作。

项目建议书的内容视项目的不同而有繁有简，但一般应包括以下几方面的内容。

（1）项目提出的必要性和依据。

（2）产品方案、拟建规模和建设地点的初步设想。

（3）资源情况、建设条件、协作关系等的初步分析。

（4）投资估算和资金筹措设想。

（5）项目的进度安排。

（6）经济效益和社会效益的估计。

项目建议书按要求编制完成后，应根据建设规模和限额划分，分别报送有关部门审批。按现行规定，大、中型及限额以上项目的项目建议书首先应报送行业归口主管部门，同时抄送国家发改委。行业归口主管部门根据国家中长期规划要求，着从资金来源、建设布局、资金合理利用、经济合理性、技术政策等方面进行初审。行业归口主管部门初审通过后报国家发改委，由国家发改委从建设总规模、生产力总布局、资源优化配置及资金供应可能、外部协作条件等方面进行综合平衡，还要委托具有相应资质的工程咨询单位评估后审批。凡行业归口主管部门初审未通过的项目，国家发改委不予批准；凡属小型或限额以下项目的项目建议书，按项目隶属关系由部门或地方发改委审批。

项目建议书经批准后，可以进行详细的可行性研究工作，但并不表明项目非上不可，项目建议书不是项目的最终决策。

2. 可行性研究阶段

项目建议书一经批准，即可着手开展项目可行性研究工作。可行研究是对工程项目在技术上是否可行和经济上是否合理进行科学的分析和论证。

（1）可行性研究的工作内容　可行性研究应完成以下工作内容：

① 进行市场研究，以解决项目建设的必要性问题；

② 进行工艺技术方案的研究，以解决项目建设的技术可能性问题；

③ 进行财务和经济分析，以解决项目建设的合理性问题。凡经可行性研究未通过的项目，不得进行下一步工作。

（2）可行性研究的报告的内容　可行研究工作完成后，需要编写出反映其全部工作成果的“可行性研究报告”。就其内容来看，各类项目的可行性研究报告内容不尽相同，但一般应包括以下基本内容：

① 项目提出的背景、投资的必要性和研究工作依据；

② 需求预测及拟建规模、产品方案和发展方向的技术经济比较和分析；

③ 资源、原材料、燃料及公用设施情况；

④ 项目设计方案及协作配套工程；

⑤ 建厂条件与厂址方案；

⑥ 环境保护、防震、防洪等要求及其相应措施；

⑦ 企业组织、劳动定员和人员培训；

⑧ 建设工期和实施进度；

⑨ 投资估算和资金筹措方式；

⑩ 经济效益和社会效益。

(3) 可行性研究报告的审批 按照国家现行规定，凡属中央政府投资、中央和地方政府合资的大、中型和限额以上项目的可行性研究报告，都要报送国家发改委审批。国家发改委在审批过程中要征求行业主管部门和国家专业投资公司的意见，同时要委托具有相应资质的工程咨询公司进行评估。总投资在2亿元以上的项目，无论是中央政府投资还是地方政府投资，都要经国家发改委审查后报国务院批准。中央各部门所属小型和限额以下项目的可行性研究报告，由各部门审批。总投资在2亿元以下的地方政府投资项目，其可行性研究报告由地方发改委审批。

可行性研究报告经过正式批准后，将作为初步设计的依据，不得随意修改和变更。如果在建设规模、产品方案、建设地点、主要协作关系等方面有变动以及突破原定投资控制数时，应报请原审批单位同意，并正式办理变更手续。可行性研究报告经批准，建设项目才算正式“立项”。

3. 设计工作阶段

设计是对拟建工程的实施在技术上和经济上所进行的全面而详尽的安排，是基本建设计划的具体化，同时是组织施工的依据。工程项目的设计工作一般化分为两个阶段，即初步设计和施工图设计。重大项目和技术复杂项目，可根据需要增加技术设计阶段。

(1) 初步设计 初步设计是根据可行性研究报告的要求所做的具体实施方案，目的是为了阐明在指定的地点、时间和投资控制数额内，拟建项目在技术上的可能性和经济上的合理性，并通过对工程项目所作出的基本技术经济规定，编制项目总概算。

初步设计不得随意改变被批准的可行性研究报告所确定的建设规模、产品方案、工程标准、建设地址和总投资等控制目标。如果初步设计提出的总概算超过可行研究报告总投资的10%以上或其他主要指标需要变更时，应说明原因和计算依据，并重新向原审批单位报批可行性研究报告。

(2) 技术设计 应根据初步设计和更详细的调查研究资料编制，以进一步解决初步设计中的重大技术问题，如工艺流程、建筑结构、设备选型及数量确定等，使工程建设项目的设计更具体、更完善，技术指标更好。

(3) 施工图设计 根据初步设计或技术设计的要求，结合现场实际情况，完整的表现建筑物外形、内部空间分割、结构体系、构造状况以及建筑群的组成和周围环境的配合。它还包括各种运输、通信、管道系统、建筑设备的设计。在工艺方面，应具体确定各种设备的型号、规格及各种非标准设备的制造加工图。

4. 建设准备阶段

项目在开工建设之前要切实做好各项准备工作，其主要内容包括以下几方面。

（1）征地、拆迁和场地平整。

（2）完成施工用水、电、路等工作。

（3）组织设备、材料订货。

（4）准备必要的施工图纸。

（5）组织施工招标，择优选定施工单位。

按规定进行了建设准备和具备了开工条件以后，便应组织开工。建设单位申请批准开工要经国家发改委统一审核后，编制年度大、中型和限额以上工程建设项目新开工计划报国务院批准。部门和地方政府无权自行审批大、中型和限额以上工程建设项目开工报告。年度大、中型和限额以上新开工项目经国务院批准，国家发改委下达项目计划。

一般项目在报批新开工前，必须由审计机关对项目的有关内容进行审计证明。审计机关主要是对项目的资金来源是否正当及落实情况、项目开工前的各项支出是否符合国家有关规定、资金是否存入规定的专业银行进行审计。新开工的项目还必须具备按施工顺序需要至少3个月以上的工程施工图纸，否则不能开工建设。

5. 施工安装阶段

工程项目经批准新开工建设，项目即进入了施工阶段，项目新开工时间，是指工程建设项目设计文件中规定的任何一项永久性工程第一次正式破土开槽开始施工的日期。不需开槽的工程，正式开始打桩的日期就是开工日期。铁路、公路、水库等需要进行大量土、石方工程的，以开始进行土方、石方工程的日期作为正式开工日期。工程地质勘察、平整场地、旧建筑物的拆除、临时建筑、施工用临时道路和水、电等工程开始施工的日期不能算作正式开工日期。分期建设的项目分别按各期工程开工的日期计算，如二期工程应根据工程设计文件规定的永久性工程开工的日期计算。

施工安装活动应按照工程设计要求、施工合同条款及施工组织设计，在保证工程质量、工期、成本及安全、环境等目标的前提下进行，达到竣工验收标准后，由施工单位移交给建设单位。

6. 生产准备阶段

对于生产性建设项目而言，生产准备是项目投产前由建设单位进行的一项重要工作。它是衔接建设和生产的桥梁，是项目建设转入生产经营的必要条件。建设单位应适时组成专门班子或机构做好生产准备工作，确保项目建成后能及时投产。

生产准备工作的内容根据项目或企业的不同，其要求也各不相同，但一般应包括以下主要内容。

（1）招收和培训生产人员　招收项目运营过程中所需要的人员，并采用多种方式进行培训。特别要组织生产人员参加设备的安装、调试和工程验收工作，使其能尽快掌握生产技术和工艺流程。

（2）组织准备　主要包括生产管理机构设置、管理制度和有关规定的制定、生产人员配备等。

（3）技术准备　主要包括国内装置设计资料的汇总，有关国外技术资料的翻译、编辑，各种生产方案、岗位操作法的编制以及新技术的准备等。

（4）物资准备　主要包括落实原材料、协作产品、燃料、水、电、气等的来源和其他需协作配合的条件，并组织工装、器具、备品、备件等的制造或订货。

7. 竣工验收阶段

当工程项目按设计文件的规定内容和施工图纸的要求全部建完后，便可组织验收。竣工验收是工程建设过程的最后一环，是投资成果转入生产或使用的标志，也是全面考核基本建设成果、检验设计和工程质量的重要步骤。竣工验收对促进建设项目及时投产，发挥投资效益及总结建设经验，都有重要作用。通过竣工验收，可以检查建设项目实际形成生产能力或效益，也可避免项目建成后继续消耗建设费用。

（1）竣工验收的范围和标准　按照国家现行规定，所有基本建设项目和更新改造项目，按批准的设计文件所规定的内容建成，符合验收标准，即：工业项目经过投料试车（带负荷运转）合格，形成生产能力的；非工业项目符合设计要求，能够正常使用的，都应及时组织竣工验收，办理固定资产移交手续。工程项目竣工验收、交付使用，应达到下列标准：

① 生产性项目和辅助公用设施已按设计要求建完，能满足生产要求；

② 主要工艺设备已安装配套，经联动负荷试车合格，形成生产能力，能够生产出设计文件规定的产品；

③ 职工宿舍和其他必要的生产福利设施，能适应投产初期的需要；

④ 生产准备工作能适应投产初期的需要；

⑤ 环境保护设施、劳动安全卫生设施、消防设施已按设计要求与主体工程同时建成使用。

以上是国家对工程建设项目竣工应达到标准的基本规定，各类工程建设项目除了应遵循这些共同标准外，还要结合专业特点确定其竣工应达到的具体条件。

对某些特殊情况，工程施工虽未全部按设计要求完成，也应进行验收，这些特殊情况主要是指以下几方面。

① 因少数非主要设备或某些特殊材料短期内不能解决，虽然工程内容尚未全部完成，但已可以投产或使用。

② 按规定的内容已建完，但因外部条件的制约，如流动资金不足、生产所需原材料不能满足等，而使已建成工程不能投入使用。

③ 有些工程项目或单位工程，已形成部分生产能力，但近期内不能按原设计规模续建，应从实际情况出发经主管部门批准后，可缩小规模对已完成的工程和设备组织竣工验收，移交固定资产。

按国家现行规定，已具备竣工验收条件的工程，3 个月内不办理验收投产和移交固定资产手续的，取消企业和主管部门（或地方）的基建试车收入分成，由银行监督全部上缴财政。如 3 个月内办理竣工验收确有困难，经验收主管部门批准，可以适当推迟竣工验收时间。

（2）竣工验收的准备工作　建设单位应认真做好工程竣工验收的准备工作，主要包括以下内容。

① 整理技术资料　技术资料主要包括土建施工、设备安装方面及各种有关的文件、合同和试生产情况报告等。

② 绘制竣工图　工程建设项目竣工图是真实记录各种地下、地上建筑物等详细情况的技术文件，是对工程进行交工验收、维护、扩建、改建的依据，同时也是使用单位长期保存的技术资料。关于绘制竣工图的规定如下。

a. 凡按图施工没有变动的，由施工承包单位（包括总包单位和分包单位）在原施工图上加盖“竣工图”标志后即作为竣工图；

b. 凡在施工中，虽有一般性设计变更，但能将原图加以修改补充作为竣工图的，可不重新绘制，由施工承包单位负责在原施工图（必须新蓝图）上注明修改部分，并附以设计变更通知单和施工说明，加盖“竣工图”标志后，即作为竣工图；

c. 凡结构形式改变、工艺改变、平面布置改变、项目改变以及有其他重大改变，不宜再在原施工图上修改补充者，应重新绘制改变后的竣工图。由于设计原因造成的，由设计单位负责重新绘制图；由于施工单位原因造成的，由施工承包单位负责重新绘图；由于其他原因造成的，由业主自行绘图或委托设计单位绘图，施工承包单位负责在新图上加盖“竣工图”标志，并附以有关记录和说明，作为竣工图。

竣工图必须准确、完整、符合归档要求，方能交工验收。

③ 编制竣工决算。建设单位必须及时清理所有财产、物资和未花完或应收回的资金，编制工程竣工决算，分析概（预）算执行情况，考核投资效益，报请主管部门审查。

(3) 竣工验收的程序和组织　根据国家现行规定，规模较大、较复杂的工程建设项目应先进行初验，然后进行正式验收。规模较小、较简单的工程项目，可以一次进行全部项目的竣工验收。

工程项目全部建完，经过各单位工程的验收，符合设计要求，并具备竣工图、竣工决算、工程总结等必要文件资料，由项目主管部门或建设单位向负责验收的单位提出竣工验收申请报告。

大、中型和限额以上项目由国家发改委或国家发改委委托项目主管部门、地方政府组织验收。小型和限额以下项目，由项目主管部门或地方政府组织验收。竣工验收要根据工程规模及复杂程度组成验收委员会或验收组。验收委员会或验收组负责审查工程建设的各个环节，听取各有关单位的工作汇报。审阅工程档案、实地查验建筑安装工程实体，对工程设计、施工和设备质量等做出全面评价。不合格的工程不予验收。对遗留问题要提出具体解决意见，限期落实完成。

8. 后评价阶段

项目后评价是工程项目竣工投产、生产运营一段时间后，再对项目的立项决策、设计施工、竣工投产、生产运营等全过程进行系统评价的一种技术经济活动，是固定资产投资管理的一项重要内容，也是固定资产投资管理的最后一个环节。通过建设项目后评价，可以达到肯定成绩、总结经验、研究问题、吸取教训、提出建议、改进工作、不断提高项目决策水平和投资效果的目的。

项目后评价的内容包括立项决策评价、设计施工评价、生产运营评价和建设效益评价。在实际工作中，可以根据建设项目的特点和工作需要而有所侧重。

项目后评价的基本方法是对比法。就是将工程项目建成投产后所取得的实际效果、经济效益和社会效益、环境保护等情况与前期决策阶段的预测情况相对比，与项目建设前的情况相对比，从中发现问题，总结经验和教训。在实际工作中，往往从以下三个方面对建设项目进行后评价。

(1) 影响评价　通过项目竣工投产（营运、使用）后对社会的经济、政治、技术和环境等方面所产生的影响来评价项目决策的正确性。如果项目建成后达到了原来预期的效果，对国民经济发展、产业结构调整、生产力布局、人民生活水平的提高、环境保护等方面都带来有益的影响，说明项目决策是正确的；如果背离了既定的决策目标，就应具体分析，找出原因，引以为戒。

（2）经济效益评价　通过项目竣工投产后所产生的实际经济效益与可行性研究时所预测的经济效益相比较，对项目进行评价。对生产性建设项目要运用投产运营后的实际资料计算财务内部收益率、财务净现值、财务净现值率、投资利润率、投资利税率、贷款偿还期、国民经济内部收益率、经济净现值、经济净现值率等一系列后评价指标，然后与可行性研究阶段所预测的相应指标进行对比，从经济上分析项目投产运营后是否达到了预期效果。没有达到预期效果的应分析原因，采取措施，提高经济效益。

（3）过程评价　对工程项目的立项决策、设计施工、竣工投产、生产运营等全过程进行系统分析，找出项目后评价与原预期效益之间的差异及其产生的原因，使后评价结论有根有据，同时，针对问题提出解决办法。

以上三个方面的评价有着密切的联系，必须全面理解和运用，才能对后评价项目做出客观、公正、科学的结论。

三、工程造价概念与含义

（一）工程造价的概念

工程造价的直意就是工程的建造价格，是工程项目按照确定的建设项目、建设规模、建设标准、功能要求、使用要求等全部建成后经验收合格并交付使用所需的全部费用。

（二）工程造价的含义

工程泛指一切建设工程，它的范围和内涵具有很大的不确定性。工程造价有如下两种含义。

1. 第一种含义

工程造价是指建设一项工程预期或实际开支的全部固定资产的投资费用。

这一含义是从投资者——业主的角度来定义的。投资者选定一个投资项目，为了获得预期的效益，需通过项目评估、决策、设计招标、施工招标、监理招标、工程施工监督管理，直至竣工验收等一系列的投资管理活动，在投资管理活动中所支付的全部费用就形成了固定资产和无形资产。

从这个意义上说，工程造价就是工程投资费用，工程造价的第一种含义也即建设项目总投资中的固定资产投资。

2. 第二种含义

工程造价是指工程价格。即为建设一项工程，预计或实际在土地市场、设备市场、技术劳务市场、承包市场等交易活动中所形成的建筑安装工程总价格。

这一含义以建设工程项目这种特定的商品作为交易对象，通过招投标或其他交易方式，在进行多次预估的基础上，最终由市场形成的价格。在这里，工程的范围和内涵既可以是涵盖范围很大的一个建设项目，也可以是一个单项工程，甚至可以是整个建设工程中的某个阶段，如土地开发工程、建筑安装工程、装饰工程，或者其中的某个组成部分。随着经济发展中技术的进步、分工的细化和市场的完善，工程建设中的中间产品也会越来越多，商品交换会更加频繁，工程价格的种类和形式也会更为丰富。尤其应该了解的是，投资体制改革，投资主体的多元格局，资金来源的多种渠道，使相当一部分建设工程的最终产品作为商品进入了流通。如新技术开发区和住宅开发区的普通工业厂房、仓库、写字楼、公寓、商业设施和大批住宅，都是投资者为销售而建造的工程，它们的价格是商品交易中现实存在的，是一种有加价的工程价格（通常被称为商品房价格）。在市场经济条件下，由于商品的普遍性，即使投资者是为了追求工程的使用功能，如用于生产产品或商业经营，但货币的价值尺度职能，同样也赋予它以价格，一旦投资者不再需要它的使用功能，它就会立即进入流通，成为真实的商品。无论是采取抵押、拍卖、租赁，还是企业兼并，其性质都是相同的。

工程造价的第二种含义也即建设项目总投资中的建筑安装工程费用。通常，人们将工程造价的第二种含义认定为工程承发包价格。应该肯定，承发包价格是工程造价中一种重要的，也是最典型的价格形式。它是在建筑市场通过招投标，由需求主体——投资者和供给主体——承包商共同认可的价格。鉴于建筑安装工程价格在项目固定资产中占有50%～60%的份额，又是工程建设中最活跃的部分；鉴于建筑企业是建设工程的实施者和重要的市场主体地位，工程承发包价格被界定为工程造价的第二种含义，很有现实意义。但是，如上所述，这样界定对工程造价的含义理解较狭窄。

所谓工程造价的两种含义，是以不同角度把握同一事物的本质。对建设工程的投资者来说，面对市场经济条件下的工程造价就是项目投资，是“购买”项目要付出的价格；同时也是投资者在作为市场供给主体时“出售”项目时定价的基础。对于承包商，供应商和规划、设计等机构来说，工程造价是他们作为市场供给主体出售商品和劳务的价格的总和，或是特指范围的工程造价，如建筑安装工程造价。

工程造价的两种含义是对客观存在的概括。它们既共生于一个统一体，又相互区别。最主要的区别在于需求主体和供给主体在市场追求的经济利益不同，因而管理的性质和管理目标不同。从管理性质看，前者属于投资管理范畴，后者属于价格管理范畴。但二者又互相交叉。从管理目标看，作为项目投资或投资费用，投资者在进行项目决策和项目实施中，首先追求的是决策的正确性。投资是一种为实现预期收益而垫付资金的经济行为，项目决策是重要一环。项目决策中投资数额的大小、功能和价格（成本）比是投资决策的最重要的依据。其次，在项目实施中完善项目功能，提高工程质量，降低投资费用，按期或提前交付使用，是投资者始终关注的问题。因此，降低工程造价是投资者始终如一的追求。作为工程价格，承包商所关注的是利润和高额利润，为此，他追求的是较高的工程造价。不同的管理目标，反映他们不同的经济利益，但他们都要受那些支配价格运动的经济规律的影响和调节。他们之间的矛盾是市场的竞争机制和利益风险机制的必然反映。

区别工程造价的两种含义，其理论意义在于为投资者和以承包商为代表的供应商的市场行为提供理论依据。当政府提出降低工程造价时，是站在投资者的角度充当着市场需求主体的角色；当承包商提出要提高工程造价、提高利润率，并获得更多的实际利润时，他是要实现一个市场供给主体的管理目标。这是市场运行机制的必然。不同的利益主体绝不能混为一谈。同时，两种含义也是对单一计划经济理论的一个否定和反思。区别二重含义的现实意义在于，为实现不同的管理目标，不断充实工程造价的管理内容，完善管理方法，更好地为实现各自的目标服务，从而有利于推动全面的经济增长。

（三）工程造价的特点

1. 大额性

能够发挥投资效益的任何一项工程，不仅实物形体庞大，而且工程造价高昂。一般工程造价也需上百万、上千万元，特大工程造价可达百亿、千亿元人民币。

2. 个别性

任何一项工程都有特定的用途、功能、规模，因而工程内容和实物形态都具有个别性，从而决定了工程造价的个别性。同时，由于每项工程所处地区、地段不同，使得工程造价的个别性又更为特出。

3. 动态性

工程建设周期较长，在此期间，会出现许多影响工程造价的因素，如设计变更、设备材料价格的变动、利率及汇率的变化等，使得工程造价在建设期内处于不确定状态。

4. 层次性

建设项目的组成具有层次性，与此对应，工程造价也具有层次性。它包括分项工程造价、分部工程造价、单位工程造价、单项工程造价、建设项目总造价。

5. 兼容性

工程造价的兼容性首先表现在它具有两种含义，其次表现在工程造价构成因素的广泛性。此外，盈利的构成也较为复杂，资金成本较大。

四、建设项目与工程造价的联系

建设工程全过程造价控制，就是在投资决策阶段、设计阶段、建设项目发包阶段、建设实施阶段和竣工结算阶段，事先主动进行工程相关经济指标的预算、估算，积极参与项目建设的全过程，正确处理技术先进与经济合理两者间的对立统一关系，把控制工程造价观念渗透到各项设计和施工技术措施之中，为领导层在投资决策、设计和施工等过程中做好经济参谋，保证项目管理目标的实现，提高工程投资效益。建设项目的全过程造价控制一般分为事前、事中、事后三个阶段的控制，在具体的实施中，我们又可把三个阶段转化为项目决策与设计阶段、承发包与施工阶段、竣工与后评价阶段。

（一）项目决策与设计阶段

投资估算是一个项目投资决策阶段的主要造价文件，它也是项目建议书和可行性研究报告的组成部分。目前工程造价咨询单位对于投资估算的参与少之甚少，而投资估算对于项目的决策及成败又十分重要。工程造价咨询单位在接受委托参与编制投资估算时要做好如下几点：①注意资料（估算指标）的积累。估算指标是编制投资估算的主要依据，除已有的估算指标，应根据实际及时修正，充分体现指标的综合性、概括性；②投资估算的编制应考虑充分，估算合理，充分估计出项目建设过程中及建成后的收益与风险，并提出应对及防范的措施，但也要防止过分高估，尽可能做到全面、准确、合理。

设计阶段是全过程造价控制的重点。一个项目的设计优劣对于工程造价的影响高达75%以上。业主往往重视投标报价及竣工后的决算价，而忽略设计概算。而概算是设计文件的组成部分，有些技术力量（指工程经济或造价）薄弱的设计院（所）往往没有提供设计概算，这使业主对设计产品的价格心中无“底”，例如，一座多层工业厂房，在施工结算审计时才发现由于设计室内外高差刚好达 18.05m，致使工程类别上升一类，而业主对于厂房的高度及层高并无特殊要求，在不影响使用功能、质量及相关规定的前提下，完全可以通过修改设计使工程类别降低，从而降低结算造价。在现行条件下，工程造价咨询单位可以与某些中小设计院（所）合作，优势互补，利用自身的技术及专业，在充分了解业主对建设项目的要求后，为设计单位编制概算并向业主提出有关工程造价的设计修正方案（如合理选材，造价参数控制等），最终达到优化设计，控制造价的目的。

（二）承发包及施工阶段

在承发包阶段，工程造价咨询单位在业主的委托下可以完成好以下几个方面的工作：

①有代理招投标资格的造价咨询单位可代业主编写、发布招标公告（书），制定资格预审条件，评标细则、进行资格预审，选择优秀的施工、监理企业等；②编制标底、工程量清单、审定标底、评标、开标；③为业主进行甲乙双方所签订合同有关造价部分条款的咨询，尽可能减少发生造价条款争议的可能。

施工阶段即是把设计变成具有使用价值的建筑实体的过程，也是实现工程造价有效控制、为合理确定工程造价提供原始依据的过程。工程造价咨询单位在施工阶段要做到"严"、"细"、"准"。"严"，是严把签证关，建设工程的施工周期长，签证是对施工过程的记录也是最终工程价款结算索赔的依据参与工程造价监管的造价咨询单位应严格把关，及时签证，防止施工单位巧立名目、以少报多，遇到问题不及时解决、结算时候搞突击；"细"，是要求造价咨询单位的专业人员细致认真，对于可以描述清楚的尺寸、部位、数量要认真记录，必要时可以依靠摄影、照相等手段帮助，防止结算时的漏项、错算；"准"，是造价专业人员准确地审查验工月报、签证数量、索赔价款，尽可能在最终结算时少留活口。例如，包干费用已包含二次搬运费的，有关材料的二次搬运及上下力费用就不可再重复签证，对于预算中已有的项目不得重复签证。建议业主可建立项目造价控制责任人制度，由工程造价咨询单位的专业人员对项目造价控制（管理）负责，在跟踪管理的同时，没有该责任人签名的签证不得结算工程款，同时对工程付款进度进行控制负责，防止工程款超付。

（三）竣工与后评阶段

竣工结算决算是工程造价合理确定的重要依据，无论是施工单位还是业主都十分重视工程价款的审计结算。工程造价咨询单位在这个环节都积累了较为成熟的经验，无论是工程量计算、预算定额套用、取费合理性的审查，还是变更签证、索赔条款、不可抗力因素的分析等，都能做到严格、合理、公平。除了上述内容，还有两点十分重要：一是审计报告的内容，不能仅仅注重审计后工程结算的价款数字，还有审减数，在报告中应有分析影响工程价款的原因、审核调整的主要内容及如何控制修正工程造价的相关内容。二是审计过程中的三级复核应落实具体，不能流于形式，由于工程审计工作面广、量大，技术质量要求高，在审核过程中难免有计算错误，判断偏差，为防范审核风险，工程造价咨询单位应确定项目负责人，技术负责人和咨询单位负责人的三级复核制度，层层把关，对工作底稿逐级复核，最终能交出一份合理的竣工结算审核报告，从而真正达到工程造价的合理确定和有效控制。建设项目的后评价阶段也是工程造价咨询单位参与较少的一个环节。后评价是对整个建设项目的一次综合性评价，也是对该项目工程造价控制的总结，一般说来，造价咨询单位应做好三个方面的工作。

① 数据资料的积累、分析和整理归类　一个建设项目从立项到投入使用经历了较长的建设周期，产生了大量有关工程造价的数据资料。造价咨询的专业人员，应认真、细致地对待这些数据资料，通过与实际的联系分析、筛选，并得出影响工程造价的各项因素，有条件的可建立相关数据库，为今后搞好其他工程的造价控制作相应的铺陈。

② 工程造价咨询单位应充分重视业主、施工、监理、设计单位等各方的意见和建议，集思广益，分析造价控制如何在各环节得到有效衔接，如何有效防范价格风险等，真正达到工程造价由被动控制向主动控制转化的目的，并防止"三超"情况的出现。

③ 后评价阶段工程造价咨询单位的自我总结非常重要，一方面总结在整个项目建设期内有效控制、全面管理造价的经验；另一方面分析自身在全方位控制造价方面的不足与欠缺，尽可能找出因主观原因而影响全过程造价管理的因素，并加以克服。总之，通过建设项

目的后评价，也使得造价管理（控制）工作做到有始有终。

综上所述，造价咨询单位对建设项目进行全过程造价控制的主要内容为：在项目决策阶段进行可行性研究，对拟建项目的各方案件作出相应的投资估算，并进行项目经济评价；在设计阶段用技术经济方法评选设计方案，编制概算，并从经济技术角度帮助设计人员进行设计优化；在工程承发包阶段，编制招标文件、制定合同条款、编制审定标底，协助业主选择承包商；在施工阶段审查变更，进行付款签证，审核评估相关索赔等；在竣工阶段，进行估算审核并编制工程决算书，作好相应的后评价工作。

总之，对工程造价进行全过程管理（控制）是工程造价行业发展的必然趋势，是造价咨询业适应市场经济发展的必然结果，只要造价咨询业的同仁们齐心一致，共同努力，必将会为造价咨询行业发展谱写新的篇章，为社会进步作出新的贡献。工程造价审计是工程造价管理工作的重要组成部分。审计工作质量水平的高低，对能否客观反映建筑工程产品价值，能否有效控制工程造价、最大限度地发挥投资效益，都起着举足轻重的作用。

第二节　市政工程计价方法与程序

工程计价是指在定额计价模式下或在工程量清单计价模式下，按照规定的费用计算程序，根据相应的定额，结合人工、材料、机械市场价格，经计算预测或确定工程造价的活动。市政工程计价活动包括编制施工图预算、招标标底、投标报价和签订施工合同价以及确定工程竣工结算等内容。

计价模式不同，工程造价的费用计算程序不同；建设项目所处的阶段不同，工程计价的具体内容、计价方法、计价的要求也不同。建设工程计价模式分为定额计价模式、工程量清单计价模式两种。定额计价模式采用工料单价法，工程量清单计价模式采用综合单价法。

在定额计价模式下，建设工程造价确定是依照国家或地区所发布的预算定额为核心，最后所确定的工程造价实际上是社会信息平均价。在工程量清单计价模式下，建设工程造价的确定是以企业定额为核心，最后所确定的工程造价是企业自主价格。这一模式在极大程度上体现了市场竞争机制。工程量清单计价均采用综合单价形式。在综合单价中包含了人工费、材料费、机械使用费、管理费、利润等。其不同于定额计价模式，先有定额直接费表，再有材料差价表，之后有独立费表，最后在计费程序表中才知道工程造价。对比之下，工程量清单计价显的简单明了，更加适合于工程招投标。

一、定额计价法的编制程序

定额计价方法是以某种定额（消耗量定额、预算定额）计算规则的规定计算工程量的方法，即通常所说的概预算方法，是依据某种定额对工程进行估算、概算、预算、结算的方法。定额计价是指建设工程造价有定额直接费、间接费、利润、税金所组成的计价方式。其中定额直接费是套取国家或地区预算定额求得，再以定额直接费为基础乘以费用定额的相应费率加上材料差价等，最终确定工程造价。

（一）编制依据

（1）经有关部门批准的市政工程建设项目的审批文件和设计文件。

（2）施工图纸是编制预算的主要依据。

（3）经批准的初步设计概算书为工程投资的最高限价，不得任意突破。

(4) 经有关部门批准颁发执行的市政工程预算定额、单位估价表、机械台班费用定设备材料预算价格、间接费定额以及有关费用规定的文件。

(5) 经批准的施工组织设计和施工方案及技术措施等。

(6) 有关标准定型图集、建筑材料手册及预算手册。

(7) 国务院有关部门颁发的专用定额和地区规定的其他各类建设费用取费标准。

(8) 有关市政工程的施工技术验收规范和操作规程等。

(9) 招投标文件和工程承包合同或协议书。

(10) 市政工程预算编制办法及动态管理办法。

(二) 定额计价法的编制程序

参照《山东省建筑安装市政工程费用项目组成及计算规则》(2006版)，定额计价法的具体计算程序如表1-1所示。

表1-1　定额计价计算程序

序号	费用名称	计算方法
一	直接费	"(一)"+"(二)"
	(一)直接工程费	Σ{工程量×Σ[(定额工日消耗数量×人工单价)+(定额材料消耗数量×材料单价)+(定额机械台班消耗数量×机械台班单价)]}
	省价直接工程费	Σ{工程量×Σ[(定额工日消耗数量×省价人工单价)+(定额材料消耗数量×省价材料单价)+(定额机械台班消耗数量×省价机械台班单价)]}
	人机费(RJ_1)	省价直接工程费的人机费
	(二)措施费	"1"+"2"+"3"
	1. 参照定额规定记取的措施费	按定额规定记取
	2. 参照省发布费率记取的措施费	Σ(RJ_1×相应费率)
	3. 按施工组织设计(方案)记取的措施费	按施工组织设计(方案)记取
	其中省价人机费(RJ_2)	Σ措施费"1"、"2"、"3"中的省价人机费
二	企业管理费	(RJ_1+RJ_2)×管理费费率
三	利润	(RJ_1+RJ_2)×利润率
四	规费	("一"+"二"+"三")×规费费率
五	税金	("一"+"二"+"三"+"四")×规费费率
六	市政工程费用合计	("一"+"二"+"三"+"四"+"五")×规费费率

(1) 直接工程费中的人工、材料、机械台班价格，除国有资金投资或国有资金投资为主的建设工程招标标底使用省统一发布的信息价外，其余工程均可由投标人根据拟建工程实际、市场状况及工程情况自主确定或执行发、承包双方约定单价。

(2) 参照定额规定记取的措施费是指市政工程消耗量定额中列有相应子目或规定有计算方法的措施项目费用，例如混凝土、钢筋混凝土模板及支架、脚手架费等（本类中的措施费有些要结合施工组织设计或技术方案计算）。

(3) 参照省发布费率记取的措施费是指按省建设厅主管部门根据市场情况和多数企业经营管理情况、技术水平测算发布了参考费率的措施项目费。包括环境保护费、文明施工、临时设施、夜间施工及冬雨期施工增加费、场地清理费等。

(4) 按施工组织设计（方案）记取的措施费是指承包人（投标人）按经批准的（投标的）施工组织设计（技术方案）计算的措施项目费，例如大型机械进出场及安拆费，施工排水、降水费用等。

(5) 参照定额规定记取的措施费和按施工组织设计（方案）计取的措施费中的人工、材料机械台班价格按第 1 条规定。

(6) 措施费中的人机费（RJ_2）是指按省价中人机单价计算的人机费与省发布费率及规定计取的人机费之和。参照省发布费率及规定计取的人机费：施工因素增加费为 94%，其余按 45%（总承包服务费不考虑）。

(7) 企业投标报价时，计算程序中除规费和税金的费率，均可按费用组成及计算方法自主确定，但环境保护费、文明施工费、临时设施费得费率不得低于省颁布费率的 92%；也可参照省发布的参考费率计价。

（三）定额计价的缺陷

在定额计价模式下，政府是制定工程造价的主体。它限定不同级别的施工企业在计取造价时必须执行同一种标准的“定额直接费”或“定额人工费”，业主只能处于从属地位，不能自主定价，只能按照政府的“取费标准”计算。其所产生的弊端如下。

(1) 反映不出建设先后顺序、主从关系和资金使用的时间、空间的秩序　只是单纯从会计的角度规定我国工程造价的构成，体现不出工程造价管理的清晰思路，实施起来容易混淆。

(2) 不能体现出建筑产品优质优价的原则　业主总是希望工程质量好，价格低，然而建造高质量的工程比建造普通合理的工程投入要大。目前，允许双方在自愿的原则下收取优良工程补偿费，但是如果一方不同意，所投入的费用就不能收回。

(3) 不利于招标工作的展开　现行的工程造价计算复杂，耗时费工，不但要套用“定额直接费”，还要计算材料价差及套用定额收取管理费等。从理论上讲，一样的图纸套用一样的定额，按一样的信息价计算，所得的结果应该是一样的。但是由于操作人员理解不同，水平有差异，往往得出的结果有很大差异，使得招标工作考察的并不是企业的综合能力，而是考核预算员的理解能力和运气，谁做的工程预算跟标底碰上了，谁中标的可能性就大，明显的不公平、不合理。

二、工程量清单计价的编制程序

工程量清单是表现拟建工程的分部分项项目、措施项目、其他项目名称和相应数量的明细清单，由招标人按照《建设工程工程量清单计价规范》(以下简称《计价规范》) 附录中的统一的项目编码、项目名称、计量单位和工程量计算规则进行编码，包括分部分项工程量清单、措施项目清单、其他项目清单、规费项目清单、税金项目清单。工程量清单计价是指投标人完成由招标人提供的工程量清单所需的全部费用，包括分部分项工程费、措施项目费、其他项目费和规费、税金。

（一）编制依据

(1) 工程量清单　工程量清单是计算分项工程量清单费、措施项目费、其他项目费的依据。工程量清单应由具有编制招标文件能力的招标人或受其委托具有相应资质的中介机构进行编制。

（2）建设工程工程量清单计价规范　工程量清单计价规范是编制综合单价、计算各项费用的依据。

（3）施工图　施工图是计算计价工程量，确定分部分项清单项目综合单价的依据。

（4）消耗量定额　消耗量定额是计算分部分项工程消耗量确定综合单价的依据。

（5）工料机单价　人工单价、材料单价、机械台班单价是编制综合单价的依据。

（6）税率及各项费率　税率是税金计算的基础、规费费率是计算各项规费的依据，有关费率是计算文明施工费等各项措施费得依据。

（二）清单计价的编制内容

（1）计算计价工程量　根据选用的消耗量定额和清单工程量、施工图计算计价工程量。

（2）套用消耗量定额、计算工料机消耗量　计价工程量完后再套用消耗量定额计算工料机消耗量。

（3）计算综合单价　根据分析出的工料机消耗量和确定的工料机单价以及管理费费率、利润率计算分部分项的综合单价。

（4）计算分部分项工程量清单费　根据分部分项清单和综合单价计算分部分项工程量清单费。

（5）计算措施项目费　根据措施项目清单和企业自身的情况自主计算措施项目费。

（6）计算其他项目费　根据其他项目清单和有关条件计算其他项目费。

（7）计算规费　根据政府主管部门规定的文件、计算有关规费。

（8）计算税金　根据国家规定的税金记取办法计算税金。

（9）工程量清单报价　将上述计算出的分部分项工程量清单费、措施项目费、其他项目费、规费、税金汇总为工程量清单报价。

（三）工程量清单计价的编制程序

参照《山东省建筑安装市政工程费用项目组成及计算规则》（2006 版），工程量清单计价的具体计算程序如表 1-2 所示。

三、工程量清单计价法与定额计价法的区别和联系

（一）两者的区别

1. 适用范围不同

全部采用国有投资资金或以国有投资资金为主的建设工程项目必须实行工程量清单计价。除此以外的工程，可以采用工程量清单计价模式，也可以采用定额计价模式。

2. 采用的计价方法不同

定额计价模式一般采有工料单价法计价。按定额计价时单位工程造价由直接工程费、间接费、利润、税金构成，计价时先计算直接费，再以直接费（或其中的人工费）为基数计算各项费用、利润、税金，汇总为单位工程造价。

工程量清单计价时采用综合单价法计价，造价由工程量清单费用（Σ清单工程量×项目综合单价）、措施项目清单费用、其他项目清单费用、规费、税金五部分构成，作这种划分的考虑是将施工过程中的实体性消耗和措施性消耗分开，对于措施性消耗费用只列出项目名称，由投标人根据招标文件要求和施工现场情况、施工方案自行确定，以体现出以施工方案为基础的造价竞争；对于实体性消耗费用，则列出具体的工程数量，投标人要报出每个清单

表 1-2 工程量清单计价程序

序号	费用名称	计算方法
一	分部分项工程费合价	$\sum_{i=1}^{n} J_i \cdot L_i$
	分部分项工程费综合单价(J_i)	"1"+"2"+"3"+"4"+"5"
	1. 人工费	∑(清单项目每计量单位工日消耗量×人工单价)
	1'. 省价人工费	∑(清单项目每计量单位工日消耗量×省价人工单价)
	2. 材料费	∑(清单项目每计量单位材料消耗量×材料单价)
	3. 施工机械使用费	∑(清单项目每计量单位施工机械台班消耗量×机械台班单价)
	3'. 省价机械费	∑(清单项目每计量单位施工机械台班消耗量×省价机械台班单价)
	4. 企业管理费	(1'+3')×管理费费率
	5. 利润	(1'+3')×利润率
	分部分项工程量(L_i)	按工程量清单数量计算
二	措施项目费	∑单项措施费
	单项措施费	某项措施项目基价+其中省价人机费×(管理费费率+利润率)
三	其他措施费	"(一)"+"(二)"
	(一)招标人部分	"(1)"+"(2)"+"(3)"
	(1)预留金	由招标人根据拟建工程实际计列
	(2)材料购置费	由招标人根据拟建工程实际计列
	(3)其他	由投标人根据拟建工程实际计列
	(二)投标人部分	"(4)"+"(5)"+"(6)"
	(4)总承包服务费	由招标人根据拟建工程实际或参照省发费率计列
	(5)零星工作项目费(按零星工作清单数量计列)	零星工作人机费+零星工作省价人机费×(管理费费率+利润率)+材料费
	(6)其他	由投标人根据拟建工程实际计列
四	规费	("一"+"二"+"三")×规费费率
五	税金	("一"+"二"+"三"+"四")×税率
六	市政工程费用合计	"一"+"二"+"三"+"四"+"五"

项目的综合单价。工程量清单计价，是实行投标人依据企业自己的管理能力、技术装备水平和市场行情，自主报价，定额其所报的工程造价实际上是社会平均价。

3. 分项工程单价构成不同

按定额计价时分项工程的单价是工料单价，即只包括人工、材料、机械费，工程量清单计价分项工程单价一般为综合单价，除了人工、材料、机械费，还要包括管理费（现场管理费和企业管理费）、利润和必要的风险费。采用综合单价便于工程款支付、工程造价的调整和工程结算，也避免了因为"取费"产生的一些无谓纠纷。综合单价中的直接费、费用、利润由投标人根据本企业实际支出及利润预期、投标策略确定，是施工企业实际成本费用的反映，是工程的个别价格。综合单价的报出是一个个别计价、市场竞争的过程。

4. 项目划分不同

按定额计价的工程项目划分即预算定额中的项目划分，一般土建定额有几千个项目，其划分原则是按工程的不同部位、不同材料、不同工艺、不同施工机械、不同施工方法和材料规格型号，划分十分详细。定额计价的项目一般一个项目只包括一项工程内容。如“混凝土管道敷设”清单项目包括了管道垫层、基础、管座、接口、管道敷设、闭水试验等多项工程内容，而“混凝土管道敷设”定额项目只包括了管道敷设这一项工程内容。

工程量清单计价的工程项目划分较之定额项目的划分有较大的综合性，新规范中土建工程只有177个项目，它考虑工程部位、材料、工艺特征，但不考虑具体的施工方法或措施，如人工或机械、机械的不同型号等，同时对于同一项目不再按阶段或过程分为几项，而是综合到一起，如混凝土，可以将同一项目的搅拌（制作）、运输、安装、接头灌缝等综合为一项，门窗也可以将制作、运输、安装、刷油、五金等综合到一起，这样能够减少原来定额对于施工企业工艺方法选择的限制，报价时有更多的自主性。工程量清单中的量应该是综合的工程量，而不是按定额计算的“预算工程量”。综合的量有利于企业自主选择施工方法并以之为基础竞价，也能使企业摆脱对定额的依赖，建立起企业内部报价及管理的定额和价格体系。

工程量清单计价项目基本以一个“综合实体”考虑，一般一个项目包括多项工程内容。

5. 计价依据不同

这是清单计价和按定额计价的最根本区别。按定额计价的唯一依据就是定额，而工程量清单计价的主要依据是企业定额，包括企业生产要素消耗量标准、材料价格、施工机械配备及管理状况、各项管理费支出标准等。目前可能多数企业没有企业定额，但随着工程量清单计价形式的推广和报价实践的增加，企业将逐步建立起自身的定额和相应的项目单价，当企业都能根据自身状况和市场供求关系报出综合单价时，企业自主报价、市场竞争（通过招投标）定价的计价格局也将形成，这也正是工程量清单所要促成的目标。工程量清单计价的本质是要改变政府定价模式，建立起市场形成造价机制，只有计价依据个别化，这一目标才能实现

6. 工程量计算规则不同

工程量清单计价模式下工程量计算规则必须按照国家标准《计价规范》执行，全国统一定额计价模式下工程量计算规则由一个地区（省、自治区、直辖市）制定，在本区域内统一。

7. 计量单位不同

工程量清单计价，清单项目是按基本单位如 m、kg、t 等。工程预算定额计价，计量单位可以不采用基本单位。基础定额中的计量单位除基本计量单位外有时出现不规范的复合单位，如 $100m^3$、$100m^2$、10m、100kg 等。但是大部分计量单位与相应定额子项的计量单位一致。不一致的例如：土（石）方工程中“计价规范”项目名称为“挖土方”，计量单位为“m^3”：“预算定额”项目名称为“人工挖土方”，计量单位为“$100m^3$”。

8. 采用的消耗量标准不同

定额计价模式下，投标人计价时采用统一的消耗量定额，其消耗量标准反映的是社会平均水平，是静态的。

工程量清单计价模式下，投标人可以采用自己的企业定额，其消耗量标准体现的是投标人个体的水平，是动态的。

9. 反映的成本价不同

工程预算定额计价，反映的是社会平均成本。工程量清单计价，反映的是个别成本。

10. 结算的要求不同

工程预算定额计价，结算时按定额规定工料单价计价，往往调整内容较多，容易引起纠纷。工程量清单计价，是结算时按合同中事先约定综合单价的规定执行，综合单价基本上是包死的。

11. 风险分担不同

定额计价模式下，工程量由各投标人自行计算，故工程量计算风险和单价风险均由投标人承担。所有的风险在不可预见费中考虑；结算时，按合同约定，可以调整。可以说投标人没有风险，不利于控制工程造价。

工程量清单计价模式下，使招标人与投标人风险合理分担，由招标人承担工程量计算风险，招标人相应在计算工程量时要准确，对于这一部分风险应由招标人承担，从而有利于控制工程造价。投标人承担单价风险，对自己所报的成本、综合单价负责，还要考虑各种风险对价格的影响，综合单价一经合同确定，结算时不可以调整（除工程量有变化），且对工程量的变更或计算错误不负责任。

（二）两者的联系

定额计价模式在我国已使用了多年，也具有一定的科学性和实用性。为了与国际接轨，我国于 2003 年开始推行工程量清单计价模式。由于目前是工程量清单计价模式的实施初期，大部分施工企业还没有建立和拥有自己的企业定额体系，因而，建设行政主管部门发布的定额，尤其是当地的消耗量定额，仍然是企业投标报价的主要依据。也就是说，工程量清单计价活动中，存在部分定额计价的成分，工程量清单计价方式占据主导地位，定额计价方式是一种补充方式。

第三节 市政工程费用

市政工程费用是组成市政工程预算的主要组成部分，市政工程费用由直接费、间接费、利润和税金四部分组成。在定额计价、清单计价模式下，上述费用的分列和计算方法有所不同。

一、定额计价法市政工程费用项目的构成

定额计价法市政工程费用项目的构成如图 1-1 所示。

（一）直接费

直接费由直接工程费和措施费组成。

1. 直接工程费（基价直接费、基本直接费）

直接工程费是指施工过程中耗费的构成工程实体和有助于工程形成的各项费用，包括人工费、材料费、施工机械使用费。

直接工程费＝人工费＋材料费＋机械费

（1）人工费　直接从事建筑市政工程施工的生产工人开支的各项费用。

人工费＝∑(工日消耗量×日工资单价)

$$日工资单价(G) = \sum_{1}^{5} G$$

人工费的内容包括以下几项：

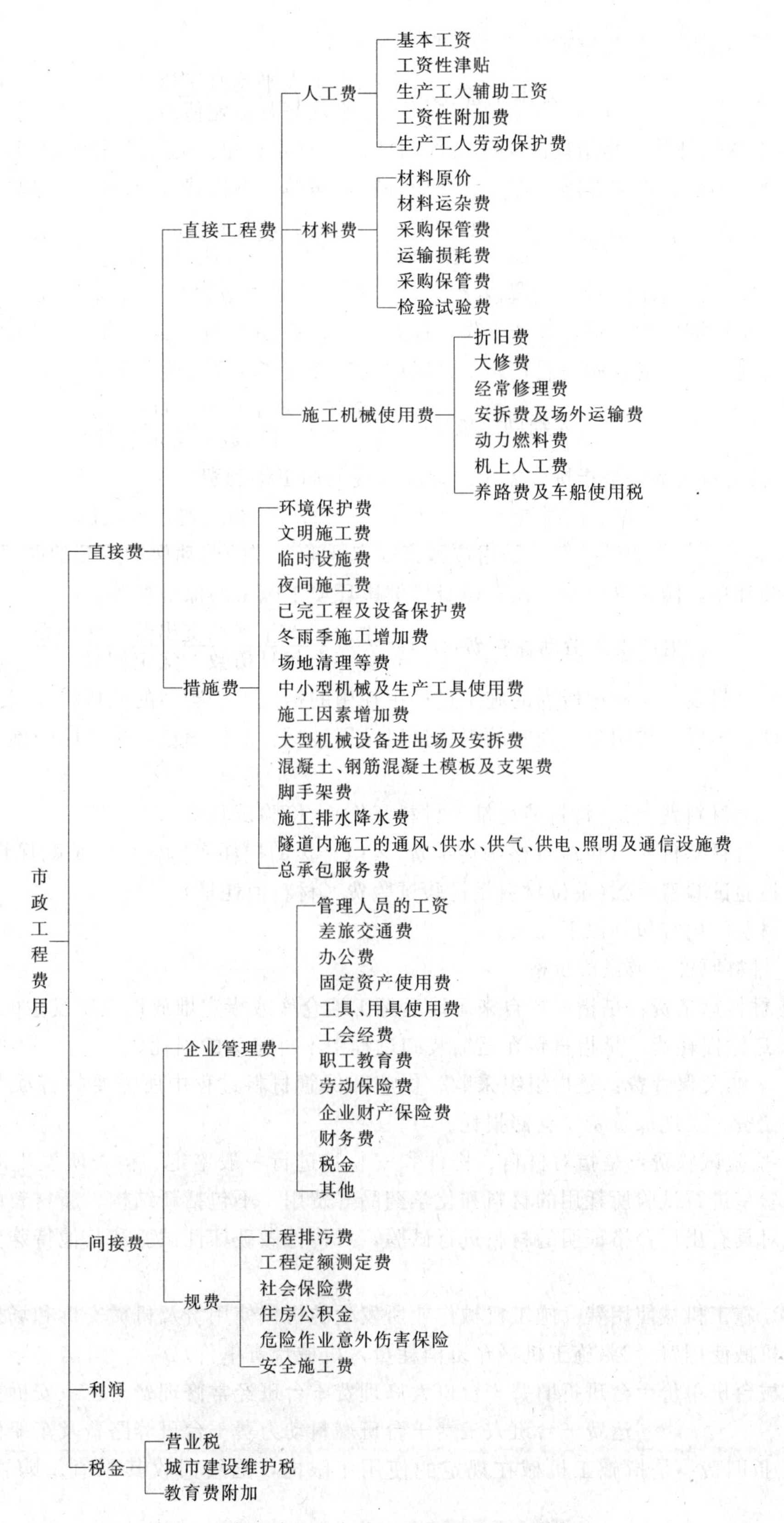

图 1-1　定额计价法市政工程费用项目的构成

① 基本工资　是指发放生产工人的基本工资。

$$基本工资(G_1)=\frac{生产工人平均月工资}{年平均每月法定假日}$$

② 工资性补贴　是指按国家政府部门的政策规定标准发放的各种工资性津贴。如粮食补贴、副食补贴、粮油补贴、煤贴、交通补贴、房贴、书报费及流动施工津贴等。

$$工资性补贴(G_2)=\frac{\sum 年发放标准}{全年日历数-法定假日}+\frac{\sum 月发放标准}{年平均每月法定假日}+每工作日发放标准$$

③ 生产工人辅助工资　是指生产工人年有效施工天数以外非作业天数的工资，包括职工学习、培训期间的工资，调动工作、探亲、年休假期间的工资，因气候影响的停工工资，女工哺乳时间的工资，病伤假在六个月以内的工资及产、婚、丧假期的工资。

$$生产工人辅助工资(G_3)=\frac{全年无效工作日\times(G_1+G_2)}{全年日历数-法定假日}$$

④ 职工福利费　是指按国家规定标准计提的职工福利费。

$$职工福利费(G_4)=(G_1+G_2+G_3)\times 福利费计提比例$$

⑤ 生产工人劳动保护费　是指按国家规定标准发放的劳动保护用品的购置费及修理费，徒工服装补贴，防暑降温费，在有碍身体健康环境中施工的保健费等。

$$生产工人劳动保护费(G_5)=\frac{生产工人年平均支出劳动保护费}{全年日历数-法定假日}$$

（2）材料费　定额中所列的施工过程中耗用的构成工程实体的原材料、辅助材料、构配件、零件、半成品的用量、规定的损耗量以及周转材料的摊销量，按相应的预算价值计算的费用。

材料费＝∑(材料消耗量×材料基价)＋检验试验费

材料基价＝[(供应价格＋运杂费)×(1＋援助损耗率)]×(1＋采购保管费率)

检验试验费＝∑(单位材料量检验试验费×材料消耗量)

材料费的内容包括以下几项。

① 材料原价（或供应价格）。

② 材料运杂费：是指材料自来源地运至工地仓库或指定堆放地点所发生的全部费用。

③ 运输损耗费：是指材料在运输装卸过程中不可避免的损耗。

④ 采购及保管费：是指组织采购、供应和保管材料过程中所需要的各项费用。包括购费、仓储费、工地保管费、仓储损耗。

⑤ 检验试验费：是指对材料、构件和安装物进行一般鉴定、检查所发生的费用，包括自设实验室进行试验所耗用的材料和化学药品等费用。不包括新结构、新材料的试验费和建设单位对具有出厂合格证明的材料进行试验，对构件做破坏性试验和其他特殊要求检验试验的费用。

（3）施工机械使用费　施工机械作业所发生的机械使用费及机械安拆和场外运费。

施工机械使用费＝∑(施工机械台班消耗量×机械台班单价)

机械台班单价＝台班折旧费＋台班大修理费＋台班经常修理费＋台班安拆费及场外运费＋台班人工费＋台班燃料动力费＋台班养路费及车船使用费

① 折旧费　是指施工机械在规定的使用年限内，陆续回收其原值及购置资金的时间价值。

② 大修费　是指施工机械按规定的大修间隔台班进行必要地大修，以恢复其正常功能

所需的费用。

③ 经常修理费　是指施工机械大修以外的各级保养和临时故障排除所需要的费用。包括为保障机械正常运转所需替换设备与随机配备工具附具的摊销和维护费用，机械运转中日常保养所需润滑与擦拭的材料费及机械停滞期间的维护和保养费用等。

④ 安拆费及场外运费　安拆费是指施工机械现场进行安装和拆卸所需的人工、材料、机械和试运转费用以及机械辅助设施的折旧、搭设、拆除等的费用；场外运费是指施工机械整体或分体自停放地点运至施工现场或由一个施工地点运至另一个施工地点的运输、装卸、辅助材料及架线等费用。

⑤ 人工费　是指机上司机（或司炉）和其他操作人员的工作日人工费及上述人员在施工机械规定的年工作台班以外的人工费。

⑥ 燃料动力费　是指机械在运转作业中所消耗的固体燃料（媒、木柴）、液体燃料（柴油、汽油）及水、电等。

⑦ 养路费及车船使用费　是指施工机械按照国家规定和有关部门规定应缴纳的养路费、车船使用费、保险费及年检费等。

2. 措施费

措施费是指为完成工程项目施工，发生于该工程施工前和施工过程中非实体项目的费用。内容包括以下几方面。

（1）环境保护费　是指施工现场为达到环保部门的要求所需的各项费用。

$$环境保护费=直接工程费(或其中的人、机费)\times环境保护费费率$$

$$环境保护费费率(\%)=\frac{本项费用年度平均支出}{全年建安产值\times直接工程费(或其中人、机费)占总造价的比例}\times100\%$$

（2）文明施工费　是指施工现场文明施工所需的各项费用。

$$文明施工费=直接工程费(或其中的人、机费)\times文明施工费费率$$

$$文明施工费费率(\%)=\frac{本项费用年度平均支出}{全年建安产值\times直接工程费(或其中人、机费)占总造价的比例}\times100\%$$

（3）临时设施费　是指企业为进行市政工程施工，所必需搭设的生活和生产用的临时建筑物、构筑物合其他临时设施费用等。包括临时设施的搭设、维修、拆除及其摊销费。

临时设施包括临时宿舍、食堂、文化福利及公用事业房屋与构筑物、仓库、办公室、加工厂以及规定范围以内的道路、水、电、管线等临时设施和小型临时设施。

$$临时设施费=(周转使用临建费+一次性使用临建费)\times(1+其他临时设施费所占比例)$$

其中：

① $周转使用临建费=\sum\left[\frac{临建面积\times每平方米造价}{使用年限\times365\times利用率}\times工期(天)\right]+一次性拆除费$

② $一次性使用临建费=\sum临建面积\times每平方米造价\times(1-残值率)+一次性拆除费$

③ 其他临时费

$$临时设施费=直接工程费(或其中的人、机费)\times临时设施费费率$$

$$临时设施费费率(\%)=\frac{本项费用年度平均支出}{全年建安产值\times直接工程费(或其中人、机费)占总造价的比例}\times100\%$$

（4）夜间施工费　指由于施工技术规范和设计要求，必须在夜间连续施工而发生的费用。包括照明设施及其摊销费、人工和机械夜间施工降效费和夜餐补助费。

该费用中不包括：施工企业自行安排和为提前竣工而采取夜间施工所发生的上述费用，

建设单位要求提前竣工发生的夜间施工增加费，按当地政府部门有关规定计取。

$$夜间施工增加费=\left(1-\frac{合同工期}{定额工期}\times\frac{直接工程费中的人工费合计}{平均日工资单价}\right)\times每工日夜间施工费开支$$

或：夜间施工增加费＝直接工程费(或其中的人、机费)×夜间施工增加费费率

$$夜间施工增加费费率(\%)=\frac{本项费用年度平均支出}{全年建安产值\times直接工程费(或其中人、机费)占总造价的比例}\times100\%$$

(5) 已完工程及设备保护费　是指竣工验收前，对已完工程及设备进行保护所需费用。

已完工程及设备保护费＝成品保护所需人工费＋材料费＋机械费

或：已完工程及设备保护费＝直接工程费(或其中的人、机费)×已完工程及设备保护费费率

$$已完工程及设备保护费费率(\%)=\frac{本项费用年度平均支出}{全年建安产值\times直接工程费(或其中人、机费)占总造价的比例}\times100\%$$

(6) 冬雨期施工增加费　是指市政工程在冬雨期施工时，为了保证工程质量和施工质量，所采取的防寒、保温和防雨、防滑、排除雨雪、污水等各种技术措施工时增加的费用。包括材料费、人工费、设施摊销费以及人工、机械的施工降效费。

① 冬期施工增加费＝拟建工程合同工期内冬期施工采取保温措施所需的人工费＋材料费＋人工降效费＋施工机械降效费＋施工规费规定的技术措施费

② 雨期施工增加费＝拟建工程合同工期内雨期施工采取防护措施及排水措施所需的人工费＋材料费＋人工降效费＋施工机械降效费

冬雨期施工增加费＝“①”＋“②”

或：冬期施工增加费＝直接工程费(或其中的人、机费)×冬期施工增加费费率

$$冬期施工增加费费率(\%)=\frac{本项费用年度平均支出}{全年建安产值\times直接工程费(或其中人、机费)占总造价的比例}\times100\%$$

(7) 场地清理等费用　是指工程定位复测，工程交点、场地清理等费用。

(8) 中小型机械及生产工具使用费　是指施工生产所需的单位价值在2000元以下的中小型机械及工具用具使用费。

(9) 施工因素增加费　是指有市政工程的施工环境特点又不属于临时设施范围，并在施工前可预见的因素所发生的费用。包括开工登报、防行车、行人干扰的一般措施及路面保护费、地下工程的街头交叉处理与恢复措施，因不断绝交通而降低工效所发生的费用以及因场地狭小等特殊情况而发生的材料二次搬运费，该项目分省辖地级市建成区、县级市建成区、县城及镇建成区三个层次，无交通干扰的未建成区施工工程不得记取该项费用。

(10) 大型机械设备进出场及安拆费　是指机械整体或分体自停放场地运至施工现场或由一个施工地点运至另一个施工地点，所发生的机械进出场运输转移费用及机械在施工现场进行安装、拆卸所需的人工费、材料费、机械费、试运转费和安装所需的辅助设施的费用。也可按批准的施工组织设计（施工方案）单独计算。

$$大型机械设备进出场及安拆费=\frac{一次进出场及安拆费\times年平均安拆系数}{年工作台班}$$

(11) 混凝土、钢筋混凝土模板及支架费　是指混凝土施工过程中所需的各种钢模板、木模板、支架等的支、拆、运输费用及模板、支架的摊销（或租赁）费用。

(12) 脚手架费　是指工程需要的各种脚手架的搭、拆、运输费用以及脚手架的摊销（或租赁）费用。

① 脚手架搭拆费＝脚手架摊销量×脚手架价格＋搭、拆、运输费

$$脚手架摊销量=\frac{单位一次使用量\times(1-残值率)\times一次使用期}{耐用期}$$

② 租赁费＝脚手架每日租金×搭设周期＋搭、拆、运输费

租赁费也可参照消耗量定额规定计算。

(13) 施工排水、降水费　是指确保工程在正常条件下施工，采取各种排水、降水措施降低地下水位所发生的各种费用。

施工排水降水费＝∑排水降水台班费×排水降水周期＋排水降水使用材料费、人工费

(14) 隧道内施工的通风、供水、供气、供电、照明及通信设施费　为满足隧道内的施工要求，临时设置的通风、供水、供气、供电、照明及通信设施所发生的费用。

(15) 总承包服务费　指为配合、协调工程发包人另行专业分包所发生的费用。可参照相应规定记取。

(二) 间接费

间接费有规费和企业管理费组成。

1. 规费

规费是指政府和有关部门规定的必须缴纳的费用。根据本地区典型工程发承包价的分析资料综合取定规费计算所需数据。

(1) 每万元发承包价中人工费含量和机械费含量。

(2) 人工费占直接费的比例。

(3) 每万元发承包价中所含规费缴纳标准的各项基数。

规费费率的计算公式如下。

① 以直接费为计算基础

$$规费费率(\%)=\frac{\sum(规费缴纳标准\times每万元发承包价计算基数)}{每万元发承包价中人工费含量}\times人工费占直接费的比例$$

② 以人工费和机械费合计为计算基础

$$规费费率(\%)=\frac{\sum(规费缴纳标准\times每万元发承包价计算基数)}{每万元发承包价中人工费含量和机械费含量}\times人工费占直接费的比例$$

③ 以人工费为计算基础

$$规费费率(\%)=\frac{\sum(规费缴纳标准\times每万元发承包价计算基数)}{每万元发承包价中人工费含量}\times100\%$$

规费的内容包括以下几方面。

(1) 工程排污费　是指施工现场按规定缴纳的工程排污费。

(2) 工程定额测定费　是指施工现场按规定缴纳工程造价（定额）管理部门的定额测定费（此项已不计取）。

(3) 社会保障费

① 养老保障金　是指企业按照国家规定标准为职工缴纳的基本养老保险。

② 失业保险费　是指企业按照国家规定标准为职工缴纳的失业保险费。

③ 医疗保险费　是指企业按照国家规定标准为职工缴纳的基本医疗保险。

(4) 住房公积金　是指企业按照规定标准为职工缴纳的住房公积金。

(5) 危险作业意外伤害险　是指按照建设法规定，企业为从事危险作业的施工人员支付的意外伤害保险。

（6）安全施工费　是指按照《建设工程安全生产管理条例》规定，为保证施工现场安全施工所必需的各项费用。

2. 企业管理费

企业管理费是指市政工程施工企业组织施工生产和经营管理所需费用。企业管理费费率有三种计算方法。

① 以直接费为计算基础

$$企业管理费费率(\%)=\frac{生产工人年平均管理费}{年有效施工天数\times人工单价}\times人工费占直接费的比例$$

② 以人工费和机械费合计为计算基础

$$企业管理费费率(\%)=\frac{生产工人年平均管理费}{年有效施工天数\times(人工单价+每日机械使用费)}\times人工费占直接费的比例$$

③ 以人工费为计算基础

$$企业管理费费率(\%)=\frac{生产工人年平均管理费}{年有效施工天数\times人工单价}\times100\%$$

企业管理费内容包括以下方面。

（1）管理人员的工资　管理人员是指施工现场和企业中的政治、行政、经济、技术试验、警卫、消防、炊事、勤杂以及行政管理部门的汽车司机等人员。管理人员不包括职工福利费、工会经费、采购保管费中和营业外开支的人员。

管理人员的工资由基本工资、工资性津贴、职工福利费和劳动保护费组成。工资性津贴包括粮油补贴、副食补贴、肉贴、冬煤补贴、住房补贴、图书补贴、交通补贴和施工流动津贴等。职工福利费是指按国家规定计算支付的工作人员的福利费。劳动保护费是指按国家有关部门规定标准发放给企业工作人员的劳动保护用品购置费、保健食品费、洗澡费、防暑降温费。

（2）办公费　是指企业行政管理办公用的文具、纸张、账表、复印、打字、技术资料、印刷、邮电、通信、书报、会议、水电、燃煤（包括现场临时住房取暖）、燃气、烧水等费用。

（3）差旅交通费　是指职工因公出差、工作调动期间的差旅费、住勤补助费、市内交通费和误餐补助费、职工探亲路费、劳动力招募费、职工离退休或退职一次性路费、工伤人员就医路费、二地转移费以及企业管理使用的交通工具的动力燃料费、养路费及牌照费等。

（4）固定资产使用费　是指企业行政管理和试验部门使用的属于固定资产的房屋、设备、仪器等折旧基金、大修基金、维修费、租赁费等。

（5）工具、用具使用费　是指企业行政管理使用的不属于固定资产的工具、器具、家具、交通工具和检验、试验、测绘、消防用具等的购置、维修和摊销费。

（6）劳动保险费　是指企业支付离退休职工的异地安家补助费、职工退休金、六个月以上的病假人员工资、职工死亡丧葬补助费、抚恤费、按规定支付给离休干部的各项经费。

（7）工会经费　是指企业工会组织开展工作，按国家规定在职工工资总额中提取的工会经费。

（8）职工教育经费　是指企业为职工学习先进技术和提高文化水平，按国家有关规定，在全员工资总额中计提的费用。

（9）财产保险费　是指施工管理用的财产、车辆保险。

（10）财务费 是指企业在经营期间，为筹集资金而发生，按规定支付的贷款利息净支出，金融机构手续费以及其他财务费用。

（11）税金 是指企业按规定交纳的房产税、车船使用税、土地使用税、印花税等。

（12）其他 包括技术转让费、技术开发费、业务招待费、绿化费、广告费、公证费、法律顾问费、审计费、咨询费等。

（三）利润

按规定应计入市政工程造价的利润，对不同项目、不同投资来源或工程类别，实行差别利润率。

（四）税金

税金是指按国家税法规定应计入市政工程造价内的营业税、城市建设维护税和教育费附加税。

$$税金=税前造价(含利润)\times税率$$

税率按纳税所在地不同有取值不同，具体如下。

① 纳税地点在市区的企业

$$税率(\%)=\frac{1}{1-3\%-3\%\times7\%-3\%\times4\%}-1$$

② 纳税地点在县城、镇的企业

$$税率(\%)=\frac{1}{1-3\%-3\%\times5\%-3\%\times4\%}-1$$

③ 纳税地点不在市区、县城、镇的企业

$$税率(\%)=\frac{1}{1-3\%-3\%\times1\%-3\%\times4\%}-1$$

二、工程量清单计价法市政工程费用项目的构成

工程量清单计价法市政工程费用项目的构成如图 1-2 所示。

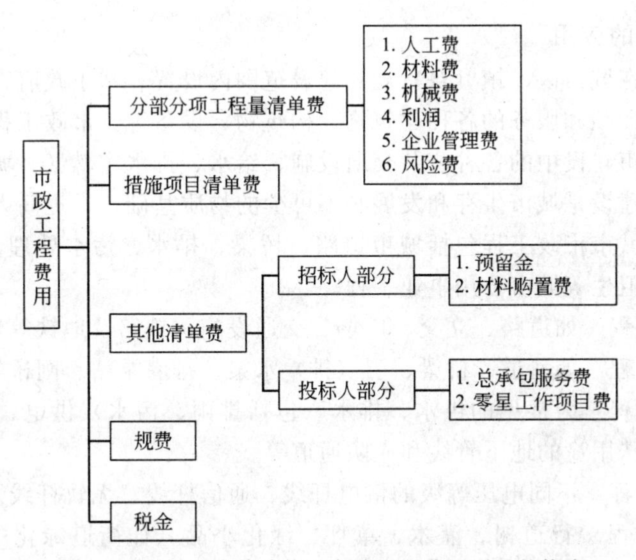

图 1-2 工程量清单计价法市政工程费用项目的构成

（一）分部分项工程量清单费

分部分项工程量清单费包括了完成分部分项工程量清单项目所需的人工费、材料费、机

械使用费、利润、企业管理费、风险费用。

人工费、材料费、机械使用费、利润、企业管理费的概念、组成与定额计价模式相同。

风险费用是指为在完成分部分项工程量清单项目过程中可能出现的不可预见的风险而预备的费用。

（二）措施项目清单费

措施项目清单费包括的15项费用的概念、组成与定额计价模式相同。

（三）其他项目清单费

1. 预留金

预留金是指招标人为可能发生的工程量变更而预留的金额。这里的工程量变更主要是指工程量清单漏项或有误引起的工程量的增加以及工程施工中的设计变更引起的标准提高或工程量的增加。

2. 材料购置费

材料购置费是指在招标文件中规定由招标人采购的拟建工程的材料费。

3. 总承包服务费

总承包服务费是指为配合协调招标人进行的工程分包或材料采购的费用。

4. 零星工作项目费

零星工作项目费是指完成招标人提出的，不能以实物量计量的零星工作项目所需的费用。零星工作项目费根据零星工作项目表计算。零星工作项目表应根据拟建工程的具体情况，详细列出零星工作所需的人工、材料、机械的名称、计量单位、数量，并随工程量清单发至投标人。

（四）规费

规费包括的各项费用的概念与定额计价模式相同。

（五）税金

税金包括的各项费用的概念与定额计价模式相同。

三、费用定额的应用

市政设施是指在城市区、镇（乡）规划建设范围内设置、基于政府责任和义务为居民提供有偿或无偿公共产品和服务的各种建筑物、构筑物、设备等。市政工程一般是属于国家的基础建设，是指城市建设中的各种公共交通设施、给水、排水、燃气、城市防洪、环境卫生及照明等基础设施建设是城市生存和发展必不可少的物质基础，是提高人民生活水平和对外开放的基本条件。城市市政工程包括城市道路、桥梁、排水、污水处理、城市防洪、园林、绿化、路灯、环境卫生等城市公用事业工程。

① 道路交通工程　如道路、立交、广场、交通设施、铁路及地铁等轨道交通设施。

② 河湖水系工程　如河道、桥梁、引（排）水渠、排灌泵站、闸桥等水工构筑物。

③ 地下管线工程　为常见的供水、排水（包括排雨、污水）供电、通信、供煤气、供热的管线部分及特殊用途的地下管线和人防通道等。

④ 架空杆线工程　不同电压等级的供电杆线、通信杆线、无轨杆线及架空管线。

⑤ 街道绿化工程　行道树、灌木、草坪、绿化小品（如街道绿化中的假山石、游廊、画架、水池、喷泉等）、构筑物占主要部分的各市政专业工程场（厂）、站、点。

（一）工程类别的划分

市政工程类别的划分，是根据市政工程的规模、繁简、施工技术难易程度进行确定的。

共分为道路工程、桥涵工程、排水工程、隧道工程、给水工程、供气工程、供热工程及路灯工程。具体的划分标准见表 1-3。

表 1-3　市政工程类别的划分标准

名称	类别	工程类别	
道路工程	一类主干道	沥青混凝土路面	面层厚≥10cm
		水泥混凝土路面	面层厚＞22cm
		广场、机场里面≥8000m²	
	二类次干道	沥青混凝土路面	6cm≤面层厚＜10cm
		水泥混凝土路面	18cm＜面层厚≤22cm
		3000m²≤广场、机场里面＜8000m²	
	三类支路	沥青混凝土路面	面层厚＜6cm
		水泥混凝土路面	面层厚≤18cm
		广场、机场里面＜3000m²	
桥涵工程	一类	单跨跨径≥30m 且多孔跨径总长＞100m 的桥梁	
	二类	10m≤单跨跨径＜30m 且 50m≤多孔跨径总长＜100m 的桥梁	
	三类	单跨跨径＜10m 的桥梁	
排水工程	一类	1. 顶管工程；2. 管径≥ϕ1200mm；3. 沉井≥15m 4. 排水设备安装；5. 排水沟渠断面＞4m²（净断面）	
	二类	1. 管径＞ϕ600mm；2. 沉井＜15m； 3. 2m²≤排水沟渠断面≤4m²（净断面）	
	三类	1. 管径≤ϕ600mm；2. 排水沟渠断面＜2m²（净断面）	
隧道工程	一类	截面净宽≥9m	
	二类	7m≤截面净宽＜9m	
	三类	截面净宽＜7m	
给水工程	一类	1. 管道试验压力≥1MPa；2. *DN*≥1000mm	
	二类	管道试验压力≥0.7MPa	
	三类	一、二类除外	
供气工程	一类	1. 焊缝有探伤要求的管道且管径 ϕ300mm；2. 调压站（区域）	
	二类	1. 无探伤要求且管径≥ϕ300mm；2. 有探伤要求且管径＜ϕ300mm	
	三类	一、二类除外	
供热工程	一类	1. 中压以上；2. 管径≥ϕ400mm 且有探伤要求	
	二类	管径≥ϕ200mm 且有探伤要求的管道	
	三类	一、二类除外	
路灯工程	一类	1. 高杆灯（15m 以上）；2. 桥栏杆灯；3. 高架路灯	
	二类	1. 高杆灯（15m 以下）；2. 包箍灯臂长 0.7m 以上； 3. 桥栏装饰灯；4. 地灯；5. 地缆	
	三类	一、二类除外	

（二）工程类别划分说明

1. 道路工程

按道路交通功能分类。

（1）高速干道 城市道路设有中央分隔带，具有4条以上车道，全部或部分采用立体叉与控制出入，供车辆高速行驶的道路。

（2）主干道 在城市道路网中起骨架作用的道路。

（3）次干道 城市道路网中的区域性干路，与主干道相连，构成完整的城市干路系统。

（4）支路 城市道路网中的干路以外联系次干路或供区域内部使用的道路。

（5）街道 在城市范围全部或大部分地段两侧建有各式建筑物，设有人行道和各种市公用设施的道路。

（6）居民（厂）区道路 以住宅（厂房）建筑为主体的区域内道路。

2. 桥涵工程

（1）单独桥涵按桥涵分类，附属于道路工程的桥涵，按道路工程分类。

（2）单独立交桥工程按立交桥层数进行分类；与高架路相连的立交桥，执行立交桥类别。

3. 隧道工程

按隧道类型及隧道内截面净宽度进行分类。

4. 给排水工程

按管径大小分类。

（1）顶管工程包括挤压顶进。

（2）在一个给水或排水工程中有两种及其以上不同管径时，按最大管径确定类别。

（3）给水、排水管道包括附属于本类别的挖土和管道附属构筑物、设备安装。

5. 供气、供热工程

按供气、供热管道外径大小分类。

（1）在一个供气或供热管道工程中有两种及其以上不同管外径时，按最大管外径确定类别。

（2）供气、供热管道包括管道挖土和管道附属构筑物。

6. 其他

（1）某专业工程有多种情况的，符合其中一种情况，即为该类别。

（2）除另有说明外，多个专业工程一同发包时，按专业工程类别最高者作为该工程的类别。

（3）道路或桥涵工程附属的人行道、挡土墙、护坡、围墙等工程按道路或桥涵工程分类。

（4）单独附属工程按相应主体工程的三类取费标准计取。

（5）与其他专业工程一同发包的路灯或交通设施工程要单独划分工程类别。

（6）交通设施工程包括交通标志、标线、护栏、信号灯、交通监控工程等。

（三）费率标准

根据《山东省建筑安装市政工程费用组成及计算规则》（2006版），所列费率为参考费率，签订合同时，发承包双方可在此基础上，以合同约定。编制招标过程标底时，可按所列费率进行编制。企业管理费费率、利润率按不同的工程类别确定。具体各项的费率如表1-4～表1-6所示。

表 1-4 直接费 %

项目 类别			企业管理费	规费					
				社会保障费	工程排污费	工程定额测定费	住房公积金	危险作业意外伤害保险	安全施工费
计算基础			见计算程序						
一	道路工程	一类	16.58	2.6		按有关部门规定记取			由各市政工程造价管理部门确定
		二类	14.03						
		三类	12.94						
二	桥梁工程	一类	19.37			按有关部门规定记取			
		二类	17.66						
		三类	15.85						
三	排水工程	一类	18.98			按有关部门规定记取			
		二类	16.79						
		三类	14.46						
四	隧道工程	一类	16.46			按有关部门规定记取			
		二类	15.01						
		三类	13.47						
五	给水工程	一类	30.08			按有关部门规定记取			
		二类	25.55						
		三类	22.24						
六	供气工程	一类	24.81			按有关部门规定记取			
		二类	22.29						
		三类	20.05						
七	供热工程	一类	19.44			按有关部门规定记取			
		二类	16.69						
		三类	15.83						
八	路灯工程	一类	28.72			按有关部门规定记取			
		二类	24.39						
		三类	21.55						

表 1-5 措施费 %

专业名称 费用名称		道路工程	桥梁工程	排水工程	隧道工程	给水工程	燃气工程	供热工程	路灯工程
1 环境保护费		0.47	0.51	0.49	0.43	1.78	1.08	1.18	0.53
2 文明施工费		1.21	1.31	1.27	1.11	4.45	2.71	2.96	1.33
3 临时设施费		4.74	5.03	4.55	4.28	6.11	5.53	4.71	4.59
4 夜间施工费		0.10	0.10	0.13	0.09	0.30	0.21	0.19	0.09
5 冬、雨期施工增加费		0.95	0.71	0.82	0.60	2.00	1.46	1.23	0.91
6 场地清理费		0.13	0.09	0.11	0.08	0.26	0.18	0.15	0.13
7 中小型机械及工具用具使用费		2.09	1.80	1.98	1.53	3.17	2.37	2.31	2.11
8 总承包服务费		0.47	0.51	0.49	0.43	1.78	1.08	1.18	0.53
以上合计		10.16	10.06	9.84	8.55	19.85	14.62	13.91	10.22
9 已完工程及设备保护费		按有关部门规定记取							
10 大型接卸设备进出场及安拆费									
11 混凝土、钢筋混凝土模板及支架费									
12 脚手架费									
13 施工排水、降水费									
14 隧道内施工的通风、供气、给水、供电、照明及通信设施费									
15 施工因素增加费	地级市	2.03	1.65	1.53	1.40	3.06	2.22	1.88	1.96
	县级市	1.50	1.27	1.07	1.40	3.06	2.22	1.88	1.96
	县城及镇	1.06	0.89	0.75	0.75	1.59	1.03	0.91	0.95

表 1-6 利润、税金 %

专业名称/费用名称		道路工程			桥涵工程			排水工程			隧道工程		
		一类	二类	三类	一类	二类	三类	一类	二类	三类	一类	二类	三类
利润		10.20	5.94	3.52	16.63	6.94	5.00	10.01	5.88	4.58	10.74	5.90	4.25
税金	市区	3.44			3.44			3.44			3.44		
	县城或镇	3.38			3.38			3.38			3.38		
	市、县或镇以外	3.25			3.25			3.25			3.25		

专业名称/费用名称		给水工程			燃气工程			供热工程			路灯工程		
		一类	二类	三类	一类	二类	三类	一类	二类	三类	一类	二类	三类
利润		30.54	25.52	7.66	22.01	13.16	6.50	27.27	11.82	5.82	10.63	5.81	3.93
税金	市区	3.44			3.44			3.44			3.44		
	县城或镇	3.38			3.38			3.38			3.38		
	市、县或镇以外	3.25			3.25			3.25			3.25		

本章小结

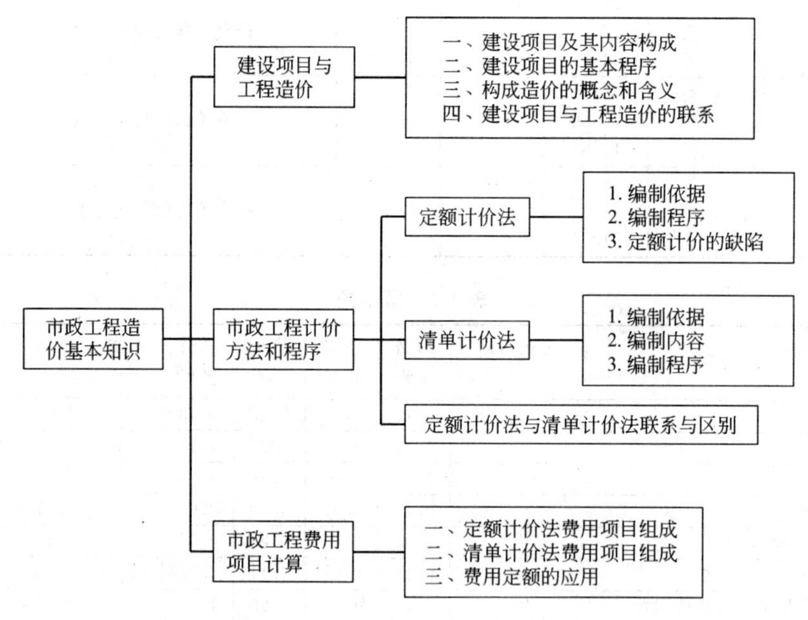

复习思考题

1. 建设项目的含义及构成是什么？
2. 工程建设项目的程序分为哪几个阶段？
3. 工程造价有什么特点？如何进行工程造价的控制？
4. 定额计价法的编制程序是什么？
5. 清单计价法的编制程序是什么？
6. 定额计价法和清单计价法的差异是什么？
7. 简述市政工程定额计价法的费用构成。
8. 简述市政工程清单法的费用构成。

第二章 市政工程定额

知识目标

● 了解定额的概念、定额的特性；企业定额的特点及作用。

● 理解定额的编制依据，企业定额的编制步骤。

● 掌握定额的作用，市政工程施工定额的编制依据及其在施工中的作用，企业定额的编制方法；市政工程消耗量定额的作用及编制依据，山东省市政工程消耗量定额的组成和内容及其在工程造价中的应用；市政工程价目表的组成和内容。

能力目标

● 能解释定额的概念；定额的特性；企业定额的特点及作用。

● 能写出定额的编制依据，企业定额的编制步骤，市政工程消耗量定额和价目表的组成及内容。

● 能够进行消耗量定额和价目表的使用。

第一节 定额概述

一、定额的基本概念

用来计算工程造价的基础性资料总称为计价依据，它包括定额、指标、费率、基础单价、工程量数据及政府主管部门颁发的各种有关经济政策、法规和计价方法等。其中，定额是一个主要的计价依据。

定额是指在合理地生产组织、使用资源和合理的生产技术条件下，经国家和主管部门科学测定、分析和计算，合理确定的完成单位合格产品或完成一定量工作所必须消耗的人工、材料、机械的数量标准。

总的来说，定额就是指在一定生产（施工）组织和生产（施工）技术条件下，完成单位合格产品，人力、物力（材料、机械）和资金消耗的数量标准也称额度，它反映工程施工中生产与生产消耗之间的关系。

定额虽然是管理科学发展初期的产物，但它在企业管理中一直有重要地位，因为定额提供的基本管理数据，始终是实现科学管理的必备条件，即使是数学方法和电子计算机普通应用，也不能降低它的作用，所以定额是科学管理的基础，也是管理科学中的一门学科。

二、定额的特性

我国市政工程定额具有科学性、法令性、群众性、统一性、稳定性和时效性的特点。

1. 定额的科学性

定额水平是一定时期社会生产力水平的反映，它与操作人员的技术水平、机械化程度、新材料、新工艺、新技术的发展和应用有关，与企业的组织管理水平和全体技术人员的劳动积极性有关。定额的科学性，表现为生产成果和生产消耗的客观规律和科学的管理方法。定额的编制是采用技术测定法、统计计算法等科学的方法，在认识研究施工生产过程客观规律的基础上，通过长期的观察、测定、统计分析总结生产实践经验以及广泛搜集现场资料的基础上确定各项消耗量标准。在编制过程中，对工作时间、现场布置、工具设备的改革、工艺过程以及施工生产技术与组织管理等方面进行科学的研究分析，力求定额水平合理，形成一套系统的、完善的、在实践中行之有效的方法。简而言之，用科学的方法编制定额，因而定额具有科学性。

2. 定额的法令性

定额的法令性主要表现在定额的权威性和强制性两个方面，是指定额一经国家、地方主管部门或授权单位颁发，各地区及有关施工企业单位，都必须严格遵守和执行，不得随意改变定额的结构形式和内容，不得任意变更定额的水平，如需要进行调整、修改和补充，必须经授权部门批准。

值得注意的是，定额毕竟是主观对客观的反映，定额的科学性受人们认识水平的限制，所以定额的法令性也不能绝对化。随着投资体制的改革和投资主体的多元化格局的形成，以及企业经营机制的转变，定额法令性的特点也会弱化。施工企业本身的定额管理能力逐渐提高，以适应市场经济形势下的经济政策。

3. 定额的群众性

定额的制定和执行都具有广泛的群众基础。首先，定额的制定来源于广大职工群众的生产（施工）活动，是在广泛听取群众意见并在群众直接参与下制定的。其次，定额要依靠广大群众贯彻执行，并通过广大职工的生产（施工）活动，进一步提高定额水平。

4. 定额的统一性

为了使国民经济按照既定的目标发展，需要借助于标准、定额、参数等，对工程建设进行规划、组织、调节、控制。而这些标准、定额、参数必须在一定范围内是一种统一的尺度，才能对项目的决策、设计范围、投标报价、成本控制进行比选和评价。

5. 定额的稳定性和时效性

定额是定与变的统一体。定额在一定时期具有相对的稳定性。但是，任何一种定额，都只能反映一定时期的生产力水平，定额应该随着生产的发展而修改、补充或重新编制。定额的稳定期一般为5～10年。定额的稳定是必需的，也是相对的；定额的变化是绝对的，定额的修编和完善是不断进行的。

定额的科学性是定额法令性的依据，定额的法令性又是贯彻执行定额的重要保证，定额的群众性则是制定和贯彻定额的可靠基础。

三、定额的作用

定额是一切企业实行科学管理的必备条件。没有定额就谈不上科学管理。

（1）定额是国家对工程建设进行宏观调控和管理的手段。

（2）定额是节约社会劳动和提高劳动生产率的有效工具，通过及时采用新技术、新工艺，少时、多产，提高操作熟练程度，可提高劳动生产效率搞好企业管理的基本条件：推广先进的方法工具、降低造价，督促落后。

（3）定额有利于建筑市场公平竞争，它是经济核算、考核成本的依据。定额既是对市场信息的加工，又是对市场信息的传递。定额所提供的准确的信息为市场需求主体和供给主体之间的竞争以及供给主体之间的公平竞争，提供了有利条件。

（4）定额是完成规定计量单位分项工程计价所需的人工、材料、机械台班的消耗量标准，是编制施工图预算、招标工程标底、投标报价的依据。

（5）定额确定工程项目造价的依据，是比较设计方案经济合理性的尺度。

（6）定额有利于完善市场的信息系统。

（7）定额有利于推广先进的施工技术和工艺。

（8）定额是企业实行经济核算制的重要基础。

四、定额的分类

市政工程定额种类很多，如图 2-1 所示。一般按生产因素、用途、执行范围，可分为以下类型。

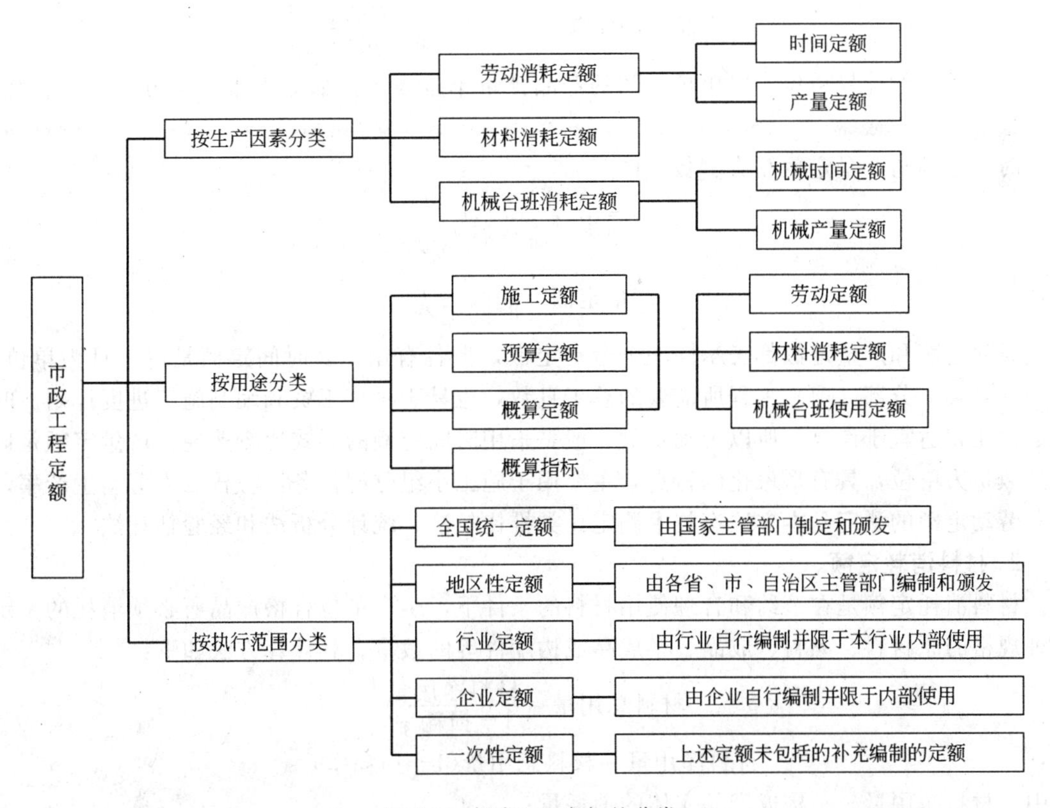

图 2-1　市政工程定额的分类

（一）按生产因素分类

按定额的三大要素，可分为劳动消耗定额、材料消耗定额与机械台班消耗定额。

1. 劳动消耗定额

劳动消耗定额也称人工消耗定额，它规定了在正常施工条件下，某工种的某一等级工人为生产单位合格产品所必须消耗的劳动时间，或在一定的劳动时间内所生产合格产品的数量。

劳动消耗定额按其表现形式不同，可分为时间定额和产量定额两种。

（1）时间定额　某种专业、技术等级工人班组或个人在合理的劳动组织与合理使用材料的条件下完成单位合格产品所需的工作时间。定额中的时间包括有效工作时间（准备与结束时间，基本生产时间和辅助生产时间）、工人必须休息时间和不可避免的中断时间。

时间定额以工日为单位，每一工日工作时间按现行标准规定为 8 小时，其计算方法如下：

$$每工产量=\frac{1}{单位产品时间定额(工日)}$$

或：
$$每班产量=\frac{小组成员工数的总和}{单位产品时间定额(工日)}$$

（2）产量定额　在合理的劳动组织与合理使用材料的条件下，某工程技术等级的工人班组或个人在单位工日中所应完成的合格产品数量。其计算方法如下：

$$单位产品时间定额=\frac{1}{每工产量}$$

或：
$$单位产品时间定额=\frac{小组成员工数的总和}{台班产量}$$

产量定额的计量单位，以单位时间的产品计量单位表示，如立方米、平方米、米、吨、块、根等。

时间定额与产量定额互成倒数，即：

$$时间定额=\frac{1}{产量定额}$$

或：
$$产量定额=\frac{1}{时间定额}$$

时间定额和产量定额都表示同一个劳动定额，但各有用途。时间定额是以工日为单位，便于计算某一分部（项）工程所需要的总工日数，也易于核算工资和编制施工进度计划。时间定额比较适宜于计算，所以劳动定额一般是采用时间定额的形式比较普遍。产量定额是以产品数量为单位，具有形象化的特点，主要用于施工小组分配任务，考核工人劳动生产率。

劳动定额的测定基本方法有技术测定、类推比较法、统计分析法和经验估计法。

2. 材料消耗定额

材料消耗定额是在节约和合理使用材料的条件下，生产单位合格产品所必须消耗的一定品种规格的原材料、燃料、成品、半成品或构配件等的数量。其计算方法如下：

$$材料总用量=\frac{材料净用量}{1-损耗率}$$

或：
$$材料净用量=材料总用量(1-损耗率)$$

式中　材料净用量——构成产品实体的消耗量；

损耗率——损耗量与总用量的比值，其中损耗量为施工中不可避免的损耗。

例如，浇筑混凝土构件时，由于所需混凝土材料在搅拌、运输过程中不可避免的损耗，以及振捣后变得密实，每立方米混凝土产品往往需要消耗 1.02m^3 混凝土拌和材料。

定额中的材料可分为以下 4 类。

（1）主要材料　指直接构成工程实体的材料，其中也包括半成品、成品，如混凝土。

（2）辅助材料　指直接构成工程实体，但用量较小的材料，如铁钉、铅丝等。

（3）周转材料　指多次使用，但不构成工程实体的材料，如脚手架、模板等。

（4）其他材料　指用量小，价值小的零星材料，如棉纱等。

3. 机械台班消耗定额

机械台班消耗定额简称机械定额，它是在合理的劳动组织与正常施工条件下，利用机械生产一定单位合格产品所必须消耗的机械工作时间，或在单位时间内机械完成合格产品的数量。

机械消耗定额可分为机械时间定额和机械产量定额两种，其表达方式与劳动定额相同。

（二）按用途性质分类

可分为施工定额、预算定额、概算定额与概算指标。

1. 施工定额

施工定额是直接用于基层施工管理中的定额，它一般由劳动定额、材料消耗定额和机械台班使用定额三个部分组成。根据施工定额，可以计算不同工程项目的人工、材料和机械台班的需要量。施工定额是编制预算定额，确定人工、材料、机械消耗数量标准的基础依据。施工定额的作用有以下几个方面。

① 是编制施工组织设计、施工作业计划和劳动力计划的依据。

② 是编制施工预算，进行施工预算与施工图预算对比，加强企业经济核算和成本管理的依据。

③ 是施工队向工人班组签发施工任务单和限额领料单的依据。

④ 是实行计件定包，考核工效和计算劳动报酬与奖励，制定评比条件的依据。

⑤ 是编制预算定额或补充定额的基础资料。

2. 预算定额

预算定额是确定一定计量单位的分项工程或结构构件的人工、材料（包括成品、半成品）和施工机械台班耗用量以及费用标准。预算定额是计划经济条件下编制施工图预算，合理确定工程造价，进行计算标底和确定报价、工程竣工结算的主要依据，它比较详细地规定了完成单位工程项目的各类消耗标准，并将其转化为货币数量。它提供的项目内容和数量标准，是建筑安装企业对工程进行工程量计算、经济核算、编制施工作业计划的依据，是建设单位与施工单位签订工程合同的依据，是信贷机构对工程项目实施贷款的依据，也是编制概算定额的基础。

3. 概算定额

概算定额是计划经济条件下为国家控制基本建设规模，确定工程造价以及为投资进行技术经济分析所使用的综合性定额。概算定额是预算定额的扩大与合并，它确定一定计量单位扩大分项工程的人工、材料和施工机械台班的需要量以及费用标准，是设计单位编制设计概算所使用的定额。它是在预算定额的基础上用扩大计量单位的方法编制的，比预算定额具有更大的概括性。一般是设计单位用来编制初步设计概算的。

4. 概算指标

概算指标是以整个构筑物为对象，或以一定数量面积（或长度）为计量单位，而规定人工、机械与材料的耗用量及其费用标准。它主要是用于投资估算所使用的定额。

概算定额是介于预算定额与概算指标之间的定额。

（三）按执行范围分类

可分为全国统一定额、地区性定额、行业定额、企业定额和一次性定额。

1. 全国统一定额

全国统一定额是根据全国各专业工程的生产技术与组织管理的一般情况而编制的定额，在全国范围内执行，如《全国市政工程统一劳动定额》。

2. 地区性定额

地区性定额是各省、自治区、直辖市建设行政主管部门参照全国统一定额及国家有关统一规定制定的，在本地区范围内使用。

3. 行业定额

行业定额是由各行业结合本行业特点，在国家统一指导下编制的具有较强行业或专业特点的定额，一般在本行业内部使用。

4. 企业定额

企业定额是施工企业根据现行定额项目，不能满足生产需要，必须要根据实际情况编制补充，如对统一定额缺项或对特殊项目的补充。企业定额是施工企业进行投标报价的基础和依据，但这些定额均应按规定履行审批手续。

5. 一次性定额

一次行定额，也称临时定额，它是因上述定额中缺项而又实际发生的新项目而编制的。一般由施工企业提出测定资料，与建设单位或设计单位协商议定，只作为一次使用，并同时报主管部门备查，经过总结和分析，一次性定额往往成为补充或修订正式统一定额的基础资料。

（四）按专业工程内容

按专业工程内容，又分为建筑工程定额、安装工程定额、装饰工程定额、市政工程定额等。

五、定额的编制与应用

（一）定额的编制原则

定额是根据现有的技术条件以及国家有关标准、规范，经过测算、统计、计算分析而编制的，是以国家规定的在单位产品中所消耗的活劳动和物化劳动为标准，或用货币表示某些必要的额度，作为计划、预算、结算、财务成本核算等工作中的尺度。

1. 平均水平的原则

定额反映的是社会的平均先进水平，所谓平均先进水平是在正常的施工条件下，经过努力可以达到或超出的平均水平。所谓正常施工条件是指施工任务饱和，原料供应及时，劳动组织合理，企业管理制度健全。平均先进性考虑了先进企业、先进生产者达到的水平，特别是实践证明行之有效的改革施工工艺，改革操作方法，合理配备劳动组织等方面所取得的技术成果以及综合确定的平均先进数值。

2. 简明适用的原则

企业施工定额设置应简单明了，便于查阅，计算要满足劳动组织分工，经济责任与核算个人生产成本的劳动报酬的需要。同时，企业自行设定的定额标准也要符合《建设工程工程量清单计价规范》“四个统一”的要求，定额项目的设置要尽量齐全完备，根据企业特点合理划分定额步距，常用的对工料消耗影响大的定额项目步距可小一些，反之步距可大一些，这样有利于企业报价与成本分析。

（二）编制的内容

定额主要反映工程施工中生产与生产消耗之间的关系，所以定额的编制主要是确定人工、材料及机械的消耗量。

1. 人工消耗量

定额的人工消耗量分为下面两部分。

(1) 直接完成一定数量的工作对象所消耗的人工，称为基本用工。

(2) 辅助直接用工消耗的人工，称作其他用工，这种间接用工按其不同的内容又分为两类。

① 人工幅度差　是指在劳动定额中未包括而在一般正常施工情况下不可避免的，但又无法计量的用工，它包括以下内容。

a. 在正常施工组织的情况下，安装各工种间的工序搭接及土建与安装工程之间的交叉配合所需的停歇时间。

b. 场内施工机械在单位工程之间变换位置及移动临时水电线路在施工过程中不可避免的工人操作间歇时间。

c. 工程质量检查及隐蔽工程验收而影响工人的操作时间。

d. 场内单位工程操作地点的转移而影响工人的操作时间。

e. 施工过程中，工种之间交叉作业造成损失所需的修理用工。

f. 施工中不可避免的少数零星用工。

② 超运距用工　指超过劳动定额规定的运距的用工。

2. 材料消耗量

定额中材料消耗分为以下四种。

① 主要材料　是直接构成工程实体的材料。

② 辅助材料　也是直接构成工程实体的材料，但比重较小。

③ 周转材料　也叫工具性材料，指脚手架、模板等可多次使用，并不构成工程实体。

④ 次要材料　指零星材料，数量较少，价值不大。

定额中的材料用量，分为净用量、损耗量、消耗量三种，它们的关系为：

定额材料消耗量＝净用量＋损耗量

其中损耗量包括：由工地仓库到操作地点的运输损耗；操作损耗；堆放地点损耗。但不包括二次搬运损耗和场外运输损耗。另外施工中用水量、用电量按实计算。

3. 机械台班消耗量

机械台班消耗量（使用量）以台班为单位进行计算，即一台机械工作 8 小时为一个台班。机械台班消耗量根据机械台班定额规定的台班产量计算，并考虑在合理的施工组织技术条件下机械的停歇因素，即机械幅度差。

（三）定额的应用

1. 单位估价表（价目表）

单位估价表是定额在一个地区的应用形式。在一个地区或城市范围内，根据全国（或地区）统一预算定额、当地建安工人日工资标准、材料预算价格和施工机械台班预算价格，用货币形式金额数（元）表达一个子目的单位单价，而许多个单位单价组成的表格称为单位估价表。

2. 单位估价表与定额的关系

定额是编制单位估价表的依据，单位估价表中的人工、材料、机械的消耗量直接来自于定额之中。

根据上述“三个量”以及当地工人工资单价、材料预算价格以及施工机械台班单价，就可编出定额的单价即基价。确切地说，定额中只列人工、材料、机械台班消耗量，而没有列价格的金额数。全国或地区定额如果套用某一地区的工资单价、材料价格、机械台班单价，就形成了某一地区的单位估价表。换句话说，定额如果已经套用了当地的人工、材料、机械台班的单价，名义上虽仍然称“定额”，实际上已经成为这个地区的单位估价表。所以，称谓上定额与单位估价表往往通用。

第二节　市政工程施工定额

一、市政工程施工定额的概念

市政工程施工定额（也称技术定额）是直接用于市政工程施工管理中的一种定额，是施工企业管理工作的基础。它是以同一性质的施工过程为测定对象，在正常施工条件下完成单位合格产品所需消耗的人工、材料和机械台班的数量标准。它由劳动定额、材料消耗定额、机械台班定额三部分组成。

施工定额是以工序定额为基础，由工序定额结合而成的，可直接用于施工之中。

二、市政工程施工定额作用

施工定额是建筑安装企业内部管理的定额，属于企业定额的性质。施工定额是建筑安装企业管理工作的基础，也是工程建设定额体系的基础。

施工定额在企业管理工作中的基础作用主要表现在以下几个方面。

1. 施工定额是企业计划管理的依据

施工定额在企业计划管理方面的作用，表现在它既是企业编制施工组织设计的依据，也是企业编制施工作业计划的依据。

施工组织设计是指导拟建工程进行施工准备和施工生产的技术经济文件，其基本任务是根据招标文件及合同协议的规定，确定经济合理的施工方案，在人力和物力、时间和空间、技术和组织上对拟建工程做出最佳的安排。施工作业计划则是根据企业的施工计划、拟建工程的施工组织设计和现场实际情况编制的。这些计划的编制必须依据施工定额。因为施工组织设计包括三部分内容，即资源需用量、使用这些资源的最佳时间安排和平面规划。施工中实物工作量和资源需要量的计算均要以施工定额的分项和计量单位为依据。施工作业计划是施工单位计划管理的中心环节，编制时也要用施工定额进行劳动力、施工机械和运输力的平衡；计算材料、构件等分期需要量和供应时间；计算实物工程量和安排施工形象进度。

2. 施工定额是组织和指挥施工生产的有效工具

企业组织和指挥施工班组进行施工，是按照作业计划通过下达施工任务单和限额领料单来实现的。

施工任务单既是下达施工任务的技术文件，也是班、组经济核算的原始凭证。它列出了应完成的施工任务，也记录着班组实际完成任务的情况，并且进行班组工人的工资结算。施工任务单上的工程计量单位、产量定额和计件单位均需取自施工的劳动定额，工资结算也要根据劳动定额的完成情况计算。

限额领料单是施工队随任务单同时签发的领取材料的凭证。这一凭证是根据施工任务和施工材料定额填写的。其中领料的数量，是班组为完成规定的工程任务消耗材料的最高限额。这一限额也是评价班组完成任务情况的一项重要指标。

3. 施工定额是施工队和施工班组下达施工任务书和限额领料、计算施工工时和工人劳动报酬的依据

施工定额是衡量工人劳动数量和质量，提供成果和较好效益的标准。所以，施工定额应是计算工人工资的基础依据。这样才能做到完成定额好，工资报酬就多；达不到定额，工资报酬就会减少。真正实现多劳多得的分配原则。这对于打破企业内部分配方面的“大锅饭”是很有现实意义的。

4. 施工定额是企业激励工人的条件

激励在实现企业管理目标中占有重要位置。所谓激励，就是采取某些措施激发和鼓励员工在工作中的积极性和创造性。研究表明，如果职工受到充分的激励，其能力可发挥80%～90%，如果缺少激励，仅能够发挥出 20%～30%的能力。但激励只有在满足人们某种需要的情形下才能起到作用。完成和超额完成定额，不仅能获取更多的工资报酬，而且也能满足自尊和获取他人（社会）认同，并且进一步满足尽可能发挥个人潜力以实现自我价值的需要。如果没有施工定额这种标准尺度，实现以上几个方面的激励就缺少必要的手段。

5. 施工定额有利于推广先进技术

施工定额水平中包含着某些已成熟的先进的施工技术和经验，工人要达到和超过定额，就必须掌握和运用这些先进技术，如果工人要想大幅度超过定额，他就必须创造性地劳动。第一，在自己的工作中，注意改进工具和改进技术操作方法，注意原材料的节约，避免原材料和能源的浪费。第二，施工定额中往往明确要求采用某些较先进的施工工具和施工方法，所以贯彻施工定额也就意味着推广先进技术。第三，企业为了推行施工定额，往往要组织技术培训，以帮助工人达到和超过定额。技术表演等方式也都可以大大普及先进的技术和操作方法。

6. 施工定额是编制施工预算，加强企业成本管理的基础

施工预算是施工单位用以确定单位工程上人工、机械、材料及资金需要量的计划文件。施工预算以施工定额为编制基础，既要反映设计图纸的要求，也要考虑在现有条件下可能采取的节约人工、材料和降低成本的各项具体措施。这就能够有效地控制施工中人力、物力消耗，节约成本开支。

施工中人工、机械和材料的费用，是构成工程成本中直接费用的主要内容，对间接费用的开支也有着很大的影响。严格执行施工定额不仅可以起到控制成本、降低费用开支的作用，同时为企业加强班组核算和增加盈利，创造了良好的条件。

7. 施工定额是施工企业进行工程投标、编制工程投标报价的基础和主要依据

施工定额作为企业定额，它反映本企业施工生产的技术水平和管理水平，在确定工程投标报价时，首先是依据企业定额计算出施工企业拟完成投标工程需要发生的计划成本。在掌握工程成本的基础上，再根据所处的环境和条件，确定在该工程上拟获的利润、预计的工程风险费用和其他应考虑的因素，从而确定投标报价。因此，企业定额是施工企业编制计算投标报价的根基。

由此可见，施工定额在建筑安装企业管理的各个环节中都是不可缺少的，施工定额管理是企业的基础性工作，具有不容忽视的作用。

施工定额在工程建设定额体系中的基础作用，是由施工定额作为生产定额的基本性质决定的。施工定额和生产结合最紧密，它直接反映生产技术水平和管理水平，而其他各类定额则是在较高的层次上、较大的跨度上反映社会生产力水平。

施工定额作为工程建设定额体系中的基础，主要表现在施工定额的水平是确定概算、预算定额和指标消耗水平的基础，首先它是确定建筑安装工程预算定额水平的基础。以施工定额水平作为预算定额水平的计算基础，可以免除测定定额水平的大量繁杂工作，缩短工作周期，使预算定额与实际的生产和经营管理水平相适应，并能保证施工中的人力、物力消耗得到合理的补偿。

三、市政工程施工定额的基本形式

1. 劳动定额

劳动定额反映建筑产品生产中活劳动消耗量的标准数额，是指在正常的生产（施工）组织和生产（施工）技术条件下，为完成单位合格产品或完成一定量的工作所预先规定的必要劳动消耗量的标准数额。

劳动定额按其表示方法又分为“时间定额”和“产量定额”两种。

时间定额与产量定额互成倒数，即：

$$时间定额=\frac{1}{产量定额}$$

或：

$$产量定额=\frac{1}{时间定额}$$

2. 材料消耗定额

指在生产（施工）组织和生产（施工）技术条件正常，材料供应符合技术要求，合理使用材料的条件下，完成单位合格产品，所需一定品种规格的建筑材料或构、配件消耗量的标准数额。

材料消耗定额中包括必须的消耗材料和损失材料。前者又包括直接用于建筑产品的材料、不可避免的生产（施工）废料和材料损耗。

3. 机械台班使用定额

指施工机械在正常生产（施工）条件下，合理地组织劳动和使用机械，完成单位合格产品或某项工作所必需的工作时间。其中也包括了准备与结束时间，基本生产时间，辅助生产时间以及不可避免的中断时间与工人必需的休息时间。

机械台班定额分为“机械时间定额”、“机械台班产量定额”两种形式。

第三节　市政工程消耗量定额

一、市政工程消耗量定额的概念

市政工程消耗量定额（预算定额）是确定市政工程一定计量单位的分项工程或结构构件的人工、材料、机械台班消耗量的标准。它是编制施工图预算（设计预算）的依据，也是编制概算定额、估算指标的基础。消耗量预算定额在施工企业内部被广泛用于编制施工组织计划，编制工程材料预算，确定工程价款，考核企业内部各类经济指标等方面。

现行市政工程的消耗量定额，有全国统一使用的消耗量定额，如原建设部编制的《全国统一市政工程消耗量定额》，也有各省、市编制的地区预算定额，如《山东省市政工程消耗量定额》(2002 版)。

二、市政工程消耗量定额的作用

消耗量定额是一种计价性的定额。在工程委托承包的情况下，它是确定工程造价的评分依据。在招标承包的情况下，它是计算标底和确定报价的主要依据。所以，消耗量定额在工程建设定额中占有很重要的地位。从编制程序看，施工定额是消耗量定额的编制基础，而消耗量定额则是概算定额或估算指标的编制基础。可以说预算定额在计价定额中是基础性定额。其主要作用如下。

1. 预算定额是编制单位估价表和施工图预算，确定和控制项目投资、合理确定工程造价的基本依据

施工图预算是施工图设计文件之一，是控制和确定建筑安装工程造价的必要手段。编制施工图预算，除设计文件决定的建设工程的功能、规模、尺寸和文字说明是计算分部分项工程量和结构构件数量的依据外，预算定额是确定一定计量单位工程人工、材料、机械消耗量的依据，也是计算分项工程单价的基础。

2. 预算定额是对设计方案进行技术经济比较、技术经济分析的依据

设计方案在设计工作中居于中心地位。设计方案的选择要满足功能、符合设计规范，既要技术先进又要经济合理。根据预算定额对方案进行技术经济分析和比较，是选择经济合理设计方案的重要方法。对设计方案进行比较，主要是通过定额对不同方案所需人工、材料和机械台班消耗量等进行比较。这种比较可以判明不同方案对工程造价的影响。对于新结构、新材料的应用和推广，也需要借助于预算定额进行技术分项和比较，从技术与经济的结合上考虑普遍采用的可能性和效益。

3. 预算定额是施工企业进行经济活动分析的参考依据

实行经济核算的根本目的，是用经济的方法促使企业在保证质量和工期的条件下，用较少的劳动消耗取得预定的经济效果。在目前，我国的预算定额仍决定着企业的收入，企业必须以预算定额作为评价企业工作的重要标准。企业可根据预算定额，对施工中的劳动、材料、机械的消耗情况进行具体的分析，以便找出低工效、高消耗的薄弱环节及其原因。为实现经济效益的增长由粗放型向集约型转变，提供对比数据，促进企业提供在市场上的竞争的能力。

4. 预算定额是编制标底、投标报价的依据

在深化改革中，在市场经济体制下预算定额作为编制标底的依据和施工企业报价的基础的作用仍将存在，这是由于它本身的科学性和权威性决定的。

5. 预算定额是编制概算定额与概算指标的基础资料

概算定额和估算指标是在预算定额基础上经综合扩大编制的，也需要利用预算定额作为编制依据，这样做不但可以节省编制工作中的人力、物力和时间，收到事半功倍的效果，还可以使概算定额和概算指标在水平上与预算定额一致，以避免造成执行中的不一致。

综上所述，预算定额对合理确定工程造价，实行计划管理，监督工程拨款，进行竣工决算，促进企业经济核算，改善经营管理以及推行招标投标制度等方面都有重要的作用。

三、市政工程消耗量定额的编制

（一）编制原则

（1）贯彻技术先进和平均合理的原则。

（2）贯彻内容形式简明适用的原则。

（3）贯彻经济合理的原则。

（4）贯彻统一性和差别性相结合的原则。

（二）编制依据

（1）国家及有关部门的政策和规定。

（2）现行的设计规范、国家工程建设强制性标准、施工及验收规范、质量评定标准和安全操作规范。

（3）现行的全国统一劳动定额、机械台班使用定额、国家和各地区以往颁发或现行的预算定额及其他编制的基础资料。

（4）现行的标准通用图以及有代表性的典型设计图纸和图集。

（5）新技术、新结构、新材料和先进的施工方法等。

（6）有关科学试验，技术测定、统计和分析测算的施工资料。成熟推广的新技术、新结构、新材料和先进管理经验的资料。

（7）现行的工资标准、材料市场价格与预算价格、施工机械台班预算价格。

（8）现行的有关文件规定等。

四、预算定额的指标

（一）预算定额包含的指标

1. 人工消耗指标

预算定额中规定的人工消耗量指标，以工日为单位表示，包括基本用工、超运距用工、辅助用工和人工幅度差等内容。其中，基本用工是指完成定额计量单位分项工程的各工序所需的主要用工量，超运距用工是指编制预算定额时考虑的场内运距超过劳动定额考虑的相应运距所需要增加的用工量，辅助用工是指在施工过程中对材料进行加工整理所需的用工量，这三种用工量按国家建设行政主管部门制定的劳动定额的有关规定计算确定。人工幅度差是指在编制预算定额时加算的、劳动定额中没有包括的、在实际施工过程中必然发生的零星用工量，这部分用工量按前三项用工量之和的一定百分比计算确定。

2. 材料消耗指标

预算定额中规定的材料消耗量指标，以不同的物理计量单位或自然计量单位为单位表示，包括净用量和损耗量。净用量是指实际构成某定额计量单位分项工程所需要的材料用量，按不同分项工程的工程特征和相应的计算公式计算确定。损耗量是指在施工现场发生的材料运输和施工操作的损耗，损耗量在净用量的基础上按一定的损耗率计算确定。用量不多、价值不大的材料，在预算定额中不列出数量，合并为“其他材料费”项目，以金额表示，或者以占主要材料的一定百分比表示。

3. 机械消耗指标

预算定额中规定的机械消耗量指标，以台班为单位，包括基本台班数和机械幅度差。基本台班数是指完成定额计量单位分项工程所需的机械台班用量，基本台班数以劳动定额中不同机械的台班产量为基础计算确定。机械幅度差是指在编制预算定额时加算的零星机械台班用量，这部分机械台班用量按基本台班数的一定百分比计算确定。

（二）三大消耗指标的确定

1. 人工消耗量指标的确定

一般预算定额的人工消耗由以下四部分构成。

（1）基本用工　指完成单位合格产品所必需消耗的技术（主要）用工，例如，为完成墙体工程中的砌砖、运砖、调制砂浆、运砂浆等所需要的工日数量。

（2）辅助用工　指技术工种劳动定额内不包括但在预算定额中又必须考虑的施工现场所发生的材料加工等工时，如筛沙子、淋石灰膏、机械土方配合用工等增加的用工工时。

（3）超运距用工　指预算定额中规定的材料、半成品的平均水平运输距离超过劳动定额基本用工中规定的运距所需增加的用工量。

（4）人工幅度差　主要指预算定额与劳动定额由于定额水平差不同而引起的水平差异，另外还包括在正常施工条件下，劳动定额中没有包含的而在一般正常施工条件下又不可避免的一些零星用工因素，这些因素不便计算出工程量，因此便综合出一个合理的增加比例，即人工幅度差，纳入到预算定额中，人工幅度差的内容一般包括各工种间的工序搭接、交叉作业时不可避免的停歇工时间；施工机械在单位工程之间转移以及临时水电线路移动时所造成的间歇工时消耗；质量检查和隐蔽工程验收工作影响工作消耗的时间；施工作业中不可避免的其他零星用工等。

预算定额的人工消耗量＝基本用工＋辅助用工＋超运距用工＋人工幅度差

＝（基本用工＋辅助用工＋超运距用工）×（1＋人工幅度差系数）

2. 材料消耗量指标的确定

材料消耗量是指在正常施工条件下，完成单位合格产品所必须消耗的材料数量。

预算定额材料消耗量同企业定额一样，也是由材料净用量和损耗量构成。

预算定额中的主要材料、其他辅助材料、周转材料消耗量的确定方法与企业定额材料消耗量的确定方法相同。

3. 机械台班消耗量指标的确定

预算定额机械台班消耗量，是指在正常的施工条件下，完成单位合格产品所必须消耗的机械台班数量，其确定有两种方法，一种是以施工定额的机械定额为基础，考虑一定的机械幅度差系数确定，另一种是以现场观测资料为基础确定，这种方法同企业定额确定机械定额的方法一致。

预算定额机械台班消耗量＝施工机械台班消耗量＋机械幅度差

＝施工定额机械消耗台班×（1＋机械幅度差系数）

机械幅度差是指在施工定额内没有包括，实际必须增加的机械台班，主要是考虑在合理的施工组织条件下机械的停歇时间，主要包括以下内容：

（1）施工中机械转移工作面及配套机械相互影响所损失的时间；

（2）在正常的施工条件下机械施工中不可避免的工作间歇时间；

（3）检查工作质量影响机械操作时间；

（4）临时水电线路在施工过程中移动而发生的不可避免的机械操作间歇时间；

（5）冬雨季施工发动机械的时间；

（6）不同厂牌机械的工效差、工程收尾工作不饱满所损失的时间以及临时维修、小修、停水、停电等引起的机械间歇时间。

施工机械定额幅度差系数，一般为10％～14％。

五、市政工程消耗量定额的组成和内容

（一）市政工程消耗量定额的组成

《山东省市政工程消耗量定额》（2002版）由8册及附录册组成：第1册《通用项目》、第2册《道路工程》、第3册《桥涵工程》、第4册《隧道工程》、第5册《给水工程》、第6

册《排水工程》、第7册《燃气与集中供热工程》、第8册《路灯工程》、附录。

（二）市政工程消耗量定额的基本内容

一般由目录，总说明，各册、章说明，分项工程表头说明，定额项目表，定额附录组成。

1. 目录

主要便于查找，将总说明、各类工程的分部分项定额顺序列出并注明页数。

2. 总说明

总说明综合说明了定额的编制原则、指导思想、编制依据、适用范围以及定额的作用，定额中人工、材料、机械台班用量的编制方法，定额采用的材料规格指标与允许换算的原则，使用定额时必须遵守的规则，定额在编制时已经考虑和没有考虑的因素和有关规定、使用方法。在使用定额前，应先了解并熟悉这部分内容。

3. 册、章说明，工程量计算规则

是对各章、册各分部工程的重点说明，包括分部工程所包括的定额项目内容、分部工程各定额项目工程量的计算方法、分部工程定额内综合的内容及允许换算和不得换算的界限及其他规定、使用本分部工程允许增减系数范围的界定。工程量是核算工程造价的基础，是分析建筑工程技术经济指标的重要数据，是编制计划和统计工作的指标依据。必须根据国家有关规定，对工程量的计算做出统一的规定。

4. 定额项目表及分部分项表头说明

定额项目表是预算定额最重要的部分，每个定额项目表列有分项工程的名称、类别、规格、定额的计量单位、定额编号以及人工、材料、机械台班等的消耗量指标。人工表现形式包括工日数量。材料（含构配件）表现形式为一系列主要材料和周转使用材料名称及消耗数量；次要材料一般都以其他材料形式以金额“元”或占主要材料的比例表示。施工机械表现形式有两种列法：一种是列主要机械名称规格和数量，次要机械以其他机械费形式以金额“元”或占主要机械的比例表示。有些定额项目表下列有附注，说明设计与定额不符时如何调整，以及其他有关事项的说明。分部分项表头说明列于定额项目表的上方，说明该分项工程所包含的主要工序和工作内容。

5. 定额附录

附录是定额的有机组成部分，包括机械台班预算价格表，各种砂浆、混凝土的配合比以及各种材料名称规格表等，供编制预算与材料换算用。

预算定额的内容组成形式如图2-2所示。

六、预算定额的应用

1. 预算定额项目的划分

预算定额的项目根据工程种类、构造性质、施工方法划分为分部工程、分项工程及子目。例如市政工程预算定额共分为土石方工程、道路工程、桥梁工程、排水工程等分部工程，道路工程由路基、基层、面层、平侧石、人行道等分项组成，沥青混凝土路面，又分为粗粒式、中粒式、细粒式与不同厚度的子目等。

2. 预算定额的表式

预算定额表列有工作内容、计量单位、项目名称、定额编号、定额基价、消耗量定额及定额附注等内容。

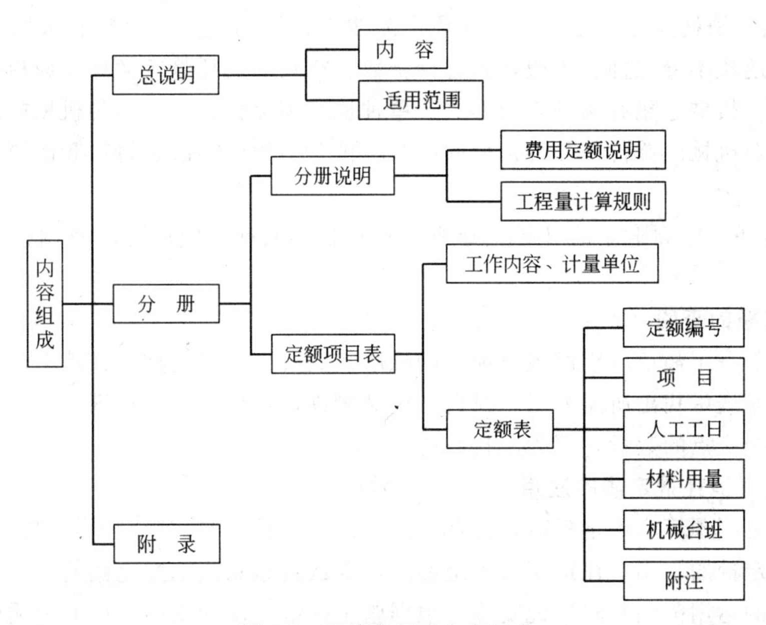

图 2-2 预算定额的内容组成

例如，粗粒式沥青混凝土路面（厚度 5cm）这个定额项目的预算定额表如下所示。

（1）工作内容 清扫路基、整修侧缘石、测温、摊铺、接插、找平、点补、撒垫料、清理。

（2）计量单位 $100m^2$。

（3）项目名称 机械摊铺 5cm 厚粗粒式沥青混凝土路面。

（4）定额编号 2-185。

（5）消耗量 人工消耗量为 3.14（综合工日）；材料消耗量包括混凝土、柴油及其他材料费，其中混凝土的消耗量为 $11.870m^3$；机械消耗量包括光轮压路机（内燃）8t、光轮压路机（内燃）15t，其中光轮压路机（内燃）8t 的消耗量为 0.076 台班。

① 工作内容 工作内容是说明完成本定额的主要施工过程。

② 计量单位 每一分项工程都有一定的计量单位，预算定额的计量单位是根据分项工程的形体特征、变化规律或结构组合等情况选择确定的。一般来说，当产品的长、宽、高 3 个度量都发生变化时，采用“m^3”或“t”为计量单位；当两个度量不固定时，采用平方米为计量单位；当产品的截面大小基本固定时，则用“m”为计量单位，当产品采用上述 3 种计量单位都不适宜时，则分别采用“个”、“座”等自然计量单位。为了避免出现过多的小数位数，定额常采用扩大计量单位，如 $10m^3$、$100m^3$ 等。

③ 项目名称 项目名称是按构配件划分的，常用的和经济价值大的项目划分得细些，一般的项目划分得粗些。

④ 预算定额的编号 预算定额的编号是指定额的序号，其目的是便于检查使用定额时，项目套用是否正确合理，以起减少差错、提高管理水平的作用。定额手册均用规定的编号方法——二符号编号。第一个号码表示属定额第几册，第二个号码表示该册中子目的序号。两个号码均用阿拉伯数字 1、2、3、4…表示。

例如：人工挖土方三类土，定额编号 1-2；

人工摊铺 5cm 中粒式沥青混凝土路面，定额编号 2-189。

⑤ 消耗量　消耗量是指完成每一分项产品所需耗用的人工、材料、机械台班消耗的标准。其中人工定额不分工种、等级，列合计工数。材料的消耗量定额列有原材料、成品、半成品的消耗量。机械定额有两种表现形式：单种机械和综合机械。单种机械的单价是一种机械的单价，综合机械的单价是几种机械的综合单价。定额中的次要材料和次要机械用其他材料费或机械费表示。

⑥ 定额附注　定额附注是对某一分项定额的制定依据、使用方法及调整换算等所做的说明和规定。

3. 预算定额的查阅

(1) 按分部→定额节→定额表→项目的顺序找到所需项目名称，并从上向下目视。

(2) 在定额表中找出所需人工、材料、机械名称，并自左向右目视。

(3) 两视线交点的数量，即为所找数值。

4. 市政工程消耗量定额的应用

在编制施工图预算应用定额时，通常会遇到以下3种情况：定额的套用、换算和补充。

(1) 预算定额的套用　在运用预算定额时，要认真地阅读掌握定额的总说明、各分部工程说明、定额的运用范围及附注说明等。根据施工图纸、设计说明、作业说明确定的工程项目，完全符合预算定额项目的工程内容，可以直接套用定额、合并套用定额或换算套用定额。

① 直接套用　先把工程计算中的数量换算成与定额中的单位一致。

【例2-1】 人工挖一、二类土方1000m^3，试确定套用的定额子目编号、人工工日消耗量及所需人工工日的数量。

【解】 人工挖土方定额编号：[1-1]

定额计量单位：100m^3

基价＝461元/100m^3

人工工日消耗量＝19.21工日/100m^3

工程数量＝1000/100＝10（100m^3）

所需人工工日数量＝10×19.21＝192.1（工日）

② 合并套用。

【例2-2】 人工运土方，运距40m，试确定套用的定额子目编号及人工工日消耗量。

【解】 定额子目：[1－26]＋[1－27]，定额计量单位：100m^3

人工工日消耗量＝19.60＋4.44＝24.04（工日/100m^3）

③ 换算套用。

【例2-3】 人工挖沟槽土方，三类湿土，H＝2m，并用人工运土，运距20m。试确定套用的定额子目、基价及人工工日消耗量。

【解】 根据定额说明：挖运湿土时，人工乘以系数1.18，所以定额套用时需进行换算。

人工挖沟槽湿土（三类土、挖深2m内）套用定额子目：[1-10] H

人工工日消耗量＝44.75×1.18＝52.805（工日）

基价＝52.805×28＝1479（元/100m^3）

人工运湿土（运距20m）套用定额子目：[1-26] H

人工工日消耗量＝19.6×1.18＝23.128（工日）

基价＝23.128×28＝648（元/100m^3）

（2）预算定额的换算　当设计要求与定额的工程内容、材料规格与施工方法等条件不完全相符时，在符合定额的有关规定范围内加以调整换算。其换算方式有两种：一种是把定额中的某种材料剔除，另换以实际代用的材料；另一种是虽属同一种材料，但因规格不同，须将原规格材料数量换算成使用的规格材料数量。例如，混凝土工程，往往设计要求的混凝土强度等级、混凝土中碎石最大粒径与定额不一致，就需要换算调整定额基价。

在换算过程中，定额的材料消耗量一般不变，仅调整与定额规定的品种或规格不相同材料的预算价格。经过换算的定额编号在下端应写个“H”字。

若设计采用的材料强度等级、厚度与定额不同，应进行换算，换算方法如下。

① 材料强度等级不同

换算基价＝原基价＋(换入材料预算价格－换出材料预算价格)×定额含量

② 厚度不同

【例 2-4】 砂浆强度等级的换算：M7.5 砂浆砌料石墩台，试换算定额基价并计算水泥的消耗量。

【解】 定额子目：[3-357] H

定额中用 M10 水泥砂浆，而设计要求用 M7.5 水泥砂浆。

M7.5 水泥砂浆单价＝127.04（元/m^3），M10 水泥砂浆单价＝133.34（元/m^3）

材料费调整：130.27＋0.92×(127.04－133.34)＝124.27（元）

换算后基价＝人工费＋材料费＋机械费＝377.44＋124.27＋334.69＝836.60（元/$10m^3$）

水泥用量 $0.92m^3/10m^3 \times 246kg/m^3 = 226.32kg/10m^3$

【例 2-5】 混凝土强度等级不同的换算（石子粒径不同不得换算）：平接式 ϕ300 定型混凝土管道基础（120°），采用 C20 混凝土，试换算定额基价。

【解】 定额子目：[6-1] H

定额中用 C15 混凝土，而设计要求用 C20 混凝土。

C15 混凝土单价＝139.44 元/m^3，C20 混凝土单价＝157.98 元/m^3

材料费调整：1218.76＋8.05×(157.98－139.44)＝1368.01（元）

换算后基价＝人工费＋材料费＋机械费＝673.12＋1368.01＋139.03＝2180.16（元/100m）

（3）预算定额的补充　当分项工程的设计要求与定额条件完全不相符时或者由于设计采用新结构、新材料及新工艺施工方法，在预算定额中没有这类项目，属于定额缺项时，可编制补充预算定额。其方法是由补充项目的人工、材料、机械台班消耗定额的制定方法来确定。

第四节　市政工程价目表

市政工程消耗量定额是确定市政工程一定计量单位的分项工程或结构构件的人工费、材料费、机械费的标准。它是编制施工图预算（设计预算）的依据，也是编制工程材料预算，确定工程价款，考核企业内部各类经济指标等方面的标准。

本教材采用的是《山东省市政工程价目表》(2006 年)，本价目表与《山东省市政工程消耗量定额》及《山东省市政工程费用及计算规则》配套使用，《山东省市政工程价目表》

的子目编码与《山东省市政工程消耗量定额》相对应。使用时，工程量计算规则说明及人工、材料、机械消耗量按《山东省市政工程消耗量定额》规定。

（一）市政工程价目表的组成

《山东省市政工程价目表》共分为8册和附录，包括第1册《通用项目》、第2册《道路工程》、第3册《桥涵工程》、第4册《隧道工程》、第5册《给水工程》、第6册《排水工程》、第7册《燃气与集中供热工程》、第8册《路灯工程》、附录。

（二）市政工程价目表的基本内容

一般由目录，说明，各册和附录组成。

1. 目录

主要便于查找，将总说明、各类工程的分部分项定额顺序列出并注明页数。

2. 说明

说明综合说明了价目表的编制原则、指导思想、编制依据、适用范围以及价目表的作用。

3. 价目表项目内容

《山东省市政工程价目表》与《山东省市政工程消耗量定额》的定额编号一一对应，在价目表中，人工费是指直接从事建筑市政工程施工的生产工人开支的各项费用。它等于消耗量定额中对应的人工消耗量乘以人工单价，本价目表的人工工日单价按28元计入。

人工费＝分项工程定额用工量×地区平均日工资标准

材料费是指定额中所列的施工过程中耗用的构成工程实体的原材料、辅助材料、构配件、零件、半成品的用量、规定的损耗量以及周转材料的摊销量，按相应的预算价值计算的费用。材料费等于消耗量定额中的各种材料的消耗量乘以相应材料的单价。本价目表的材料价格是以山东省现行价格为基础综合取定的。价目表中材料费部分未包括消耗量中带括号部分。黄土是按未计价考虑的，如施工中就地取土时，可按挖、运土方定额计算，如为外购土时，可按当地材料价格计算。

材料费＝∑(各种材料消耗量×相应材料预算价格)

机械费是指施工机械作业所发生的机械使用费及机械安拆和场外运费。机械费等于消耗量定额中的各种机械的消耗量乘以相应机械台班的单价。本价目表中的施工机械台班费是按2006年《山东省建设工程施工机械、仪器仪表台班单价表》取定的，大型机械未包括进（退）场费，如发生时，可按《山东省统一施工机械台班费用编织规则》中有关规定计算。

机械费＝∑(各种机械台班消耗量×相应施工机械台班单价)

基价是指各部门各地区在执行国家颁发的建筑安装工程预算定额时，根据部门地区制定的建筑安装工人平均日工资标准、材料预算价格、施工机械台班单价，计算出每一分项或子项工程的人工费、材料费、机械费之和。价目表的基价为参考价，其中人工、材料、机械单价可由发承包双方根据所建工程特点及市场情况，参照工程造价管理机构发布的市场信息价格，在施工合同中约定。它可用计算式表述如下：

定额基价＝人工费＋材料费＋机械费

4. 附录

附录是价目表的有机组成部分，包括材料及机械价格的取定，供编制预算与材料换算用。

本章小结

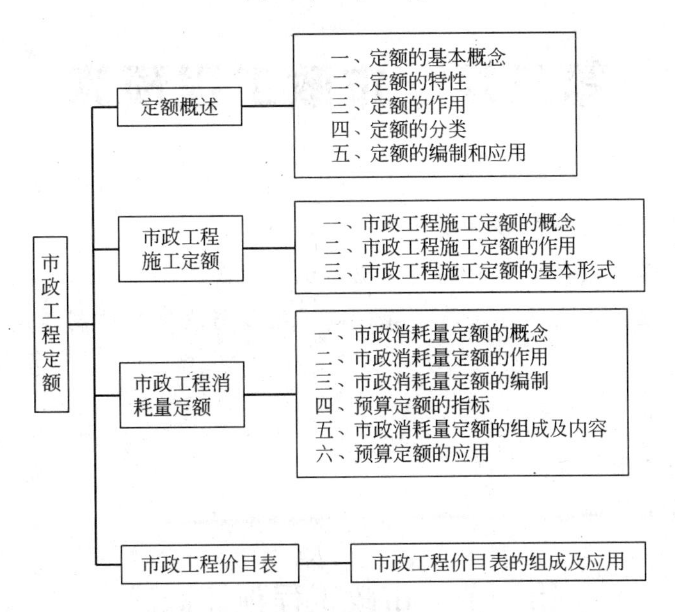

复习思考题

1. 定额的概念及特性是什么?
2. 定额有哪些分类?
3. 什么是市政工程施工定额? 施工定额在施工中有什么作用?
4. 简述企业定额的编制方法和步骤。
5. 什么是市政工程消耗量定额? 预算定额的作用有哪些?
6. 如何进行预算定额的套用?

第三章　市政工程预算

知识目标

- 了解市政预算的概念、分类及作用。
- 熟悉施工预算、设计概算的编制依据与编制步骤。
- 掌握施工图预算的编制方法与步骤；竣工结算与决算的编制程度；“三算”之间的联系与区别。

能力目标

- 能够编制施工图预算。
- 能够编制竣工结算。

第一节　市政工程预算概述

一、市政工程预算概念

市政工程设计概算和施工图预算，是指在执行工程建设程序过程中，根据不同设计阶段设计文件的具体内容和地方主管部门的定额、指标及各项费用取费标准，预先计算和确定每项新建、扩建、改建和重建工程所需要的全部投资额的文件。它是市政工程建设程序的重要组成部分。市政工程设计概算和施工图预算统称市政工程预算，简称工程预算。

市政工程概算和预算是建设项目概算和预算文件的组成内容之一，它也是根据不同阶段设计文件的具体内容和地方主管部门制定的定额、指标及各项投资费用取费标准，预先计算和确定建设项目投资中建筑工程部分所需要全部投资额的文件。

工程预算所确定的每一个建设项目、单项工程或其中单位工程的投资额，在实际工作中通常称为概算造价或预算造价。

二、市政工程预算的分类与作用

根据我国的设计和概（预）算文件编制以及管理方法，对建设工程规定：①采用初步设计—施工图设计两阶段设计的建设项目，在初步设计阶段必须编制总概算；在施工图设计阶段必须编制施工图预算。②采用初步设计—技术设计—施工图设计三阶段设计的建设项目，在技术设计阶段还必须编制修正概算。③在工程建设全过程中，根据工程建设程序的要求和国家有关文件规定，除编制建设预算文件外，在其他建设阶段还必须编制以设计概（预）算为基础（投资估算除外）的其他有关经济文件。为了便于读者系统地掌握它们彼此间的内在联系，将按建设工程的建设顺序进行分类，并分别阐述它们的作用。

（一）投资估算

投资估算，一般是指在工程建设前期工作（规划、项目建议书）阶段，建设单位向国家申请拟立建设项目或国家对拟立项目进行决策时，确定建设项目在规划、项目建议书等不同阶段的相应投资总额而编制的经济文件。

国家对任何一个拟建项目，都要通过全面的可行性论证后，才能决定其是否正式立项。在可行性论证过程中，要考虑经济上的合理性。投资估算在初步设计前期各个阶段工作中，也作为论证拟建项目在经济上是否合理的重要文件。因此，它具有下列作用。

1. 它是国家决定拟建项目是否继续进行研究的依据

规划阶段的投资估算，是国家根据国民经济和社会发展的要求，制定区域性、行业性、一个大型企业等的发展规划阶段而编制的经济文件。是国家决策部门判断拟建项目是否继续进行研究的依据之一。一般情况下，它在决策过程中，仅作为一项参考性的经济指标，对下阶段工作没有约束力。

2. 它是国家审批项目建议书的依据

项目建议书阶段的投资估算，是国家决策部门审批项目建议书的依据之一。用以判断拟建项目在经济上是否列为经济建设的长远规划或基本投资额。可以据此否定一个拟建项目，但肯定一个拟建项目是否真正可行，还需下一阶段工作进行更为详尽的论证。因此，项目建议书阶段的估算，在决策过程中也是一项参考性的经济指标。

3. 它是国家编制中长期规划，保持合理比例和投资结构的重要依据

各个拟建项目的投资估算，是编制固定资产长远投资规划和制定国民经济中长期发展计划的重要依据。根据各个拟建项目的投资估算，就可以准确地核算国民经济的固定资产投资需要数量，确定国民经济积累的合理比例，保持适度的投资规模和合理的投资结构。

由于各个阶段估算的作用不同，其内容的深、广度和程序也不尽相同。对于一般建设项目的投资估算，应列入建设项目从筹建至竣工验收、交付使用全过程中所需要的全部投资额。其中包括：建筑安装工程费用和设备、器具购置费以及与单项工程有关的其他工程和费用，如“三通一平”（水通、电通、道路通和场地平整）费用等。

投资估算主要根据投资估算指标、概算指标、类似工程预（决）算等资料，按指数估算法、系数法、平方米造价估算法、单位产品投资指标法、单位体积估算法等方法进行编制。

（二）设计概算

设计概算是指在初步设计阶段，由设计单位根据初步设计或扩大初步设计图纸，概算定额或概算指标，各项费用定额或取费标准，建设地区的自然、技术经济条件和设备预算价格等资料，预先计算和确定建设项目从筹建到竣工验收、交付使用的全部建设费用的文件。

设计概算主要有下列作用。

1. 它是设计文件的重要组成部分

概算文件是设计文件的重要组成部分。按照国家发改委、住房和城乡建设部以及财政部的有关规定，不论大、中、小型建设项目，在报请审批初步设计或扩大初步设计的同时，必须有设计概算，没有设计概算，就不能作为完整的技术文件。

2. 它是国家确定和控制工程建设投资额的依据

根据设计总概算确定的投资数额，经主管部门审批后，就成为该项工程建设投资的最高限额。在工程建设过程中，不论是年度工程建设投资计划安排，还是银行拨款和贷款、施工图预算、竣工决算等，未经规定的程序批准，不能突破该限额。要严格执行国家工程建设计划，维护国家工程建设计划的科学性和严肃性。

3. 它是编制工程建设计划的依据

国家规定每个建设项目，只有当它的初步设计和概算文件被批准后，才能列入工程建设年度计划。因此，工程建设年度计划、物资供应、劳动力和建筑安装施工等计划，都是以批准的建设项目概算文件所确定的投资总额和其中的建筑安装和设备购置费用数额以及工程实物量指标为依据编制的。此外，被列入国家五年或十年计划的建设项目的投资指标，也是根据竣工的或在建的类似建设项目的预算和综合技术经济指标来确定的。

4. 它是选择最优设计方案的重要依据

一个建设项目及其单项工程或单位工程设计方案的确定，须建立在几个不同而又可行方案的技术、经济比较的基础上。因为每个设计方案在满足设计任务书要求的条件下，在建筑结构、装饰和材料选用、工艺流程等方面各有其优缺点，所以必须进行方案比较，选出技术上可行和经济上合理的设计方案。而概算文件是设计方案经济性的反映，每个方案的设计意图都会通过计算工程量和各项费用全部反映到概算文件中来。因此，可根据设计概算中的货币指标体系，如建设项目、单项工程和单位工程的概算造价，单位建筑面积（或体积）概算造价，单位生产能力的投资等货币指标，工程量、劳动力和主要材料（钢材、木材和水泥等）的实物消耗指标，从中选出在各方面均能满足要求而又经济的最优方案。由此可见，设计概算，是设计经济效果分析的重要手段之一。另外，设计单位在进行施工图设计和施工单位编制施工图预算时，还必须根据批准的总概算，考核施工图预算所确定的工程造价是否突破总概算确定的投资总领。如有突破时，应分析原因，采取有效措施，修正施工图设计中的不合理部分。

5. 它是实行建设项目投资大包干的依据

建设单位和建筑安装企业签订工程合同时，对于施工期限较长的大、中型建设项目，应首先根据批准的计划、初步设计和总概算文件确定建设项目的承发包造价，签订施工总承包合同（或总协议书），据此进行施工准备工作。然后每年再根据批准的年度工程建设计划和总概算文件确定年度内计划完成的那部分工程造价，签订年度承包合同，据此进行施工。也可根据年度工程建设计划和概算或预算文件确定单项工程的承发包造价，签订单项工程施工合同，据此进行施工。

6. 它是实行投资包干责任制和招标投标承包制的重要依据

国家规定，工程建设投资一律由拨款改为贷款，并全面推行投资包干责任制和招标投标承包制。这对促进建筑业和工程建设管理体制的改革，提高工程建设投资效果和企业经营管理水平具有重要意义。

已批准的初步设计和概算文件所确定的建设项目的全部投资额，是国家加强工程建设宏观经济管理，贯彻投资包干责任制的必要条件之一。根据国家的设计、概（预）算编制办法、中华人民共和国招标投标法的规定，招标单位要编制工程标底，投标单位要编制工程报价，标底或报价确定的工程造价也要控制在总概算的投资限额以内。

7. 它是工程建设核算工作的重要依据

基本建设是扩大再生产增加固定资产的一种经济活动。为了全面反映其计划编制、执行和完成情况，就必须进行核算工作。核算工作一般包括会计核算、统计核算和业务核算。每种核算工作核算指标体系中的大多数指标（包括实物、货币和工时等三种计量单位）是以建设预算的相应指标，如投资总额、总造价、单位面积或单位体积造价、单位生产能力投资额、单位产品材料消耗量或工时消耗量等为依据进行分析对比，并从中查明是节约还是浪费及其原因。

8. 它是工程建设进行“三算”对比的基础

“三算”是指设计概算、施工图预算和竣工决算。其中设计概算是“三算”对比的基础。

因为它们在工程建设过程中，都是国家对工程建设进行科学管理的有效手段，但又有着不同的作用：设计概算在确定和控制建设项目投资总额等方面的作用最为突出；施工图预算在最终确定和控制单项工程或单位工程的计划价格，对施工企业加强经济管理等方面的作用最为明显；竣工决算在确定建设项目实际投资总额，考核工程建设投资效果等方面的作用最为显著。通过“三算”的对比分析，可以考核建设成果，总结经验教训，积累技术经济资料，提高投资效率。

（三）修正概算

修正概算是指采用三阶段设计形式在技术设计阶段，随着设计内容的深化，可能会发现建设规模、结构性质、设备类型和数量等内容与初步设计内容相比有出入，为此，设计单位根据技术设计图纸，概算指标或概算定额，各项费用取费标准，建设地区自然、技术经济条件和设备预算价格等资料，对初步设计总概算进行修正而形成的经济文件，即为修正概算。修正概算的作用和初步设计概算的作用基本相同。

（四）施工图预算

施工图预算是指在施工图设计阶段，当工程设计完成后，在单位工程开工之前，施工单位根据施工图纸计算的工程量、施工组织设计和国家规定的现行工程预算定额、单位估价表及各项费用的取费标准、建筑材料预算价格、建设地区的自然和技术经济条件等资料，预先计算和确定单位工程或单项工程建设费用的经济文件。

施工图预算在工程建设中的作用主要表现为以下几点。

1. 施工图预算是确定工程造价的依据

施工图预算经过有关部门的审查和批准，就正式确定了该工程的预算造价，即计划价格。它是国家对工程建设投资进行科学管理的具体文件，也是控制建筑工程投资，确定施工企业收入的依据。

2. 它是签订工程施工合同、实行工程预算包干、进行竣工结算的依据

施工企业根据审定批准后的施工图预算，与建设单位签订工程施工合同。它应在建设单位与施工企业协商，并征得主管部门同意，实行预算的基础上，根据双方确定的包干范围和各地工程建设主管部门的规定，确定预算包干系数，计算应增加的不可预见的费用。双方以此为依据，签订工程费用包干施工合同。当工程竣工后，施工企业就以施工图预算为依据向建设单位办理结算。

3. 它是施工企业加强经营管理，搞好经济核算的基础

施工企业为了加强管理、搞好经济核算、降低工程成本、增加利润，为国家提供更多的积累，就必须及时、准确地编制出施工图预算。施工图预算所确定的工程造价，是施工企业产品的计划出厂价格。它提供货币指标、实物指标，在加强企业经营管理和经济核算方面所起的作用，一般表现在以下方面。

（1）它是施工企业编制经营计划或施工技术财务计划的依据　施工企业的经营计划或施工技术财务计划的组成内容以及它们的相应计划指标体系中的部分指标的确定，都必须以施工图预算为依据。例如实物工程量、工作量、总产值和利润等指标，其中的总产值应直接按工程承包的施工图预算价格计算。另外，在编制施工技术财务计划中的施工计划、保证性计划中的材料技术供应计划和财务计划时，也必须以施工图预算为据。

（2）它是单项工程、单位工程进行施工准备的依据　在对拟建工程进行施工的准备过程中，依赖于施工图预算提供有关数据的工作主要有：在施工图预算的控制下编制单位工程施工预算；以施工图预算分部分项工程量、工料分析为依据，编制施工进度计划和劳动力、材料、成品、半成品、构件及施工机械等需要量计划，并落实货源，组织运输供应，控制材料消耗；以施工图预算提供的直接费、间接费为依据，对工程施工进度计划、工期与成本的优化。

（3）它是施工企业进行“两算”对比的依据　“两算”是指施工图预算和施工预算。施工企业为搞好经济核算，常通过施工预算与施工图预算的对比，对“两算”进行互审，从中发现问题，并及时分析原因，然后予以纠正。这样既可以防止多算或漏算，有利于企业对单位工程经济收入的预测与控制，又可以使人工、材料、机械台班等资源需要量计划的编制尽可能准确，有利于工料消耗的分析与控制，确保工程施工的顺利进行。

（4）它是施工企业进行投标报价的依据　在进行工程招标投标时，施工图预算确定的建筑产品价格，将直接关系到企业生存与发展。因为在投标竞争中，报价偏高，投标必然失败；报价偏低，可能导致亏损。因此，施工图预算编制的恰当与否，对施工企业的赢利能力影响很大。

（5）它是反映施工企业经营管理效果的依据　施工企业通过企业内部单位工程竣工成本决算，进行实际成本分析，反映自身经营管理的经济效果。以工程竣工后的工程结算为依据，对照单位工程的预算成本、实际成本，核算成本降低额，总结经验教训，提高企业经营管理水平。

必须指出，由于建设预算中的设计概算和施工图预算编制的时间、依据和要求不同，因此，它们的作用也不相同。在编制年度工程建设计划、确定工程造价、评价设计方案、签订工程合同和竣工结算等方面它们有着共同的作用（都是国家对工程建设进行科学管理和监督的有效手段之一）。它们作用的不同方面主要表现在：设计概算在控制投资总额方面的作用最为突出；施工图预算在最终确定建筑产品的计划价格，作为施工企业加强经济管理等方面的作用最为明显。

（五）施工预算

施工预算是指施工阶段，在施工图预算的控制下，施工单位项目部根据施工图计算的分部分项工程量，企业内部的施工定额（包括劳动定额、材料和机械台班消耗定额）、单位工程施工组织设计或分部（项）工程施工作业设计和降低工程成本技术组织措施、工程项目预定的目标利润等资料，通过工料分析，计算和确定完成一个单位工程中的分部（项）工程所需的人工、材料、机械台班消耗量及其相应费用的经济文件。

施工预算一般有以下几个方面的作用。

（1）它是施工企业对单位工程实行计划管理，编制施工、材料、劳动力等计划的依据　编好施工作业计划是改进施工现场管理和执行施工计划的关键措施。而且作业计划内容中的分层分段或分部分项工程量，建筑安装工作量，分工种的劳动力需要量，材料需要量，预制品加工、构件及混凝土需要量等，都必须以施工预算提供的数据为依据进行汇总或编制。

（2）它是实行班组经济核算，考核单位用工、限额领料的依据　施工预算中规定：为完成某分部或分项工程所需的人工、材料消耗量，要按施工定额计算。由于管理不善而造成用工、用料量超过规定时，则意味着成本支出增加，利润额减少。因此，必须以施工预算规定的相应工程的用工、用料量为依据，对每一个分部或分项工程施工全过程的工料消耗进行有效的控制，达到降低成本的目的。

（3）它是项目部向班组下达工程施工任务书和施工过程中控制、检查、核算与督促的依

据　施工任务书的签发和管理，是加强施工管理的一项重要基础工作。在向班组下达的施工任务书中，包括应完成的分部或分项工程的名称、工作内容、工程量、各工种的定额用工量、材料允许消耗量、节约指标等数据，这些现场施工管理的重要内容，都是通过施工预算提供的。

(4) 它是班组推行全优综合奖励制度的依据　由于施工预算中规定的完成每一个分项工程所需要的人工、材料、机械台班消耗量，都是按照施工定额计算的，所以在完成每个分项工程时，其超额和节约部分，就成为班组计算奖励的依据之一。

(5) 它是项目部进行“两算”对比的依据　施工图预算确定的预算成本，是对施工企业完成单位工程的劳动耗费进行补偿的社会标准。而施工预算确定的计划成本，是施工企业对完成该单位工程时预计要达到的成本目标，作为控制人工、材料和机械台班消耗数量以及相应费用和其他费用支付的标准。通过对“两算”中规定的相应分项工程、分部工程和单位工程的人工、材料消耗数量以及相应费用、机械使用和其他费用的对比分析，可以预测到施工过程中人工、材料和各项费用降低或超出的情况，以便及时采取技术组织措施，进行科学的控制。

(6) 它是单位工程原始经济资料之一，是开展造价分析和经济对比的依据。

(7) 它是保证降低成本技术措施计划和目标利润完成的重要因素　预算人员在计算和确定为完成某单位工程施工预算工程量、人工、材料数量时，一般已考虑了由于采取具体的降低成本技术措施对施工预算所产生的影响。所以在施工管理中，只有按照施工任务中规定的内容，对班组及其成员进行科学的检查与督促，才能保证降低成本技术措施计划的实现。

(六) 工程结算

工程结算是指一个单项工程、单位工程、分部工程或分项工程完工，并经建设单位及有关部门验收或验收点交后，施工企业根据施工过程中现场实际情况的记录、设计变更通知书，现场工程更改签证、预算定额、材料预算价格和各项费用标准等资料，在概算范围内和施工图预算的基础上，按规定编制的向建设单位办理结算工程价款，取得收入，用以补偿施工过程中的资金耗费，确定施工盈亏的经济文件。

工程结算一般有定期结算、阶段结算和竣工结算等方式。它们是结算工程价款、确定工程收入、考核工程成本、进行计划统计、经济核算及竣工决算等的依据。其中竣工结算是反映工程全部造价的经济文件。以它为依据通过银行，向建设单位办理完工程结算后，就标志着双方所承担的合同义务和经济责任的结束。

(七) 竣工决算

竣工决算是指在竣工验收阶段，当建设项目完成竣工后，由建设单位编制的建设项目从筹建到建成投产或使用的全部实际成本的技术经济文件。它是建设投资管理的重要环节，是工程竣工验收、交付使用的重要依据，也是进行建设项目财务总结，银行实行监督的必要手段。其内容由文字说明和决算报表两部分组成。文字说明主要包括：工程概况，设计概算和工程建设计划执行情况，各项技术经济指标完成情况，各项拨款使用情况，建设成本和投资效果的分析以及建设过程中的主要经验；存在的问题和解决意见等。

此外，施工企业往往也根据工程结算结果，编制单位工程竣工成本决算，核算单位工程的预算成本、实际成本和成本降低额，作为企业内部成本分析、反映经营效果、总结经验、提高经营管理水平的手段。它与建设项目的竣工决算在概念上是不同的。

工程建设程序、建设预算和其他建设阶段编制的相应经济文件之间的相互关系，如图

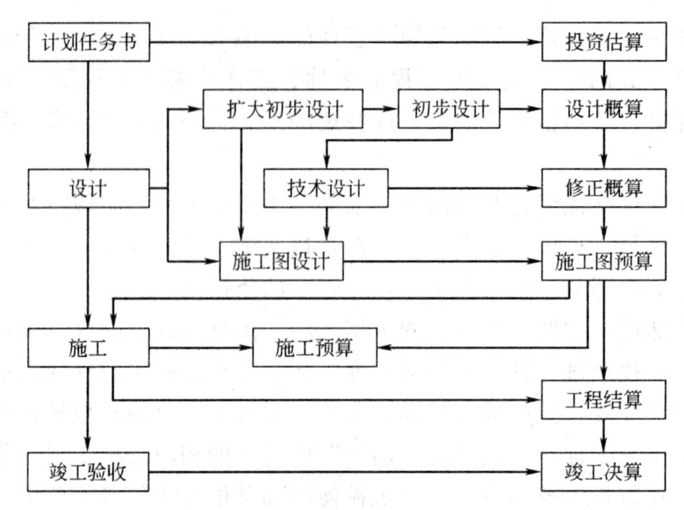

图 3-1 工程建设程序、建设预算和其他建设阶段编制的相应经济文件之间的关系图

3-1 所示。

从图 3-1 可以看出，概算、预算和结算以及决算都是以价值形态贯穿整个建设过程中。它从申请建设项目，确定和控制工程建设投资，到确定工程建设产品价格，进行工程建设经济管理和施工企业经济核算，最后以决算形成企（事）业单位的固定资产。因此，在一定意义上说，它们是工程建设经济活动的血液，它们构成了一个有机的整体、缺一不可。申请项目要编估算，设计要编概算，施工要编预算，竣工要做结算和决算。其中决算不能超过预算，预算不能超过概算。

第二节 施工图预算

施工图预算是施工图设计完成后，以施工图为依据，根据预算定额（或计价表）和设备、材料预算价格进行编制的预算造价，是确定建筑工程预算造价的文件。

一、施工图预算的编制内容

单位工程施工图预算是根据施工图设计、施工组织设计、现行市政工程消耗量定额、价目表、费用计算规则及取费标准、建筑材料价格和国家的其他取费规定进行计算和编制的单位工程建设费用的文件。施工图预算也称为设计预算。

单位工程施工图预算的编制内容，必须反映该单位工程的各分部分项工程的名称、定额编号、工程量、单价及合价（即分部分项工程费），反映单位工程的分部分项工程费、措施项目费、规费、税金及其他项目费用。此外，还应有补充单价分析。

编制施工图预算，必须深入现场，进行充分的调查研究，使预算造价的内容既能反映实际，又能适应施工管理工作的需要。同时，必须严格遵守国家工程建设的各项方针、政策和法令，做到实事求是，不弄虚作假，并注意不断研究和改进编制方法，提高效率，准确、及时地编制出高质量的预算，以满足工程建设的需要。

二、施工图预算的编制依据

1. 施工图纸及其说明

施工图纸及其说明，是编制预算的主要工作对象和依据。施工图纸必须要经过建设、设计和施工单位共同会审确定后，才能着手进行预算编制，使预算编制工作既能顺利地开展，又可避免不必要的返工计算。

2. 现行市政预算定额或地区计价表

现行市政工程预算定额或地区计价表，是编制预算的基础资料。编制工程预算，从划分分部分项工程到计算分项工程量，都必须以市政工程预算定额或地区计价表为标准和依据。

地区计价表是根据现行预算定额、地区工人工资标准、施工机械台班使用单价和材料预算价格表、利润和管理费等进行编制的，地区计价表是预算定额在该地区的具体表现形式，也是该地区编制工程预算直接的基础资料。根据地区计价表，可以直接查出工程项目所需的人工费、材料费、机械台班使用费、利润、管理费及分部分项工程的综合单价。

3. 施工组织设计或施工方案

施工组织设计或施工方案，是市政工程施工中的重要文件，它对工程施工方法、施工机械选择、材料构件的加工和堆放地点都有明确的规定。这些资料直接影响计算工程量和预算单价的选择与套用。

4. 费用计算规则及取费标准

各省、市、自治区都有本地区的市政工程费用计算规则和各项取费标准，它是计算工程造价的重要依据。

5. 预算工作手册和建材五金手册

各种预算工作手册和五金手册上载有各种构件工程量及钢材重量等，是工具性资料，可供计算工程量和进行工料分析参考。

6. 批准的初步设计及设计概算

设计概算是拟建工程确定投资的最高限额，一般预算价值不得超过概算价值，否则要调整初步设计。

7. 地区人工工资、材料及机械台班预算价格

计价表中的工资标准仅限计价表编制时的工资水平，在实际编制预算时应结合当时当地的相应工资单价调整。同样，在一段时期内，材料价格和机械费都可能变动很大，必须按照当地规定调整价差。

三、施工图预算的编制方法

单位工程施工图预算，目前有定额工料单价法和综合单价计价法两种编制方法。

1. 定额工料单价法

定额工料单价法是首先根据单位工程施工图计算出各分部分项工程的工程量；然后从预算定额中查出各分项工程相应的定额单价，并将各分项工程量与其相应的定额单价相乘，其积就是各分项工程的定额直接费；再累计各分项工程的定额直接费，即得出该单位工程的定额直接费；根据地区费用定额和各项取费标准（取费率），计算出间接费、利润、税金和其他费用等；最后汇总各项费用即得到单位工程施工图预算造价。

这种编制方法，既简化编制工作，又便于进行技术经济分析。但在市场价格波动较大的情况下，用该法计算的造价可能会偏离实际水平，造成误差，因此需要对价差进行调整。

2. 综合单价计价法

综合单价计价法是首先根据单位工程施工图计算出各个分部分项工程的工程量；然后从计价表中查出各相应分项工程所需的人工费、材料费、机械费、利润和管理费的综合单价；

再分别将各分项工程的工程量与其相应的综合单价相乘，其积就是各分项工程所需的全部费用；累计其积并加以汇总，就得出该单位工程全部的各分部分项工程费；再在各分部分项工程费的总费用基础上，计算出措施项目费、其他项目费和规费；根据地区规定取费标准，计算出税金和其他费用；最后汇总以上各项费用即得出该单位工程施工图预算造价。

这种编制方法适合于工、料因时因地发生价格变动情况下的市场经济需要。

四、综合单价计价法与定额工料单价法的区别

综合单价计价法和定额工料单价法的区别主要表现在招标单位编制标底和投标单位编制报价的具体使用时有所不同，其区别如下。

1. 计算工程量的编制单位不同

定额工料单价法是将建设工程的工程量分别由招标单位和投标单位各自按施工图计算。综合单价计价法则是工程量由招标单位按照“工程量清单计价规范”统一计算，各投标单位根据招标人提供的“工程量清单”并考虑自身的技术装备、施工经验、企业成本、企业定额和管理水平等因素后，自主填写报单价。

2. 编制工程量的时间不同

定额工料单价法是在发出招标文件之后编制，综合单价计价法必须要在发生招标文件之前编制。

3. 计价形式表现不同

定额工料单价法一般是采用计价总价的形式。综合单价计价法则是采用综合单价形式，综合单价包括人工费、材料费、机械费、管理费和利润，并考虑风险因素。因而用综合单价报价具有直观、相对固定的特点，如果工程量发生变化时，综合单价一般不作调整。

4. 编制的依据不同

定额工料单价法的工程量计算依据是施工图；人工、材料、机械台班消耗需要的依据是建设行政部门颁发的预算定额；人工、材料、机械台班单价的依据是工程造价管理部门发布的价格。综合单价计价法的工程量计算依据是“工程量清单计价规范”的统一计算规定，标底的编制依据是招标文件中的工程清单和有关规定要求、施工现场情况、合理的施工方法以及按工程造价主管部门制定的有关工程造价计价办法编制；报价的编制则是根据企业定额和市场价格信息确定。

5. 造价费用的组成不同

定额工料单价法的工程造价由直接费、企业管理费、利润、规费、税金等组成。综合单价计价法的工程造价由分部分项工程费、措施项目费、其他项目费、规费、税金等组成，且包括完成每项工程所包含的全部工程内容的费用。

五、施工图预算编制程序

施工图预算编制程序如图 3-2 所示。

六、施工图预算的编制步骤（定额工料计价法）

施工图预算应由有编制资格的单位和人员进行编制。应用“计价法”编制施工图预算的步骤如下。

1. 熟悉施工图纸

施工图纸是编制预算的基本依据。只有熟悉图纸，才能了解设计意图，正确地选用分部分项工程项目，从而准确地计算出分项工程量。对建筑物的建筑造型、平面布置、结构类

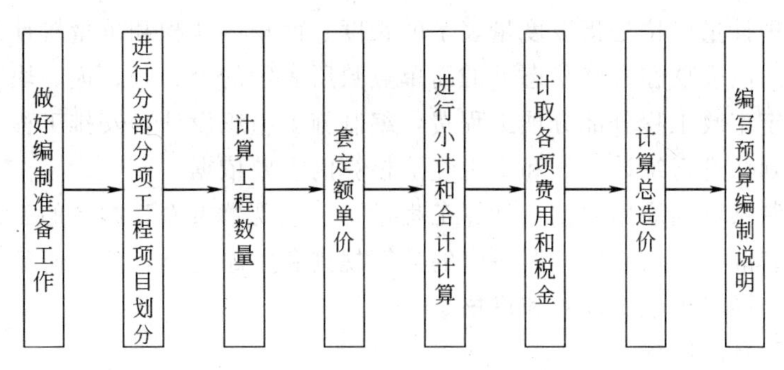

图 3-2　施工图预算编制程序

型、应用材料以及图注尺寸、文字说明及其构配件的选用等方面的熟悉程度，将直接影响到能否准、全、快地编制预算。

市政工程施工图分为市政建筑图和结构图。市政建筑图一般包括平面图、纵断面图、横断面图及构件大样图等，是关于市政构筑物的型式、大小、构造等方面的图纸；结构图一般包括路面结构图、桥梁结构图和排水工程结构图等，是关于承重结构部分设计尺寸和用料等方面的图纸。

收到施工图之后，应进行图纸的清点、整理和核对，经审核无短缺即装订成册。在阅读过程中如遇有文字说明不清、构造做法不详、尺寸或标高不一致以及用料和标号有差错等情况时，应做好记录，这些问题在编制预算之前必须予以解决。

此外，预算人员还要参加图纸会审及技术交底工作，以便进一步分析施工的可能性，发现问题后可向设计部门提出建议，使设计更加经济和合理。

2. 了解现场情况和施工组织设计资料

应全面了解现场施工条件、施工方法、技术组织措施、施工设备、器材供应情况，并通过踏勘施工现场补充有关资料。例如，预算人员了解施工现场的地质条件、周围环境、土壤类别情况等，就能确定建筑物的标高，土方挖、填、运的状况和施工方法，以便能正确地确定工程项目的单价，达到预算正确，真正起到控制工程造价的作用。同时，预算人员应和施工人员相配合，按照施工需要，分层分段计算工程量，为编制材料供应计划，制订月、季度施工形象进度计划和安排全年施工任务提供方便，避免重复劳动。

3. 熟悉市政预算定额及计价表

市政预算定额及计价表是编制工程预算的基础资料和主要依据。在每一单位市政工程中，其分部分项工程的综合单价和人工、材料、机械台班使用消耗量，都是依据预算定额及计价表来确定的。必须熟悉预算定额及计价表的内容、形式和使用方法，才能在编制预算过程中正确应用；只有对计价表的内容、形式和使用方法有了较明确的了解，才能结合施工图纸，迅速而准确地确定其相应一致的工程项目和计算工程量。

4. 列出工程项目

在熟悉图纸和市政预算定额及计价表的基础上，根据计价表的工程项目划分，列出所需计算的分部分项工程项目名称。如果计价表上没有列出图纸上表示的项目，则需补充该项目。一般应首先按照市政预算定额及计价表分部工程项目的顺序进行排列，初学者更应这样，否则容易出现漏项或重项。

5. 计算工程量

工程量是指以物理计量单位或自然计量单位所表示的市政工程各个分项工程或结构构件

的实物数量。物理计量单位是指以度量表示的长度、面积、体积和重量等计量单位；自然计量单位是指建筑成品表现在自然状态下的简单点数所表示的个、条、模、块等计量单位。

工程量是确定市政工程分部分项工程费，编制施工组织设计，安排工程作业进度，组织材料供应计划，进行统计工作和实现经济核算的重要依据。

工程量是编制预算的原始数据，计算工程量是一项既繁重而又细致的工作，不仅要求认真、细致、及时和准确，而且要按照一定的计算规则和顺序进行，从而避免和防止重算与漏算等现象的产生，同时也便于校对和审核。

（1）工程量计算的依据

① 施工图纸及设计说明。

② 施工组织设计。

③ 市政工程预算定额或工程量清单计价表。

④ 工程量计算规则。

（2）工程量计算的顺序　计算工程量应按照一定的顺序依次进行，既可以节省看图时间，加快计算进度，又可以避免漏算或重复计算。

① 单位工程计算顺序

a. 按施工顺序计算法　按施工顺序计算法就是按照工程施工顺序的先后次序来计算工程量。如市政道路工程，按照土石方、路基、垫层、基层、面层、立岩石、人行道铺装等顺序进行计算。

b. 按定额顺序计算法　按定额顺序计算工程量法就是按照预算定额（或计价表）上的分部分项工程顺序来计算工程量。这种计算顺序法对初学编制预算的人员尤为合适。

② 单个分项工程计算顺序

a. 按照顺时针方向计算法　按顺时针方向计算法就是先从平面图的左上角开始，自左至右，然后再由上而下，最后转回到左上角为止，这样按顺时针方向转圈依次进行计算工程量。例如土建工程计算外墙、地面、天棚等分项工程，都可以按照此顺序进行计算。

b. 按“先横后竖、先上后下、先左后右”计算法　此法就是在平面图上从左上角开始，按“先横后竖、从上而下、自左到右”的顺序进行计算工程量。例如房屋的条形基础土方、基础垫层、砖石基础、砖墙砌筑、门窗过梁、墙面抹灰等分项工程，均可按这种顺序计算。

c. 按图纸分项编号顺序计算法　此法就是按照图纸上所注结构构件、配件的编号顺序进行计算工程量。例如计算混凝土构件、门窗，均可照此顺序进行。

在计算工程量时，不论采用哪种顺序方法计算，都不能有漏项少算或重复多算。

（3）计算工程量的步骤

① 列出计算式　工程项目列出后，根据施工图所示的部位、尺寸和数量，按照一定的计算顺序和工程量计算规则，列出该分项工程量计算式。计算式应力求简单明了，并按一定的次序排列，便于审查核对。工程量计算一般采用表 3-1 的形式。

② 演算计算式　分项工程量计算式全部列出后，对各计算式进行逐式计算，并将其计算结果数量保留两位小数。然后再累计各算式的数量，其和就是该分项工程的工程量，将其填写入工程量计算表中。

③ 调整计量单位　计算所得工程量，一般都是以“m”、“m^2”、“m^3”或“kg”为计量单位，但预算定额或计价表往往是以“100m”，“$100m^2$”，“$100m^3$”或“t”等为计量单位。套用市政定额时这时，就要将计算所得的工程量，按照预算定额或计价表的计量单位进行调

表 3-1　工程数量计算表

单位工程名称：

项　次	项目及说明	计算公式	单位	数量

整，使其一致。

(4) 计算工程量的注意事项

① 必须口径一致　根据施工图纸列出的工程项目的口径（工程项目所包括的内容及范围），必须与预算定额或计价表中相应工程项目的口径一致，才能准确地套用预算定额或计价表单价。计算工程量除必须熟悉施工图外，还必须熟悉预算定额或计价表中每个工程项目所包括的内容和范围。

② 必须按工程量计算规则计算　工程量计算规则是综合和确定定额各项消耗指标的依据，也是具体工程测算和分析资料的准绳。

③ 必须按图纸计算　工程量计算时，必须严格按照图纸所注尺寸为依据进行计算，不得任意加大或缩小、任意增加或丢失，以免影响工程量计算的准确性。图纸中的项目，要认真反复清查，不得有漏项和余项或重复计算。

④ 必须列出计算式　在列计算式时，必须部位清楚，详细列项标出计算式。工程量计算式，应力求简单明了，醒目易懂，并要按一定的次序排列，以便于审核和校对。

⑤ 必须计算准确　工程量计算的精度将直接影响着预算造价的精度，因此数量计算要准确。一般规定工程量的结余数，除土石方、人行道板等可以取整数外，其他工程取小数后二位（小数可以四舍五入）。常用工程量计算小数点取位法如表 3-2 所示。

表 3-2　常用工程量计算小数点取位法

项目名称	计量单位	分项数量	各分项合计	项目名称	计量单位	分项数量	各分项合计
金额(费用)	元	整数	整数	管材、平侧石、窨井盖座	m或套	1位	整数
人工(劳动力)	工日	整数	整数	人行道板	块	整数	整数
钢材	t	2位	2位	沥青	t	2位	1位
钢材	kg	整数	整数	沥青	kg	整数	整数
水泥	t	2位	2位	生石灰	t	2位	1位
水泥	kg	整数	整数	熟石灰	t	2位	1位
木材(模)	m^3	2位	2位	机械数量	台班	2位	1位
混凝土、水泥砂浆、沥青混凝土	m^3或t	2位	1位	土石方、道路、排水	m^3、m^2、m	整数	整数
砂、石料、粉煤灰		1位	整数	桥梁结构工程	m^3	2位	1位
标准砖	千块	2位	2位	煤、柴油	t	2位	1位
标准砖	块	整数	整数	煤、柴油	kg	整数	整数

⑥ 必须计量单位一致　工程量的计量单位，必须与预算定额中规定的计量单位一致，才能准确地套用计价表中的综合单价。

⑦ 必须注意统筹计算　各个分项工程项目的施工顺序、相互位置及构造尺寸之间存在内在联系，要注意统筹安排计算程序。例如，路槽整型与道路底基层，人行道花砖与树池砌筑，桥面铺装与钢筋混凝土板梁等之间的相互关系。通过了解这种存在的相互联系，得出计算简化过程的途径，以达减少重复劳动之目的。

⑧ 必须自我检查复核　工程量计算完毕后，必须进行自我复核，检查其项目、算式、数据及小数点等有无错误和遗漏，以避免预算审查时返工重算。

6. 套用市政预算定额，编制预算表

市政工程预算书是采用“市政工程预算表”进行编制的，其表格形式如表 3-3 所示。

表 3-3　市政工程预算表

工程名称：

序号	定额号	项目名称	单位	数量	单价	合价	人工费		材料费		机械费	
							单价	合价	单价	合价	单价	合价

当分项工程量计算完成并经自检无误后，就可按计价表分项工程的排列顺序，在表格中逐项填写分项工程项目名称、工程量、计量单位、定额编号及基价等。

应当注意的是，在选用计价表单价时，分项工程的名称、材料品种、规格、配合比及做法等，必须与计价表中所列的内容相符合。在确定综合单价及定额编号过程中，常有以下三种情况。

(1) 直接套用定额单价　如果分项工程的名称、材料品种、规格、配合比及做法等与定额规定内容完全相符者（或虽有某些不符，但定额规定不换算者），就可将查得的分项工程综合单价及定额编号，直接抄写入预算表中。

(2) 换算综合单价　如果分项工程的名称、材料品种、规格、配合比及做法等与定额规定不完全相符者（部分不相符内容，定额规定又允许换算者），则可将查得的分项工程综合单价，换算成所需要的综合单价，并在其定额编号后加添“换”字，以示区别。然后，再将其抄写入预算表中。

(3) 编制补充综合单价　如果分项工程的名称、材料品种、规格、配合比及做法等与定额规定内容不相符者（即计价表中没有的项目，定额又规定不允许换算者），则应进行估工估料，并结合地区工资标准、材料和机械台班预算价格，编制出补充综合单价。补充综合单价的定额编号可写“补”字，如果同一个分部工程有几个分项工程的补充综合单价时，可写“补 1”、“补 2”等。补充综合单价应作为预算书附件。然后，再将其抄写入预算表中。

7. 工料分析

在计算工程量和编制预算表之后，对单位工程所需用的人工工日数及各种材料需要量进行的分析计算，这就称为“工料分析”。

工料分析是计算材料差价的重要准备工作。工料分析是控制现场备料，计算劳动力需要量，编制作业计划，签发班组施工任务书，进行财务成本核算和开展班组经济核算的依据。同时，通过分析汇总得出的材料，也为计算材料差价提供依据。

工料分析以一个单位工程为编制对象，其编制步骤如下。

（1）按施工图预算的工程项目和定额编号，从预算定额或计价表中查出各分项工程的各种工、料的定额用量，并填入工料分析表中各相应分项工程的“定额”栏内。

（2）将各分项工程量分别乘以该分项工程的定额用工、用料数量，逐项进行计算就得到相应的各分部分项的各种人工和材料需要量。其计算式如下：

$$人工需要量(工日)=分项工程量\times相应时间定额$$

$$材料需要量=分项工程量\times相应材料消耗定额$$

（3）将各分部分项工程人工和材料的需要量，按工种人工和各种材料项目分别汇总，最后即得出该单位工程的工种人工和各种材料的总需要量。

计算时最好要根据分部工程顺序进行计算和汇总。工料分析一般都采用表 3-4 所示的常用格式。

表 3-4　工料分析表

序号	定额编号	分部分项工程名称	单位	数量	人工		红砖		32.5 级水泥	
					单位:工日		单位:百块		单位:t	
					定额	用量	定额	用量	定额	用量

工料分析时应注意的事项有以下几点。

（1）对于材料、成品、半成品的场内运输和操作损耗，场外运输和保管损耗，均已在定额和材料预算价格内考虑，不得另行加算。

（2）预算定额中的“其他材料费”，工料分析时不计算其用量。

（3）混凝土结构中绑扎钢筋所用的铁丝，不必按定额逐项计算，可按每吨钢筋需要 5～6kg 铁丝计算。

（4）如果定额给出的是每立方米砂浆或混凝土体积，则必须根据定额手册“附录”中的配合比表，通过“二次分析”后才可得出所需的砂、石、水泥、石灰膏的重量。

（5）凡由加工厂制作、现场安装的构件，应按制作和安装分别计算工料。

（6）门窗五金应单独列表进行计算，分析工料数量。

（7）三大材料数量应按品种、规格不同，分别进行计算。

8. 计算单位工程造价

根据市政工程费用项目组成及计算规则，分别计算出工程直接费、间接费、利润和税金等费用，汇总得到单位工程造价。

9. 计算技术经济指标

单位工程预算造价确定后，根据各单位工程的特点，按规定选用不同的计算单位，计算技术经济指标：

$$技术经济指标=\frac{单位工程预算造价}{按规定计量单位计算的工程量}$$

10. 复核

复核是指预算编制出来之后，由本单位有关专业人员进行检查核对。其内容主要是查核分项工程项目有无漏项或余项；工程量有无少算、多算或错算；预算综合单价、换算综合单价或补充综合单价是否选用合适；各项费用及取费标准是否符合规定。

11. 预算编制说明

工程量和预算表编制完成后，还应填写预算编制说明。其目的是使有关单位了解预算编制依据、施工方法、材料差价以及其他编制情况等。预算编制说明无统一内容和格式，一般应包括：

（1）施工图名称及编号；

（2）预算编制所依据的预算定额或计价表名称；

（3）预算编制所依据的费用定额及材料调差的有关文件；

（4）预算编制的主要依据；

（5）补充定额的编制；

（6）特殊材料的补充单价及特殊工程部位的技术处理方法；

（7）存在的问题及处理的办法、意见。

12. 装订签章

将单位工程的预算书封面、预算编制说明、工程预算表、工料分析表、补充综合单价编制表、工程量计算表等，按顺序编排并装订成册。

预算书封面应填写的内容包括：工程编号和工程名称，建设单位和施工单位名称，建筑面积和结构类型，预算总造价和单位造价，预算编制单位、单位负责人、编制人及编制日期，预算审核单位、单位负责人、审核人及审核日期等。

在已经装订成册的工程预算书上，预算编制人应填写封面有关内容并签字，加盖有资格证号的印章，经有关负责人审阅签字后，最后加盖公章，至此完成了预算编制工作。

第三节 设计概算

一、设计概算概述

设计概算是在初步设计（或扩大初步设计）阶段，设计单位根据初步设计（或扩大初步设计）图纸、概算定额或概算指标、材料价格、费用定额和有关取费规定，对拟建工程进行概略的费用计算。它是初步设计文件的重要组成部分，是初步设计阶段计算建筑物、构筑物的造价以及从筹建开始起至交付使用为止所发生的全部建设费用的文件。根据国家有关规定：建设工程在初步设计阶段，必须编制设计概算；在报批设计文件的同时，必须要报批设计概算；施工图设计，也必须按照批准的初步设计及其设计概算进行。

1. 设计概算的编制依据

（1）经批准的可行性研究报告。其内容包括：建设目的、建设规模、建设内容、建设进度、建设投资、产品方案和原材料来源等。

（2）初步设计或扩大初步设计图纸和说明书。

（3）现行的概算定额、概算指标。

（4）设备价格资料。

（5）地区材料价格、工资标准。

（6）有关部门颁布的现行的取费标准和费用定额。包括各种费用、取费标准、计算范围、材差系数等，必须符合建设项目主管部门制定的基本原则。

（7）经批准的投资估算文件。投资估算是设计概算的最高额度标准，投资概算不得突破投资估算。

2. 设计概算编制的准备工作

(1) 深入现场，调查研究，掌握第一手材料。对新结构、新材料、新技术和非标准设备价格要搞清楚并落实，认真收集其他有关基础资料（如定额、指标等）。

(2) 根据设计要求、总体布置图和全部工程项目一览表等资料，对工程项目的内容、性质、建设单位的要求、建设地区的施工条件等，作概括性的了解。

(3) 在掌握和了解上述资料与情况的基础上，拟出编制设计概算的提纲，明确编制工作的主要内容、重点、步骤和审核方法。

(4) 根据已拟定的设计概算编制提纲，合理选用编制依据，明确取费标准。

二、概算定额、概算指标

1. 概算定额

市政工程概算定额又称扩大结构定额，是指生产一定计量单位的扩大的市政工程结构构件或分部分项工程所需要的人工、材料和机械台班的消耗数量及费用的标准。它是在预算定额的基础上，进行综合、合并而成。

概算定额表达的主要内容、表达的主要方式及基本使用方法都与综合预算定额相近。

定额基准价＝定额单位人工费＋定额单位材料费＋定额单位机械费

＝人工概算定额消耗量×人工工资单价＋

∑(材料概算定额消耗量×材料预算价格)＋

∑(施工机械概算定额消耗量×机械台班费用单价)

概算定额的内容和深度是以预算定额为基础的综合与扩大。概算定额与预算定额的不同处在于项目划分和综合扩大程度上的差异。由于概算定额综合了若干分项工程的预算定额，因此使概算工程量计算和概算表的编制，都比编制施工图预算简化了很多。

2. 概算指标

概算指标比概算定额更为综合和概括，它是对各类建筑物以面积、体积或万元造价为计算单位所整理的造价和人工、主要材料用量的指标。

市政工程概算指标的作用有以下几点。

(1) 在初步设计阶段可作为编制建筑工程设计概算的依据。这是指在没有条件计算工程量时，只能使用概算指标。

(2) 设计单位在建筑方案设计阶段进行方案设计技术经济分析和估算的依据。

(3) 在建设项目的可行性研究阶段作为编制项目的投资估算的依据。

(4) 在建设项目规划阶段作为估算投资和计算资源需要量的依据。

三、单位工程设计概算的编制方法

单位工程设计概算是初步设计文件的重要组成部分。设计单位在进行初步设计时，必须同时编制出市政工程设计概算。单位工程设计概算，是在初步设计阶段，利用国家颁发的概算指标、概算定额或综合预算定额等，按照设计要求，概略地计算建筑物或构筑物的造价以及确定人工、材料和机械等需用量。

一般情况下，施工图预算造价不允许超过设计概算造价，以使设计概算能起到控制施工图预算的作用。市政单位工程设计概算的编制是一项重要的工作，既要保证它的及时性，又要保证它的正确性。

市政单位工程设计概算，一般有下列三种编制方法：一是根据概算定额进行编制；二是根据概算指标进行编制；三是根据类似工程预算进行编制。

1. 应用概算定额编制设计概算

（1）编制依据

① 初步设计或扩大初步设计的图纸资料和说明书；

② 概算定额；

③ 概算费用指标；

④ 施工条件和施工方法。

（2）编制方法　应用概算定额编制市政单位工程设计概算的方法，与应用预算定额编制市政单位工程施工图预算的方法基本上相同，概算书所用表式与预算书表式亦基本相同。不同之处在于设计概算项目划分较施工图预算粗略，是把施工图预算中的若干个项目合并为一项，并且采用的是概算工程量计算规则。

应用概算定额编制概算，其编制对象必须是设计图纸中对建筑、结构、构造均有明确的规定，图纸内容比较齐全、完善，能够计算的工程量。该法编制精度高，是编制设计概算的常用方法。应用概算定额编制设计概算的具体步骤如下。

① 熟悉设计图纸，了解设计意图、施工条件和施工方法。

② 列出市政工程设计图中各分部分项的工程项目，并计算其工程量。工程量计算应按概算定额中规定的工程量计算规则进行，并将各分项工程量按概算定额编号顺序，填入工程概算表内。

③ 确定各分部分项工程项目的概算定额单价（基价）和工料消耗指标。工程量计算完毕并经复核整理后，即按照概算定额中分部分项工程项目的顺序，查概算定额的相应项目，将项目名称、定额编号、工程量及其计量单位、定额基准价和人工、材料消耗量指标，分别填入工程概算表和工料分析表中的相应栏内。

④ 计算各分部分项工程的直接费和总直接费。将已算出的各分部分项工程的工程量及已查出的相应定额基准价相乘，即可得出各分项工程的直接费；汇总各分项工程的直接费，即可得到该单位工程的总直接费。

⑤ 进行概算工料分析，并计算概算材料价差。工料分析指对主要工种人工和主要建筑材料进行分析，计算出人工、材料的总耗用量。其中，主要材料的价差，应根据概算编制期的市场价与定额基准价相比较，按照预算价差计算方法计算。

⑥ 计算间接费和税金等费用。根据总直接费和各项施工取费标准，分别计算。

⑦ 计算预备费。预备费是指设计中无法预先估计而在施工中可能出现的费用。通常是在直接费、间接费、税金等的总和基础上，乘以一个合理的费率。

⑧ 计算单位工程概算总造价。将上面算得的直接费、间接费、税金、预备费等，相加起来，即得到单位工程概算总造价。

⑨ 编写概算编制说明。

2. 应用概算指标编制设计概算

（1）编制特点　概算指标一般是以建筑面积为单位，以整幢建筑物为依据而编制的。它的数据均来自各种已建的建筑物预算或竣工结算资料，用其建筑面积除需要的各种人工、材料等得出。

由于概算指标通常是按每幢建筑物每 $100m^2$ 建筑面积表示的价值或工料消耗量，因此，它比概算定额更为扩大、综合，所以按此编制的设计概算比按概算定额编制的设计概算更加简化，精确度显然也要比用概算定额编制的设计概算低一些，是一种对工程造价估算的方法。但由于编制速度快，能解决时间紧迫的要求，该法仍有一定的实用价值。

在初步设计阶段编制设计概算，如已有初步设计图纸，则可根据初步设计图纸、设计说明和概算指标，按设计的要求、条件和结构特征，查阅概算指标中的相同类型的建筑物的简要说明和结构特征，来编制设计概算；如无初步设计图纸无法计算工程量或在可行性研究阶段只具有轮廓方案，也可用概算指标来编制设计概算。

（2）编制方法

① 直接套用概算指标编制概算　如果拟建工程项目在设计上与概算指标中的某建筑物相符，则可直接套用指标进行编制。当指标规定了土建工程每百平方米或每平方米的人工、主要材料消耗量时，概算具体步骤及计算公式如下：

a. 根据概算指标中的人工工日数及现行工资标准计算人工费：

每平方米建筑面积人工费＝指标人工工日数×地区日工资标准

b. 根据概算指标中的主要材料数量及现行材料预算价格计算材料费：

每平方米建筑面积主要材料费＝∑(主要材料数量×地区材料预算价格)

c. 按求得的主要材料费及其他材料费占主要材料费中的百分比，求出其他材料费：

每平方米建筑面积其他材料费＝每平方米建筑面积主要材料费×其他材料费的比例

d. 施工机械使用费在概算指标中一般是用“元”或占直接费百分比表示，直接按概算指标规定计算。

e. 按求得的人工费、材料费、机械费，求出直接费：

每平方米建筑面积直接费＝人工费＋主要材料费＋其他材料费＋机械费

f. 按求得的直接费及地区现行取费标准，求出间接费、税金等其他费用及材料价差。

g. 将直接费和其他费用相加，得出概算单价：

每平方米建筑面积概算单价＝直接费＋间接费＋材料价差＋税金

h. 用概算单价和建筑面积相乘，得出概算价值：

设计工程概算价值＝设计工程建筑面积×每平方米建筑面积概算单价

② 概算指标的修正　由于随着建筑技术的发展，新结构、新技术、新材料的应用，设计做法也在不断地发展。因此，在套用概算指标时，设计的内容不可能完全符合概算指标中所规定的结构特征。此时，就不能简单地按照类似的概算指标套算，而必须根据差别的具体情况，对其中某一项或某几项不符合设计要求的内容，分别加以修正。经修正后的概算指标，方可使用。修正方法如下：

单位建筑面积造价修正概算指标＝原概算指标单价－换出结构构件单价＋换入结构构件单价

换出(或换入)结构构件单价＝换出(或换入)结构构件工程量×相应的概算定额单价

设计内容与概算指标规定不符时需要修正概算指标，其目的是为了保证概算价值的正确性。具体编制步骤如下：

a. 根据概算指标求出每平方米建筑面积的直接费；

b. 根据求得的直接费，算出与拟建工程不符的结构构件的价值；

c. 将换入结构构件工程量与相应概算定额单价相乘，得出拟建工程所要的结构构件价值；

d. 将每平方米建筑面积直接费，减去与拟建工程不符的结构构件价值，加上拟建工程所要的结构构件价值，即为修正后的每平方米建筑面积的直接费；

e. 求得修正后的每平方米建筑面积的直接费后，就可按照“直接套用概算指标法”，编制出单位工程概算。

第四节　竣工结算与竣工决算

一、竣工结算

(一) 竣工结算的概念

一个单位工程或单项工程，施工过程中由于设计图纸产生了一些变化，与原施工图预算比较有增加或减少的地方，这些变化将影响工程的最终造价。在单位工程竣工并经验收合格后，将有增减变化的内容，按照编制施工图预算的方法与规定，对原施工图预算进行相应的调整，而编制的确定工程实际造价并作为最终结算工程价款的经济文件，称为竣工结算。竣工结算一般由施工单位编制，经建设单位审查无误，由施工单位和建设单位共同办理竣工结算确认手续。

办理竣工结算的程序是：单位工程或单项工程完成，并经建设单位、监理单位和有关部门验收后，由施工单位依照有关规定，向建设单位（发包人）递交竣工结算报告及完整的结算资料，经监理单位和建设单位审核、确认，双方按照协议书约定的合同价款及专用条款约定的合同价款调整内容，进行工程竣工结算。建设单位收到竣工结算报告及结算资料后，在规定的时间（28天）内进行核实，给予确认或提出修改意见。建设单位确认后，通知经办银行向施工单位（承包人）支付工程竣工结算价款。

竣工结算并不是按照变更设计后的施工图纸和各种变更原始资料，重新编制一次施工图预算，而是根据变动哪一部分就修改哪一部分的原则进行，即竣工结算仍是以原施工图预算为基础，增减部分内容而已。只有当设计变更较大，导致整个单位建筑工程的工程量全部或大部分变更时，这时竣工结算才需要按照施工图预算的办法，重新进行一次施工图预算的编制。显然出现这种设计变更或修改情况是比较少见的。

工程施工中设计图纸产生的变化，主要是由于施工中遇到需要处理的问题（如基础工程施工中遇软弱土层、洞穴、古墓等的处理）；工程开工后，建设单位提出要求改变某些施工做法或增减某些工程项目；施工单位在施工中要求改变某些设计做法（如某种建筑材料的确需要更改或代换材料的规格型号）等原因而引起的。

单位工程完工后，施工单位在向建设单位移交有关技术资料和竣工图纸办理交工验收时，必须同时编制竣工结算，作为办理财务价款结算之依据。

(二) 竣工结算的作用

(1) 竣工结算是施工单位与建设单位结清工程费用的依据。施工单位有了竣工结算就可向建设单位结清工程价款，以完结建设单位与施工单位之间的合同关系和经济责任。

(2) 竣工结算是施工单位考核工程成本，进行经济核算的依据。施工单位统计年竣工建筑面积，计算年完成产值，进行经济核算，考核工程成本时，都必须以竣工结算所提供的数据为依据。

(3) 竣工结算是施工单位总结和衡量企业管理水平的依据。通过竣工结算与施工图预算的对比，能发现竣工结算比施工图预算超支或节约的情况，可进一步检查和分析这些情况所造成的原因。因此，建设单位、设计单位和施工单位，可以通过竣工结算，总结工作经验和教训，找出不合理设计和施工浪费的原因，逐步提高设计质量和施工管理水平。

(4) 竣工结算为建设单位编制竣工决算提供依据。

(三) 竣工结算与施工图预算的区别

以施工图预算为基础编制竣工结算时，在项目划分、工程量计算规则、定额使用、费用计算规定、表格形式等方面都是相同的，其不同之处有以下几方面。

(1) 施工图预算在工程开工前编制，而竣工结算在工程竣工后编制。

(2) 施工图预算依据施工图编制，而竣工结算依据竣工图编制。

(3) 施工图预算一般不考虑施工中的意外情况，而竣工结算则会根据施工合同规定增加一些施工过程中发生的签证（如停水、停电、停工待料、施工条件变化等）费用。

(4) 施工图预算要求的内容较全面，而竣工结算以货币量为主。

(四) 竣工结算的编制方式

工程承包方式不同，竣工结算编制方式也不同。

(1) 以施工图预算为基础编制竣工结算　在施工图预算编制后，由于工程施工过程中，经常会发生增减变更，因而会影响工程的造价。因此，在工程竣工后，一般都以施工图预算为基础，再加上增减变更因素来编制竣工结算书。但用此种方式编制竣工结算其手续繁琐，审查费时，经常发生矛盾，难以定案。

(2) 以平方米造价指标为基础编制竣工结算　以平方米造价指标为基础编制竣工结算，比按施工图预算为基础编制的竣工结算较为简化，但适用范围有一定的局限性，难以处理因发生材料价格的变化、设计标准的差异、工程局部的变更等因素的影响。故按此种方式编制的竣工结算，也经常会出现一些矛盾。

(3) 以包干造价为基础编制竣工结算　是指按施工图预算加系数包干为基础编制竣工结算。此种方式编制工程竣工结算时，如果不发生包干范围以外的增加工程，包干造价就是工程竣工结算，竣工结算手续大为简化，也可以不编制竣工结算书，而只要根据设计部门的变更图纸或通知书，编制"设计变更增（减）项目预算表"，纳入竣工结算即可。

(4) 以投标造价为基础编制竣工结算　以招标投标的办法承包工程，造价的确定不但具有包干的性质，而且还含有竞争的内容，报价可以进行合理浮动。中标的施工单位根据标价并结合工期、质量、奖罚、双方责任等与建设单位签订合同，实行一次包干。合同规定的造价，一般就是结算的造价。因此，也可以不编制竣工结算书，只进行财务上的"价款结算"（预付款、进度款、建设单位供料款等）。只要将合同内规定的因奖罚发生的费用和合同外发生的包干范围以外的增加工程项目列入，可作为"补充协议"处理即可。

(五) 竣工结算的编制依据

(1) 施工图预算　指由施工单位、建设单位双方协商一致，并经有权部门审定的施工图预算。

(2) 图纸会审纪要　指图纸会审会议中对设计方面有关变更内容的决定。

(3) 设计变更通知单　必须是在施工过程中，由设计单位提出的设计变更通知单，或结合工程的实际情况需要，由建设单位提出设计修改要求后，经设计单位同意的设计修改通知单。

(4) 施工签证单或施工记录　凡施工图预算未包括，而在施工过程中实际发生的工程项目（如原有房屋拆除、树木草根清除、古墓处理、淤泥垃圾土挖除换土、地下水排除、因图纸修改造成返工等），要按实际耗用的工料，由施工单位作出施工记录或填写签证单，经建设单位签字盖章后方为有效。

（5）工程停工报告　在施工过程中，因材料供应不上或因改变设计，施工计划变动等原因，导致工程不能继续施工时，其停工时间在1天以上者，均应由施工员填写停工报告。

（6）材料代换与价差　材料代换与价差，必须要有经过建设单位同意认可的原始记录方为有效。

（7）工程合同　施工合同规定了工程项目范围、造价数额、施工工期、质量要求、施工措施、双方责任、奖罚办法等内容。

（8）竣工图。

（9）工程竣工报告和竣工验收单。

（10）有关定额、费用调整的补充项目。

（六）竣工结算编制的内容

竣工结算按单位工程编制，一般内容如下。

（1）竣工结算书封面　封面形式与施工图预算书封面相同，要求填写工程名称、结构类型、建筑面积、造价等内容。

（2）编制说明　主要说明施工合同有关规定、有关文件和变更内容等。

（3）结算造价汇总计算表　竣工结算表形式与施工图预算表相同。

（4）汇总表的附表　包括工程增减变更计算表、材料价差计算表、建设单位供料计算表等内容。

（5）工程竣工资料　包括竣工图、各类签证、核定单、工程量增补单、设计变更通知单等。

（七）竣工结算的编制方法和步骤

1. 竣工结算的编制方法

竣工结算以施工图预算为基础编制的情况下，通常有以下三种编制方法。

（1）原施工图预算增减变更合并法　此种方法适用于工程竣工时变更项目不多的单位工程。竣工结算的编制方法是：维持原施工图预算不动，将应增减的项目算出价值，并与原施工图预算合并即可。

（2）分部分项工程重列法　此种方法适用于工程竣工时变更项目较多的单位工程。由于大部分分项工程的工程量和单价都有变化，因此，将原施工图预算的各分部分项工程进行重新排列，按施工图预算的形式，编制出竣工结算书。

（3）跨年工程竣工结算造价综合法　此种方法适用于有中间结算的跨年度单位工程。将各年度的结算额加以合并，即可形成全面的竣工结算书。

2. 竣工结算的编制步骤

（1）收集整理原始资料　原始资料是编制竣工结算的主要依据，必须收集齐全，除平时积累外，尚应在编制前做好调查、整理、核对工作。只有具备了完整的原始资料后，才能开始编制竣工结算。原始资料调查包括：原施工图预算中的分项工程是否全部完成；工程量、定额、单价、合价、总价等各项数值有无错漏；施工图预算中的暂估单价，在竣工结算时是否核实；分包结算与原施工图预算有无矛盾等。

（2）了解工程施工和材料供应情况　了解工程开工时间、竣工时间、施工进度、施工安排和施工方法，校核材料供应方式、数量和价格。

（3）调整计算工程量　根据工程变更通知、验收记录、材料代用签证等原始资料，计算出应增加或应减少的工程量。如果设计变动较多，设计图纸修改较大，可以重新计算工程量。

(4) 选套预算定额单价，计算竣工结算费用　单位工程竣工结算的直接费，一般由下列三部分内容组成：

① 原施工图预算直接费；

② 调增部分直接费（∑调增部分的工程量×相应预算单价）；

③ 调减部分直接费（∑调减部分的工程量×相应预算单价）。

单位工程竣工结算总直接费＝原施工图预算直接费＋调增部分直接费－调减部分直接费

单位工程(土建)竣工结算总造价＝竣工结算总直接费＋竣工结算综合间接费＋材料价差＋税金

（八）竣工结算的工料分析

1. 竣工结算的工料分析的作用

(1) 竣工结算的工料分析是承包人进行经济核算的主要指标；

(2) 竣工结算的工料分析是发包人进行竣工决算总消耗量统计的必要依据；

(3) 竣工结算的工料分析是施工企业提高管理水平的重要措施；

(4) 竣工结算的工料分析是造价主管机构统计社会平均物耗水平真实的信息来源。

2. 竣工结算工料分析的方法步骤

(1) 首先将竣工结算中的各分项工程项目，逐项从结算中查出各种人工、材料和机械的单位（定额）用量，并分别乘以各该分项工程项目的工程量，就可以得出各该分项工程的各种人工、材料和机械台班的数量。

(2) 然后按各分部分项工程的（定额）顺序，将各分部工程所需的人工、材料和机械台班分别进行汇总，即可得出各该分部工程的各种人工、材料和机械台班的数量。

(3) 最后将各分部工程进行汇总，就得出该单位工程的各种人工、材料和机械台班的总数量。并可进行计算得出每万元和每平方米建筑面积的工、料、机的消耗量。

（九）竣工结算注意事项

(1) 要对施工图预算中不真实项目进行调整　通过了解设计变更资料，寻得原预算中已列但实际未做的项目，并从原预算中扣减出去。

(2) 要计算由于政策性变化而引起的调整性费用　工程结算期内常遇如间接费率的变化、材差系数的变化、人工工资标准的变化等，而引起费用的调整。

(3) 要按实计算大型施工机械进退场费　编制预算时是按施工组织设计中确定的大型施工机械或预算规定费用计算施工机械进退场费，结算时应按工程施工时实际进场的机械类型计算进退场费。但招标投标工程应按施工合同规定办理。

(4) 要调整材料用量　材料用量出现变化的原因，一是设计变更引起工程量的增减，二是施工方法不同及材料类型不同，都会导致材料数量的变化，因而结算时要调整增减材料的用量。

(5) 要按实计算材料价差　一般情况下，三大材料和某些特殊材料均由建设单位委托施工单位采购供应，编制预算时是按定额预算价格、预算指导价或暂估价确定工程造价的，而结算时应如实计取，按结算时确定的材料预算用量和实际价格，逐项进行材料价差计算。

(6) 要确定由建设单位供应材料部分的实际供应量和预算需要量　建设单位供应材料部分的实际供应量，是指由建设单位购置材料并转给施工单位使用的实际数量。而材料的实际需要量是指依据材料分析，完成工程施工所需的材料应有预算数量。如果上述两者间存在数量差，则应如实进行处理，既不超供也不短缺。

（7）要计算因施工条件改变而引起的费用变化　编制预算时是按施工组织设计要求计算的有关施工费用，但实际施工时却因施工条件和施工方式有变化，则有关费用要按合同规定和实际情况进行调整。

（8）办理竣工验收手续时，在建设单位应付施工单位工程款内预留总价款5%幅度范围内的保修金。当工程的保修期满后，应及时结算和退还（如有剩余）保修金。

（十）竣工结算的审核

1. 竣工结算审核的概念

竣工结算审核是指对工程造价最终计算报告和财务划拨款额进行审查核定。建设单位对施工单位提交的竣工结算，可自行审核，也可委托有相应资格的造价咨询机构审核。未经审核的竣工结算，不能办理财务结算。竣工结算审核应对送审的竣工结算签署审核人姓名、审核单位负责人姓名及加盖公章，三者缺一不可。

2. 竣工结算审核的依据

（1）要遵守工程合同条款规定和招投标文件中明确的协议规定。

（2）是否执行有关标准、定额、规范、费用的规定，施工单位是否持有“取费标准证书”，单位工程类别有否核定。

（3）工程施工期间发生的变更、通知、监理单位和建设单位的签证文件。

（4）工程施工期间当地工程造价管理部门颁布的材料指导价、调整价差办法。

（5）工程所消耗的人工、材料、机械台班量是否准确。

3. 竣工结算审核的内容

（1）审核施工合同　审核时必须根据合同中有关工程造价的具体内容和要求，确定审核竣工结算的重点。

① 对未经招标投标的包工包料的合同工程，审核重点应在竣工结算的全部内容上，即从工程量审核入手，直至对设计变更、材料价差等有关内容进行审核。

② 对经招标投标的包工包料的合同工程，审核重点应放在设计变更、材料价差的审核。而对其中已通过招标投标确定下来的合同报价部分，只审核其中有无违反合同法及施工实际的不合理费用项目。

（2）审核设计变更

① 设计变更手续是否合理、合规　应有设计变更通知单，并具备设计单位和建设单位、监理单位的签字盖章。

② 审核设计变更的真实性　应经过实地考察或了解施工验收记录，其变更的部位、数量和套用定额等都是属于真实的变更。

（3）审核施工进度

① 审核施工进度计划的落实情况。若由建设单位原因造成停工、返工而导致施工工期延期的，应根据签证，考虑增加人工费的损失。

② 审核施工进度是否与工程量相对应。不同施工阶段的工程量（比例）是费用计算的主要依据。

③ 审核施工过程中有关人工、材料和机械台班价格与取费文件变化情况。选择合适的计算标准，使结算与施工过程相吻合。

通过上述审核过程后的竣工结算造价，达成由建设单位、施工单位和审核单位三方认可的审定数额，此数额即是建设单位支付施工单位工程款的最终标准。

二、竣工决算

（一）竣工决算的概念

一个建设项目或单项工程的全部工程完工后并经有关部门验收合格移交后，对所有财产和物资进行一次财务清理，计算包括从开始筹建起到该建设项目（或单项工程）投产或使用为止全过程中所实际支出的一切费用总和，称竣工决算。竣工决算包括竣工结算工程造价、设备购置费、勘察设计费、征地拆迁费和其他一切全部建设费用的总和。

竣工决算全面反映一个建设项目或单项工程在建设全过程中各项资金的实际使用情况及设计概算的执行结果。它是竣工报告的主要组成部分，也是工程建设程序的最后一环。竣工决算由建设单位编制。

（二）竣工决算的内容

由建设单位编制的建设项目竣工决算，应能综合反映该工程从筹建开始到竣工投产（或使用）全过程中的各项资金实际运用情况，建设成果及全部建设费用。其内容由竣工决算报告说明书、竣工决算报表、竣工工程平面示意图、工程造价比较分析等四部分组成。

1. 竣工决算报告说明书

竣工决算报告说明书能全面反映竣工工程建设成果和经验，是全面考核分析工程投资与造价的书面总结，其主要包括以下内容。

（1）对工程总的评价　从工程的进度、质量、安全和造价四个方面进行分析说明。

① 进度　主要说明开工和竣工时间，对照合理工期和要求工期是提前还是延期。

② 质量　根据质量监督部门的验收评定等级、合格率和优良品率进行说明。

③ 安全　根据劳动和施工部门的记录，对有无设备和人身事故进行说明。

④ 造价　对照概算造价，说明节约还是超支，采用金额和百分率进行说明。

（2）各项财务和技术经济指标的分析

① 概算执行情况分析　根据实际投资额与概算进行对比分析。

② 新增生产能力的效益分析　说明交付使用财产占投资总额的比例，生产用固定资产占交付使用财产的比例，不增加固定资产的造价占投资总额的比例，分析有机构成和效果。

③ 建设投资包干情况的分析　说明投资包干数，实际支用数和节约额，投资包干节余的有机构成和包干节余的分配情况。

④ 财务分析　列出历年资金来源和资金占用情况。

2. 竣工决算报表

竣工决算报表应按大、中、小型建设项目分别制定，其主要内容包括以下几方面。

（1）建设项目竣工工程概况表　主要是说明建设项目名称、设计及施工单位、建设地址、占地面积、新增生产能力、建设时间、完成主要工程量、工程质量评定等级、未完工程尚需投资额等。

（2）建设项目竣工财务决算表　包括下列六项表格：①建设项目竣工财务决算明细表；②建设项目竣工财务决算总表；③交付使用固定资产明细表；④交付使用流动资产明细表；⑤递延资产明细表；⑥无形资产明细表。

（3）概算执行情况分析及编制说明。

（4）待摊投资明细表。

（5）投资包干执行情况表及编制说明。

3. 竣工工程平面示意图

竣工工程平面示意图是建设单位长期保存的技术档案，也是国家的重要技术档案。

4. 工程造价比较分析

概算是考核建设工程造价的依据。分析时可将竣工决算报告表中所提供的实际数据和相关资料及批准的概算、预算指标进行对比，以确定竣工项目造价是节约还是超支。

为考核概算执行情况，正确核实建设工程造价，财务部门首先要积累有关材料、设备、人工价差和费率的变化资料以及设计方案变化和设计变更资料；其次要考查竣工形成的实际工程造价是节约还是超支的数额。实际工作中，主要分析以下内容。

(1) 主要实物工程量　因概算编制的主要实物工程量的增减变化必然使概预算造价和实际工程造价随之变化。因此，对比分析中应审查项目的规模、结构、标准是否符合设计文件的规定，变更部分是否按照规定的程序办理以及造价的影响等。对实物工程量出入比较大的情况，必须查明原因。

(2) 主要材料消耗量　考核主要材料消耗量，要按照竣工决算表中所列明的三大材料实际超概算的消耗量，查清是在工程的哪一个环节超出量最大及超耗的原因。

(3) 考核建设单位管理费、建安工程间接费等的取费标准　要根据竣工决算报表中所列的建设单位管理费与概预算中所列的控制额比较，确定其节约或超支数额，并进一步查清节约或超支的原因。

(三) 竣工决算的作用

(1) 作为核定新增资产价值和交付使用的依据。

(2) 作为考核建设成本和分析投资效果的依据。

(3) 作为今后工程建设的经验积累和决算的资料。

(4) 作为建设单位正确计算已投入使用固定资产的折旧费，缩短的建设周期，节约的建设投资，有利于企业合理计算生产成本和企业利润，进行经济核算。

(5) 作为考核竣工项目概预算与工程建设计划执行情况以及分析投资效果的依据。由于竣工决算反映了竣工项目的实际建设成本、主要原材料消耗、实际建设工期、新增生产能力、占地面积和完成工程的主要工程量。

(6) 作为综合掌握竣工项目财务情况和总结财务管理工作的依据。由于竣工决算反映了竣工项目自开工建设以来各项资金来源和运用情况以及最终取得的财务成果。

(7) 作为修订概预算定额和制定降低建设成本的依据。由于竣工决算反映了竣工项目实际物化劳动和活劳动消耗的数量，为总结工程建设经验，积累各项技术经济资料，提高建设管理水平提供了基础资料。

(四) 竣工决算的依据

(1) 建设工程项目可行性研究报告和有关文件。

(2) 建设工程项目总概算书和单项工程综合概算书。

(3) 建设工程项目设计图纸及说明（包括总平面图、建安工程施工图及相应竣工图纸)。

(4) 建筑工程竣工结算文件。

(5) 设备安装工程结算文件。

(6) 设备购置费用竣工结算文件。

(7) 工器具及生产家具购置费用结算文件。

(8) 其他工程和费用的结算文件。

(9) 国家和地区颁发的有关建设工程竣工决算文件。

（10）施工中发生的各种记录、验收资料、会议纪要等资料。

（五）竣工决算的编制方法

根据经审定的竣工结算等原始资料，对照原概预算进行调整，重新核定各单项工程和单位工程的造价。对属于增加资产价值的其他投资，如建设单位管理费、研究试验费、勘察设计费、土地征用及拆迁补偿费、联合试运转费等，应分摊于受益工程，并随同受益工程交付使用的同时，一并计入新增资产价值。竣工决算应反映新增资产的价值，包括新增固定资产、流动资产、无形资产和递延资产等，应根据国家有关规定进行计算。

（六）竣工结算与竣工决算的区别与联系

（1）编制的单位不同。竣工结算由施工单位编制，竣工决算由建设单位编制。

（2）编制的范围不同。竣工结算以单位工程为对象编制，竣工决算以单项工程或建设项目为对象编制。

（3）竣工结算是编制竣工决算的基础资料。

本章小结

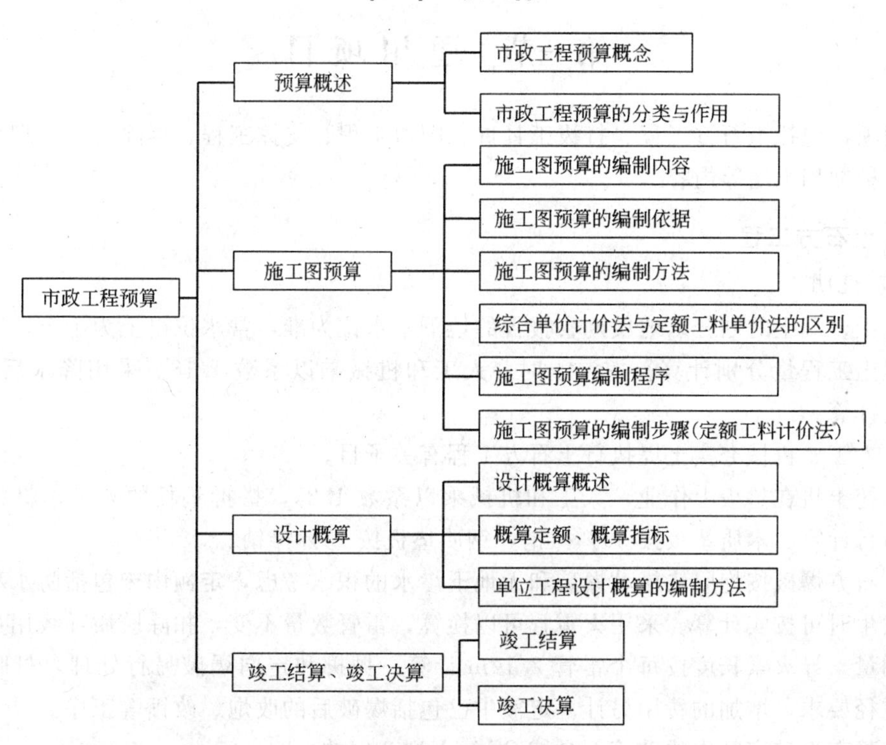

复习思考题

1. 什么是市政工程预算？
2. 工程预算可分成哪几类？各有何作用？
3. 什么是施工图预算？
4. 施工图预算的编制方法有哪些？
5. 什么是设计概算？其编制方法有哪些？
6. 什么是工程结算？如何编制？
7. 什么是工程决算？与工程结算有何区别？

第四章　市政工程预算定额的应用

知识目标

- 了解预算定额的组成及分类。
- 理解预算定额各分册、章节说明和工程量计算规则。
- 掌握各定额项目工程量计算方法。

能力目标

- 能够正确计算各工程项目工程量。
- 能解准确套用市政预算定额编号。

第一节　通用项目

通用项目包括土石方工程、打拔工具桩、围堰工程、支撑工程、拆除工程、脚手架及其他工程、护坡挡土墙等内容。

一、土石方工程

（一）说明

（1）干、湿土的划分以地质勘察报告的地下常水位为准，常水位以上为干土，以下为湿土。干湿土工程量分别计算。挖湿土时，人工和机械乘以系数1.18。采用降水后的挖土，应按干土计算。

（2）人工、机械夯实土堤执行土石方工程有关子目。

（3）挖土机在垫板上作业，人工和机械乘以系数1.25，搭拆垫板的人工、材料和辅机摊销费另行计算。木质垫板按30％摊销，钢质垫板按15％摊销。

（4）石方爆破按炮眼法松动爆破和无地下渗水的积水考虑，定额内未包括防水和覆盖材料费，发生时可按实计算。采用火雷管可以换算，雷管数量不变，扣除胶质导线用量，增加导火索用量，导火索长度按每个雷管2.12m计算。抛掷和定向爆破另行处理。打眼爆破若有石料粒径要求，增加的费用另计。定额中已包括爆破后的改炮、改锤等工序。

（5）静态爆破定额中的破碎剂是按SCA-Ⅰ型考虑的。

（6）土石方工程定额不包括现场障碍物的清理工作，发生时另行计算。弃土（石）方及建筑垃圾的场地占用费按当地规定执行。

（7）机械挖土方包括挖沟槽地坑土方。需人工辅助开挖的切边、修整槽壁、槽底用工已综合考虑。

（8）挖土采用明排水法施工时，可增计排水费。湿土工程量按地下水位以下部分开挖数量计算。

（9）土石方工程定额中为满足环保要求而配备了洒水汽车在施工现场降尘，若实际施工中未采用洒水汽车降尘的，在结算中应扣除洒水汽车台班及水的数量。

(10) 土石方工程定额已综合考虑了槽坑单双面抛土、石。

(二) 工程量计算规则

(1) 土、石方体积均以天然密实体积计算，回填土按碾压后的体积（实方）计算。挖余松土和堆积土按堆积方乘 0.8 系数折为天然密实体积执行一、二类土定额。土方体积换算见表 4-1。

表 4-1 土方体积换算表

虚方体积	天然密实体积	夯实后体积	松填体积
1.00	0.77	0.67	0.83
1.30	1.00	0.87	1.08
1.50	1.15	1.00	1.25
1.20	0.92	0.80	1.00

(2) 土、石方工程量按图纸尺寸计算。基坑深度 3m 以外，坑底面积大于 $50m^2$ 时，修建机械上下坡的便道土方量并入土方工程量内。人工挖土方深度超过 1.5m 时所修建的运输坡道并入土方工程量内。石方工程量按图纸尺寸加允许超挖量。开挖坡面每侧允许超挖量：松、次坚石 20cm，普、特坚石 15cm。

(3) 夯实土堤按设计断面计算。清理土堤基础按设计规定以水平投影面积计算，清理厚度为 30cm 内，废土运距按 30m 计算。

(4) 人工挖土堤台阶工程量，按挖前的堤坡斜面积计算，运土应另行计算。

(5) 路槽土方工程量按设计道路底基层宽度每侧增加 20cm 加宽值计算。

(6) 人工铺草皮工程量以实际铺设的面积计算，花格铺草皮中的空格部分不扣除。花格铺草皮，设计草皮面积与定额不同时可以调整草皮数量，人工按草皮增减比例调整，其他不变。

(7) 管道接口作业坑和沿线各种井室所需增加开挖的土石方工程量按沟槽全部土石方量的 2.5%计算。管沟回填土应扣除管径在 200mm 以上的管道、基础、垫层和各种构筑物所占的体积。

(8) 挖土放坡和沟、槽底加宽应按图纸尺寸计算，如无明确规定，可按表 4-2、表 4-3 计算。

表 4-2 放坡系数表

土壤类别	放坡起点深度/m	机械开挖		人工开挖
		坑内作业	坑上作业	
一、二类土	1.20	1∶0.33	1∶0.75	1∶0.5
三类土	1.50	1∶0.25	1∶0.67	1∶0.33
四类土	2.00	1∶0.10	1∶0.33	1∶0.25

土方边坡的坡度，以其高度 h 与边坡宽度 b 之比表示。如图 4-1 所示。

土方坡度$=h/b=1/K$，则 $K=b/h$，称 K 为坡度系数。

若开挖土方为混合土质时，放坡坡度按不同图类厚度加权平均计算综合放坡系数，如图 4-2 所示。

表 4-3 管沟底部每侧工作面宽度表

cm

<table>
<tr><th rowspan="2">管道结构宽</th><th rowspan="2">非金属管道</th><th rowspan="2">金属管道</th><th colspan="2">构筑物</th></tr>
<tr><th>无防潮层</th><th>有防潮层</th></tr>
<tr><td>50 以内</td><td>40</td><td>30</td><td rowspan="4">40</td><td rowspan="4">60</td></tr>
<tr><td>100 以内</td><td>50</td><td>40</td></tr>
<tr><td>150 以内</td><td>60</td><td>60</td></tr>
<tr><td>250 以外</td><td>80</td><td>80</td></tr>
</table>

注：1. 挖土在同一断面内遇不同类别土壤时应分别计算挖土工程量，其放坡系数可按各类土占全部深度的百分比加权计算。

2. 管道结构宽：无管座按管道外径计算，有管座按管道基础外缘计算，构筑物按基础外缘计算，如设挡土板则每侧另增加 10cm。

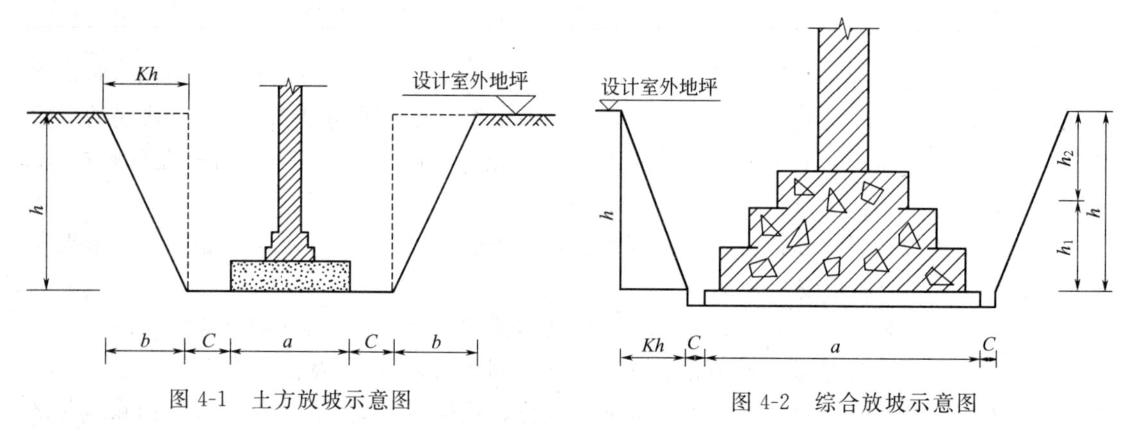

图 4-1 土方放坡示意图

图 4-2 综合放坡示意图

综合放坡系数计算公式： $K=(K_1h_1+K_2h_2)/h$

式中 K——综合放坡系数；

K_1，K_2——不同土类的放坡系数；

h_1，h_2——不同土类的厚度；

h——放坡总深度。

(9) 土石方运距应以挖土重心至填土重心或弃土重心最近距离计算，挖土重心、填土重心、弃土重心按施工组织设计确定。如遇下列情况应增加运距。

① 人力及人力车运土、石方上坡坡度在 15％以上，推土机、铲运机重车上坡坡度大于 5％，斜道运距按斜道长度乘以表 4-4 中的系数：

表 4-4 斜道运距坡度系数表

项目	推土机、铲运机				人力及人力车
坡度	5％～10％	15％以内	20％以内	25％以内	15％以上
系数	1.75	2	2.25	2.5	5

② 人工挖沟槽基坑土方，其挖深超过定额规定深度时，超过部分工程量均按垂直深度每米折合水平运距 7m 增加工日。

(10) 厚度在 30cm 以内就地挖、填土按平整场地计算。超过上述范围的土、石方按挖土方和石方计算。如图 4-3 所示。

(11) 人工开挖冻土，爆破开挖冻土的工程量，按冻结部分的土方工程量以“m^3”为单

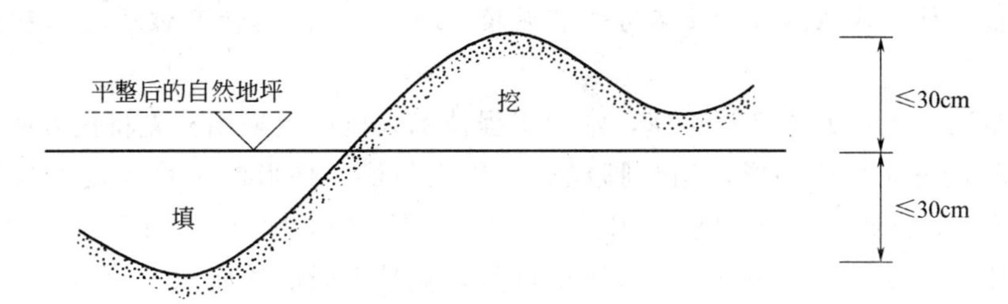

图 4-3　平整场地示意图

位计算。在冬季施工时，只能计算一次挖冻土工程量。

（三）土石方工程量计算

1. 道路、排水工程土石方量的计算

一般道路、排水工程土石方量按施工横断面、设计纵断面及平面图计算。

（1）公式法　按施工横断面上多边形近似值用数学公式计算出每个横断面的面积，再将相邻横断面面积取平均值，乘以两个断面之间的距离。

$$V=\frac{1}{2}(F_1+F_2)\times L$$

式中　V——土方量，m^3；

F_1，F_2——相邻两个横断面的面积，m^2；

L——相邻两横断面的距离，m。

【例 4-1】　某道路施工横断面如图 4-4 所示，不同桩号处挖方横断面面积、填方横断面面积见表 4-5，试计算该道路土石方工程量。

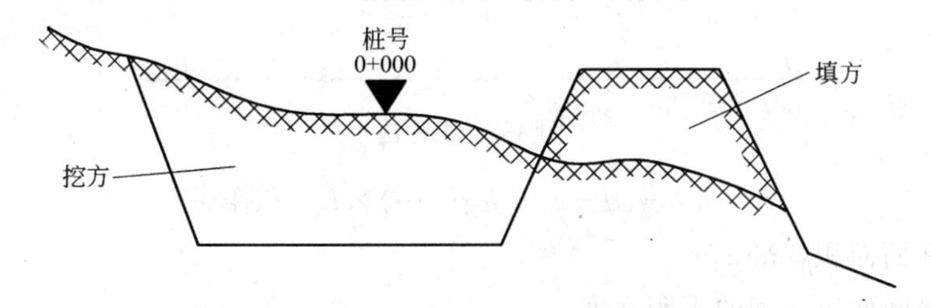

图 4-4　道路施工横断面

表 4-5　土方量计算表

桩号	土方面积/m^2		平均面积/m^2		距离/m	土方量/m^3	
	挖方	填方	挖方	填方		挖方	填方
0＋000	11.5	3.2					
			13.15	1.60	50	657.5	80
0＋050	14.8	0.0					
			11.50	3.05	40	460	122
0＋090	8.2	6.1					
			10.80	3.05	45	486	137.25
0＋135	13.4	0.0					
合计						1603.5	339.25

【解】　桩号 0＋000～0＋050 的土石方工程量为：

$$V_{挖方}=\frac{1}{2}(11.5+14.8)\times 50=657.5(m^2)$$

$$V_{填方}=\frac{1}{2}(3.2+0)\times 50=80(m^2)$$

依此类推，计算其他路段的土石方工程量填入表 4-5，汇总计算该道路工程总的土石方工程量。

（2）积距法　此种方法计算迅速，常为工程技术人员广泛采用。先将挖方面积分为若干个宽度 L 相等的三角形或梯形，用二脚规量取各三角形、梯形的平均高度的累计值，将累计值乘以宽度 L，即得本断面的总面积。如果断面图画在坐标纸上，比例为 1∶100，二脚规量取的累计高度在长尺上一量，长尺上的读数，就是本断面的面积。如图 4-5 所示，ab 至 h 的高度为 6.3cm，它的面积就是 6.3cm²。如果该图的比例为 1∶200，1cm 大小的格子的面积为 4cm²，那么高度为 6.3cm 时，它的面积为 6.3×4=25.2cm²。

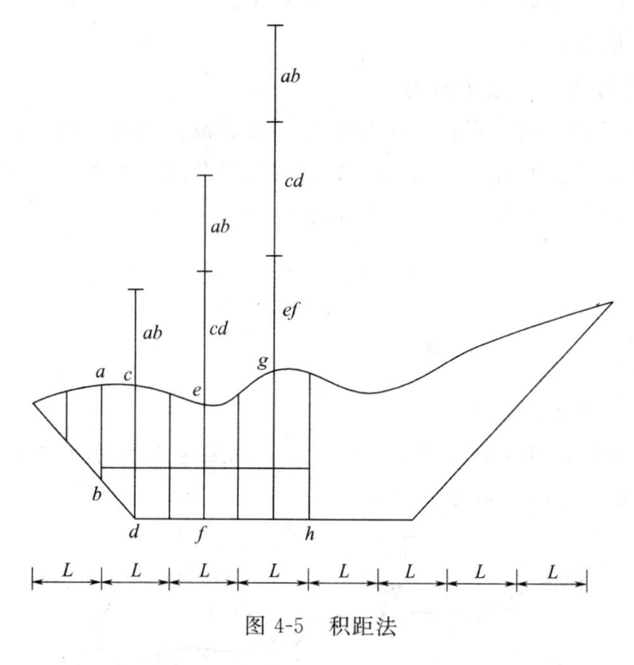

图 4-5　积距法

$$A=(ab+cd+ef+hg+\cdots)\times L=\text{积距}\times L$$

式中　A——断面面积，m^2；

L——横断面所分划的等距宽度。

计算方法：先用二脚规量取 ab 长，随即移至 c 点，向上方量距等于 ab 长，固定上方的一脚，将在 c 点的小脚移至 d 点，即得 $ab+cd$ 长，用此法将整个断面量完，最后累计所得长度即为断面之积距，并乘以 L 即为面积。

（3）计算道路路基（路槽）时，路基（路槽）宽度按设计要求计算，如设计无要求时，按道路结构宽度每边加宽 20cm 考虑。

（4）在排水工程上面接着做道路工程，挖方、填方不能重复计算或漏算，如图 4-6 所示。

2. 广场及大面积场地平整或挖填方的计算

大面积挖填方一般采用方格网法计算，根据地形起伏情况或精度要求，可选择适当的方格网，有 5m×5m、10m×10m、20m×20m、50m×50m、100m×100m 的方格。方格分得小，计算的准确性就高；方格分得大，计算的准确性就差些。方格网法既可用实测，也可在图上进行。

在图上进行，就是用施工区域已有 1∶500 或 1∶1000 近期测定的比较准确的地形图，

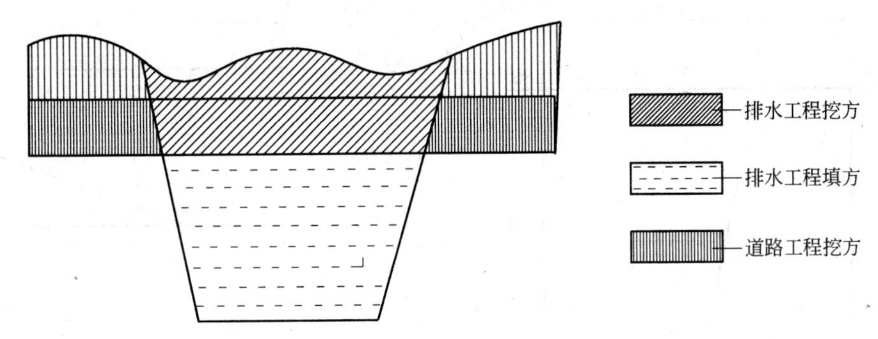

图 4-6 道路、排水工程土方量划分示意图

选择适当的方格，按比例绘制到地形图上，按等高线求算每方格点地面高程（此过程相当于实测过程），然后按坐标关系将设计标高套用到方格网上，算出每方格点的设计高程，根据地面高程和设计高程，求出每点施工高程，标出正负，以示挖填。地面高大于设计高的，为挖方；地面高小于设计高的，为填方。从方格点和方格边上找出挖填零点（即地面标高同设计标高相等，不挖不填的点），连接相邻零点，绘出开挖零线，据此用几何方法按每格（可能是正方体，也可能是三角形或五边形）所围面积乘以各角点的平均高得每格体积，按挖填分别相加汇总即得总工程量。

图 4-7 实测方格网的区别在于按坐标在现场放出方格网，用水准或三角形高程测定每个方格点的地面高程，其余步骤均与上法（在地形图上定方格网）相同。

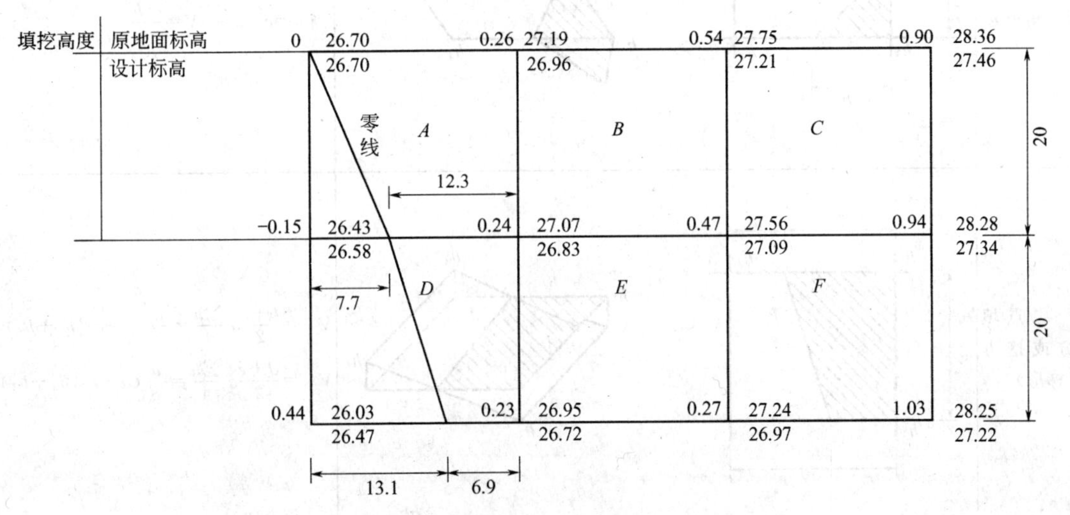

图 4-7 场地方格网图（单位：m）

方格网各边零点计算示意图如图 4-8 所示，计算公式如下：

$$x=\frac{h_1}{h_1+h_2}\times a$$

式中 x——角点至零点的距离，m；

h_1，h_2——相邻两角点的施工高度的绝对值，m；

a——方格网的边长，m。

常见方格网挖填工程量计算公式见表 4-6。

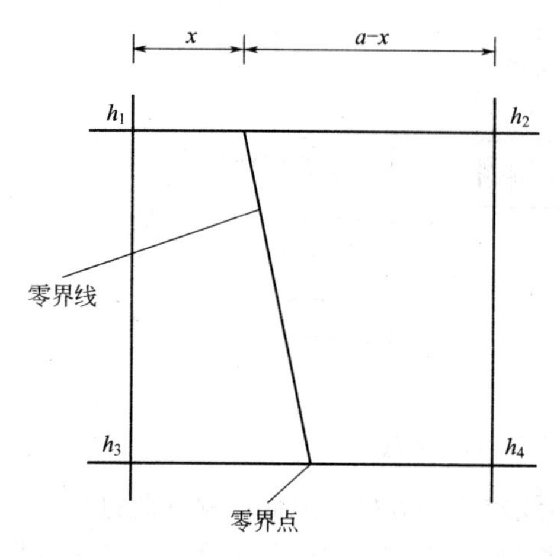

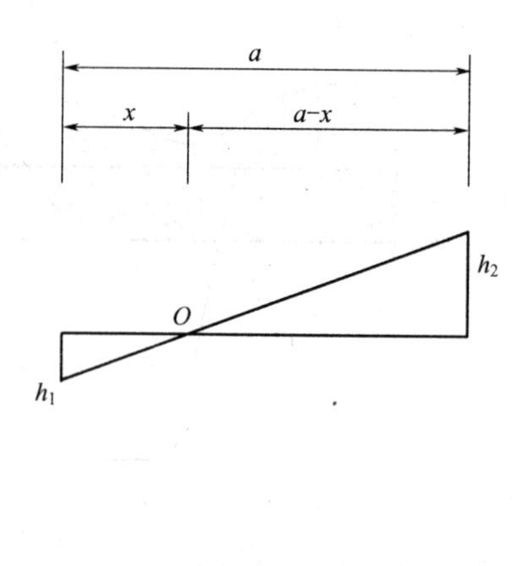

图 4-8　零点位置计算示意图

表 4-6　常见方格网点计算公式

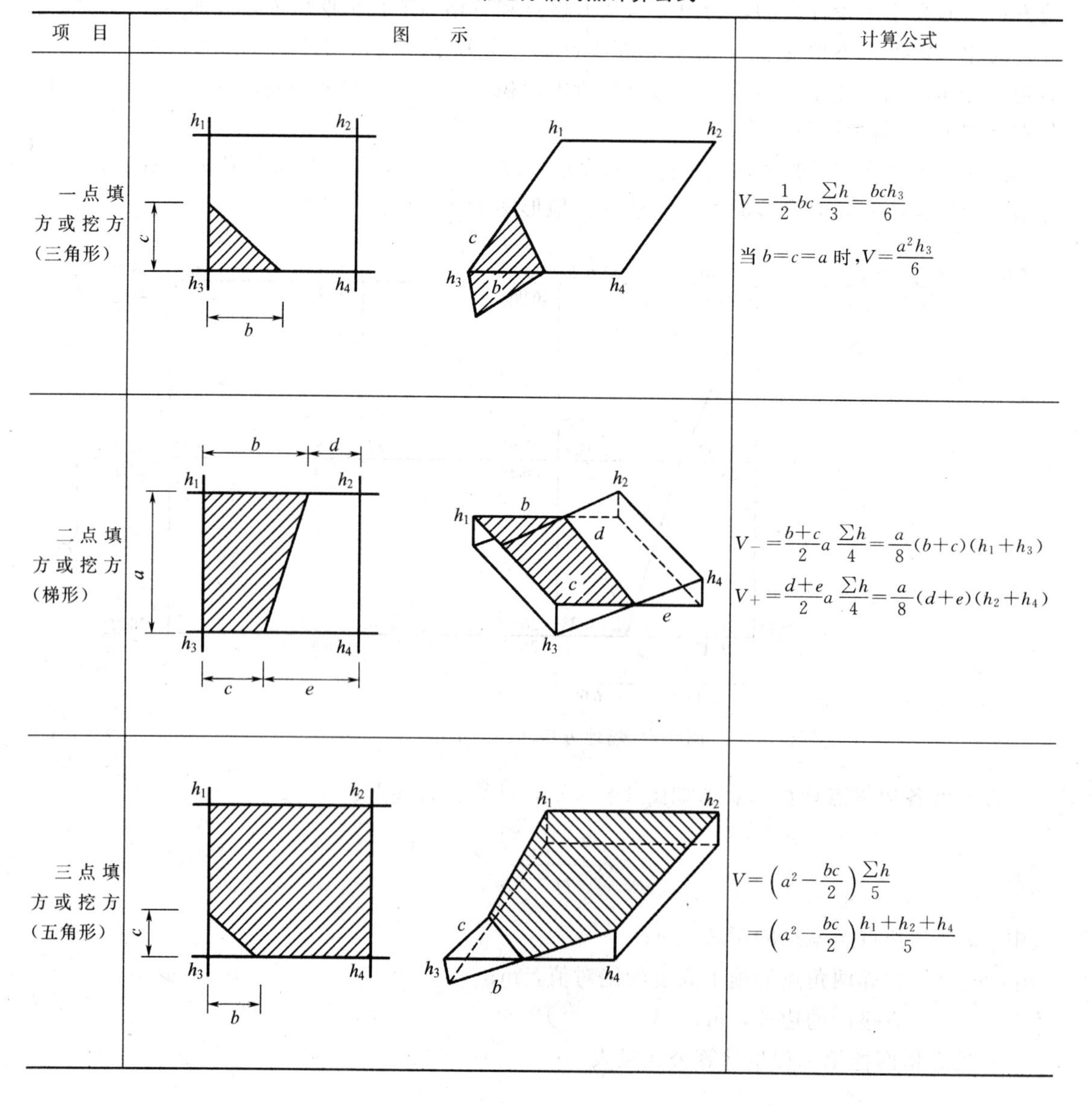

项　目	图　　示	计算公式
一点填方或挖方（三角形）		$V=\frac{1}{2}bc\frac{\sum h}{3}=\frac{bch_3}{6}$ 当 $b=c=a$ 时，$V=\frac{a^2h_3}{6}$
二点填方或挖方（梯形）		$V_-=\frac{b+c}{2}a\frac{\sum h}{4}=\frac{a}{8}(b+c)(h_1+h_3)$ $V_+=\frac{d+e}{2}a\frac{\sum h}{4}=\frac{a}{8}(d+e)(h_2+h_4)$
三点填方或挖方（五角形）		$V=\left(a^2-\frac{bc}{2}\right)\frac{\sum h}{5}$ $=\left(a^2-\frac{bc}{2}\right)\frac{h_1+h_2+h_4}{5}$

续表

项　目	图　　示	计算公式
四点填方或挖方（正方形）	h_1 h_2 h_3 h_4　　h_1 h_2 h_3 h_4	$V=\frac{a^2}{4}\sum h=\frac{a^2}{4}(h_1+h_2+h_3+h_4)$

注：1. a 为方格网的边长（m）；b、c 为零点到一角的边长（m）；h_1、h_2、h_3、h_4 为方格网四角点的施工高程（m），用绝对值代入；$\sum h$ 为填方或挖方施工高程的总和（m），用绝对值代入；V 为挖方或填方体积（m^3）。

2. 本表各公式是按各计算图形底面积乘以平均施工高程而得出的。

【例 4-2】 某工程场地方格网如图 4-7 所示，方格网边长为 20m，试计算其挖填土石方工程量。

【解】

（1）计算零点位置

方格 A：$h_1=-0.15$　$h_2=0.24$　$a=20$ 代入 $x=\frac{ah_1}{h_1+h_2}$ 得：$x=\frac{20\times0.15}{0.15+0.24}=7.7$（m）

$$a-x=20-7.7=12.3\text{m}$$

方式 D：$x=\frac{20\times0.44}{0.44+0.23}=13.1$（m）　　$a-x=20-13.1=6.9$（m）

其余各方格网各边零点按同样的方法计算，将各零点标示图上，并将零点线连接起来。

（2）计算土方量（见表 4-7）

表 4-7　方格网土方量计算

方格编号	底面图形及位置	挖方/m^3	填方/m^3
A	三角形(填) 梯形(挖)	$\frac{20+12.3}{2}\times20\times\frac{0.23+0.24}{4}=37.95$	$\frac{0.15}{3}\times\frac{20\times7.7}{2}=3.85$
B	正方形	$\frac{20^2}{4}(0.23+0.24+0.47+0.54)=148$	
C	正方形	$\frac{20^2}{4}(0.54+0.47+0.09+0.94)=285$	
D	梯形	$\frac{12.3+6.9}{2}\times20\times\frac{0.15+0.44}{4}=30.68$	$\frac{7.7+13.1}{2}\times20\times\frac{0.15+0.44}{4}=30.68$
E	正方形	$\frac{20^2}{4}(0.23+0.24+0.47+0.27)=121$	
F	正方形	$\frac{20^2}{4}(0.47+0.27+0.94+1.03)=271$	
	小计	885	34.53

3. 沟槽、地坑土方量计算

排水管渠、桥涵构筑物等工程土方开挖时，应按设计图纸尺寸和要求开挖。如设计图纸未明确，应根据经设计单位、建设单位审定后的施工组织设计和定额要求计算。

（1）挖沟槽土方　沟槽按设计图纸和定额规定要求放坡如图 4-9 所示，其开挖土方量为：

$$V=(a+2c+KH)HL$$

式中 V——沟槽土方量，m^3；

a——基础（垫层）宽度，m；

c——工作面宽度，m；

K——放坡系数；

H——沟槽深度，m；

L——沟槽长度，m。

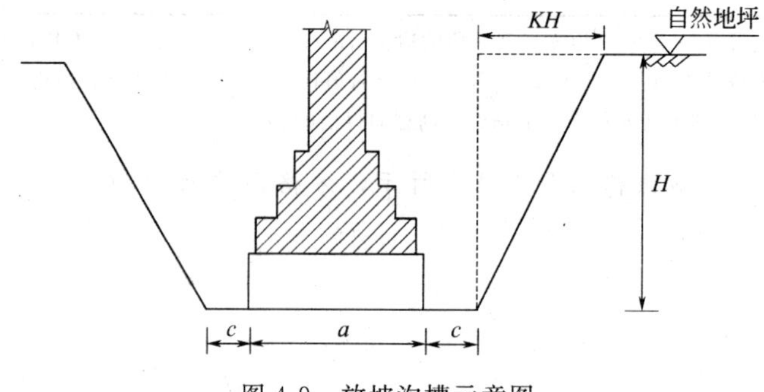

图 4-9 放坡沟槽示意图

（2）挖地坑土方量

① 方形地坑挖土体积应按图 4-10 所示尺寸，以“m^3”为单位计算。

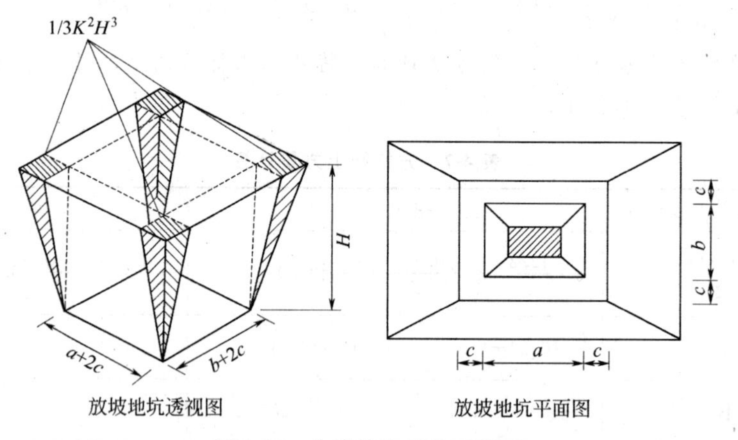

图 4-10 方形地坑开挖示意图

$$V=(a+2c+KH)(b+2c+KH)H+K^2H^3/3$$

② 圆形地坑挖土体积应按图 4-11 所示尺寸，以“m^3”为单位计算。

$$V=\pi(R_1^2+R_2^2+R_1R_2)H/3$$

式中 H——地坑深度，按垫层底算至自然地坪，m；

a——基础（垫层）宽度，m；

b——基础（垫层）长度，m；

R_1，R_2——分别为圆形地坑上口和下口半径，m；

K——放坡系数；

c——工作面宽度，m。

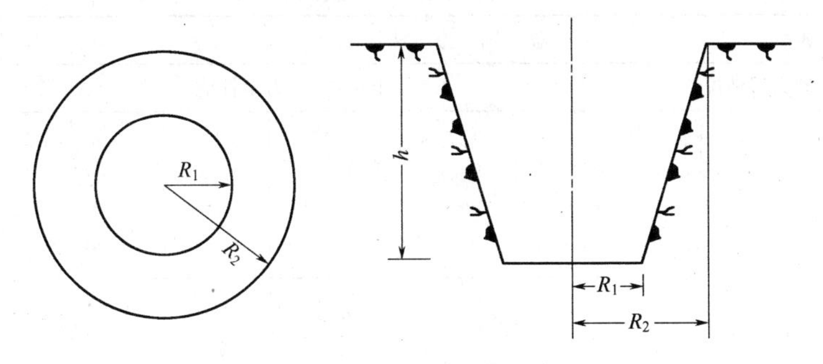

图 4-11　圆形地坑开挖示意图

二、打拔工具桩

（一）说明

（1）打拔工具桩定额适用于市政各专业册的打、拔工具桩。

（2）打拔工具桩定额所指的水上作业，是指水深在 1.5m 以上的打拔桩。距岸线 1.5m 以内时，水深在 1.5m 以内者，按陆上考虑。

（3）水上打拔工具桩按二艘驳船捆扎成船台作业，驳船捆扎和拆除费用按第三册《桥涵工程》相应定额执行。

（4）打拔工具桩均以直桩为准，如打斜桩按相应定额人工、机械乘以系数 1.35。

（5）导桩及导桩夹木的制作、安装、拆除已包括在相应定额中。

（6）圆木桩按疏打计算；钢板桩按密打计算；如钢板桩需要疏打时，按相应定额人工乘以系数 1.05。

（7）打拔桩架 90°调面及超运距移动已综合考虑。

（8）钢板桩和木桩的防腐费用等已包括在其他材料费用中。

（9）钢板桩的损耗量已计入定额中，若由施工单位提供钢板桩，则其损耗费应支付给打桩的施工单位；若使用租赁的钢板桩，则按租赁费计算，并扣除定额内的钢板桩损耗量。

（二）工程量计算规则

（1）钢板桩以“t”为单位计算。

租赁钢板桩使用费＝钢板桩工程量×使用天数×租赁单价（元/t・d）

（2）凡打断、打弯的桩，均需拔除重打，但不重复计算工程量。

（3）竖、拆打拔桩架次数，按施工组织设计规定计算。如无规定时按打桩的进行方向：双排桩每 100 延长米、单排桩每 200 延长米计算一次，不足可按一次计算。

（4）打拔桩土质类别的划分如表 4-8 所示。

三、围堰工程

（一）说明

（1）围堰工程定额中已包括 50m 范围以内取土。如取土范围超过 50m，可计算超出部分的运距。如土方外购其费用另计，但应扣除定额中 50m 范围内的土方挖运用工（55.5 工日/100m^3）。

（2）草袋围堰如使用麻袋、尼龙袋装土围筑，应按麻袋、尼龙袋的规格、单价换算，但人工、机械和其他材料消耗量应按定额规定执行。

表 4-8 打拔桩土质类别划分表

土壤级别	鉴别方法								说明
	砂夹层情况			土壤物理、力学性能					
	砂层连续厚度/m	砂粒种类	砂层中卵石含量/%	孔隙比	天然含水量/%	压缩系数	静力触探值	每10m纯平均沉桩时间/min	
甲级土				＞0.8	＞30	＞0.03	＜30	15以内	桩经机械作用易沉入的土
乙级土	＜2	粉细砂		0.6～0.8	25～30	0.02～0.03	30～60	25以内	土壤中夹有较薄的细砂层，桩经机械作用易沉入的土
丙级土	＞2	中粗砂	＞15	＜0.6		＜0.02	＞60	25以外	土壤中夹有较厚的细砂层或卵石层，桩经机械作用较难沉入的土

注：《通用项目》定额仅列甲、乙级土项目，如遇丙级土时，按乙级土的人工和机械乘以1.43。

(3) 围堰施工中若未使用驳船，而是搭设了栈桥，则应扣除定额中驳船费用而套用相应的脚手架子目。

(4) 定额围堰尺寸的取定

① 土草围堰的堰顶宽为1～2m，堰高为4m以内。

② 土石混合围堰的堰顶宽为2m，堰高为6m以内。

③ 圆木桩围堰的堰顶宽为2～2.5m，堰高5m以内。

④ 钢桩围堰的堰顶宽为2.5～3m，堰高6m以内。

⑤ 钢板桩围堰的堰顶宽为2.5～3m，堰高6m以内。

⑥ 竹笼围堰竹笼间黏土填心的宽度为2～2.5m，堰高5m以内。

⑦ 木笼围堰的堰顶宽度为2.4m，堰高为4m以内。

(5) 筑岛填心子目是指在围堰围成的区域内填土、砂及砂砾石。

(6) 双层竹笼围堰竹笼间黏土填心的宽度超过2.5m，则超出部分可套筑岛填心子目。

(7) 施工围堰的尺寸按有关设计施工规范确定。堰内坡脚至堰内基坑边缘距离根据河床土质及基坑深度而定，但不得小于1m。

(8) 木桩、钢桩、钢板桩围堰项目中的木桩、工字钢、钢板桩材料数量为参考数量，实际用量按批准的施工组织设计用量计算。

(二) 工程量计算规则

(1) 围堰工程分别采用"m^3"和"延长米"为单位计量。

(2) 以体积计算的围堰工程按围堰的施工断面乘以围堰中心线的长度。

(3) 以长度计算的围堰工程按围堰中心线的长度计算。

(4) 围堰高度按施工期内的最高临水面加0.5m计算。

【例 4-3】 某河道横断面如图4-12所示，试计算其围堰高度。

【解】 围堰高度 $H=5.00-2.00+0.5=3.50$ (m)

若河底有淤泥，厚0.5m，则围堰高度 $H'=3.5+0.5=4.0$ (m)

四、支撑工程

(一) 说明

(1) 支撑工程定额适用于沟槽、基坑、工作坑及检查井的支撑。

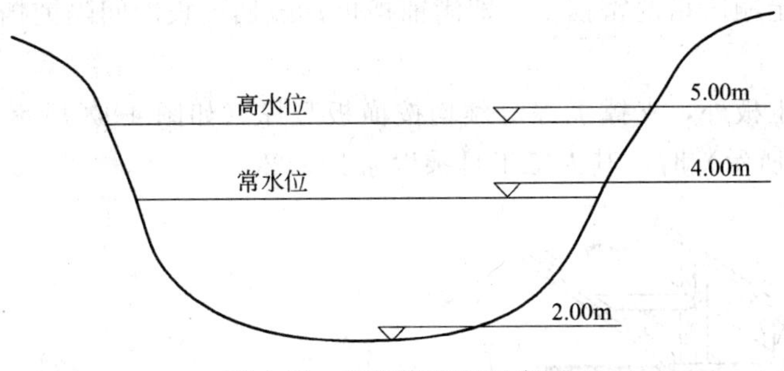

图 4-12　河道横断面示意图

在沟槽开挖过程中，由于沟槽开挖深度较深，沟槽壁不能满足稳定要求，需采取某些措施增加沟槽的稳定性，如采用支撑等措施。常见的支撑形式如表 4-9 所示。

表 4-9　部分沟槽开挖支撑断面形式

编号	示意图	名称	适用槽深/m		其他适应条件
			机挖	人挖	
1		一步大开槽	≤5	≤3	土质良好无水
2		一步支撑槽	≤5	≤3	土质差，有水
3		两步槽上开下支	≤8	≤5	上槽土质良好
4		两步槽全支撑	≤8	≤5	土质差，有水
5		板桩槽	≤8	≤3	土质及排水条件差

（2）支撑工程定额所指的密挡土板即满铺挡板；疏挡土板即间隔铺挡板，挡土板间距不同时，不作调整。

（3）除钢制挡土板外，支撑工程定额均按横板竖撑（如图 4-13 所示）计算，如采用竖板横撑（如图 4-14 所示）时，其人工工日乘以系数 1.20。

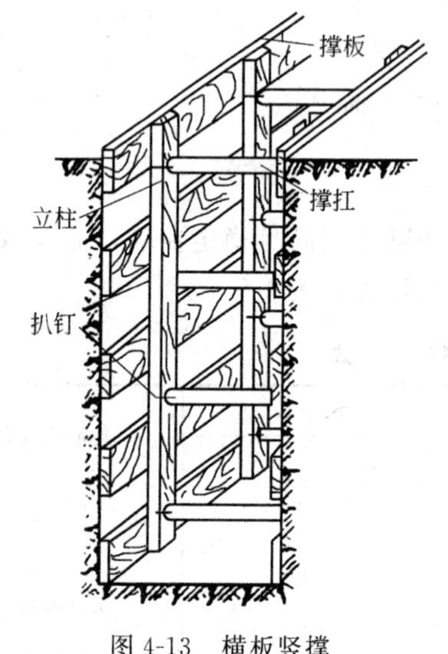

图 4-13 横板竖撑

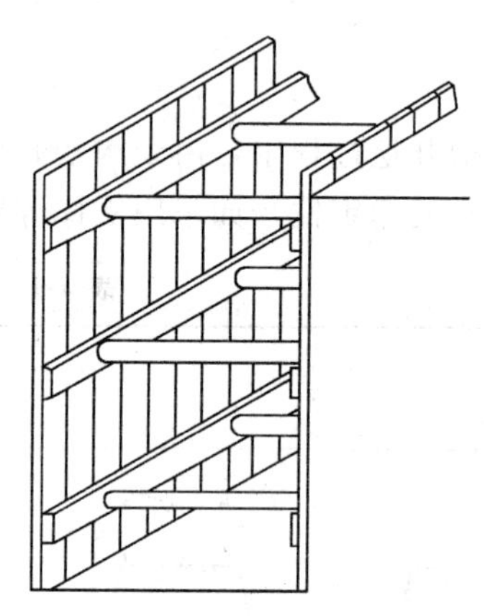

图 4-14 竖板横撑

（4）定额中挡土板支撑按槽坑两侧同时支撑档挡土板考虑，支撑面积为两侧挡土板面积之和，支撑宽度为 4.1m 以内。如槽坑宽度超过 4.1m 时，工日数乘以系数 1.33，除挡土板外，其他材料乘以系数 2.0。

（5）放坡开挖不得再计算挡土板，如遇上层放坡、下层支撑则按实际支撑面积计算。

（6）钢制桩挡土板中的槽钢桩按设计以“t”为单位，套“打拔工具桩”相应定额执行。

（7）如采用井字支撑（如图 4-15 所示）时，按疏撑乘以系数 0.61。

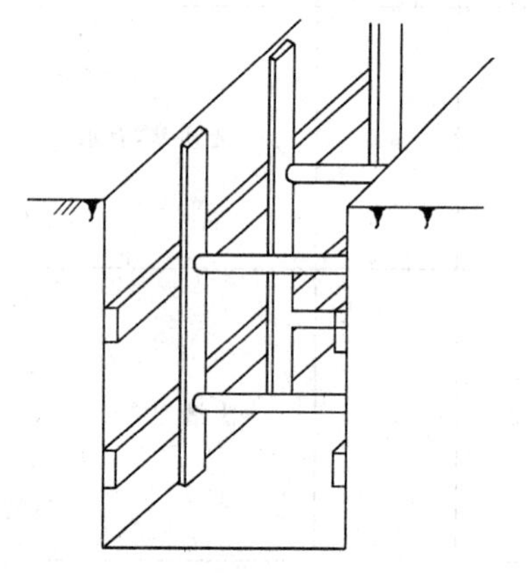

图 4-15 井字支撑

（二）工程量计算规则

各种挡土板的工程量按挡土板与槽坑的支撑面积（接触面积）以“m^2”为单位计算。间隔挡土板中的间距不扣除。

五、拆除工程

（一）说明

（1）拆除工程定额拆除均不包括挖土方，挖土方按土石方工程有关子目执行。

（2）机械拆除项目中包括人工配合作业。

（3）拆除后的旧料应整理干净就近堆放整齐。如需外运或回收利用，则另行计算运费和回收价值。

（4）管道拆除要求拆除后的旧管保持基本完好，破坏性拆除不得套用本定额。拆除混凝土管道未包括拆除基础及垫层用工。基础及垫层拆除按相应定额执行。

（5）拆除工程定额中未考虑地下水因素，若发生则另行计算。

（6）人工拆除二渣、三渣基层应根据材料组成情况套无骨料多合土或有骨料多合土基层拆除子目。机械拆除二渣、三渣基层执行液压岩石破碎机破碎松石。

（二）工程量计算规则

（1）拆除旧路及人行道按实际拆除面积以“m^2”为单位计算。

（2）拆除侧缘石及各类管道按长度以“m”为单位计算。

（3）拆除构筑物及障碍物按体积以“m^3”为单位计算。

（4）伐树、挖树根按实挖数以棵计算，砍挖灌木林、清挖草皮以“m^2”为单位计算。

（5）路面凿毛、路面铣刨按施工组织设计的面积以“m^2”为单位计算。铣刨路面厚度$>$5cm，需分层铣刨。

六、脚手架及其他工程

（一）说明

（1）脚手架定额中木、钢管脚手架已包括斜道及拐弯平台的搭设。砌筑物高度超过1.2m可计算脚手架搭设费用。

（2）混凝土小型构件是指单件体积在0.04m^3以内，重量在100kg以内的各类小型构件。小型构件、半成品运输系指预制、加工场地取料中心至施工现场堆放使用中心距离的超出150m的运输。

（3）井点降水项目适用于地下水位较高的粉砂土、砂质粉土、黏质粉土或淤泥质夹薄层砂性土的地层。

（4）轻型井点、喷射井点、大口径深井、大口径深井的采用由施工组织设计确定。井点使用时间按施工组织设计确定。喷射井点定额包括两根观察孔制作，喷射井管包括了内管和外管。井点材料使用摊销量中已包括井点拆除时的材料损耗量。

人工降低地下水位，常采用井点降水排水方法，沿基坑的四周和一侧埋入深于基坑的井点滤水管或管井，以总管连接抽水，使地下水位低于基坑底，以便在无水条件下施工。各种井点的选用范围见表4-10所示。

表4-10　各种井点的选用范围

井点类型	土层渗透参数/(m/天)	降低水位深度/m
单层轻型井点	0.1～50	3～6
多层轻型井点	0.1～50	6～12
喷射井点	0.1～50	8～20
电渗井点	<0.1	根据选用井点确定
深井井点	10～250	>15
管井井点	20～200	3～5

① 轻型井点　是沿基坑四周以一定间距埋入直径较小的井点管至地下蓄水层内，井点管上端通过弯联管与敷设在地面上的集水总管相连，利用抽水设备将地下水通过井点管不断抽出，使原有地下水位降至坑底以下。

② 喷射井点　当基坑较深而地下水又较高时，采用轻型井点要用多级井点。这样，不仅设备用量大，而且基坑挖土量加大，工期延长。在这种情况下采用喷射井点。喷射井点的降水深度可达8～20m。

喷射井点设备由喷射井管、高压水泵及进水排水管路组成。喷射井管由内管和外管组成，在内管下端设有扬水器与滤管相连。高压水经外管与内管之间的环形空间，并经扬水器侧孔流向喷嘴，由于喷嘴处截面突然缩小，压力使水经喷嘴以很高的流速喷入混合室，使该室压力下降造成一定的真空。此时，地下水被吸入混合室与高压水汇合流经扩散管，沿内管上升经排水管排出。每套喷射井点宜控制在30根左右。喷射井点的布置有单排布置（基坑宽小于10m），双排布置（基坑宽大于10m）及环形布置。

③ 大口径井点　指的是用井点降水法中的一种方法。大口径，指开挖的井径比较大，比普通的井点降水井要大一些。

(5) 井点降水成孔过程中产生的泥水处理及挖沟排水工作应另行计算。遇有天然水源可用时，不计水费。

（二）工程量计算规则

(1) 脚手架工程量按墙面水平边线长度乘以墙面砌筑高度以“m^2”为单位计算。柱形砌体按图示柱结构外围周长另加3.6m乘以砌筑高度以“m^2”为单位计算。

(2) 轻型井点50根为一套；喷射井点30根为一套；大口径井点以10根为一套。井点使用定额单位为“套天”，凡累计根数不足一套亦按一套计算，一天按24h计算。井管的安装、拆除以“根”计算。

井点使用天数按施工组织设计规定或现场签证认可的使用天数确定，编制标底时可参考表4-11计算。

表4-11　排水管道采用轻型井点降水使用周期

管径/mm	开槽埋管/(天/套)	管径/mm	开槽埋管/(天/套)
≤ϕ600	10	≤ϕ1500	16
≤ϕ800	12	≤ϕ1800	18
≤ϕ1000	13	≤ϕ2000	20
≤ϕ1200	14		

注：UPVC管开槽埋管，按上表使用量乘以0.7计算。

【例4-4】 轻型井点总管长度为288m，求井点管套数。

轻型井点每套长度＝1.2×50＝60（m）

井点套数＝288/60＝4.8（套），取5套。

【例4-5】 某管道开槽施工采用轻型井点降水，井点管间距为1.2m，开槽埋管管径、长度如下：$D_1=1200$mm、$L_1=130$m；$D_2=1000$mm、$L_2=170$m；$D_3=800$mm、$L_3=80$m，求井点管使用套天数。

【解】 $\sum L=L_1+L_2+L_3=130+170+80=380$（m）

井点根数：380÷1.2＝317（根）

井点使用：317根/50根＝6.3（套）

取7套或380m/60m＝6.3（套）

井点使用套天数的计算为：

$D_3=800$mm，80/60＝1.3（套），1.3套×12＝15.6（套·天）

$D_2=1000$mm，170/60＝2.8（套），2.8套×12＝36.4（套·天）

$D_1=1200$mm，7－1.3－2.8＝2.9（套），2.9套×14＝40.6（套·天）

合计井点使用套天数：$\sum$＝92.6套·天，按93套·天计算。

七、护坡、挡土墙

（一）说明

（1）挡土墙工程需要搭脚手架的执行脚手架定额。

（2）毛石如需冲洗时（利用旧料），每立方米毛石增加：用工0.24工日，用水0.5m^3。

（二）工程量计算规则

（1）毛石护坡以不同平面厚度按体积计算。

（2）浆砌块石、料石、预制块的体积按设计断面以“m^3”为单位计算。

（3）浆砌台阶以设计断面的实砌体积计算。

第二节　道路工程

《道路工程》分册包括路床（槽）整形、道路基层、道路面层、人行道、侧缘石、广场、运动场、停车场及其他内容。

（1）本册与其他分册之间的关系

① 路基清除表土、路基挖土石方、路基填土石方，套用第一册《通用项目》土石方工程相应子目。

② 拆除旧路、拆除人行道、拆除侧缘石、拆除旧管道、拆除砖石构筑物、伐树、挖根、清挖草皮、路面凿毛、路面铣刨机铣刨，套用第一册《通用项目》相应子目。

③ 挡土墙、护坡等，套用第三册《桥涵工程》相应子目。

④ 预制混凝土侧缘石、侧平石，套用第三册《桥涵工程》小型构件预制相应子目，运输套用第一册《通用项目》的构件运输子目。

（2）本册定额内未考虑嵌缝用料，如在碎石承重及黑色碎石上面直接做沥青混凝土或沥青砂可增加0.47/100m^2的嵌缝用料。

（3）人行道铺大理石、花岗岩等块料面层，执行“广场块料面层”项目。

一、路床（槽）整形

（一）说明

（1）道路的基础，又叫路槽、路床。按照设计路床与自然地面的相对位置，分为路堤、路堑、半填半挖三种形式。

① 路堤　在原地面上用土、石或其他材料填筑起来的路基（如图4-16所示）。按填土高度分为三种：

高路堤　　$h>12$m

一般路堤　　1m$>h>$12m

低路堤　　1m$>h$

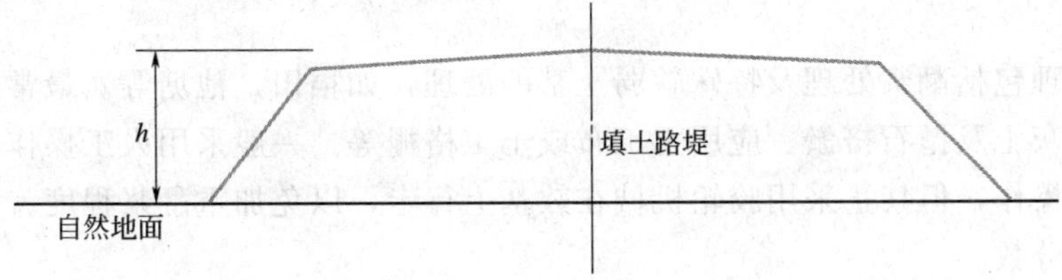

图4-16　路堤

② 路堑　指从原地面向下挖低而成的路基（如图 4-17 所示）。

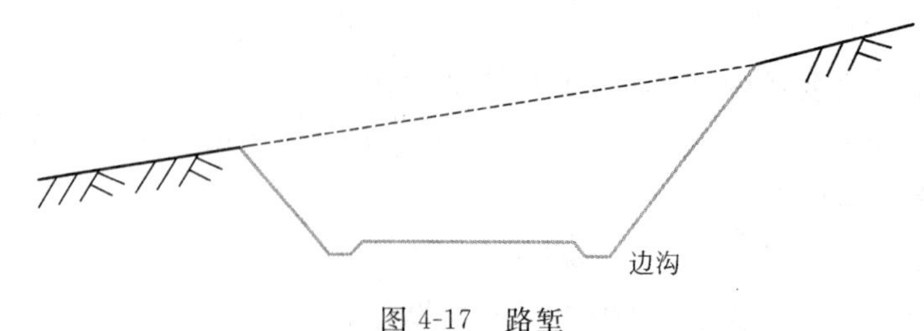

图 4-17　路堑

③ 半填半挖路基　同一断面内既挖又填（如图 4-18 所示）。

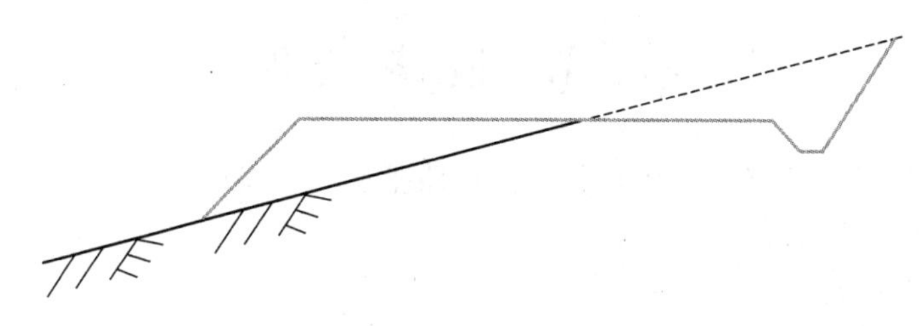

图 4-18　半填半挖

（2）路床（槽）整形项目的内容，包括平均厚度 10cm 以内的人工挖高低填低、整平路床，使之形成设计要求的纵横坡度，并应经压路机碾压密实。

路床（槽）整形是在路基土石方施工达到设计标高后，根据质量验收标准，考虑到整形后路床应符合设计标高的要求，为铺筑结构层，节约原材料所采用的工艺项目，是按照正负 10cm 综合考虑，使之形成纵横坡度，并经重型压路机碾压密实（压实厚度不小于 10cm）。

路床整形有别于路基的填前清表碾压，路基填前碾压套用《通用项目》有关项目。

（3）边沟成型，综合考虑了边沟挖土的土类和边沟两侧边坡培整面积所需的挖土、培土、修整边坡及余土抛出沟外的全过程所需人工。

“土边沟”在城市道路中基本已被暗沟和管道所代替，但在一些中小型城市和市区与郊区交接处还有此项目。其土方为综合取定：二类土占 50%，三类土占 25%，四类土占 25%。边沟成型，综合考虑边沟挖土种类和边沟两侧边坡培整面积所需的挖土、培土、修整边坡及余土抛除沟外的全过程所需人工。边坡所出余土弃运路基 50 米以外。

（4）混凝土滤管盲沟定额中未包括滤管外滤层材料。路基盲沟是引排地下水流的沟渠，在地下水位高的地区其作用是隔断或截留流向路基的泉水和地下集中水流，并将水引入地面排水渠道。在城区、近郊道路下的盲沟多用大孔隙包裹的混凝土滤管，在郊区，可就地取材，常用大孔隙填料或用片石砌筑排水孔道。盲沟应设 1%～2%的纵坡，出水口高出沟外水位 20cm。

（5）弹软土基处理，当设计的石灰、水泥含量与定额不同时，可以调整，但人工、机械消耗量不变。

弹软基处理包括翻浆处理及特殊软弱土基的处理，如稻田、池塘等。最常用的处理方法是换填毛石、灰土及抛石挤淤、应用土工布或土工格栅等。一般采用人工操作，大面积可采用推土机进行操作，但禁止采用胶轮机械在软基上行走，以免加重翻浆程度。石灰含量是指熟石灰的质量分数。

抛石挤淤一般用于池塘、稻田等淤泥地基；土工格栅仅能用于一般的地基承载力不足的软土地基，不能用于翻浆处理。

（二）工程量计算规则

（1）道路工程路床（槽）碾压宽度应按设计结构宽度每侧增加 20cm（指挖方、不挖不填路基）计算；填方路基路床（槽）碾压宽度按设计宽度每侧增加 50cm 计算。

（2）混凝土路面砂垫层宽度，按路面宽度每侧增加 5cm。

垫层是介于基层和土基之间的结构层，常用于水温状况不良的路段，按作用分为排水层、隔离层、防冻层等。定额中所列垫层主要指混凝土路面下的垫层，炉渣垫层一般不常用。

二、道路基层

（一）说明

（1）道路基层包括各种级配的多合土基层，碎石底层等内容。

（2）石灰土基层、多合土基层，多层次铺筑时，其基础顶层需进行养生，养生期按 7 天考虑，其用水量已综合在多合土养生定额内，使用时不得重复计算用水量。

（3）多合土基层中各种材料是按常用的配合比编制的，当设计配合比与定额不同时，有关的材料消耗量可以调整，但人工和机械台班的消耗量不得调整。

（4）石灰土基层中的石灰均为生石灰的消耗量，土为松方用量。

（5）道路基层中设有“每增减”的子目，适用于压实厚度 20cm 以上应按两层结构层铺筑。

设计基层压实厚度在 20cm 之内时，按单层铺筑，实际厚度若与定额不同，通过“每增减”调整；设计基层厚度超过 20cm 时，应按两层或多层铺筑，但分层最小厚度不得低于 10cm，最大厚度不得超过 20cm，厚度不同时通过“每增减”调整。

（6）多合土场外运输仅限于集中拌和（拌和厂拌和）时使用，且运距在 25km 以内。

（7）多合土基层及碎石等底层用水，定额中按自来水就近洒水考虑。施工中如采用洒水车洒水，其费用执行《通用项目》中相应项目。

（二）工程量计算规则

（1）道路工程石灰土、多合土养生面积按设计基层面积计算。

（2）道路基层按设计车行道宽度另计加宽值计算，不扣除各种井位所占的面积。

（3）道路工程的侧缘（平）石、树池等项目以延长米计算，包括各转弯处的弧的长度。

（三）定额应用时应注意的问题

（1）《公路路面基层施工技术规范》对石灰剂量作了定义：

石灰剂量＝熟石灰质量/干土质量

在本定额中与以上定义不同，注意区别。本定额中：

石灰剂量＝熟石灰质量/灰土质量

定额中材料含量以百分比表示时（如石灰含量、水泥含量），均指干重的百分比，其中的石灰含量为熟石灰的干重。

（2）当基层混合料的定额配合比以比数表示时，系指材料的干重的比例（非体积比）。如“石灰∶粉煤灰∶土＝12∶35∶53”指三种材料的干重比为 12∶35∶53。

（3）2∶8 灰土、3∶7 灰土为体积比概念，指松散熟石灰与松土的体积比，由于在石灰土施工中按体积控制含灰量较容易，故许多设计文件中常采用体积比表示，当灰土成分以体积比表示时，2∶8 灰土中石灰含量为 10%，3∶7 灰土中石灰含量为 14.88%，当设计与定额表示方法不同时可以按此换算。

(4) 石灰稳定类基层的石灰消耗量均指生石灰重量；各类稳定土中的土均指土的松散体积；稳定土中的粉煤灰、各种骨料均指松散状态下体积。

(5) 基层中的土均未计价，若需要借土内运则按定额消耗数量乘 0.8 折算成天然体积后套用《通用项目》相关土方挖运项目（按一、二类土）；若需购土按双方约定的协议价计入材料价。

(6) 石灰消解已并入各基层项目中，不再单独计列。

(7) 人工拌和石灰土定额中已包含过筛的人工消耗量，编制预算时不得重复计算。

(8) 多合土场外运输仅限于集中拌和时使用，且运距在 25km 以内。

(9) 生石灰熟化后的重量、体积变化如表 4-12 所示：

表 4-12 生石灰熟化后的重量、体积变化

块∶末	生石灰/kg	熟石灰/kg	生石灰/m^3	熟石灰/m^3	重量增加/%	体积增加/%
10∶0	1000	1369	0.68	2.825	36.9	315
5∶5	1000	1318	0.77	2.3	31.8	199
0∶10	1000	1266	0.86	1.78	26.6	106

（四）定额换算

当基层定额配合比与设计配合比不同时可以进行换算，但机械、人工消耗量不变。

1. 比数表示的基层配合比换算

换算公式：

$$C_i = C_d \times \frac{L_i}{L_d}$$

式中 C_i——按设计配合比换算后的基本材料消耗量；

C_d——定额基本压实厚度的材料消耗量；

L_i——设计配合比的材料百分比；

L_d——定额表明的材料百分比。

【例 4-6】 某道路石灰、粉煤灰土基层设计配合比为 10∶42∶48，压实厚度为 18cm，如何套用定额？

【解】 根据施工组织设计，采用拌和机拌和施工，查定额知与设计配合比相近的定额配合比为 12∶35∶53，因此定额套用 (2-85)+(2-86 * 3)。因设计配合比与定额配合比不同，因此需要对定额消耗量进行换算。

查定额 2-85，15cm 基层中生石灰、粉煤灰、黄土消耗量分别为 2.65t、10.32m^3，10.3m^3，则：

石灰消耗量＝2.65×10/12＝2.21（t）；

粉煤灰消耗量＝10.32×42/35＝12.38（m^3）；

黄土消耗量＝10.30×48/53＝9.33（m^3）。

查定额 2-86，增减 1cm 基层生石灰、粉煤灰、黄土消耗量分别为 0.18t、0.69m^3，0.69m^3，则：

石灰消耗量＝0.18×10/12＝0.15（t）；

粉煤灰消耗量＝0.69×42/35＝0.83（m^3）；

黄土消耗量＝0.69×48/53＝0.62（m^3）。

用上述材料消耗量替代定额相应材料消耗量即可。

2. 石灰土体积比与重量比的换算

【例 4-7】 由一厂区道路基层设计为 3∶7 石灰土 35cm，如何套用定额？

【解】 3∶7 灰土相当于石灰含量为 14.88％的石灰土，根据施工组织设计，由于厂区道路面积较小，因此采用人工筛拌，由于石灰土厚度大于 20cm，根据施工规范，施工时分两层摊铺，因此定额近似套用（2-45＊2）＋[2-48＊5(换)]，查子目定额 2-45，压实厚度 15cm 的 14％灰土中石灰与黄土定额消耗量分别为 3.57t、19.29m^3，则：

石灰消耗量＝3.57×14.88/14＝3.795（t）

黄土消耗量＝19.29×85.12/86＝19.09（m^3）

3. 水泥稳定类基层中水泥含量的调整

当水泥稳定类基层中水泥含量与定额含量不同时，可仅就水泥消耗量进行调整，其他集料消耗量不变。

【例 4-8】 设计某道路基层采用 15cm 水泥碎石基层，水泥含量 4.5％，如何套用定额？

【解】 本例中道路基层采用水泥碎石基层，由于水泥含量在一定范围内增减，对碎石消耗量的影响甚微，故仅就水泥含量进行调整。

水泥含量 6％的水泥碎石基层中，水泥的定额消耗量为 2.14t，则：

水泥消耗量＝2.14×4.5/6＝1.605（t）

（五）综合应用举例

【例 4-9】 济南市内某小区大门口修建一条出入口道路，该道路基层结构为 35cm 厚 3∶7 灰土＋16cm 厚水泥稳定碎石（水泥含量 6％），施工方案经业主审定，灰土用土从市郊运进，运距 8km，由于工程量较小，水泥稳定碎石采用商品料，材料到场价核定为 110 元（实方）。经计算，灰土工程量为 1518m^2、水泥稳定碎石工程量为 1500m^2。试套出该道路定额子目。

【解】 查相应定额（表 4-13），该工程预算子目套用如下：

表 4-13 道路基层定额

序号	定额编号	工程或费用名称	单位	工程量	基价	总价	计费价格	计费合价
1	1-119	挖掘机挖装土方	100m^3	5.41	208.27	1126.74	177.03	957.73
2	(1-109)＋(1-110×7)	自卸车运土 8km	100m^3	5.41	818.47	4427.92	694	3754.54
3	(2-45＊2)＋[2-48＊5(换)]	人工灰土基层	100m^2	15.18	1424.87	21629.53	757.68	11501.58
4	2-129	顶层灰土养生	100m^2	15.18	8.67	131.61	6.16	93.51
5	(2-121)＋(2-122)	水泥稳定碎石摊铺	100m^2	15	173.7	2605.50	173.7	2605.50
6	2-129	水泥稳定碎石养生	100m^2	15	8.67	130.05	6.16	92.40
7		水泥稳定碎石材料费	m^3	244.8	110	26928.00		
		小计				56979.35		19005.26

说明：(1) 灰土设计为 3∶7，按 14.88％套用，在定额中将石灰进行代换如下。

定额 2-45 中：石灰消耗量＝3.57×14.88/14＝3.795（t）

黄土消耗量＝19.29×85.12/86＝19.09（m^3）

同理，定额 2-48 中：石灰消耗量为 0.253t；黄土消耗量为 1.272。

将石灰代换后基价调整为：

[619.98+(3.795−3.57)×73.22]×2+[29.44+(0.253−0.24)×73.22]×5=1424.87

（2）购买土方按定额消耗量乘以0.8后套用一、二类土，计算如下：

单位面积土方消耗量（按换算后）：

$$19.09\times2+1.272\times5=44.54\ (m^3)$$

土方总量为：44.54×15.18=676.12（m^3）

换算成自然密实土为：676.12×0.8=540.89（m^3）

（3）水泥稳定碎石消耗量：15×(15.3+1.02)=244.8（m^3），该材料为未计价材料。

三、道路面层

（一）说明

（1）道路面层包括简易路面、沥青表面处治、沥青混凝土路面及水泥混凝土路面内容。

（2）沥青表面处治厚度1～1.5cm内执行单层式；厚度1.5～2.5cm内执行双层式；厚度2.53cm内执行三层式。

（3）沥青混凝土路面、黑色碎石路面所需要的面层熟料采用定点搅拌机时，其运至作业面所需的运费，按《通用项目》中的相应定额项目计算。

（4）水泥混凝土路面，综合考虑了前台的运输工具不同所影响的工效及有筋无筋等不同的工效。施工中无论有筋无筋及出料机具如何均不换算。水泥混凝土路面中未包括钢筋用量。如设计有筋时，套用水泥混凝土路面钢筋制作项目。

（5）水泥混凝土路面定额中，未包括路面刻防滑槽。施工中如设计有刻防滑槽内容，则每100m^2混凝土路面增加用工1.85工日。

（二）工程量计算规则

（1）水泥混凝土路面以平口为准，以设计为企口时，其用工量按本定额相应项目乘以系数1.01。木材摊销量按本定额相应项目摊销量乘以系数1.051。

（2）道路工程沥青混凝土、水泥混凝土及其他类型路面工程量以设计长乘以设计宽以平方米计算（包括转弯面积），不扣除各类井所占面积。

（3）伸缩缝以“m^2”为计量单位。此面积为面层缝的断面积，即“设计宽×设计厚”。

（三）使用中应注意的问题

（1）大型摊铺机铺筑沥青混凝土路面指采用一次摊幅大于8.5m的摊铺机施工的路面，其中的沥青碎石摊铺执行粗粒式沥青混凝土子目。

（2）厂拌沥青混合料工程量为沥青路面摊铺子目中的混合料消耗量，编制预算时应先从摊铺子目中计算沥青混凝土定额消耗量，然后再根据拌和设备及粒径套用相应的子目。

（3）沥青混合料自拌和厂到施工场地的运输套用第一册《通用项目》有关子目。

（4）本定额中沥青混凝土如采用商品沥青混凝土，仅计算摊铺碾压费用，沥青混凝土费用按定额用量乘以商品沥青混凝土的单价计入税前造价。

（5）水泥混凝土路面钢筋指钢筋拉杆及混凝土中的钢筋网。

（四）应用举例

【例4-10】 某城市道路路面设计为中粒式沥青混凝土AC16厚4cm+细粒式沥青混凝土AC10厚2cm，总面积10000m^2，沥青混凝土集中厂拌，运距10km。试套出该工程的定额子目。

【解】 查市政定额（表 4-14），子目套用如下：

表 4-14　道路路面定额

序号	定额编号	工程或费用名称	单位	工程量	基价	总价	计费价格	计费合价
1	2-176	透层油	$100m^2$	100.00	273.74	27374.00	24.59	2459.00
2	(2-191)～(2-192)	中粒式沥青混凝土	$100m^2$	100.00	119.43	11943.00	114.43	11443.00
3	2-195	细粒式沥青混凝土	$100m^2$	100.00	88.54	8854.00	86.04	8604.00
4	2-218	中粒式沥青混凝土拌和	t	950.00	125.18	118921.00	35.13	33373.50
5	2-222	细粒式沥青混凝土拌和	t	465.00	141.23	65671.95	35.35	16437.75
	(1-505)+(1-506*5)	热沥青运输	t	10	180.69	1806.90	180.69	1806.90
6	(1-503)+(1-504*9)	沥青混凝土运输 10km	10t	141.50	119.34	16886.61	119.34	16886.61
		小　计				251457.46		91010.76

说明：拌和沥青混凝土工程量 950t、465t 分别由（2-191）～（2-192）及 2-195 子目中计算而出。

四、人行道侧缘石及其他

（一）说明

（1）本定额包括人行道板、立缘石、侧平石、平缘石、花砖、大理石、花岗岩安砌内容。

（2）本定额所采用的人行道板、立缘石、侧平石、平缘石、花砖、大理石、花岗岩等砌料及垫层如与设计不同时，材料种类及垫层做法可以换算，其他不变。

（3）人行道铺大理石、花岗岩等执行广场、运动场、停车场及其他的相应项目。

（4）标志牌基础的挖、运、回填土方及混凝土基础执行其他分册相应项目。

（5）钢板标志、铝合金标志均按成品考虑。

（6）人行道板如需拼铺图案时人工费乘以 1.10 系数。

（7）预制混凝土侧缘石、侧平石执行《桥涵工程》小型构件中的相应项目。其场外运输执行《通用项目》构件运输中的相应项目。

（二）工程量计算规则

（1）人行道板、异型彩色花砖、大理石、花岗岩块料面层安砌面积按设计面积计算。当人行道宽度包含立缘石及镶边石时，铺砌宽度为人行道设计宽度减立缘石及镶边石宽。

（2）当道路横断面设计为对称结构时，立沿石、镶边石、侧平石工程量按道路桩号长度乘以设计道数，花砖按桩号长度乘以宽度再乘以设计道数，弯道不作调整；但道路横断面结构不对称时，弯道处工程量要按内外弧长进行调整。

（3）花坛立沿石设计有开口时，开口处立沿石工程量据实减小，道路面层工程量据实增加，单条立沿石工程量减小参考公式为：$L-0.57B$（其中 L 为设计开口长度，B 为花坛设计宽度，此工程仅当开口处花坛立沿石为半圆弧时适用）。

（4）树池工程量为树池的设计周长。

（5）路面标线不分间断线、实线，均按画线的面积计算工程量。

（三）使用中应注意的问题

（1）人行道板如需要拼铺图案时，人工费乘以 1.10 系数。

（2）钢板标志、铝合金标志均按成品考虑，当标志牌重量小于100kg时，扣除定额内起重设备，其他不变。

（3）人行道板安砌指预制普通混凝土板的安砌，彩色人行道板安砌套用“异型彩色花砖安砌”项目。

（4）当砌料垫层种类或标号与设计不同时，可以进行换算，但人工及机械不变。

（5）人行道混凝土垫层单独列出，独立铺筑时使用。

（6）当侧缘石设计有垫层时，按相关项目套用，当直接在道路基层上安砌时，不得套用垫层项目，相应垫层已计入道路基层。

（7）道路侧石是指安于路面两侧，区分人行道（慢车道）和车行道或绿化带的附属物，一般高出路面15cm，又称立缘石、立沿石、立道牙。

（8）缘石适用于路面边缘与路肩之间，人行道与路肩之间，或车行道与铺装步道边缘，保护路面边缘用，又称镶边石、平道牙。

（9）侧平石是铺筑在路面与侧石（立沿石）之间的附属物，与道路路面等高，常于侧石联合设置，是城市道路中常见的设置方式，也常设于采用两侧明沟排水时的道路快车道边缘，又称平缘石。

（10）道路附属结构如图4-19所示。

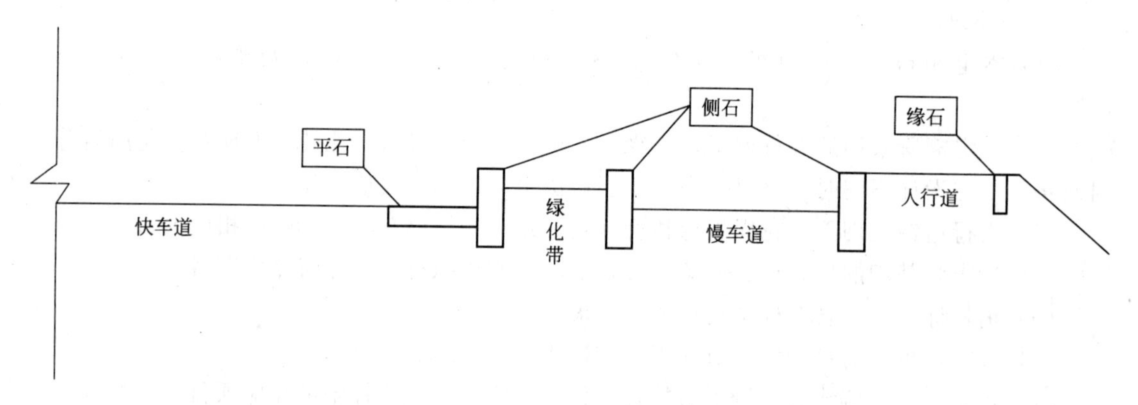

图4-19 道路附属结构示意图

五、广场、运动场、停车场及其他

（一）说明

（1）本定额包括广场块料面层、钢筋混凝土水池、砖砌水池、花池等内容。

（2）镶贴块料零星项目适用于水池、花池及其他零星构筑物项目。

（3）现浇钢筋混凝土水池仅考虑了一种配合比，当设计配比及钢筋用量及定额不同时，可以调整。

（4）浆砌蘑菇石、花岗岩，适用于水池、花池及其他构筑物的饰面砌筑。

（5）零星砌体抹面，适用于花池、水池、台阶及其他构筑物的抹面。

（二）工程量计算规则

（1）铺广场块料面层、广场砖均按实铺面积计算。

（2）砖砌水池、花池、台阶等均按砌体的实体体积计算。

（3）钢筋混凝土水池均以体积计算。

（4）浆砌蘑菇石、花岗岩石按设计体积计算，不扣除抹角及勾缝体积。

（5）花岗岩台阶按水平投影面积计算。

（三）使用中应注意的问题

（1）铺广场砖项目中的缝宽超过 15mm 时，块料、水泥砂浆用量允许调整，但人工、机械用量不变。

（2）钢筋混凝土水池池底与池壁的划分：当池壁有扩大部分时，以扩大部分的上端为界，以下为池底，以上为池壁；当池壁无扩大部分时，以池底的上表面为界，以下为池底，以上为池壁。

六、综合应用

【例 4-11】 某城镇道路拓宽工程，道路红线宽为 25m，其中车行道为 15m，机动车道非机动车道混行，两侧人行道各宽 5m，平沿石宽 0.3m，结构层如图 4-20 所示，长 500m。试计算车行道结构层工程量，并选取相应定额编号（不考虑立沿石、平沿石及其垫层，表 4-15）。

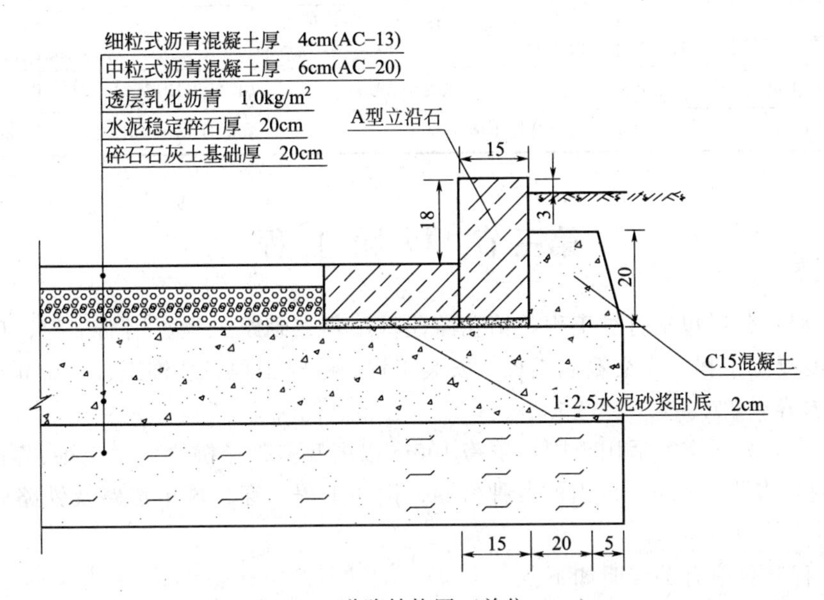

图 4-20 道路结构图（单位：cm）

施工说明：基层、面层材料均采用厂拌，拌和站距离施工现场 10km，沥青拌和站生产能力为 100t/h，采用载重 8t 汽车运输，沥青混凝土摊铺机 8t 摊铺；碎石石灰土平地机摊铺，洒水车洒水养生；水泥稳定碎石摊铺机摊铺，采用塑料布养生。

【解】

表 4-15 工程量计算表

序号	定额编号	项目名称	计算式或计算说明	单位	数量
1	(2-103)+(2-104*5)	厂拌碎石石灰土厚 20cm	500×(15+0.4×2)	m^2	7900.00
2	(2-126)+(2-127*9)	碎石灰土运输运距 10km	(15.3+1.02×5)×79	m^3	1611.60
3	(2-123)+(2-125*5)	碎石石灰土摊铺厚 20cm	500×15.8	m^2	7900.00
4	2-128	碎石石灰土养生	500×15.8	m^2	7900.00
5	(2-117)+(2-118*5)	厂拌水泥稳定碎石厚 20cm	500×15.8	m^2	7900.00

续表

序号	定额编号	项目名称	计算式或计算说明	单位	数量
6	(2-126)+(2-127*9)	水泥稳定碎石运输运距 10km	(15.3+1.02×5)×79	m^3	1611.60
7	(2-124)+(2-125*5)	水泥稳定碎石摊铺厚 20cm	500×15.8	m^2	7900.00
8	2-B6	水泥稳定碎石塑料布养生	500×15.8	m^2	7900.00
9	2-176	透层乳化沥青 1.0kg/m^2	500×(15-0.3×2)	m^2	7200.00
10	(1-505)+(1-506*5)	乳化沥青运输 10km	104×72/1000	t	74.88
11	2-219	厂拌中粒式沥青混凝土拌和设备生产能力(t/h)100 以内	(11.87+2.37)×72	t	1025.28
12	(1-503)+(1-504*9)	8t 载重汽车运输沥青混凝土 10km	(11.87+2.37)×72	t	1025.28
13	(2-191)+(2-192)	中粒式沥青混凝土摊铺厚 6cm	500×(15-0.3×2)	m^2	7200.00
14	2-223	厂拌细粒式沥青混凝土拌和设备生产能力(t/h)100 以内	(4.65+1.17×4)×72	t	671.76
15	(1-503)+(1-504*9)	8t 载重汽车运输沥青混凝土 10km	(4.65+1.17×4)×72	t	671.76
16	(2-195)+(2-196*4)	细粒式沥青混凝土摊铺厚 4cm	500×(15-0.3×2)	m^2	7200.00

第三节 桥涵工程

《桥涵工程》分册包括打桩工程，钻孔灌注桩工程、砌筑工程、钢筋工程、现浇混凝土工程、预制混凝土工程、立交箱涵工程、安装工程、临时工程、装饰工程、金属构件制作安装及附录等内容。

《桥涵工程》分册定额适用范围：单跨 100m 以内及多跨径桥梁、立交桥、高架路工程；单跨 5m 以内，多跨总长 8m 以内的各种桥涵、拱涵工程；穿越城市道路及铁路的立交箱涵工程。

《桥涵工程》分册有关说明如下。

(1) 预制混凝土及钢筋混凝土构件按现场预制编制。

(2) 本册定额中提升高度按地面标高至梁底设计标高 8m 为界。超过 8m 时，超高计算按批准的施工组织方案，采用不同吨位起重机械套用相应定额计算，但定额内台班消耗量不得调整，人工乘以 1.15 系数。

(3) 本册定额中均未包括各类操作用脚手架，发生时按第一册《通用项目》相应定额执行。

(4) 本册定额未包括预制构件场内、场外运输，发生时套用第一册《通用项目》相应定额子目。

一、打桩工程

(1) 打桩工程内容包括打木制桩、打钢筋混凝土桩、打钢管桩、送桩、接桩等项目。

(2) 土质划分是根据工程地质资料中的土层构造和土壤各种物理力学性能指标，定额中土质类别仅列甲、乙级土项目，如遇丙级土时，按乙级土定额人工、机械乘以 1.25 系数。

(3) 打桩穿过甲、乙两组土层时，乙级土总厚度大于 50%或连续中细砂厚度大于 1.0m

时按乙级土计算。不足上述厚度按甲级土计算。乙级土于丙级土遇上述情况时，丙级土总厚度需大于50%或中粗砂砾厚度大于3m时，可按丙级土计算，否则按乙级土计算。

(4) 打桩工程定额均为打直桩，如打斜桩（包括俯打、仰打）斜率在1∶6以内时，人工乘以1.33，机械乘以1.43。

(5) 打桩工程定额均考虑在已搭置的支架平台上操作，但不包括支架平台，其支架平台的打拆按批准的施工组织设计套用临时工程的有关项目计算。

(6) 船上打桩定额是按两船拼搭、捆绑考虑的。

(7) 打板桩定额内，均已包括打、拔导向桩内容，不得重复计算。

(8) 陆上、支架上、船上打桩定额中均未包括运桩。

(9) 送桩定额按送4m为界，如实际超过4m时，按每超过1m递增0.75系数计算（不足1m时按1m计算）。

(10) 打桩机械的安装、拆除按临时工程的有关项目计算。

(11) 打桩工程与“打拔工具桩”工程的区别：此处为“结构桩”，它是工程结构的一个组成部分。而工具桩则是一种施工技术措施，它不最终形成工程结构。工具桩中含桩的摊销费，而本定额结构桩除圆木桩及木板桩含桩的全部费用外，其余均不含桩的材料费，应另计。

1. 打桩

(1) 钢筋混凝土方桩、板桩按桩长度（包括桩尖长度）乘以桩横断面面积以“m^3”为单位计算。

(2) 钢筋混凝土管桩按桩长度（包括桩尖长度）乘以桩横断面面积，减去空心部分体积计算；

(3) 钢管桩按成品桩考虑，以吨计算。

2. 焊接桩的型钢用量可按实调整

3. 送桩

(1) 陆上打桩时，以自然地坪平均标高增加1m为界线，界线以下至设计桩顶标高之间的打桩实体积为送桩工程量。

(2) 支架上打桩时，以当地施工期间的最高潮水位增加0.5m为界线，界线以下至设计桩顶标高之间的打桩实体积为送桩工程量。

(3) 船上打桩时，以当地施工期间的平均水位增加1m为界线，界线以下至设计桩顶标高之间的打桩实体积为送桩工程量。

二、钻孔灌注桩工程

（一）说明

(1) 钻孔灌注桩工程定额包括埋设护筒，人工挖孔、卷扬机带冲抓锥、冲击钻机、回旋钻机四种成孔方式及灌注混凝土等项目。

(2) 钻孔灌注桩工程定额钻孔土质分为如下7种。

① 砂土：粒径不大于2mm的砂类土，包括淤泥、轻亚黏土。

② 黏土：亚黏土、黏土、黄土，包括土状风化。

③ 砂砾：粒径2～20mm的角砾、圆砾含量小于或等于50%，包括礓石黏土及粒状风化。

④ 砾石：粒径 2～20mm 的角砾、圆砾含量大于 50%，有时还包括粒径为 20～200mm 的碎石、卵石，其含量在 50%以内，包括块状风化。

⑤ 卵石：粒径 20～200mm 的碎石、卵石含量大于 10%，有时还包括块石、漂石，其含量在 10%以内，包括块状风化。

⑥ 次坚石：硬的各类岩石，包括粒径大于 500mm、含量大于 10%的较坚硬的块石、漂石。

⑦ 坚石：坚硬的各类岩石，包括粒径大于 1000mm、含量大于 10%的坚硬的块石、漂石。

(3) 埋设钢护筒定额中钢护筒按摊销量计算，若在深水作业，钢护筒无法拔出时，可按表 4-16 所示计入钢护筒一次摊销量。

表 4-16 钢护筒一次摊销量

桩径/mm	800	1000	1200	1500	2000
每米护筒重量/(kg/m)	155.06	184.87	285.93	345.09	554.6

(4) 灌注桩混凝定额采用水下混凝土，并按机械搅拌、在工作平台上导管倾注考虑。定额内已包括设备（如导管等）摊销及扩孔增加的混凝土数量，使用时不得另行计算。

(5) 定额中未包括钻机场外运输、截桩内容，发生时按有关定额计算。

(6) 钻孔定额内泥浆制作按普通护壁专用黏土考虑，如采用部分膨润土或其他材料允许换算。

(7) 钢护筒的埋设应根据施工现场的土质情况确定埋设深度，但埋设深度不得超过 2m。

(二) 工程量计算规则

(1) 灌注桩成孔工程量按设计入土深度计算。定额中的孔深指自然地坪至桩底的深度。

(2) 灌注桩灌注混凝土工程量，按设计桩长增加 0.5m 乘以设计横断面面积，以“m^3”为单位计算。

(3) 灌注桩工作平台按临时工程的有关项目计算。

(4) 钻孔灌注桩钢筋笼按设计图纸用量计算，套用钢筋工程有关项目。

(5) 钻孔灌注桩需使用预埋铁件时，套用钢筋工程有关项目。

(6) 残（废）泥浆外运工程量按成孔体积乘以 1.5 计算。

三、砌筑工程

(一) 说明

(1) 砌筑工程定额包括灰土、碎石、石屑、毛石基础垫层、拱上台背填料、浆砌块石、料石、混凝土预制块和砖砌体等内容。

(2) 砌筑工程定额未列的砌筑及衬里砌筑项目，按第一册《通用项目》相应定额执行。

(3) 砌筑工程定额基础垫层、拱上和台背的填充材料与设计不同时允许换算，但人工、机械不得调整。

(4) 拱圈底模定额中不包括拱盔和支架，此部分可按临时工程的相应定额执行。

(5) 定额按机械搅拌砂浆编制，如采用人工拌制时，定额不予调整。

(6) 砌筑项目需用的脚手架，可套用第一册《通用项目》中有关定额。

（二）工程量计算规则

（1）砌筑工程量按设计砌体尺寸以体积计算，嵌入砌体中的钢管、沉降缝、伸缩缝以及单孔面积 0.3m^2 以内的预留孔所占体积不予扣除。

（2）拱圈底模工程量按模板接触砌体的面积计算。

四、钢筋工程

（一）说明

（1）钢筋工程定额包括桥涵工程各类钢筋、高强钢丝、钢绞线、预埋铁件的支座安装等内容。

（2）定额中钢筋按 $\phi10$ 以内及 $\phi10$ 以外两种分列，$\phi10$ 以内采用 A3 钢（Ⅰ级钢），$\phi10$ 以外采用 16 锰钢（Ⅱ级钢），钢板均按 A3 钢计列，预应力筋采用Ⅳ级钢、钢绞线和高强钢丝。定额内容与设计要求不符时，允许调整。

（3）因束道长度因素，定额中未列锚具数量，但锚具安装的人工已包括在定额内。

（4）压浆管道定额中的铁皮管、波纹管均已包括套管及三通管安装人工，但未包括三通管，其消耗量另行计算。

（5）定额中先张法钢绞线为包括时效塑料管，发生时另行计算。

（二）工程量计算规则

（1）钢筋按设计数量套用定额计算（损耗已包括在定额中）。

（2）T 形梁、桁、钢架梁连接钢板项目按设计图纸，以“t”为单位计算。

（3）锚具工程量按设计用量乘以下列系数计算：

锥形锚：1.05；OVM 锚：1.05；墩头锚：1.00。

（4）管道压浆不扣除钢筋体积。

五、现浇混凝土工程

（一）说明

（1）现浇混凝土工程定额包括基础、墩、台、柱、梁、桥面、接缝等内容。

（2）现浇混凝土工程定额适用于桥涵工程现浇各种混凝土构筑物。

（3）现浇混凝土工程定额中嵌石混凝土的毛石含量如与设计不同时可以换算，但人工及机械不得调整。

（4）现浇混凝土工程定额中均未包括预埋件，如设计要求预埋铁件时，可按设计用量套用“钢筋工程”有关项目。

（5）承台分为有底模及无底模两种，应按不同的施工方法套用相应定额。

（6）定额中混凝土按常用强度等级列出，如设计要求不同时可以换算。

（7）现浇混凝土工程定额中模板以木模、工具式钢模为主（除防撞护栏采用定型钢模外）。若采用其他类型模板时，允许按施工组织设计采用的模板类型进行调整。

（8）现浇、板等模板定额中均已包括铺筑底模内容，但未包括支架部分。如发生时套用临时工程的有关项目。

（二）工程量计算规则

（1）混凝土工程量按设计尺寸以实体积计算（不包括空心板、梁的空心体积），不扣除钢筋、铁丝、铁件、预留压浆孔道和螺栓所占的体积。

（2）模板、工程量按模板接触混凝土的面积计算。

(3) 现浇混凝土墙、板上单孔面积在 0.3m² 以内的孔洞体积不予扣除，洞侧壁模板面积亦不再计算；单孔面积在 0.3m² 以上时，应予扣除，洞侧壁模板并入墙、板模板工程量内计算。

六、预制混凝土工程

(一) 说明

(1) 预制混凝土工程定额包括预制桩、柱、板、梁及小型构件等内容。

(2) 预制混凝土工程定额适用于桥涵工程现场制作的预制构件。

(3) 预制混凝土工程定额中均未包括预埋铁件，如设计要求预埋铁件时，可按设计用量套用“钢筋工程”有关项目。

(4) 预制混凝土工程定额不包括地模、胎模用量，需要时可按临时工程的有关定额计算。

(5) 预制斜角（异形）板梁，人工乘以 1.20 系数，模板乘以 1.05 系数计算，预制斜角箱型梁，人工乘 1.2 系数，模板乘以 1.1 系数计算。

(二) 工程量计算规则

1. 混凝土工程量计算

(1) 预制桩工程量按桩长度（包括桩尖长度）乘以桩横断面面积计算。

(2) 预制空心构件按设计图示尺寸扣除空心体积，以实体积计算。空心板梁的堵头板体积不计入工程量内，其消耗量已在定额中考虑。

(3) 预制空心板梁，凡采用橡胶囊做内模的，考虑其压缩变形因素，按每 10m³ 混凝土增加 5%用量。但设计注明已考虑橡胶囊芯模变形时，不得再增加计算。

(4) 预应力混凝土构件的封锚混凝土数量并入构件混凝土工程量计算。

(5) 后张法预应力混凝土构件中预留孔道所占体积不扣除。

2. 模板工程量计算

(1) 预制构件中预应力混凝土构件及 T 形梁、I 形梁、双曲拱、桁架拱等构件均按模板接触混凝土的面积（包括侧模、底模）计算。

(2) 灯柱、端柱、栏杆等小型构件按平面投影面积计算。

(3) 预制构件中非预应力构件按模板接触混凝土的面积计算，不包括胎、地模。

(4) 空心板梁中空心部分，本定额均采用橡胶囊抽拔，其摊销量已包括在定额中，不再计算空心部分模板工程量。

七、立交箱涵工程

(一) 说明

(1) 立交箱涵工程定额包括箱涵制作、顶进、箱涵内挖土内容。

(2) 立交箱涵工程定额适用于穿越城市道路及铁路的立交箱涵顶进工程及现浇箱涵工程。

(3) 定额中未包括箱涵顶进的后靠背设施等，发生时另行计算。

(4) 定额中未包括深基坑开挖、支撑及井点降水等工作内容，发生时按批准的施工组织方案套有关定额计算。

(5) 立交桥引道的结构及路面铺筑工程，按设计规定套用有关定额计算。

(二) 工程量计算规则

(1) 箱涵滑板下的肋楞，其工程量并入滑板内计算。

(2) 箱涵混凝土工程量，不扣除单孔面积 0.3m^2 以内的预留孔洞体积。

(3) 顶柱、中继间护套及挖土支架等专用周转性金属构件，定额中已按摊销量计列，不得重复计算。

(4) 箱涵顶进定额分空顶、无中继间实土顶和有中继间实土顶三类，其工程量按下列规定计算：

① 空顶工程量按空项的单节箱涵重量乘以箱涵位移距离计算；

② 实土顶工程量按被顶箱涵的重量乘以箱涵位移距离分段累计计算（箱涵入土部分的位移工程量按箱涵顶部入土距离计算）。

(5) 气垫只考虑在预制箱涵底板上使用，按箱涵底面积计算，气垫的使用天数按批准的施工组织设计确定，但采用气垫后在套用顶进定额时应乘以 0.7 系数。

八、安装工程

(一) 说明

(1) 安装工程定额包括安装排架立柱、墩台管节、板、梁、小型构件、栏杆扶手、支座、伸缩缝等项目。

(2) 安装工程定额适用于桥涵工程混凝土构件的安装等项目。

(3) 小型构件安装已包括 150m 场外运输，其他构件均为场内运输。

(4) 除安装梁分陆上、水上安装外，其他构件均未考虑船上吊装，实际发生时可增计船只。

(二) 工程量计算规则

本定额安装预制构件以立方米为计量单位的，均按构件混凝土实体积（不包括空心部分）计算。

九、临时工程

(一) 说明

(1) 临时工程定额内容包括桩基础支架平台、木垛、支架的搭设，打桩机械、船排、万能杆件的组拆，挂篮的安拆和推移，胎地模的筑拆及桩顶混凝土凿除等项目。

(2) 临时工程定额支架平台适用于陆上、支架上打桩及钻孔灌注桩。支架平台分陆上平台与水上平台两类，划分范围如下。

① 水上支架平台　凡河道原有河岸线、向陆地延伸 2.50m 的范围、均可套用水上支架平台。

② 陆上支架平台　除水上支架平台范围以外的陆地部分均属陆上支架平台，但不包括坑洼地段。若坑洼地段平均水深超过 2m，面积大于 20m^2 时，可套用水上支架平台。平均水深在 1～2m 时，按水上、陆上支架平台各取 50%计算。如平均深度在 1m 以内、不作坑洼处理。

(3) 桥涵拱盔、支架均不包括底模及地基加固在内。

(4) 组装、拆卸船排定额中未包括压舱。压舱材料取定为毛石，并按船排总吨位的 30%计取（包括装、卸在内 150m 的二次运输）。

(5) 打桩机械锤重的选择如表 4-17 所示。

(二) 工程量计算规则

(1) 搭拆打桩工作平台面积计算，如图 4-21 所示。

表 4-17 打桩机械锤重选择表

桩类别	桩长度/m	桩截面积 S/m^2 或管径 ϕ/mm	柴油桩机锤重/kg
钢筋混凝土方桩及板桩	$L\leqslant 8.00$	$S\leqslant 0.05$	600
	$L\leqslant 8.00$	$0.05<S\leqslant 0.105$	1200
	$8.00<L\leqslant 16.00$	$0.105<S\leqslant 0.125$	1800
	$16.00<L\leqslant 24.00$	$0.125<S\leqslant 0.160$	2500
	$24.00<L\leqslant 28.00$	$0.160<S\leqslant 0.225$	4000
	$28.00<L\leqslant 32.00$	$0.225<S\leqslant 0.250$	5000
	$32.00<L\leqslant 40.00$	$0.025<S\leqslant 0.330$	7000
钢筋混凝土管桩	$L\leqslant 25.00$	$\phi 400$	2500
	$L\leqslant 25.00$	$\phi 550$	4000
	$L\leqslant 25.00$	$\phi 600$	5000
	$L\leqslant 50.00$	$\phi 600$	7000
	$L\leqslant 25.00$	$\phi 800$	5000
	$L\leqslant 50.00$	$\phi 800$	7000
	$L\leqslant 25.00$	$\phi 1000$	7000
	$L\leqslant 50.00$	$\phi 1000$	8000

注：钻孔灌注工作平台按孔径 $\phi\leqslant 1000$，套用锤重 1800kg 打桩工作平台，$\phi>1000$，套用锤重 2500kg 打桩工作平台。

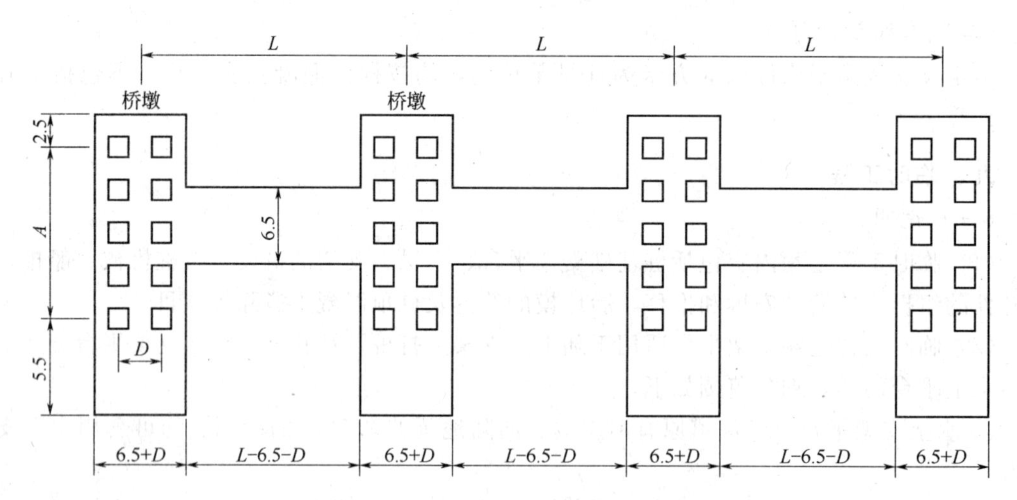

图 4-21 工作平台面积计算示意图

① 桥梁打桩： $F=N_1F_1+N_2F_2$

每座桥台（桥墩）： $F_1=(5.5+A+2.5)\times(6.5+D)$

每条通道： $F_2=6.5\times[L-(6.5+D)]$

② 钻孔灌注桩： $F=N_1F_1+N_2F_2$

每座桥台（桥墩）： $F_1=(A+6.5)\times(6.5+D)$

每条通道： $F_2=6.5\times[L-(6.5+D)]$

式中 F——工作平台总面积；

F_1——每座桥台（桥墩）工作平台面积；

F_2——桥台至桥墩间或桥墩至桥墩间通道工作平台面积；

N_1——桥台和桥墩总数量；

N_2——通道总数量；

D——两排桩之间距离；

L——桥梁跨径或护岸的第一根桩中心至最后一根桩中心之间的距离；

A——桥台（桥墩）每排桩的第一根桩中心至最后一根桩中心之间的距离。

（2）凡台与墩或墩与墩之间不能连续施工时（如不能断航、断交通），每个墩、台可计一次组装、拆卸柴油打桩架及设备运输。

（3）桥涵拱盔、支架空间体积计算

① 桥涵拱盔体积按起拱线以上弓形侧面积乘以（桥宽＋2m）计算；

② 桥涵支架体积为结构底至原地面（水上支架为水上支架平台顶面）平均标高乘以纵向距离再乘以（桥宽＋2m）计算。

（4）按上述规定计算平台、木垛、支架后的工程部位，不得再计算脚手架。

十、装饰工程

（一）说明

（1）装饰工程定额包括砂浆抹面、水刷石、剁斧石、拉毛、水磨石、镶贴面层、涂料、油漆等项目。

（2）装饰工程定额适用于桥、涵构筑物的装饰项目。

（3）镶贴面层定额中，贴面材料与定额不同时，可以调整换算，但人工与机械台班消耗量不变。

（4）水泥白石子浆抹灰定额未包括颜料用量，如设计需要颜料调制时，可增加颜料用量。

（5）油漆定额按手工操作计取，如采用喷漆时，不再另行计算。

（6）定额中均未包括施工脚手架，发生时按第一册《通用项目》相应定额执行。

（二）工程量计算规则

本定额除金属面油漆以吨计算外，其余项目均按装饰面积计算。

第四节　排水工程

《排水工程》分册包括：定型混凝土管道基础及敷设，定型井、非定型井、渠、管道基础及砌筑，顶进工程，给排水构筑物，给排水机械设备安装，模板、钢筋（铁件）加工及井字架等内容。

《排水工程》分册适用于城镇范围内新建、扩建的市政排水管渠工程；市政排水管道与厂、区室外排水管道以接入市政管道的检查井、接户井为界；凡厂、区室外排水管道（接户井）以外的市政管道检查井，均执行本定额。

《排水工程》分册中凡所涉及的土、石方挖、填、运输，脚手架，支撑、围堰，打、拔桩，降水，便桥，拆除等工程，除另有说明外，均按第一册《通用项目》相应定额执行。

本分册需说明的有关事项：

① 本分册所称管径均指内径。

② 本分册中的混凝土均为现场拌和，各项目中的混凝土和砂浆强度等级与设计要求不

同时，允许换算，但数量不变：

③ 本分册所需的模板、钢筋（铁件）加工、井字架均执行相应项目；

④ 本分册是按无地下水考虑的，如有地下水，需降水或采用沟槽排水时，执行第一册《通用项目》相应项目；需设排水盲沟时执行第二册《道路工程》相应项目；

⑤ 干土与湿土的区分：地下水位线以上为干土，地下水位线以下为湿土。采用降水后的挖土按干土计算。

一、定型混凝土管道基础及敷设

（一）说明

（1）本定额包括混凝土管道基础、管道敷设、管道接口、闭水试验、管道出水口项目，适用于市政工程雨水、污水及合流混凝土排水管道工程。

（2）定额中直径300～500mm混凝土管为人工下管敷设，直径600～2400mm为人机配合下管敷设。施工时不论采用何种方式，均不做调整。

（3）在无基础的槽内敷设管道时，其人工、机械乘以系数1.18。

（4）特殊情况下，必须在支撑下穿管敷设，其人工、机械乘以系数1.33。

（5）自（预）应力混凝土管胶圈接口管道敷设执行相应定额项目。

（6）定额管座角度按120°和180°列项，设计管座角度与定额不同时，可套用非定型管座定额项目。

企口管的膨胀水泥砂浆接口和石棉水泥接口适用于360°，其他接口均是按管座角度列项的。如管座角度不同时，按相应材质的接口做法，按管道接口调整表进行调整（见表4-18）：

表4-18　管道接口调整表

序号	项目名称	实做角度	调整材料	调整系数
1	水泥砂浆抹带接口	90°	120°定额材料	1.330
2	水泥砂浆抹带接口	135°	120°定额材料	0.890
3	钢丝网水泥砂浆抹带接口	90°	120°定额材料	1.330
4	钢丝网水泥砂浆抹带接口	135°	120°定额材料	0.890
5	企口管膨胀水泥砂浆抹带接口	90°	定额中1∶2水泥砂浆	0.750
6	企口管膨胀水泥砂浆抹带接口	120°	定额中1∶2水泥砂浆	0.670
7	企口管膨胀水泥砂浆抹带接口	135°	定额中1∶2水泥砂浆	0.625
8	企口管膨胀水泥砂浆抹带接口	180°	定额中1∶2水泥砂浆	0.500
9	企口管石棉水泥接口	90°	定额中1∶2水泥砂浆	0.750
10	企口管石棉水泥接口	120°	定额中1∶2水泥砂浆	0.670
11	企口管石棉水泥接口	135°	定额中1∶2水泥砂浆	0.625
12	企口管石棉水泥接口	180°	定额中1∶2水泥砂浆	0.500

注：现浇混凝土外套环，变形缝接口，通用于平口、企口管。

（7）设计要求与本定额所采用的标准图集不同时，执行非定型的相应项目。

（8）本定额各项所需模板、钢筋加工内容，执行相应项目。

（9）排水出水口分砖砌、石砌两种以及混凝土基础和铺底，其工作内容还包括了砌体和勾缝的全部工作，使用时不分出水口形式和管径大小，以“$10m^3$”为单位计算。设计需要水泥砂浆抹面的，执行第三册《桥涵工程》相应项目。

（二）工程量计算规则

（1）各种角度的混凝土基础、混凝土管、陶土管敷设，以井中至井中的中心扣除检查井长度的延长米计算工程量。每座检查井扣除长度按表 4-19 计算。

表 4-19　定型检查井扣除长度表

检查井规格/mm	扣除长度/m	检查井规格/mm	扣除长度/m
ϕ700	0.4	各种矩形井	1.0
ϕ1000	0.7	各种交汇井	1.20
ϕ1250	0.95	各种扇形井	1.0
ϕ1500	1.20	圆形跌水井	1.60
ϕ2000	1.70	矩形跌水井	1.70
ϕ2500	2.20	阶梯式跌水井	按实扣计算

(2) 管道接口应按管径和做法，以实际接口个数计算工程量。

(3) 管道闭水试验，以实际闭水长度计算，不扣除各种井所占长度。

二、定型井

（一）说明

(1) 定型井包括各种定型的砖砌检查井、收水井，适用于 D700mm～D2400mm 的混凝土雨水、污水及合流管道所设的检查井。

(2) 各类井是按 1996 年《给水排水标准图集》S2 编制的，实际设计与定额不同时，执行非定型的相应项目。

(3) 各类井均为砖砌，如为石砌时，执行非定型的相应项目。

(4) 各类井只计列了内抹灰，如设计要求外抹灰时，执行非定型的相应项目。

(5) 各类井预制混凝土构件所需的模板钢筋加工，均执行相应项目。但定额中已包括构件混凝土部分的人、材、机，不得重复计算。

(6) 如遇三通、四通井，执行非定型井项目。

（二）工程量计算规则

(1) 各种井按不同井深、井径以“座”为单位计算。

(2) 各类井的井深按井底基础以上至井盖顶计算。

三、非定型井、渠、管道基础及砌筑

（一）说明

(1) 本定额包括非定型井、渠、管道及构筑物垫层，基础，砌筑，抹灰，混凝土构件的制作、安装，检查井筒砌筑等。适用于本分册非定型的工程项目。

(2) 本定额各项目均不包括脚手架，当井深超过 1.5m 且体积大于 $3m^3$ 时，执行相应项目；砌墙高度超过 1.5m，抹灰高度超过 1.5m 所需脚手架执行第一册《通用项目》相应定额。

(3) 本定额所列各项目所需模板的制作、安装、拆除，钢筋（铁件）的加工均执行相应项目。

(4) 收水井的混凝土过梁制作、安装执行小型构件的相应项目。

(5) 跌水井跌水部位的抹灰，按流槽面项目执行。

(6) 混凝土枕基和管座不分角度均按相应定额执行。

(7) 干砌、浆砌出水口的平坡、锥坡、翼墙执行第一册《通用项目》相应项目。

(8) 本定额小型构件是指单件体积在 $0.04m^3$ 以内的构件。凡大于 $0.04m^3$ 的检查井过梁，执行混凝土过梁制作、安装项目。

（9）拱（弧）型混凝土盖板的安装，按相应体积的矩形板定额人工、机械乘以系数1.15执行。

（10）定额只计列了井内抹灰的子目，如井外壁需要抹灰，砖、石井均按井内侧抹灰项目人工乘以系数0.8，其他不变。

（11）石砌体中的块石砌体均指墙体的清水面层，而墙体的衬里部分执行第一册《通用项目》的毛石挡墙项目。

（12）现浇混凝土方沟底板，采用渠（管）道基础中平基的相应项目。

（二）工程量计算规则

（1）本定额所列各项目的工程量均以施工图为准计算。

① 砌筑按计算体积，以“$10m^3$”为单位计算。

② 抹灰、勾缝以“$100m^2$”为单位计算。

③ 各种井的预制构件以设计体积“$10m^3$”为单位计算，安装以“$10m^3$”体积或“套”计算。

④ 井、渠垫层、基础按设计体积以“$10m^3$”计算。

⑤ 沉降缝应区分材质按沉降缝的断面积或铺设长度分别以“$100m^2$”和“100m”为单位计算。

⑥ 各类混凝土盖板的制作按设计体积以“$10m^3$”为单位计算，安装按单件（块）体积以“$10m^3$”为单位计算。

（2）检查井筒的砌筑适用于混凝土管道井深不同的调整和方沟井筒的砌筑，区分高度以“座”为单位计算，高度与定额不同时采用每增减0.25m调整。

（3）方沟（包括存水井）闭水试验的工程量，按实际闭水长度的用水量，以“$100m^3$”为单位计算。

【例4-12】 某城市道路排水工程雨水暗渠（如图4-22所示），长100m，断面（$L_0 \times H$）1.5m×1.2m，块石内墙勾平缝。试计算该雨水暗渠工程量，将计算算式和定额套项填入表4-20。

说明：1. 土方、沉降缝、台帽模板不用计算，预制混凝土盖板载重汽车（8t）运输1km；

2. 钢筋理论重量：0.395kg/m（ϕ8）。

【解】

表4-20 工程量计算表

序号	定额编号	项目名称	计算式或计算说明	单位	数量
1	6-476	小毛石垫层	3.3×0.15×100	m^3	49.50
2	6-490(换)	M7.5水泥砂浆砌毛石	3.3×0.6×100	m^3	198.00
3	6-501	M7.5水泥砂浆砌块石墙	0.65×(1.2−0.25)×100×2	m^3	123.50
4	6-522	渠道石墙勾平缝	(1.2−0.25)×100×2	m^2	190.00
5	6-508(换)	C25钢筋混凝土台帽	(0.45×0.33+0.32×0.25)×100×2	m^3	45.70
6	6-1210	台帽钢筋	[100×4+1.04×(100/0.2+1)]×0.395/1000×2	t	0.728
7	6-534(换)	C25预制混凝土矩形盖板(厚30cm以内)	2.1×0.18×100	m^3	37.80
8	1-473	C25预制混凝土矩形盖板运输1km	2.1×0.18×100	m^3	37.80
9	6-542	安装渠道矩形盖板(0.5以内)	2.1×0.18×100	m^3	37.80
10	3-478(换)	C30水泥混凝土铺装层	2.8×0.06×100	m^3	16.80

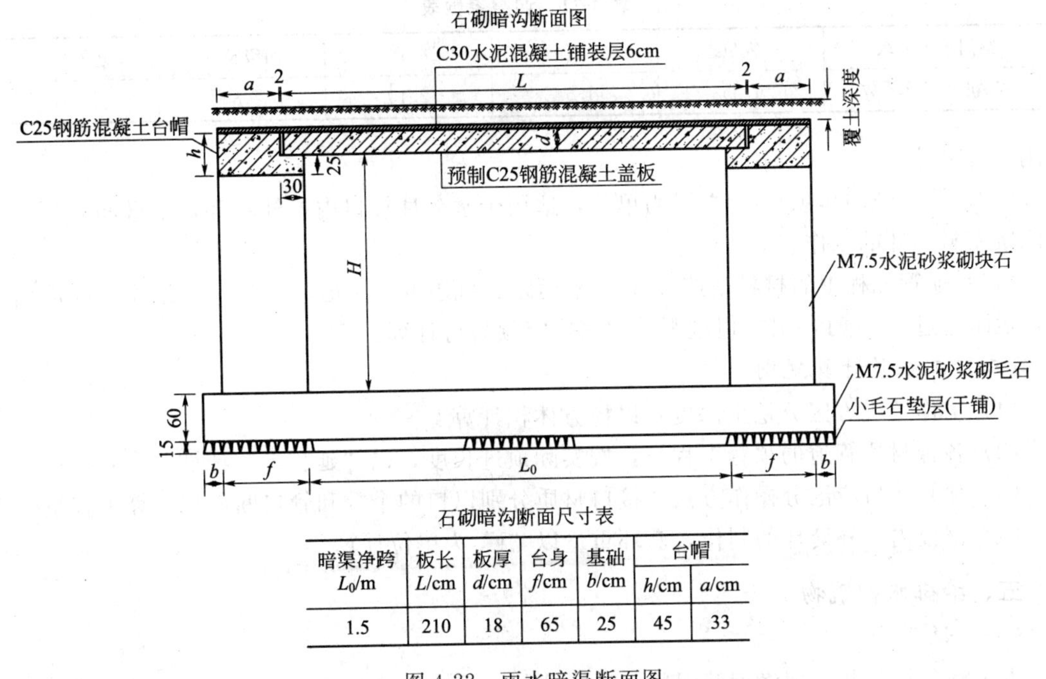

石砌暗沟断面尺寸表

暗渠净跨 L_0/m	板长 L/cm	板厚 d/cm	台身 f/cm	基础 b/cm	台帽	
					h/cm	a/cm
1.5	210	18	65	25	45	33

图 4-22　雨水暗渠断面图

四、顶管工程

（一）说明

(1) 顶管工程包括工作坑土方、人工挖土顶管、挤压顶管，混凝土方（拱）管涵顶进，不同材质不同管径的顶管接口等项目；适用于雨、污水管（涵）以及外套管的不开槽顶管工程项目。

(2) 工作坑垫层、基础采用非定型的相应项目，人工乘以系数 1.10，其他不变。方（拱）涵管需设滑板和导向装置时，另行计算。

(3) 工作坑挖土方是按土壤类别综合计算的，土壤类别不同，不允许调整。工作坑回填土，按其设计做法套用《通用项目》的相应项目。

(4) 工作坑内管（涵）明敷，可根据管径、接口做法套用定型混凝土管道基础及敷设的相应项目，人工、机械乘以系数 1.10，其他不变。

(5) 本定额是按无地下水考虑的，如遇地下水时，排（降）水工程量按相关定额另行计算。

(6) 定额中钢板内、外套环接口项目，只适用于设计所需要的永久性管口，顶进中为防止错口，在管内接口处所设置的工具式临时性钢胀圈不得套用。

(7) 顶进施工的方（拱）涵断面大于 $4m^2$ 的，按箱涵顶进项目或规定执行。

(8) 管道顶进项目中的顶镐均为液压自退式，如实际施工中采用的设备与定额不符时，不允许调整。

(9) 工作坑如设沉井，其制作、下沉套用给排水构筑物的相应项目。

(10) 水力机械顶进定额中，未包括泥浆处理、运输，发生时可另计。

(11) 顶管采用中继间顶进时，顶进定额中人工与机械乘以表 4-21 系数分级计算：

(12) 安装拆除中继间项目仅适用于敞开式管道顶进，当采用其他顶进方法时，中继间

表 4-21　调整系数表

中继间顶进分级	一级顶进	二级顶进	三级顶进	四级顶进	超过四级
人工、机械调整系数	1.36	1.64	2.15	2.80	另计

费用允许另计。

（13）钢套环制作项目以“t”为单位，适用于永久性接口内，外套环，中继间套环、触变泥浆密封套环的制作。

（14）顶管工程中的材料是按 50m 水平运距、坑边取料考虑的，如因场地等情况取用料水平运距超过 50m 时，根据超过距离和相应定额另行计算。

（二）工程量计算规则

（1）工作坑土方区分挖土深度，以挖方体积计算。

（2）各种材质管道的顶管工程量，按实际顶进长度，以“延长米”计算。

（3）顶管接口应区分操作方法、接口材质分别以口的个数和管口断面积计算工程量。

（4）钢板内、外套环的制作，套环重量以“t”为单位计算。

五、给排水构筑物

（一）说明

本定额包括沉井、现浇钢筋混凝土池、预制混凝土构件、折（壁）板、滤料铺设、防水工程、施工缝、井池渗漏试验等项目。

1. 沉井

（1）沉井工程系按深度 12m 以内，陆上排水沉井考虑的。水中沉井、陆上水冲法沉井以及离河岸边近的沉井，需要采取地基加固等特殊措施者，可执行第四册《隧道工程》相应项目。

（2）沉井下沉项目中已考虑了沉井下沉的纠偏因素，但不包括压重助沉措施，若发生可另行计算。

（3）沉井制作不包括外渗剂，若使用外渗剂时可按设计配合比执行。

2. 现浇钢筋混凝土池类

（1）池壁遇有附壁柱时，凸出部分柱按相应柱定额项目执行，其中人工乘以系数 1.05，其他不变。

（2）池壁挑檐是指在池壁上向外出檐作走道板用；池壁牛腿是指池壁上向内出檐以承托池盖用。

（3）无梁盖柱包括柱帽及柱座。

（4）井字梁、框架梁均执行连续梁项目。

（5）格型池壁执行直型池壁相应项目（指厚度），人工乘以系数 1.15，其他不变。

（6）悬空落泥斗按落泥斗相应项目人工乘以系数 1.4，其他不变。

3. 预制混凝土构件

（1）预制混凝土滤板中已包括了所设置预埋件 ABS 塑料滤头的套管用工，不得另计。

（2）集水槽若需留孔时，按每 10 个孔增加 0.5 个工日计。

（3）除混凝土滤板、铸铁滤板、支墩安装外，其他预制混凝土构件安装均执行异型构件安装项目。

4. 施工缝

（1）各种材质填缝的断面取定如表 4-22 所示。

表 4-22 各种材质填缝的断面取定表

序号	项目名称	断面尺寸	序号	项目名称	断面尺寸
1	建筑油膏、聚氯乙烯胶泥	3cm×2cm	4	氯丁橡胶止水带	展开宽 30cm
2	油浸木丝板	2.5cm×15cm	5	其余	15cm×3cm
3	紫铜板止水带	展开宽 45cm			

（2）如实际设计的施工缝断面与上表不同时，材料用量可以换算，其他不变。

5. 井、池渗漏试验

（1）井、池渗漏试验容量在 $500m^3$ 以内的是指井或小型池槽。

（2）井、池渗漏式试验注水采用电动单级离心清水泵，定额项目中已包括了泵的安装与拆除用工，不得再另计。

（3）如构筑物池容量较大，需从一个池子向另一个池注水作渗漏式试验采用潜水泵时，可换算抽水设备，其他均不变。

6. 钢筋、模板

构筑物混凝土项目中的钢筋、模板项目执行相应项目。需要搭设脚手架者，执行第一册《通用项目》相应项目。泵站上部工程以及未包括的建筑工程，执行建筑工程定额的相应项目。构筑物中的金属构件制作安装，执行安装工程定额的相应项目。构筑物的防腐、内衬工程金属面，执行安装工程定额的相应项目，非金属面执行建筑工程定额的相应项目。

（二）工程量计算规则

1. 沉井

（1）沉井刃脚支设

① 垫木支设按实际所垫刃脚中心线长度以“延长米”为单位计算；

② 砂、混凝土刃脚支设，按刃脚中心线长度乘以垫脚断面积以“m^3”为单位计算。

（2）沉井井壁及隔墙的厚度不同（如上薄下厚）时，可按平均厚度执行相应定额。

2. 钢筋混凝土池

（1）钢筋混凝土各类构件均按图示尺寸，以混凝土实体积计算，不扣除 $0.3m^2$ 以内的孔洞体积。

（2）各类池盖中的进入孔、透气孔盖以及与盖相连接的结构，工程量合并在池盖中计算。

（3）平底池的池底体积，应包括池壁下的扩大部分；池底带有斜坡时，斜坡部分应按坡底计算；锥形底应算至壁基梁底面，无壁基梁者算至锥底坡的上口。

（4）池壁以设计厚度计算体积，当设计池壁上薄下厚时，以平均厚度执行相应定额。池壁高度应自池底板面算至池盖下面。

（5）无梁盖柱的柱高，应自池底上表面算至池盖的下表面，并包括柱座、柱帽的体积。

（6）无梁盖应包括与池壁相连的扩大部分的体积；肋形盖应包括主、次梁及盖部分的体积；球形盖应自池壁顶面以上，包括边侧梁的体积在内。

（7）沉淀池水槽，系指池壁上的环形溢水槽及纵横 U 形水槽，但不包括与水槽相连接的矩形梁，矩形梁可执行梁的相应项目。

3. 预制混凝土构件

（1）预制钢筋混凝土滤板按图示尺寸区分厚度以“$10m^3$”计算，不扣除滤头套管所占体积。

(2) 除钢筋混凝土滤板外其他预制混凝土构件均按图示尺寸以“$10m^3$”计算，不扣除 $0.3m^2$ 以内孔洞所占体积。

4. 折板、壁板制作安装

(1) 折板安装应区分材质，按图示尺寸以“m^2”计算。

(2) 稳流板安装应区分材质，不分断面均按图示长度以“延长米”计算。

5. 滤料铺设

各种滤料铺设均按设计要求的铺设平面乘以铺设厚度以“$10m^3$”为单位计算，锰砂、铁矿石滤料以“10t”为单位计算。

6. 防水工程

(1) 各种防水层按实铺面积，以“$100m^2$”计算，不扣除 $0.3m^2$ 以内孔洞所占面积。

(2) 平面与立面交接处的防水层，其上卷高度超过 500mm 时，按立面防水层计算。

7. 施工缝

各种材质的施工缝填缝及盖缝均不分断面按设计缝长以“延长米”计算。

8. 井、池渗漏试验

井、池的渗漏试验区分井、池的容量范围，以“$1000m^3$”水容量计算。

六、模板、钢筋、井字架工程

(一) 说明

(1) 本定额包括现浇、预制混凝土工程所用不同材质模板的制作、安装、拆除，钢筋、铁件的加工制作，拌料槽（筒）、井字脚手架等项目，适用于本册及第五册《给水工程》的管道附属的构筑物、取水工程。

(2) 模板是分别按钢模钢撑、复合木模木撑、木模木撑区分不同材质分别列项的，其中钢模模数差部分采用木模。

(3) 定额中现浇、预制项目中，均已包括了钢筋垫块或第一层底浆的工、料以及看模工日，套用时不得重复计算。

(4) 预制构件模板中不包括地模、胎模，需设置者，地模可套用《通用项目》平整场地的相应项目；水泥砂浆、混凝土砖地、胎模套用《桥涵工程》的相应项目。

(5) 模板安拆以槽（坑）深 3m 为准，超过 3m 时，人工乘以系数 1.08，其他不变。

(6) 现浇混凝土梁、板、柱、墙的模板，支模高度是按 3.6m 考虑的，超过 3.6m 时，超过部分的工程量另按超高的项目执行。

(7) 模板的预留洞，按水平投影面积计算，小于 $0.3m^2$ 者，混凝土用量不扣减，模板用量不增加。

(8) 小型构件是指单件体积在 $0.04m^3$ 以内的构件；地沟盖板项目适用于单块体积在 $0.3m^3$ 内的矩形板；井盖项目适用于井口盖板，井室盖板按矩形板项目执行。

(9) 钢筋加工定额是按现浇、预制混凝土构件、预应力钢筋分别列项的，工作内容包括加工制作、绑扎（焊接）成型、安放及浇捣混凝土时的维护用工等全部工作，除另有说明外均不允许调整。

(10) 各项目中的钢筋规格是综合计算的，子目中的“××以内”系指主筋最大规格，凡小于 $\phi10$ 的构造筋均执行 $\phi10$ 以内子目。

（11）定额中非预应力钢筋加工，现浇混凝土构件是按手工绑扎，预制混凝土构件是按手工绑扎、点焊综合计算的，加工操作方法不同不予调整。

（12）钢筋加工中的钢筋接头、施工损耗、绑扎铁线及成型点焊和接头用的焊条均已包括在定额内，不得重复计算。

（13）后张法钢筋的锚固是按钢筋绑条焊，U形插垫编制的，如采用其他方法锚固，应另行计算。

（14）定额中已综合考虑了先张法张拉台座及其相应的夹具、承力架等合理的周转摊销量，不得重复计算。

（二）工程量计算规则

（1）现浇混凝土构件模板按构件与模板的接触面积以“$100m^2$”计算。

（2）预制混凝土构件模板，按构件的实体积以“$10m^3$”为单位计算。

（3）砖、石拱圈的拱盔和支架均以拱盔与圈孤弧形接触面积计算，并执行《桥涵工程》相应项目。

（4）各种材质的地模、胎膜，按施工组织设计的工程量，并应包括操作等必要的宽度以“$100m^2$”为单位计算，执行《桥涵工程》相应项目。

（5）井字架区分材质和搭设高度以“座”为单位计算，每座井计算一次。

（6）井底流槽按浇注的混凝土流槽与模板的接触面积计算。

（7）钢筋工程，应区别现浇、预制，分别按设计长度乘以单位重量，以“t”计算。

（8）计算钢筋工程量时，设计已规定搭接长度的，按规定搭接长度计算；设计未规定搭接长度的，已包括在钢筋的损耗中，不另计算搭接长度。

（9）先张法预应力钢筋，按构件外形尺寸计算长度，后张法预应力钢筋按设计图规定的预应力钢筋预留孔道长度，并区别不同锚具，分别按下列规定计算。

① 钢筋两端采用螺杆锚具时，预应力的钢筋按预留孔道长度减0.35m，螺杆另计。

② 钢筋一端采用镦头插片，另一端采用螺杆锚具时，预应力钢筋长度按预留孔道长度计算。

③ 钢筋一端采用镦头插片，另一端采用帮条锚具时，增加0.15m，如两端均采用帮条锚具，预应力钢筋共增加0.3m长度。

④ 采用后张混凝土自锚时，预应力钢筋共增加0.35m长度。

（10）钢筋混凝土构件预埋铁件，按设计图示尺寸，以“t”为单位计算工程量。

第五节　山东省市政工程消耗量定额综合解释

一、综合解释（一）（2006.10）

1. 定额中沥青混凝土搅拌设备用煤作为燃料，工程施工实际用柴油作为燃料，是否可换算？如何换算？

答：机械中的燃料品种与实际使用不同时不可换算。

2. 施工机械台班中的燃料费是否可计取价差？

答：机械中的燃料费可以找差价。

3. 大型摊铺机铺筑沥青混凝土路面有关子目怎样执行？

答：2-201、2-203、2-205、2-207子目如发生每增减1cm，其材料应随每增减1cm进行调整。但人工和机械每减 1cm 不调整，每增 1cm 要调整。

4. 在《施工机械台班费计算规则》中只列有“混凝土搅拌站安装拆卸费”，“沥青混凝土搅拌站的安装拆卸费”如何考虑？

答：沥青混凝土搅拌站的安装拆卸费可参照公路定额的有关项目执行。

5. 轮胎式挖掘机进出场费怎样计取？

答：轮胎式挖掘机进出场费可按批准的施工组织设计计算，需用拖车运的可按实际使用台班计算。

6. 石砌桥涵、挡土墙如单面用块石、料石，背里用毛石如何执行定额？

答：可按所采用的材料不同分别执行相应定额。

7. 路床（槽）开挖宽度本定额规定按车行道每侧增加 20cm，若实际基层厚度超过 20cm 按两层结构层铺装，是否应增加加宽值计算？

答：路床开挖每侧加宽值如设计有规定按设计规定，如设计无规定，按设计车行道宽度每侧增加 20cm，不因基层厚度及铺装层数而调整。

8. 道路工程灰土基层，黄土的上料是怎样考虑的？是否计算黄土的挖运？

答：道路工程灰土基层黄土按未计价材料考虑，如施工是就地取土时，按挖运土方定额计算，如为外购土时，按当地材料价格计算。

9. 施工穿越马路人、材、机消耗较大（基本是夜间突击施工），增加的费用应在措施项目中考虑还是相应定额增加系数？

答：施工穿越马路而降低工效所发生的费用已在措施费的施工因素增加费中考虑。

10. 临时设施费中所指定的规定范围具体内容是什么？

答：临时设施费中规定所指的施工范围，道路工程以红线宽度以外 10m 及道路施工长度为界；给水、排水、燃气、集中供热工程以沟槽上宽加 5m 及管沟长度为界；管网工程以最外沿管为界；桥涵工程以施工宽度及施工长度为界。

11. 《道路工程》“多合土场外运输仅限于集中拌和（拌和厂拌和）时使用，且运距在 25km 内”，套用定额子项时，场内运输怎样计算？

答：定额内已综合考虑场内运输不再计算。

12. 冬雨期施工增加费是否包括翻浆处理的内容？

答：未包括，发生时应执行定额中有关子目。

13. 大部分新建工程施工范围内无交通干扰，但运输车辆仍受城市交通影响，且存在施工现场二次倒运及其他费用，是否计取施工因素增加费？

答：不能计取。

14. 道路工程按路面层厚度还是按结构层厚度划分工程类别？

答：按面层厚度划分。

15. 如果城市主干道的道路面层厚度小于工程类别划分表中的道路面层厚度，如何确定工程类别？

答：道路工程类别需满足二个条件，一是道路是否为主、次干道，二是面层厚度，如仅满足一个条件，可降一个等级执行。

16. 总说明规定，定额中已包括了材料、成品、半成品的工地运输费用，但有的定额子目列有运输机械（3-419、3-423），而有的定额子目未列运输机械（6-767、6-778），应如何理解？

答：定额子目中列有运输机械的是按机械运输考虑，未列运输机械的是按人力车运输考虑。

17.《道路工程》的道路面层说明中规定沥青路面、黑色碎石路面所需的面层熟料采用定点搅拌时计取所需运费，而水泥混凝土路面所需的面层熟料的运输费用未作规定，如何理解？

答：沥青路面、黑色碎石路面所需的面层熟料是按厂拌料考虑的，操作时必然要考虑厂外运输，而水泥混凝土路面无论是集中或现场搅拌，均考虑现场，其现场运输考虑人工运输。

18. 当沟槽土方为不同类别土壤时，如何确定放坡起点和放坡系数？

答：挖土在同一断面内遇不同类别土壤时，放坡起点可按最上面一层土壤类别计算放坡起点，放坡系数按各类土占全部深度的百分比加权计算。

19. 计算道路基层面积是否扣除树池面积？

答：计算道路基层面积，不扣除各种井位、树池所占的面积。

20. 拆除工程如何计算运费？混凝土、石灰土、多合土划归土方类别还是划归石方类别？

答：拆除后的旧料如需外运可按市场营运价计算，也可套用相关定额子目，无骨料石灰土、多合土可按运土方执行定额，混凝土拆除后可执行运石渣项目。

21. 土石方的开挖及运输是按开挖前的天然密实体积计算吗？拆除旧路废料是否按天然密实体积计算？

答：土石方的开挖及运输均按开挖前的天然密实体积计算，拆除旧路及运废料按开挖前的体积计算。

22. 市政消耗量定额 1-332—1-347 子目路面拆除，其每增 5cm 为一步距，实际增加厚度不足 5cm 时怎样计算？

答：实际增加厚度不足 5cm，按 5cm 执行。

23. 人行道板铺装 2-224 子目与异型彩色转铺装 2-258 子目有何区别？人工工日为何差别偏大？

答：消耗量定额 2-244 子目与 2-258 子目不同，2-258 子目是因石灰砂浆垫层、砂浆拌和，故需用工较多。

24. 人行道板与定额不同时如何调整，异型彩色花砖安砌中砂浆按几厘米厚考虑的？

答：人行道板尺寸与定额不同时可按尺寸相近的套用，人行道板按所采用的规格尺寸加损耗率计算。2-258、2-259、2-260、2-262、2-264 子目砂浆厚度按 2cm 考虑。2-261、2-263、2-265 子目砂浆厚度按 1.5cm 考虑。

25. 第一册《通用项目》静态爆破石方项目，爆破后采用何种方式清渣，定额中不明确？

答：静态爆破石方项目不含清渣，清渣可根据所采用的施工方法不同分别套用相关子目。

26. 单独施工的人行道如何确定工程类别？

答：单独施工的人行道可按道路工程三类计取费用。

27. 如果沟槽实际开挖宽度及放坡系数比定额《通用项目》的土石方工程计算规则第 8 条的小，管道接口作业坑和沿线各种井室所需增加开挖的土石方工程量应如何计算？

答：沟槽开挖应按施工规范要求底宽及放坡系数施工。如因现场条件所限，实际施工未能达到计算规则第八条沟槽底宽及放坡系数表的要求，管道接口作业坑和沿线各种井室所需增加开挖的土石方工程量可按实签证，否则应按全部土石方量的2.5%计算。

28. 排水工程中同时存在管道、顶管、排水沟渠等工程，且管道管径从ϕ300到ϕ1400都有，如何确定工程类别？

答：管径≥ϕ1200mm管道占主管道总长度50%以上可确定为一类工程，ϕ1200mm＞管径＞ϕ600管道占主管道总长度50%以上可确定为二类工程，管径≤ϕ600管道占主管道总长度50%以上可确定为三类工程，其中，主管道长度不包括顶管所占长度。顶管工程、沉井、排水设备安装、排水沟渠单独确定工程类别。

29. 燃气管道带气开口无定额，如何计算？

答：可参照给水工程相关项目执行。

30. 在新旧管连接中，有钢管曲管合口子目，其适用范围如何？如有钢管直管的新旧管连接如何套用定额？

答：钢管曲管合口（螺纹连接）适用于原设小于*DN*80mm镀锌钢管（或不锈钢管、铜管）在停水、泄水后，断管或拆除原管堵头件，安装月弯、活丝（或活接）、锁紧螺母、管箍、合口与新设管水平错位连接。如为钢管直管合口（螺纹连接），套用钢管曲管合口子目，主材不计月弯。

31. 定额规定隧道内衬喷射混凝土不计超挖、补平的数量，超挖、补平的数量应如何处理？

答：此部分工程量已综合考虑进定额消耗量内。

32. 钢筋锚固长度如设计单位不提供时，是否应计算？

答：钢筋的锚固长度应按设计图计算，设计图无规定可按施工规范规定计算。

33. 定额中混凝土项目，如水泥混凝土路面，为现场混凝土搅拌机和现场混凝土搅拌站拌和，如采用商品混凝土如何计算？

答：可按现场拌和项目扣除每10m^{3}混凝土用工3.5工日及混凝土搅拌机机械台班数量。

34. 水泥混凝土路面等定额子目为何没有插入式振捣器、平板振动器和行走式振动梁等机械？

答：插入式振捣器、平板振动器和行走式振动梁等小型施工机械费用包括在措施费的中小型机械机生产工具使用费中。

二、综合解释（二）（2008.2）

1. 市政工程消耗量定额中机械挖淤泥使用机械为抓斗挖掘机，若使用反铲挖掘机如何调整？

答：可参照《山东省市政工程消耗量定额补充册》有关项目执行。

2. 间接费中的社会保障费是否由建设单位扣除并上缴当地统筹部门？

答：市政工程的社会保障费未进行统筹，应由施工企业按费用定额规定计取。

3. 排水、人行道工程类别是否按道路工程类别确定？

答：根据市政工程类别划分标准，排水工程应按排水工程的类别划分标准确定工程类别；单独施工的人行道按道路三类确定工程类别。

4. 道路工程中，挖掘机挖土定额子目是否包含场内运输，运距是多少？

答：挖掘机挖土定额子目是按将土堆放于槽边 1.2m 以外或装车考虑，如需要运输时，可执行相应的土方运输子目。

5. 补充定额 2-B4 至 2-B6 是否已包括了养生后的清除？

答：补充定额 2-B4 至 2-B6 已包括了养生后的清除。

6. 灰土基层上土所用机械与定额不同时，是否可调整？

答；灰土基层上土所用机械与定额不同时，不可调整。

7. 临时供电，需用变压设备，如何执行？

答：临时供电所需用的变压设备费用未包含在临时设施费中，应单独计算。

8. 校园内的田径场、篮球场工程应执行什么定额？

答：校园内的田径场、篮球场工程应执行建筑工程消耗量定额。

9. 河道护坡工程按什么专业确定工程类别？

答：河道护坡工程按排水专业确定工程类别。

10. 河道清淤工程按什么专业确定工程类别？

答：河道清淤工程可按排水专业三类确定工程取费。

11. 水泥混凝土抗折 45＃、50＃如按抗压是多少？

答：水泥混凝土抗折 45＃、相当于抗压 C30，抗折 50＃相当于抗压 C35。

12. 市政消耗量定额中的片石、毛石、块石、料石如何解释？

答：市政消耗量定额中将石类大致分为三类。

(1) 毛石：形状不规则，未经加工，要求中部厚度不小于 150mm。

(2) 片石与块石：有初步的形状，少许加工和挑选。

(3) 料石：外形规则，有一定的尺寸或根据用方要求加工。

13. 在冬期施工中，按设计和现场签证要求掺加泵送剂、抗冻剂、早强剂、钢筋防腐剂，冬期施工增加费中能否包括这些掺加剂的费用，如何处理？

答：冬雨期施工增加费中，未包括施工中所用的各种掺剂，如发生时，可按双方合同约定办理。

14. 道路面层单独盖被，工程类别如何确定？

答：道路面层单独盖被，按原道路类别等级降一级（最低类别不降）确定。

15. 单独的挡土墙，工程类别如何确定？

答：单独的挡土墙，应按所属工程类别等级降一级（最低类别不降）确定。

16. 沥青混凝土路面中沥青用量与实际不同时，是否允许调整？

答：沥青混凝土路面中的沥青混凝土配合比用量与实际不同时，可按实际配合比用量调整。

17. 市政养护维修工程定额，自卸汽车、拖拉机运土、运石渣所设运距上限是多少？

答：市政养护维修工程定额，自卸汽车、拖拉机运输运距未设上限，双方可执行定额也可按合同约定的其他方式解决。

18. 市政养护维修工程定额中挖湿土未作规定，2002 年市政定额有调整系数，可否借用？

答：市政养护维修工程定额中的干湿土的界定及调整系数，可借用 2002 年市政定额的规定使用。

19. 市政工程现浇混凝土模板使用胶合板怎样计算？

答：因市政定额现浇混凝土模板无胶合板项目，可采用现行建筑工程消耗量定额胶合板模板相关子目执行，并将其中的材料按建筑工程补充定额胶合板模板子目的摊销量换算。

20. 现浇混凝土中，使用商品混凝土，并泵送，定额如何执行？

答：现浇混凝土中，使用商品混凝土，并泵送，定额中需扣除每 $10m^3$ 混凝土用工 3.5 工日，还要扣除混凝土搅拌机机械、翻斗车、吊车台班数量。

21. 市政养护维修工程铺设玻璃格栅如何套用定额？

答：市政养护维修工程铺设玻璃格栅，可套用定额 2-143 子目，并将材料换为玻璃格栅，其消耗量按实际用量进入。

本章小结

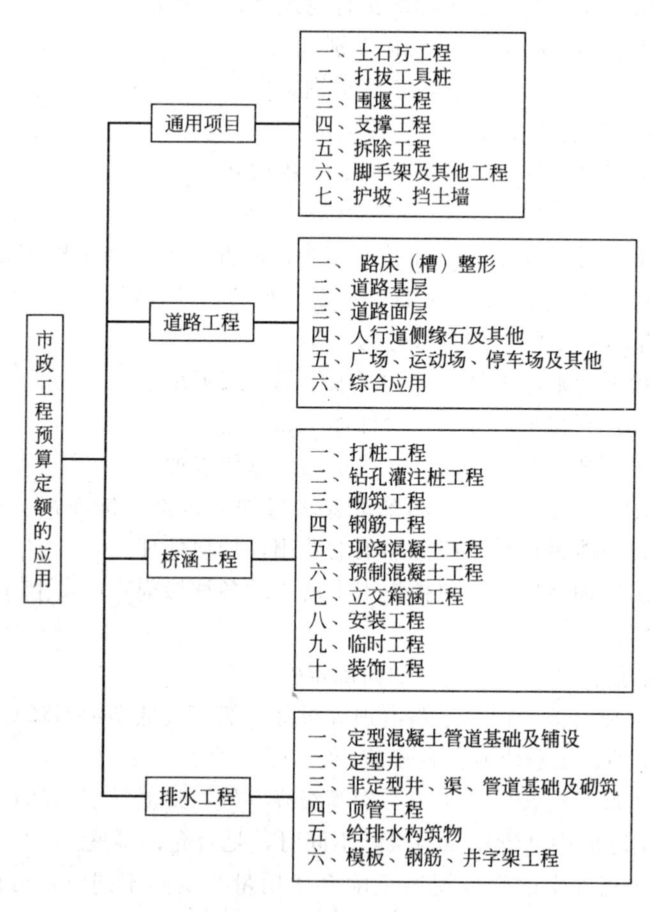

复习思考题

1. 在套用定额时，如何区分沟槽、基坑、平整场地、一般土石方？
2. 挖、运湿土应该如何套用定额？
3. 如送桩高度超过 4m，套用定额时如何调整？
4. 采用井点降水的土方是按干土计算，还是按湿土计算？
5. 打拔工具桩时，水上作业与陆上作业是如何区分的？
6. 某管道沟槽开挖时采用钢板桩支撑，挖土方时应该如何套用定额？
7. 打拔工具桩时，竖、拆打拔桩架的次数如何计算？

8. 打拔工具桩时，土质级别如何划分？与土石方工程中土壤的分类有何不同？

9. 如槽坑宽度超过4.1m，其挡土板支撑如何套用定额？

10. 定额中混凝土项目，如水泥混凝土路面，为现场混凝土搅拌机和现场混凝土搅拌站拌和，如采用商品混凝土如何计算？

11. 水泥混凝土路面等定额子目为何没有插入式振捣器、平板振动器和行走式振动梁等机械？

12. 当沟槽土方为不同类别土壤时，如何确定放坡起点和放坡系数？

13. 计算道路基层面积是否扣除树池面积？

14. 拆除工程如何计算运费，混凝土、石灰土、多合土划归土方类别还是划归石方类别？

15. 钻孔灌注桩成孔工程量计算时，如何确定成孔长度？

16. 桥梁工程现浇混凝土工程量、模板工程量应如何计算？

17. 桥梁工程预制混凝土工程的模板工程量如何计算？

18. 排水管道基础、垫层、管道敷设工程量计算时，是否需扣除检查井所占长度？管道闭水试验工程量计算时，是否需扣除检查井所占长度？

第五章　工程量清单计价基础知识

知识目标

- 了解工程量清单与清单计价的概念、特点。
- 熟悉工程清单计价格式与表格。
- 掌握工程量清单的组成、编制方法与步骤。
- 掌握工程清单计价的项目构成与费用计算。

能力目标

- 能够准确编制工程量清单。
- 能够准确计算工程量清单计价的费用。

第一节　概　　述

一、工程量清单计价概念

1. 工程量清单的概念

工程量清单是表现拟建工程的分部分项工程项目、措施项目、其他项目、规费项目和税金项目的名称和相应数量的明细清单。工程量清单包括分部分项工程量清单、措施项目清单、其他项目清单、规费项目清单和税金项目清单。

（1）工程量清单应由招标人负责编制，若招标人不具有编制工程量清单的能力，则可根据《工程造价咨询企业管理办法》（原建设部第 149 号令）的规定，委托具有工程造价咨询性质的工程造价咨询人编制。

（2）采用工程量清单方式招标，工程量清单必须作为招标文件的组成部分，其准确性和完整性由招标人负责。

（3）工程量清单是工程量清单计价的基础，应作为编制招标控制价、投标报价、计算工程量、支付工程款、调整合同价款、办理竣工结算以及工程索赔等的依据之一。

2. 工程量清单计价的特点

在工程量清单计价方法的招标方式下，由业主或招标单位根据统一的工程量清单项目设置规则和工程量清单计量规则编制工程量清单，鼓励企业自主报价，业主根据其报价，结合质量、工期等因素综合评定，选择最佳的投标企业中标。在这种模式下，标底不再成为评标的主要依据，甚至可以不编标底，从而在工程价格的形成过程中摆脱了长期以来的计划管理色彩，而由市场的参与双方主体自主定价，符合价格形成的基本原理。

工程量清单计价真实反映了工程实际，为把定价自主权交给市场参与方提供了可能。在工程招标过程中，投标企业在投标报价时必须考虑工程本身的内容、范围、技术特点要求以及招标文件的有关规定、工程现场情况等因素；同时还必须充分考虑到许多其他方面的因素，如投标单位自己制订的工程总进度计划、施工方案、分包计划、资源安排计划等。这些因素对投标报价有着直接而重大的影响，而且对每一项招标工程来讲都具有其特殊性的一面，所以应允许投标单位针对这些方面灵活机动地调整报价，以使报价能够比较准确地与工程实际相吻合。而只有这样才能把投标定价自主权真正交给招标和投标单位，投标单位才会对自己的报价承担相应的风险与责任，从而建立起真正的风险制约和竞争机制，避免合同实施过程中的推诿现象的发生，为工程管理提供方便。

与在招标过程中采用定额计价法相比，采用工程量清单计价方法具有如下一些特点。

（1）满足竞争的需要　招投标过程本身就是一个竞争的过程，招标人给出工程量清单，投标人去填单价（此单价中一般包括成本、利润），填高了中不了标，填低了又要赔本，这时候就体现出了企业技术、管理水平的重要，形成了企业整体实力的竞争。

（2）提供了一个平等的竞争条件　采用施工图预算来投标报价，由于设计图纸的缺陷，不同投标企业的人员理解不一，计算出的工程量也不同，报价相去甚远，容易产生纠纷。而工程清单报价就是为投标者提供一个平等竞争的条件，相同的工程量，由企业根据自身的实力填写单价，符合商品交换的一般性原则。

（3）有利于工程款的拨付和工程造价的最终确定　中标后，业主要与中标施工企业签订施工合同，工程量清单报价基础上的中标价就成了合同价的基础，投标清单上的单价也成了拨付工程款的依据。业主根据施工企业完成的工程量，可以很容易地确定时款的拨付额。工程竣工后，再根据设计变更、工程量的增减乘以相应单价，业主也很容易确定工程的最终造价。

（4）有利于实现风险的合理分担　采用工程量清单报价方式后，投标单位只对自己所报的成本、单价等负责，而对工程量的变更或计算错误等不负责任；相应的，对于这一部分风险则应由业主承担，这种格局符合风险合理分担与责权利关系对等的一般原则。

（5）有利于业主对投资的控制　采用现在的施工图预算形式，业主对因设计变更、工程量的增减所引起的工程造价变化不敏感，往往等竣工结算时才知道这些对项目投资的影响有多大，但此时常常是为时已晚，而采用工程量清单计价的方式则一目了然，在要进行设计变更时，能马上知道它对工程造价的影响，这样业主就能根据投资情况来决定是否变更或进行方案比较，以决定最恰当的处理方法。

工程量清单计价的特点具体体现在以下几个方面。

（1）统一计价规则　通过制定统一的建设工程工程量清单计价方法、统一的工程量计量规则、统一的工程量清单项目设置规则，达到规范计价行为的目的。这些规则和办法是强制性的，建设各方都应该遵守，这是工程造价管理部门首次在文件中明确政府应管什么，不应管什么。

（2）有效控制消耗量　通过由政府发布统一的社会平均消耗量指导标准，为企业提供一个社会平均尺度，避免企业盲目或随意大幅度减少或扩大消耗量，从而达到保证工程质量的目的。

（3）彻底放开价格　将工程消耗量定额中的工、料、机价格和利润、管理费全面放开，由市场的供求关系自行确定价格。

（4）企业自主报价　投标企业根据自身的技术专长、材料采购渠道和管理水平等，制定企业自己的报价定额，自主报价。企业尚无报价定额的，可参考使用造价管理部门颁布的《建设工程消耗量定额》。

（5）市场有序竞争形成价格　通过建立与国际惯例接轨的工程量清单计价模式，引入充分竞争形成价格的机制，制定衡量投标报价合理性的基础标准，在投标过程中，有效引入竞争机制，淡化标底的作用，在保证质量、工期的前提下，按国家《招标投标法》及有关条款规定，最终以“不低于成本”的合理低价者中标。

二、实行工程量清单计价的目的和意义

1. 推行工程量清单计价是深化工程造价管理改革，推进建设市场化的重要途径

长期以来，工程预算定额是我国承发包计价、定价的主要依据。现预算定额中规定的消耗量和有关施工措施性费用是按社会平均水平编制的，以此为依据形成的工程造价基本上也属于社会平均价格。这种平均价格可作为市场竞争的参考价格，但不能反映参与竞争企业的实际消耗和技术管理水平，在一定程度上限制了企业的公平竞争。

20 世纪 90 年代国家提出了“控制量、指导价、竞争费”的改革措施，将工程预算定额中的人工、材料、机械消耗量和相应的量价分离，国家控制量以保证质量，价格逐步走向市场化，这一措施走出了向传统工程预算定额改革的第一步。但是，这种做法难以改变工程预算定额中国家指令性内容较多的状况，难以满足招标投标竞争定价和经评审的合理低价中标的要求。因为，国家定额的控制量是社会平均消耗量，不能反映企业的实际消耗量，不能全面体现企业的技术装备水平、管理水平和劳动生产率，不能体现公平竞争的原则，社会平均水平不能代表社会先进水平，改变以往的工程预算定额的计价模式，适应招标投标的需要，推行工程量清单计价办法是十分必要的。

工程量清单计价是建设工程招标投标中，按照国家统一的工程量清单计价规范，由招标人提供工程数量，投标人自主报价，经评审低价中标的工程造价计价模式。采用工程量清单计价能反映工程个别成本，有利于企业自主报价和公平竞争。

2. 在建设工程招标投标中实行工程量清单计价是规范建筑市场秩序的治本措施之一，是适应社会主义市场经济的需要

工程造价是工程建设的核心，也是市场运行的核心内容，建筑市场存在着许多不规范的行为，大多数与工程造价有直接联系。建筑产品是商品，具有商品的共性，它受价值规律、货币流通规律和供求规律的支配。但是，建筑产品与一般的工业产品价格构成不一样，建筑产品具有某些特殊性。

(1) 它竣工后一般不在空间发生物理运动，可以直接移交用户，立即进入生产消费或生活消费，因而价格中不含商品使用价值运动发生的流通费用，即因生产过程在流通领域内继续进行而支付的商品包装运输费、保管费。

(2) 它是固定在某地方的。

(3) 由于施工人员和施工机具围绕着建设工程流动，因而，有的建设工程构成还包括施工企业远离基地的费用，甚至包括成建制转移到新的工地所增加的费用等。

建筑产品价格随建设时间和地点而变化，相同结构的建筑物在同一地段建造，施工的时间不同造价就不一样；同一时间、不同地段造价也不一样；即使时间和地段相同，施工方法、施工手段、管理水平不同工程造价也有所差别。所以说，建筑产品的价格，既有它的同一性，又有它的特殊性。

为了推动社会主义市场经济的发展，国家颁发了相应的有关法律，如《中华人民共和国价格法》第三条规定：我国实行并逐步完善宏观经济调控下主要由市场形成价格的机制。价格的制定应当符合价格规律，对多数商品和服务价格实行市场调节价，极少数商品和服务价格实行政府指导价或政府定价。市场调节价，是指由经营者自主定价，通过市场竞争形成价

格。原建设部第107号令《建设工程施工发包与承包计价管理办法》第五条规定：施工图预算、招标标底和投标报价由成本（直接费、间接费）、利润和税金构成。第七条规定：投标报价应依据企业定额和市场信息，并按国务院和省、自治区、直辖市人民政府建设行政主管部门发布的工程造价计价办法编制。建筑产品市场形成价格是社会主义市场经济的需要。过去工程预算定额在调节承发包双方利益和反映市场价格、需求方面存在着不相适应的地方，特别是公开、公正、公平竞争方面，还缺乏合理的机制，甚至出现了一些漏洞，产生了高估冒算、相互串通、从中回扣等现象。发挥市场规律“竞争”和“价格”的作用是治本之策。尽快建立和完善市场形成工程造价的机制，是当前规范建筑市场的需要。通过推行工程量清单计价有利于发挥企业自主报价的能力，同时也有利于规范业主在工程招标中计价行为，有效改变招标单位在招标中盲目压价的行为，从而真正体现公开、公平、公正的原则，反映市场经济规律。

3. 推行工程量清单计价是与国际接轨的需要

工程量清单计价是目前国际上通行的做法，一些发达国家和地区，如我国香港地区基本采用这种方法，在国内的世界银行等国外金融机构、政府机构贷款项目在招标中大多也采用工程量清单计价办法。随着我国加入世界贸易组织，国内建筑业面临着两大变化，一是中国市场将更具有活力，二是国内市场逐步国际化，竞争更加激烈。“入世”以后，一是外国建筑商要进入我国建筑市场开展竞争，他们必然要带进国际惯例、规范和做法来计算工程造价。二是国内建筑公司也同样要到国外市场竞争，也需要按国际惯例、规范和做法来计算工程造价。三是我国的国内工程方面，为了与外国建筑商在国内市场竞争，也要改变过去的做法，参照国际惯例、规范和做法来计算工程承发包价格。因此说，建筑产品的价格由市场形成是社会主义市场经济和适应国际惯例的需要。

4. 实行工程量清单计价是促进建设市场有序竞争和企业健康发展的需要

工程量清单是招标文件的重要组成部分，由招标单位编制或委托有资质的工程造价咨询单位编制，工程量清单编制的准确、详尽、完整，有利于提高招标单位的管理水平，减少索赔事件的发生。由于工程量清单是公开的，故而有利于防止招标工程中弄虚作假、暗箱操作等不规范行为。投标单位通过对单位工程成本、利润进行分析，统筹考虑，精心选择施工方案，根据企业的定额合理确定人工、材料、机械等要素投入量的合理配置，优化组合，合理控制现场经费和施工技术措施费，在满足招标文件需要的前提下，合理确定自己的报价，让企业有自主报价权，改变了过去依赖建设行政主管部门发布的定额和规定的取费标准进行计价的模式，有利于提高劳动生产率，促进企业技术进步，节约投资和规范建筑市场。采用工程量清单计价后，将使招标活动的透明度增加，在充分竞争的基础上降低了造价，提高了投资效益，且便于操作和推行，业主和承包商将都会接受这种计价模式。

5. 实行工程量清单计价有利于我国工程造价政府职能的转变

按照政府部门真正履行起“经济调节、市场监督、社会管理和公共服务”的职能要求，政府对工程造价管理的模式要进行相应的改变，将推行政府宏观调控、企业自主报价、市场形成价格、社会全面监督的工程造价管理思路。实行工程量清单计价，将会有利于我国工程造价政府职能的转变，由过去的政府控制的指令性定额转变为制定适应市场经济规律需要的工程量清单计价方法，由过去的行政干预转变为对工程造价进行依法监管，有效地强化政府对工程造价的宏观调控。

三、工程量清单计价与定额计价的差别

1. 编制工程量的单位不同

传统定额预算计价办法是建设工程的工程量分别由招标单位和投标单位按图计算。工程量清单计价是工程量由招标单位统一计算或委托有工程造价咨询资质的单位统一计算，“工程量清单”是招标文件的重要组成部分，各投标单位根据招标人提供的“工程量清单”，根据自身的技术装备、施工经验、企业成本、企业定额、管理水平自主填写报单价。

2. 编制工程量清单时间不同

传统的定额预算计价法是在发出招标文件后编制（招标与投标人同时编制或投标人编制在前，招标人编制在后）。工程量清单报价法必须在发出招标文件前编制。

3. 表现形式不同

采用传统的定额预算计价法一般是总价形式。工程量清单报价法采用综合单价形式，综合单价包括人工费、材料费、机械使用费、管理费、利润，并考虑风险因素。工程量清单报价具有直观、单价相对固定的特点，工程量发生变化时，单价一般不作调整。

4. 编制依据不同

传统的定额预算计价法依据图纸；人工、材料、机械台班消耗量依据建设行政主管部门颁发的预算定额；人工、材料、机械台班单价依据工程造价管理部门发布的价格信息进行计算。工程量清单报价法依据清单计价规范，国家或省级、行业建设主管部门颁发的计价依据和办法，建设工程设计文件，与建设工程项目有关的标准、规范、技术资料，施工现场情况，工程特点及常规施工方案，其他相关资料等进行编制。

5. 费用组成不同

传统预算定额计价法的工程造价由直接工程费、措施费、间接费、利润、税金组成。工程量清单计价法工程造价包括分部分项工程费、措施项目费、其他项目费、规费、税金；包括完成每项工程包含的全部工程内容的费用；包括完成每项工程内容所需的费用（规费、税金除外）；包括工程量清单中没有体现的，施工中又必须发生的工程内容所需费用，包括风险因素而增加的费用。

6. 评标所用的方法不同

传统预算定额计价投标一般采用百分制评分法。工程量清单计价法投标，一般采用合理低报价中标法，既要对总价进行评分，还要对综合单价进行分析评分。

7. 项目编码不同

采用传统的预算定额项目编码，全国各省市采用不同的定额子目；采用工程量清单计价全国实行统一编码，项目编码采用十二位阿拉伯数字表示。一到九位为统一编码，其中，一、二位为附录顺序码，三、四位为专业工程顺序码，五、六位为分部工程顺序码，七、八、九位为分项工程项目名称顺序码，十到十二位为清单项目名称顺序码。前九位编码不能变动，后三位编码，由清单编制人根据项目设置的清单项目编制。

8. 合同价调整方式不同

传统的定额预算计价合同价调整方式有：变更签证、定额解释、政策性调整。工程量清单计价法合同价调整方式主要是索赔。工程量清单的综合单价一般通过招标中报价的形式体现，一旦中标，报价作为签订施工合同的依据相对固定下来，工程结算按承包商实际完成工程量乘以清单中相应的单价计算，减少了调整活口。采用传统的预算定额经常有定额解释及定额规定，结算中又有政策性文件调整。工程量清单计价单价不能随意调整。

9. 工程量计算时间前置

工程量清单，在招标前由招标人编制。也可能业主为了缩短建设周期，通常在初步设计完成后就开始施工招标，在不影响施工进度的前提下陆续发放施工图纸，因此承包商据以报价的工程量清单中各项工作内容下的工程量一般为概算工程量。

10. 投标计算口径达到了统一

因为各投标单位都根据统一的工程量清单报价，达到了投标计算口径统一，不再是传统预算定额招标，各投标单位各自计算工程量，各投标单位计算的工程量均不一致的局面了。

11. 索赔事件增加

因承包商对工程量清单单价包含的工作内容一目了然，故凡建设方任意要求修改清单的，都会增加施工索赔的因素。

第二节　工程量清单的编制

一、工程量清单的编制依据

(1)《建设工程工程量清单计价规范》(GB 50500—2008)；

(2) 国家或省级、行业建设主管部门颁发的计价依据和办法；

(3) 建设工程设计文件；

(4) 与建设工程项目有关的标准、规范、技术资料；

(5) 招标文件及其补充通知、答疑纪要；

(6) 施工现场情况、工程特点及常规施工方案；

(7) 其他相关资料。

二、分部分项工程量清单

(1) 分部分项工程量清单应包括项目编码、项目名称、项目特征、计量单位和工程量。这是构成分部分项工程量清单的五个要件，在分部分项工程量清单的组成中缺一不可。

(2) 分部分项工程量清单应根据《建设工程工程量清单计价规范》(GB 50500—2008)中附录规定的项目编码、项目名称、项目特征、计量单位和工程量计算规则进行编制。

(3) 分部分项工程量清单的项目编码应采用十二位阿拉伯数字表示。其中一、二位为工程分类顺序码，建筑工程为01，装饰装修工程为02，安装工程为03，市政工程为04，园林绿化工程为05，矿山工程为06；三、四位为专业工程顺序码；五、六位为分部工程顺序码；七、八、九位为分项工程项目名称顺序码；十至十二位为清单项目名称顺序码，应根据拟建工程的工程量清单项目名称设置，同一招标工程的项目编码不得有重码。

以040203005001为例，项目编码结构如图5-1。

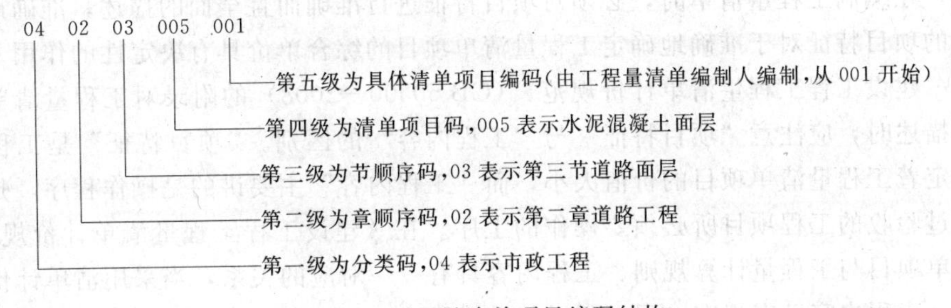

图5-1　工程量清单项目编码结构

在编制工程量清单时应注意对项目编码的设置不得有重码，特别是当同一标段（或合同段）的一份工程量清单中含有多个单项或单位工程且工程量清单是以单项或单位工程为编制对象时，应注意项目编码中的十至十二位的设置不得重码。例如一个标段（或合同段）的工程量清单中含有三个单项或单位工程，每一单项或单位工程中都有项目特征相同的沥青混凝土，在工程量清单中又需反映三个不同单项或单位工程的沥青混凝土工程量时，此时工程量清单应以单项或单位工程为编制对象，第一个单项或单位工程的沥青混凝土的项目编码为040203004001，第二个单项或单位工程的沥青混凝土的项目编码为040203004002，第三个单项或单位工程的沥青混凝土的项目编码为040203004003，并分别列出各单项或单位工程沥青混凝土的工程量。

（4）分部分项工程量清单的项目名称应按《建设工程工程量清单计价规范》（GB 50500—2008）附录的项目名称结合拟建工程的实际确定。

（5）分部分项工程量清单中所列工程量应按《建设工程工程量清单计价规范》（GB 50500—2008）附录中规定的工程量计算规则计算。工程量的有效位数应遵守下列规定：

① 以“t”为单位时，应保留三位小数，第四位小数四舍五入；

② 以“m^3”、“m^2”、“m”、“kg”为单位时，应保留两位小数，第三位小数四舍五入；

③ 以“个”、“项”等为单位时，应取整数。

（6）分部分项工程量清单的计量单位应按《建设工程工程量清单计价规范》（GB 50500—2008）附录中规定的计量单位确定，当计量单位有两个或两个以上时，应根据拟建工程项目的实际，选择最适宜表现该项目特征并方便计量的单位。

（7）分部分项工程量清单项目特征应按《建设工程工程量清单计价规范》（GB 50500—2008）附录中规定的项目特征，结合拟建工程项目的实际予以描述。

工程量清单的项目特征是确定一个清单项目综合单价不可缺少的主要依据。对工程量清单项目的特征描述具有十分重要的意义，其主要体现在以下几方面。

① 项目特征是区分清单项目的依据。工程量清单项目特征是用来表述分部分项清单项目的实质内容，用于区分计价规范中同一清单条目下各个具体的清单项目。没有项目特征的准确描述，对于相同或相似的清单项目名称，就无从区分。

② 项目特征是确定综合单价的前提。由于工程量清单项目的特征决定了工程实体的实质内容，必然直接决定了工程实体的自身价值。因此，工程量清单项目特征描述得准确与否，直接关系到工程量清单项目综合单价的准确性。

③ 项目特征是履行合同义务的基础。实行工程量清单计价，工程量清单及其综合单价是施工合同的组成部分，因此，如果工程量清单项目特征的描述不清甚至漏项、错误，从而引起在施工过程中的更改，都会引起分歧，导致纠纷。

因此，在编制工程量清单时，必须对项目特征进行准确而且全面的描述，准确地描述工程量清单的项目特征对于准确地确定工程量清单项目的综合单价具有决定性的作用。

在按《建设工程工程量清单计价规范》（GB 50500—2008）的附录对工程量清单项目的特征进行描述时，应注意“项目特征”与“工程内容”的区别。“项目特征”是工程项目的实质，决定着工程量清单项目的价值大小，而“工程内容”主要讲的是操作程序，是承包人完成能通过验收的工程项目所必须要操作的工序。在《建设工程工程量清单计价规范》中，工程量清单项目与工程量计算规则、工程内容具有一一对应的关系，当采用清单计价规范进行计价时，工程内容已有规定，无需再对其进行描述。而“项目特征”栏中的任何一项都影响着清单项目的综合单价的确定，招标人应高度重视分部分项工程量清单项目特征的描述，任何特征不描述或描述不清，均会在施工合同履约过程中产生分歧，导致纠纷、索赔。例如现浇混凝土挡墙墙身，按照清单计价规范中编码为040305002项目中“项目特征”栏的规定，发包人在对工程量清单项目进行描述时，就必须要对混凝土强度等级，石料最大粒径，泄水孔材料品种、规格，滤水层要求进行详细描述，因为任何一项的不同都直接影响到现浇混凝土挡墙墙身的综合单价。而在该项“工程内容”栏中阐述了现浇混凝土挡土墙墙身应包括混凝土浇筑、养护、抹灰、泄水孔制作、安装、滤水层铺筑等施工工序，这些工序即便发包人不提，承包人为完成合格现浇混凝土挡墙墙身工程也必然要经过，因而发包人在对工程量清单项目进行描述时就没有必要对现浇混凝土挡墙墙身的施工工序向承包人提出规定。

但有些项目特征用文字往往又难以准确和全面描述清楚。因此，为达到规范、简洁、准确、全面描述项目特征的要求，在描述工程量清单项目特征时应按以下原则进行。

① 项目特征描述的内容应《建设工程工程量清单计价规范》(GB 50500—2008) 按附录中的规定，结合拟建工程的实际，能满足确定综合单价的需要。

② 若采用标准图集或施工图纸能够全部或部分满足项目特征描述的要求，项目特征描述可直接采用详见××图集或××图号的方式。对不能满足项目特征描述要求的部分，仍应用文字描述。

(8) 编制工程量清单出现《建设工程工程量清单计价规范》(GB 50500—2008) 附录中未包括的项目，编制人应作补充，并报省级或行业工程造价管理机构备案，省级或行业工程造价管理机构应汇总报住房和城乡建设部标准定额研究所。

补充项目的编码由附录的顺序码与B和三位阿拉伯数字组成，并应从×B001起顺序编制，同一招标工程的项目不得重码。工程量清单中需附有补充项目的名称、项目特征、计量单位、工程量计算规则、工程内容。

三、措施项目清单

(1) 措施项目清单应根据拟建工程的实际情况列项。通用措施项目可按表5-1选择列项，专业工程的措施项目可按《建设工程工程量清单计价规范》(GB 50500—2008) 附录中规定的项目选择列项。若出现《建设工程工程量清单计价规范》(GB 50500—2008) 中未列的项目，可根据工程实际情况补充。

表5-1 通用措施项目一览表

序 号	项 目 名 称
1	安全文明施工(含环境保护、文明施工、安全施工、临时设施)
2	夜间施工
3	二次搬运
4	冬雨期施工
5	大型机械设备进出场及安拆
6	施工排水
7	施工降水
8	地上、地下设施，建筑物的临时保护设施
9	已完工程及设备保护

（2）措施项目中可以计算工程量的项目清单宜采用分部分项工程量清单的方式编制，列出项目编码、项目名称、项目特征、计量单位和工程量计算规则；不能计算工程量的项目清单以“项”为计量单位。

（3）《建设工程工程量清单计价规范》（GB 50500—2008）将实体性项目划分为分部分项工程量清单，非实体性项目划分为措施项目。所谓非实体性项目，一般来说，其费用的发生和金额的大小与使用时间、施工方法或者两个以上工序相关，与实际完成的实体工程量的多少关系不大，典型的是大、中型施工机械、文明施工和安全防护、临时设施等。但有的非实体性项目，则是可以计算工程量的项目，典型的是混凝土浇筑的模板工程，用分部分项工程量清单的方式采用综合单价，更有利于措施费的确定和调整，更有利于合同管理。

四、其他项目清单

1. 暂列金额

暂列金额是招标人在工程量清单中暂定并包括在合同价款中的一笔款项。暂列金额在《建设工程工程量清单计价规范》（GB 50500—2003）中称为“预留金”，但由于《建设工程工程量清单计价规范》（GB 50500—2003）中对“预留金”的定义不是很明确，发包人也不能正确认识到“预留金”的作用，因而发包人往往回避“预留金”项目的设置。新版《建设工程工程量清单计价规范》（GB 50500—2008）明确规定暂列金额用于施工合同签订时尚未确定或者不可预见的所需材料、设备、服务的采购，施工中可能发生的工程变更、合同约定调整因素出现时的工程价款调整以及发生的索赔、现场签证确认等的费用。

不管采用何种合同形式，工程造价理想的标准是：一份合同的价格就是其最终的竣工结算价格或者至少两者应尽可能接近。我国规定对政府投资工程实行概算管理，经项目审批部门批复的设计概算是工程投资控制的刚性指标，即使商业性开发项目也有成本的预先控制问题，否则，无法相对准确预测投资的收益和科学合理地进行投资控制。但工程建设自身的特性决定了工程的设计需要根据工程进展不断地进行优化和调整，业主需求可能会随工程建设进展出现变化，工程建设过程还会存在一些不能预见、不能确定的因素。消化这些因素必然会影响合同价格的调整，暂列金额正是为这类不可避免的价格调整而设立，以便达到合理确定和有效控制工程造价的目标。

另外，暂列金额列入合同价格不等于就属于承包人所有了，即使是总价包干合同，也不等于列入合同价格的所有金额就属于承包人，是否属于承包人应得金额取决于具体的合同约定，只有按照合同约定程序实际发生后，才能成为承包人的应得金额，纳入合同结算价款中。扣除实际发生金额后的暂列金额余额仍属于发包人所有。设立暂列金额并不能保证合同结算价格就不会再出现超过合同价格的情况，是否超出合同价格完全取决于工程量清单编制人暂列金额预测的准确性以及工程建设过程是否出现了其他事先未预测到的事件。

2. 暂估价

暂估价是指招标阶段直至签订合同协议时，招标人在招标文件中提供的用于支付必然发生但暂时不能确定价格的材料以及专业工程的金额。暂估价包括材料暂估单价和专业工程暂估价。暂估价类似于国际咨询工程师联合会（FIDIC）合同条款中的“Prime Cost Items”，在招标阶段预见肯定要发生，只是因为标准不明确或者需要由专业承包人完成，暂时无法确定价格。暂估价数量和拟用项目应当结合工程量清单中的“暂估价表”予以补充说明。

为方便合同管理，需要纳入分部分项工程量清单项目综合单价中的暂估价应只是材料费，以方便投标人组价。

专业工程的暂估价一般应是综合暂估价，应当包括除规费和税金以外的管理费、利润等取费。总承包招标时，专业工程设计深度往往是不够的，一般需要交由专业设计人设计，国际上，出于提高可建造性考虑，一般由专业承包人负责设计，以发挥其专业技能和专业施工经验的优势。这类专业工程交由专业分包人完成是国际工程的良好实践，目前在我国工程建设领域也已经比较普遍。公开透明地合理确定这类暂估价的实际开支金额的最佳途径，就是通过施工总承包人与工程建设项目招标人共同组织的招标。

3. 计日工

计日工在“03 规范”中称为“零星项目工作费”。计日工是为解决现场发生的零星工作的计价而设立的，其为额外工作和变更的计价提供了一个方便快捷的途径。计日工适用的所谓零星工作一般是指合同约定之外的或者因变更而产生的、工程量清单中没有相应项目的额外工作，尤其是那些时间上不允许事先商定价格的额外工作。计日工以完成零星工作所消耗的人工工时、材料数量、机械台班进行计量，并按照计日工表中填报的适用项目的单价进行计价支付。

国际上常见的标准合同条款中，大多数都设立了计日工（daywork）计价机制。但在我国以往的工程量清单计价实践中，由于计日工项目的单价水平一般要高于工程量清单项目的单价水平，因而经常被忽略。从理论上讲，由于计日工往往是用于一些突发性的额外工作，缺少计划性，承包人在调动施工生产资源方面难免不影响已经计划好的工作，生产资源的使用效率也有一定的降低，客观上造成超出常规的额外投入。另外，其他项目清单中计日工往往是一个暂定的数量，其无法纳入有效的竞争。所以合理的计日工单价水平一定是要高于工程量清单的价格水平的。为获得合理的计日工单价，发包人在其他项目清单中对计日工一定要给出暂定数量，并需要根据经验尽可能估算一个较接近实际的数量。

4. 总承包服务费

总承包服务费是为了解决招标人在法律、法规允许的条件下进行专业工程发包以及自行供应材料、设备，并需要总承包人对发包的专业工程提供协调和配合服务，对供应的材料、设备提供收、发和保管服务以及进行施工现场管理时发生，并向总承包人支付的费用。招标人应预计该项费用并按投标人的投标报价向投标人支付该项费用。

当工程实际中出现上述内容中未列出的其他项目清单项目时，可根据工程实际情况进行补充。如工程竣工结算时出现的索赔和现场签证等。

五、规费项目清单

规费是根据省级政府或省级有关权力部门规定必须缴纳的，应计入建筑安装工程造价的费用。根据原建设部、财政部“关于印发《建筑安装工程费用项目组成》的通知”（建标[2003] 206 号）的规定，规费包括工程排污费、工程定额测定费、社会保障费（养老保险、失业保险、医疗保险）、住房公积金、危险作业意外伤害保险。清单编制人对《建筑安装工程费用项目组成》未包括的规费项目，在编制规费项目清单时应根据省级政府或省级有关权力部门的规定列项。

规费项目清单中应按下列内容列项：①工程排污费；②工程定额测定费；③社会保障费（包括养老保险费、失业保险费、医疗保险费）；④住房公积金；⑤危险作业意外伤害保险。

六、税金项目清单

根据原建设部、财政部“关于印发《建筑安装工程费用项目组成》的通知”（建标

[2003] 206 号）的规定，目前我国税法规定应计入建筑安装工程造价的税种包括营业税、城市建设维护税及教育费附加。如国家税法发生变化，税务部门依据职权增加了税种，应对税金项目清单进行补充。

税金项目清单应按下列内容列项：①营业税；②城市维护建设税；③教育费附加。

第三节 工程量清单计价的编制

一、工程量清单计价项目构成

工程量清单计价模式的费用构成包括分部分项工程费、措施费、其他项目费以及规费和税金。

市政工程工程量清单计价模式下的费用构成如图 5-2 所示。

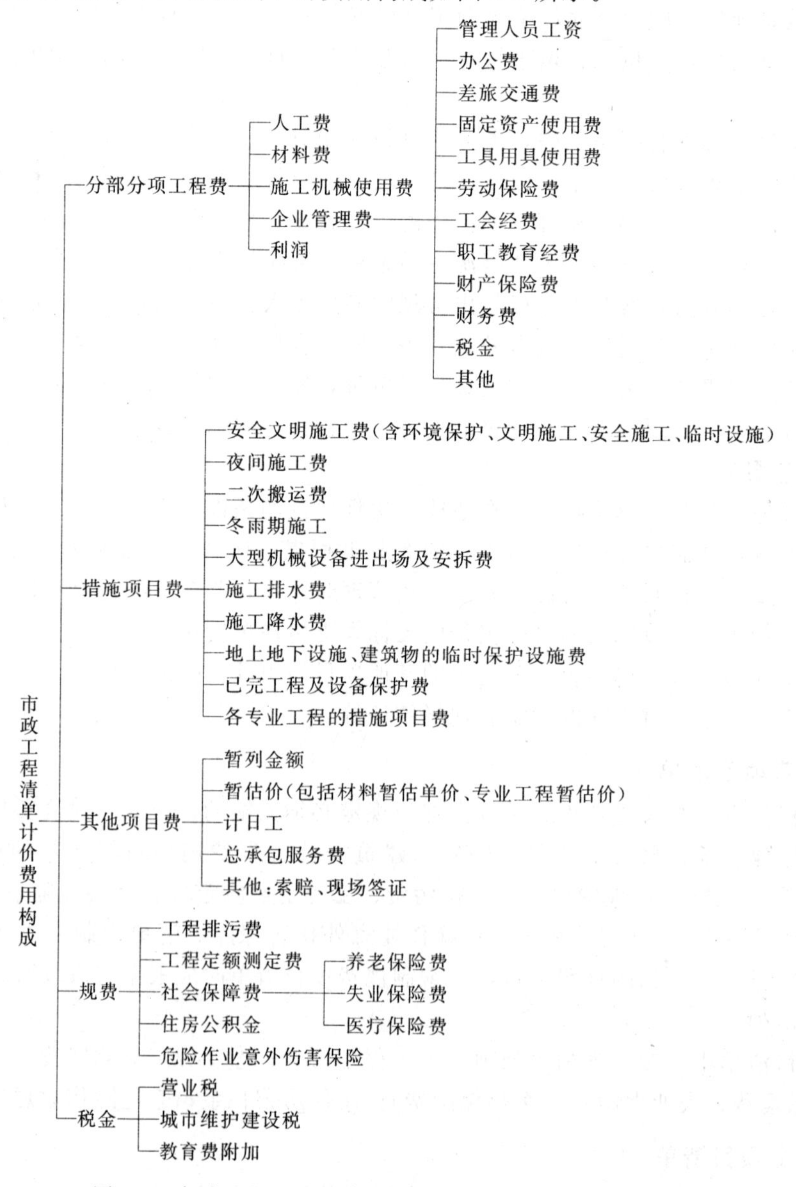

图 5-2 市政工程工程量清单计价模式下的费用构成示意图

二、工程量清单计价

（一）一般规定

（1）采用工程量清单计价，建设工程造价由分部分项工程费、措施项目费、其他项目费、规费和税金组成。

（2）《建筑工程施工发包与承包计价管理办法》（原建设部令第107号）第五条规定，工程计价方法包括工料单价法和综合单价法。实行工程量清单计价应采用综合单价法，其综合单价的组成内容应包括人工费、材料费、施工机械使用费、企业管理费、利润以及一定范围内的风险费用。

（3）招标文件中的工程量清单标明的工程量是招标人根据拟建工程设计文件预计的工程量，不能作为承包人在实际工作中应予完成的实际和准确的工程量。招标文件中工程量清单所列的工程量一方面是各投标人进行投标报价的共同基础，另一方面也是对各投标人的投标报价进行评审的共同平台，是招投标活动应当遵循公开、公平、公正和诚实、信用原则的具体体现。

发、承包双方进行工程竣工结算的工程量应按照经发、承包双方在合同中的约定应予计量且实际完成工程量确定，而非招标文件中工程量清单所列的工程量。

（4）措施项目清单计价应根据拟建工程的施工组织设计，可以计算工程量的措施项目，应按分部分项工程量清单的方式采用综合单价计价；其余的措施项目可以“项”为单位的方式计价，应包括除规费、税金外的全部费用。

（5）根据《中华人民共和国安全生产法》、《中华人民共和国建筑法》、《建设工程安全生产管理条例》、《安全生产许可证条例》等法律、法规的规定，原建设部办公厅印发了《建筑工程安全防护、文明施工措施费及使用管理规定》（建办［2005］89号），将安全文明施工费纳入国家强制性标准管理范围，其费用标准不予竞争。《建设工程工程量清单计价规范》（GB 50500—2008）规定措施项目清单中的安全文明施工费应按国家或省级、行业建设主管部门的规定费用标准计价，招标人不得要求投标人对该项费用进行优惠，投标人也不得将该项费用参与市场竞争。此处的安全文明施工费包括《建筑安装工程费用项目组成》（建标［2003］206号）中措施费的文明施工费、环境保护费、临时设施费、安全施工费。

（6）其他项目清单应根据工程特点和工程实施过程中的不同阶段进行计价。

（7）按照《工程建设项目货物招标投标办法》（国家发改委、原建设部等七部委27号令）第五条规定：“以暂估价形式包括在总承包范围内的货物达到国家规定规模标准的，应当由总承包中标人和工程建设项目招标人共同依法组织招标”，若招标人在工程量清单中提供了暂估价的材料和专业工程属于依法必须招标的，由承包人和招标人共同通过招标确定材料单价与专业工程分包价。若材料不属于依法必须招标的，经发、承包双方协商确认单价后计价。若专业工程不属于依法必须招标的，经发、承包双方协商确认单价后计价。若专业工程不属于依法必须招标的，由发包人、总承包人与分包人按有关计价依据进行计价。

上述规定同样适用于以暂估价形式出现的专业分包工程。

对未达到法律、法规规定招标规模标准的材料和专业工程，需要约定定价的程序和方法，并与材料样品报批程序相互衔接。

（8）根据原建设部、财政部印发的《建筑安装工程费用项目组成》（建标［2003］206号）的规定，规费是政府和有关权力部门规定必须缴纳的费用。税金是国家按照税法预先规定的标准，强制地、无偿地要求纳税人缴纳的费用。它们都是工程造价的组成部分，但是其费用内容和计取标准都不是发、承包人能自主确定的，更不是由市场竞争决定的。因而《建设工程工程量清单计价规范》（GB 50500—2008）规定："规费和税金应按国家或省级、行业建设主管部门的规定计算，不得作为竞争性费用。"

（9）采用工程量清单计价的工程，应在招标文件或合同中明确风险内容及其范围（幅度），不得采用无限风险、所有风险或类似语句规定风险内容及其范围（幅度）。

风险是一种客观存在的、会带来损失的、不确定的状态。它具有客观性、损失性、不确定性的特点，并且风险始终是与损失相联系的。工程风险是指一项工程在设计、施工、设备调试以及移交运行等项目周期全过程可能发生的风险。工程施工发包是一种期货交易行为，工程建设本身又具有单件性和建设周期长的特点。在工程施工过程中影响工程施工及工程造价的风险因素很多，但并非所有的风险都是承包人能预测、能控制和应承担其造成损失的。

工程施工招标发包是工程建设交易方式之一，一个成熟的建设市场应是一个体现交易公平性的市场。在工程建设施工发包中实行风险共担和合理分摊原则是实现建设市场交易公平性的具体体现，是维护建设市场正常秩序的措施之一。其具体体现则是应在招标文件或合同中对发、承包双方各自应承担的风险内容及其风险范围或幅度进行界定和明确，而不能要求承包人承担所有风险或无限度风险。

根据我国工程建设的特点及国际惯例，工程施工阶段的风险宜采用以下分摊原则由发、承包双方分担。

① 对于承包人根据自身技术水平、管理、经营状况能够自主控制的技术风险和管理风险，如承包人的管理费、利润的风险，承包人应结合市场情况，根据企业自身实际合理确定、自主报价，该部分风险由承包人全部承担。

② 对于法律、法规、规章或有关政策出台导致工程税金、规费等发生变化，并由省级、行业建设行政主管部门或其授权的工程造价管理机构根据上述变化发布的政策性调整，承包人不应承担此类风险，应按照有关调整规定执行。

③ 对于根据我国目前工程建设的实际情况，各省、自治区、直辖市建设行政主管部门根据当地劳动行政主管部门的有关规定发布的人工成本信息，对此关系职工切身利益的人工费，承包人不应承担风险，应按照相关规定进行调整。

④ 对于主要由市场价格波动导致的价格风险，如工程造价中的建筑材料、燃料等价格风险，发、承包双方应当在招标文件中或在合同中对此类风险的范围和幅度予以明确约定，进行合理分摊。

根据工程特点和工期要求，《建设工程工程量清单计价规范》（GB 50500—2008）中提出承包人可承担5%以内的材料价格风险，10%的施工机械使用费的风险。

（二）招标控制价

1. 分部分项工程费

分部分项工程费应根据招标文件中的分部分项工程量清单项目的特征描述及有关要求，按规定确定综合单价进行计算。综合单价中应包括招标文件中要求投标人承担的风险费用。招标文件提供了暂估单价的材料，按暂估的单价计入综合单价。

2. 措施项目费

措施项目费应按招标文件中提供的措施项目清单确定，措施项目采用分部分项工程综合单价形式进行计价的工程量，应按措施项目清单中的工程量，并按规定确定综合单价；以"项"为单位的方式计价的，按规定确定除规费、税金以外的全部费用。措施项目费中的安全文明施工费应当按照国家或省级、行业建设主管部门的规定标准计价。

3. 其他项目费

(1) 暂列金额　暂列金额由招标人根据工程特点，按有关计价规定进行估算确定。为保证工程施工建设的顺利实施，在编制招标控制价时应对施工过程中可能出现的各种不确定因素对工程造价的影响进行估算，列出一笔暂列金额。暂列金额可根据工程的复杂程度、设计深度、工程环境条件（包括地质、水文、气候条件等）进行估算，一般可按分部分项工程费的10%～15%作为参考。

(2) 暂估价　暂估价包括材料暂估价和专业工程暂估价。暂估价中的材料单价应按照工程造价管理机构发布的工程造价信息或参考市场价格确定；暂估价中的专业工程暂估价应分不同专业，按有关计价规定估算。

(3) 计日工　计日工包括计日工人工、材料和施工机械。在编制招标控制价时，对计日工中的人工单价和施工机械台班单价应按省级、行业建设主管部门或其授权的工程造价管理机构公布的单价计算；材料应按工程造价管理机构发布的工程造价信息中的材料单价计算，工程造价信息未发布材料单价的材料，其价格应按市场调查确定的单价计算。

(4) 总承包服务费　招标人应根据招标文件中列出的内容和向总承包人提出的要求，参照下列标准计算：

① 招标人仅要求对分包的专业工程进行总承包管理和协调时，按分包的专业工程估算造价的1.5%计算；

② 招标人要求对分包的专业工程进行总承包管理和协调，并同时要求提供配合服务时，根据招标文件中列出的配合服务内容和提出的要求，按分包的专业工程估算造价的3%～5%计算；

③ 招标人自行供应材料的，按招标人供应材料价值的1%计算。

4. 规费和税金

招标控制价的规费和税金必须按国家或省级、行业建设主管部门的规定计算。

（三）投标报价

1. 分部分项工程费

分部分项工程费包括完成分部分项工程量清单项目所需的人工费、材料费、施工机械使用费、企业管理费、利润以及一定范围内的风险费用。分部分项工程费应按分部分项工程清单项目的综合单价计算。投标人投标报价时依据招标文件中分部分项工程量清单项目的特征描述确定清单项目的综合单价。在招投标过程中，当出现招标文件中分部分项工程量清单特征描述与设计图纸不符时，投标人应以分部分项工程量清单的项目特征描述为准，确定投标报价的综合单价。当施工中施工图纸或设计变更与工程量清单项目特征描述不一致时，发、承包双方应按实际施工的项目特征，依据合同约定重新确定综合单价。

招标文件中提供了暂估单价的材料，应按暂估的单价计入综合单价。

综合单价中应考虑招标文件中要求投标人承担的风险内容及其范围（幅度）产生的风险费用。在施工过程中，当出现的风险内容及其范围（幅度）在合同约定的范围内时，工程价款不做调整。

2. 措施项目费

(1) 投标人可根据工程实际情况并结合施工组织设计，对招标人所列的措施项目进行增补。由于各投标人拥有的施工装备、技术水平和采用的施工方法有所差异，招标人提出的措施项目清单是根据一般情况确定的，没有考虑不同投标人的“个性”，投标人投标时应根据自身编制的投标施工组织设计或施工方案确定措施项目，对招标人提供的措施项目进行调整。投标人根据投标施工组织设计或施工方案调整和确定的措施项目应通过评标委员会的评审。

（2）措施项目费的计算应注意以下几项：

① 措施项目的内容应依据招标人提供的措施项目清单和投标人投标时拟定的施工组织设计或施工方案；

② 措施项目费的计价方式应根据招标文件的规定，可以计算工程量的措施清单项目采用综合单价方式报价，其余的措施清单项目采用以“项”为计量单位的方式报价；

③ 措施项目费由投标人自主确定，但其中安全文明施工费应按国家或省级、行业建设主管部门的规定确定，且不得作为竞争性费用。

3. 其他项目费

投标人对其他项目费投标报价应按以下原则进行：

（1）暂列金额应按照其他项目清单中列出的金额填写，不得变动；

（2）暂估价不得变动和更改。暂估价中的材料必须按照其他项目清单中列出的暂估单价计入综合单价；专业工程暂估价必须按照其他项目清单中列出的金额填写；

（3）计日工应按照其他项目清单列出的项目和估算的数量，自主确定各项综合单价并计算费用。

（4）总承包服务费应依据招标人在招标文件中列出的分包专业工程内容和供应材料、设备情况，按照招标人提出协调、配合与服务要求和施工现场管理需要自主确定。

4. 规费和税金

规费和税金应按国家或省级、行业建设主管部门的规定计算，不得作为竞争性费用。规费和税金的计取标准是依据有关法律、法规和政策规定制定的，具有强制性。投标人是法律、法规和政策的执行者，不能改变，更不能制定规费和税金的计取标准，而必须按照法律、法规、政策的有关规定执行。

5. 投标总价

实行工程量清单招标，投标人的投标总价应当与组成工程量清单的分部分项工程费、措施项目费、其他项目费和规费、税金的合计金额一致，即投标人在投标报价时，不能进行投标总价优惠（或降价、让利），投标人对招标人的任何优惠（或降价、让利）均应反映在相应清单项目的综合单价中。

（四）工程合同价款的约定

（1）实行招标的工程，合同约定不得违背招标文件中关于工期、造价、资质等方面的实质性内容　所谓合同实质性内容，按照《中华人民共和国合同法》第三十条规定：“有关合同标的、数量、质量、价款或者报酬、履行期限、履行地点和方式、违约责任和解决争议方法等的变更，是对要约内容的实质性变现”。

在工程招投标及建设工程合同签订过程中，招标文件应视为要约邀请，投标文件为要约，中标通知书为承诺。因此，在签订建设工程合同时，当招标文件与中标人的投标文件有不一致的地方，应以投标文件为准。

（2）工程合同价款的约定是建设工程合同的主要内容　根据有关法律条款的规定，实行招标的工程合同价款应在中标通知书发出之日起 30 天内，由发、承包双方依据招标文件和中标人的投标文件在书面合同中约定。

不实行招标的工程合同价款，在发、承包双方认可的工程价款基础上，由发、承包双方在合同中约定。

工程合同价款的约定应满足以下几个方面的要求：

① 约定的依据要求：招标人向中标的投标人发出的中标通知书；

② 约定的时间要求：自招标人发出中标通知书之日起30天内；

③ 约定的内容要求：招标文件和中标人的投标文件；

④ 合同的形式要求：书面合同。

（3）合同形式　工程建设合同的形式主要有单价合同和总价合同两种。合同的形式对工程量清单计价的适用性不构成影响，无论是单价合同还是总价合同均可以采用工程量清单计价。区别仅在于工程量清单中所填写的工程量的合同约束力。采用单价合同形式时，工程量清单是合同文件必不可少的组成内容，其中的工程量一般具备合同约束力（量可调），工程款结算时按照合同中约定应予计量并实际完成的工程量计算进行调整，由招标人提供统一的工程量清单则彰显了工程量清单计价的主要优点。而对总价合同形式，工程量清单中的工程量不具备合同的约束力（量不可调），工程量以合同图纸的标示内容为准，工程量以外的其他内容一般均赋予合同约束力，以方便合同变更的计量和计价。

《建设工程工程量清单计价规范》（GB 50500—2008）规定："实行工程量清单计价的工程，宜采用单价合同方式。"即合同约定的工程价款中所包含的工程量清单项目综合单价在约定条件内是固定的，不予调整，工程量允许调整。工程量清单项目综合单价在约定的条件外，允许调整。但调整方式、方法应在合同中约定。

清单计价规范规定实行工程量清单计价的工程宜采用单价合同，并不表示排斥总价合同。总价合同适用规模不大、工序相对成熟、工期较短、施工图纸完备的工程施工项目。

（4）合同价款的约定事项　发、承包双方应在合同条款中对下列事项进行约定；合同中没有约定或约定不明的，由双方协商确定；协商不能达到一致的，按《建设工程工程量清单计价规范》（GB 50500—2008）执行。

① 预付工程款的数额、支付时间及抵扣方式。预付款是发包人为解决承包人在施工准备阶段资金周转问题提供的协助。如使用大宗材料，可根据工程具体情况设置工程材料预付款。

② 工程计量与支付工程进度款的方式、数额及时间。

③ 工程价款的调整因素、方法、程序、支付及时间。

④ 索赔与现场签证的程序、金额确认与支付时间。

⑤ 发生工程价款争议的解决方法及时间。

⑥ 承担风险的内容、范围以及超出约定内容、范围的调整办法。

⑦ 工程竣工价款结算编制与核对、支付及时间。

⑧ 工程质量保证（保修）金的数额、预扣方式及时间。

⑨ 与履行合同、支付价款有关的其他事项等。

由于合同中涉及工程价款的事项较多，能够详细约定的事项应尽可能具体的约定，约定的用词应尽可能唯一，如有几种解释，最好对用词进行定义，尽量避免因理解上的歧义造成合同纠纷。

（五）工程费用的支付

1. 预付款的支付和抵扣

发包人应按合同约定的时间和比例（或金额）向承包人支付工程预付款。支付的工程预付款，按合同约定在工程进度款中抵扣。当合同对工程预付款的支付没有约定时，按以下规定办理。

（1）工程预付款的额度　原则上预付比例不低于合同金额（扣除暂列金额）的10%，不高于合同金额（扣除暂列金额）的30%，对重大工程项目，按年度工程计划逐年预付。实行工程量清单计价的工程，实体性消耗和非实体性消耗部分宜在合同中分别约定预付款比例（或金额）。

（2）工程预付款的支付时间　在具备施工条件的前提下，发包人应在双方签订合同后的一个月内或约定的开工日期前的7天内预付工程款。

（3）若发包人未按合同约定预付工程款，承包人应在预付时间到期后10天内向发包人发出要求预付款的通知，发包人收到通知后仍不按要求预付，承包人可在发出通知14天后停止施工，发包人应从约定应付之日起按同期银行贷款利率计算向承包人支付应付预付的利息，并承担违约责任。

（4）凡是没有签订合同或不具备施工条件的工程，发包人不得预付工程款，不得以预付款为名转移资金。

2. 进度款的支付

发包人支付工程进度款，应按照合同计量和支付。工程量的正确计量是发包人向承包人支付工程进度款的前提和依据。计量和付款周期可采用分段或按月结算的方式。

（1）按月结算与支付　即实行按月支付进度款，竣工后结算的办法。合同工期在两个年度以上的工程，在年终进行工程盘点，办理年度结算。

（2）分段结算与支付　即当年开工、当年不能竣工的工程按照工程形象进度，划分不同阶段，支付工程进度款。

当采用分段结算方式时，应在合同中约定具体的工程分段划分，付款周期应与计量周期一致。

3. 工程价款的支付

（1）工程进度款支付申请　承包人应在每个付款周期末（月末或合同约定的工程段完成后），向发包人递交进度款支付申请，并附相应的证明文件。除合同另有约定外，进度款支付申请应包括下列内容：

① 本周期已完成工程的价款；

② 累计已完成的工程价款；

③ 累计已支付的工程价款；

④ 本周期已完成计日工金额；

⑤ 应增加和扣减的变更金额；

⑥ 应增加和扣减的索赔金额；

⑦ 应抵扣的工程预付款。

（2）发包人支付工程进度款　发包人在收到承包人递交的工程进度款支付申请及相应的证明文件后，发包人应在合同约定时间内核对承包人的支付申请并应按合同约定的时间和比例向承包人支付工程进度款。发包人应扣回的工程预付款，与工程进度款同期结算抵扣。

当发包、承包双方在合同中未对工程进度款支付申请的核对时间以及工程进度款支付时间、支付比例作约定时，按以下规定办理：

① 发包人应在收到承包人的工程进度款支付申请后14天内核对完毕。否则，从第15天起承包人递交的工程进度款支付申请视为被批准；

② 发包人应在批准工程进度款支付申请的14天内，向承包人按不低于计量工程价款的60%，不高于计量工程价款的90%向承包人支付工程进度款；

③ 发包人在支付工程进度款时，应按合同约定的时间、比例（或金额）扣回工程预付款。

4. 争议的处理

（1）发包人未在合同约定时间内支付工程进度款，承包人应及时向发包人发出要求付款的通知，发包人收到承包人通知后仍不按要求付款，可与承包人协商签订延期付款协议，经承包人同意后延期支付。协议应明确延期支付的时间和从付款申请生效后按同期银行贷款利率计算应付款的利息。

（2）发包人不按合同约定支付工程进度款，双方又未达到延期付款协议，导致施工无法进行时，承包人可停止施工，由发包人承担违约责任。

（六）索赔与现场签证

1. 索赔

（1）索赔的条件　合同一方向另一方提出索赔时，应有正当的索赔理由和有效证据，并应符合合同的相关约定。建设工程施工中的索赔是发、承包双方行使正当权利的行为，承包人可向发包人索赔，发包人也可向承包人索赔。任何索赔事件的确立，其前提条件是必须有正当的索赔理由。对正当索赔理由的说明必须具有证据，因为进行索赔主要是靠证据说话。没有证据或证据不足，索赔是难以成功的。

（2）索赔证据

① 索赔证据的要求　一般有效的索赔证据都具有以下几个特征。

a. 及时性　既然干扰事件已发生，又意识到需要索赔，就应在有效时间内提出索赔意向。在规定的时间内报告事件的发展影响情况，在规定时间内提交索赔的详细额外费用计算账单，对发包人或工程师提出的疑问及时补充有关材料。如果拖延太久，将增加索赔工作的难度。

b. 真实性　索赔证据必须是在实际过程中产生，完全反映实际情况，能经得住对方的推敲。由于在工程过程中合同双方都在进行合同管理，收集工程资料，所以双方应有相同的证据。使用不实的虚假证据是违反商业道德的，甚至会触犯法律。

c. 全面性　所提供的证据应能说明事件的全过程。索赔报告中所涉及的干扰事件、索赔理由、索赔值等都应有相应的证据，不能凌乱和支离破碎，否则发包人将退回索赔报告，要求重新补充证据。这会拖延索赔的解决，损害承包商在索赔中的有利地位。

d. 关联性　索赔的证据应当能互相说明，相互具有关联性，不能互相矛盾。

e. 法律证明效力　索赔证据必须有法律证明效力，特别对准备递交仲裁的索赔报告更要注意这一点。

ⓐ 证据必须是当时的书面文件，一切口头承诺、口头协议不算。

ⓑ 合同变更协议必须由双方签署，或以会谈纪要的形式确定，且为决定性决议。一切商讨性、意向性的意见或建议都不算。

ⓒ 工程中的重大事件、特殊情况的记录应由工程师签署认可。

② 索赔证据的种类

a. 招标文件、工程合同、发包人认可的施工组织设计、工程图纸、技术规范等。

b. 工程各项有关的设计交底记录、变更图纸、变更施工指令等。

c. 工程各项经发包人或合同中约定的发包人现场代表或监理工程师签认的签证。

d. 工程各项往来信件、指令、信函、通知、答复等。

e. 工程各项会议纪要。

f. 施工计划及现场实施情况记录。

g. 施工日记及工长工作日志、备忘录。

h. 工程送电、送水、道路开通、封闭的日期及数量记录。

i. 工程停电、停水和干扰事件影响的日期及恢复施工的日期记录。

j. 工程预付款、进度款拨付的数额及日期记录。

k. 工程图纸、图纸变更、交底记录的送达份数及日期记录。

l. 工程有关施工部位的照片及录像等。

m. 工程现场气候记录，如有关天气的温度、风力、雨雪等。

n. 工程验收报告及各项技术鉴定报告等。

o. 工程材料采购、订货、运输、进场、验收、使用等方面的凭据。

p. 国家和省级或行业建设主管部门有关影响工程造价、工期的文件、规定等。

(3) 承包人的索赔

① 若承包人认为非承包人原因发生的事件造成了承包人的经济损失，承包人应在确认该事件发生后，持证明索赔事件发生的有效证据和依据正当的索赔理由，按合同约定的时间向发包人发出索赔通知。发包人应按合同约定的时间对承包人提出的索赔进行答复和确认。发包人在收到最终索赔报告后并在合同约定时间内，未向承包人作出答复，视为该项索赔已经认可。

这种索赔方式称之为单项索赔，即在每一件索赔事项发生后，递交索赔通知书，编报索赔报告书，要求单项解决支付，不与其他的索赔事项混在一起。单项索赔是施工索赔通常采用的方式。它避免了多项索赔的相互影响制约，所以解决起来比较容易。

当施工过程中受到非常严重的干扰，以致承包人的全部施工活动与原来的计划不大相同，原合同规定的工作与变更后的工作相互混淆，承包人无法为索赔保持准确而详细的成本记录资料，无法采用单项索赔的方式，而只能采用综合索赔。综合索赔俗称一揽子索赔。即对整个工程（或某项工程）中所发生的数起索赔事项，综合在一起进行索赔。采取这种方式进行索赔，是在特定的情况下被迫采用的一种索赔方法。

采取综合索赔时，承包人必须提出以下证明：ⓐ承包商的投标报价是合理的；ⓑ实际发生的总成本是合理的；ⓒ承包商对成本增加没有任何责任；ⓓ不可能采用其他方法准确地计算出实际发生的损失数额。

当发包、承包双方在合同中未对工程索赔事项作具体约定时，按以下规定处理。

a. 承包人应在确认引起索赔的事件发生后28天内向发包人发出索赔通知，否则，承包人无权获得追加付款，竣工时间不得延长。

b. 承包人应在现场或发包人认可的其他地点，保持证明索赔可能需要的记录。发包人收到承包人的索赔通知后，未承认发包人责任前，可检查记录情况，并可指示承包人保持进一步的同期记录。

c. 在承包人确认引起索赔的事件后 42 天内，承包人应向发包人递交一份详细的索赔报告，包括索赔的依据、要求追加付款的全部资料。

如果引起索赔的事件具有连续影响，承包人应按月递交进一步的中间索赔报告，说明累计索赔的金额。

承包人应在索赔事件产生的影响结束后 28 天内，递交一份最终索赔报告。

d. 发包人在收到索赔报告后 28 天内，应作出回应，表示批准或不批准并附具体意见。还可以要求承包人提供进一步的资料，但仍要在上述期限内对索赔作出回应。

e. 发包人在收到最终索赔报告后的 28 天内，未向承包人作出答复，视为该项索赔报告已经认可。

② 承包人索赔的程序

a. 承包人在合同约定的时间内向发包人递交费用索赔意向通知书；

b. 发包人指定专人收集与索赔有关的资料；

c. 承包人在合同约定的时间内向发包人递交费用索赔申请表；

d. 发包人指定的专人初步审查费用索赔申请表，符合规定的条件时予以受理；

e. 发包人指定的专人进行费用索赔核对，经造价工程师复核索赔金额后，与承包人协商确定并由发包人批准；

f. 发包人指定的专人应在合同约定的时间内签署费用索赔审批表，或发出要求承包人提交有关索赔的进一步详细资料的通知，待收到承包人提交的详细资料后，按规定的程序进行。

③ 索赔事件发生后，在造成费用损失时，往往会造成工期的变动。当索赔事件造成的费用损失与工期相关联时，承包人应根据发生的索赔事件，在向发包人提出费用索赔要求的同时，提出工期延长的要求。

发包人在批准承包人的索赔报告时，应将索赔事件造成的费用损失和工期延长联系起来，综合作出批准费用索赔和工期延长的决定。

（4）发包人的索赔　若发包人认为由于承包人的原因造成额外损失，发包人应在确认引起索赔的事件后，按合同约定向承包人发出索赔通知。承包人在收到发包人索赔通知后并在合同约定时间内，未向发包人作出答复，视为该项索赔已经认可。

当合同中未就发包人的索赔事项作具体约定，按以下规定处理。

① 发包人应在确认引起索赔的事件发生后 28 天内向承包人发出索赔通知，否则，承包人免除该索赔的全部责任。

② 承包人在收到发包人索赔报告后的 28 天内，应作出回应，表示同意或不同意并附具体意见，如在收到索赔报告后的 28 天内，未向发包人作出答复，视为该项索赔报告已经认可。

2. 现场签证

（1）承包人应发包人要求完成合同以外的零星工作或非承包人责任事件发生时，承包人应按合同约定及时向发包人提出现场签证。若合同中未对此作出具体约定，按照财政部、原建设部印发的《建设工程价款结算暂行办法》（财建［2004］369 号）的规定，发包人要求承包人完成合同以外零星项目，承包人应在接受发包人要求的 7 天内就用工数量和单价、机械台班数量和单价、使用材料和金额等向发包人提出施工签证，发包人签证后施工，如发包人未签证，承包人施工后发生争议的，责任由承包人自负。

发包人应在收到承包人的签证报告 48 小时内给予确认或提出修改意见，否则，视为该签证报告已经认可。

（2）按照财政部、原建设部印发的《建设工程价款结算办法》（财建［2004］369号）等十五条的规定："发包人和承包人要加强施工现场的造价控制，及时对工程合同外的事项如实记录并履行书面手续。凡由发、承包双方授权的现场代表签字的现场签证以及发、承包双方协商确定的索赔等费用，应在工程竣工结算中如实办理，不得因发、承包双方现场代表的中途变更改变其有效性"，《建设工程工程量清单计价规范》（GB 50500—2008）规定："发、承包双方确认的索赔与现场签证费用与工程进度款同期支付。"此举可避免发包方变相拖延工程款以及发包人以现场代表变更而不承认某些索赔或签证的事件发生。

（七）工程价款调整

1. 工程价款调整的原则

工程建设过程中，发、承包双方都是国家法律、法规、规章及政策的执行者。因此，在发、承包双方履行合同的过程中，当国家的法律、法规、规章及政策发生变化，国家或省级、行业建设主管部门或其授权的工程造价管理机构据此发布工程造价调整文件，工程价款应当进行调整。《建设工程工程量清单计价规范》（GB 50500—2008）中规定："招标工程以投标截止日前28天，非招标工程以合同签订前28天为基准日，其后国家的法律、法规、规章和政策发生变化影响工程造价的，应按省级或行业建设主管部门或其授权的工程造价管理机构发布的规定调整合同价款。"

2. 综合单价调整

（1）若施工中出现施工图纸（含设计变更）与工程量清单项目特征描述不符的，发包、承包双方应按新的项目特征确定相应工程量清单项目的综合单价。如工程招标时，工程量清单对某实心砖墙砌体进行项目特征描述时，砂浆强度等级为M2.5混合砂浆，但施工过程中发包方将其变更为（或施工图纸原本就采用）砂浆强度等级为M5.0混合砂浆，显然这时应重新确定综合单价，因为M2.5和M5.0混合砂浆的价格是不一样的。

（2）因分部分项工程量清单漏项或非承包人原因的工程变更，造成增加新的工程量清单项目，其对应的综合单价按下列方法确定：

① 合同中已有适用的综合单价，按合同中已有综合单价确定。前提条件是其采用的材料、施工工艺和方法相同，亦不因此增加关键线路上工程的施工时间；

② 合同中类似的综合单价，参照类似的综合单价确定。前提条件是其采用的材料、施工工艺和方法基本相似，不增加关键线路上工程的施工时间，可仅就其变更后的差异部分，参考类似的项目单价由发、承包双方协商新的项目单价；

③ 合同中没有适用或类似的综合单价，由承包人提出综合单价，经发包人确认后执行。

（3）因非承包人原因引起的工程量增减，该项工程量变化在合同约定幅度以内的，应执行原有的综合单价；该项工程量变化在合同约定幅度以外的，其综合单价及措施项目费应予以调整，如何进行调整应在合同中约定。如合同中未作约定，按以下原则确定：

① 当工程量清单项目工程量的变化幅度在10%以内时，其综合单价不做调整，执行原有综合单价。

② 当工程量清单项目工程量的变化幅度在10%以外，且其影响分部分项工程费超过0.1%时，其综合单价以及对应的措施费（如有）均应作调整。调整的方法是由承包人对增加的工程量或减少后剩余的工程量提出新的综合单价和措施项目费，经发包人确认后调整。

3. 措施费的调整

因分部分项工程量清单漏项或非承包人原因的工程变更，引起措施项目发生变化，造成施工组织设计或施工方案变更，原措施费中已有的措施项目，按原措施费的组价方法调整；原措施费中没有的措施项目，由承包人根据措施项目变更情况，提出适当的措施费变更，经发包人确认后调整。

4. 工程价款调整方法与注意事项

（1）工程价款的调整方法　按照《中华人民共和国标准施工招标文件》（2007 年版）中的有关规定，对物价波动引起的价格调整有以下两种方式。

① 采用价格指数调整价格差额

a. 价格调整公式　因人工、材料和设备等价格波动影响合同价格时，根据投标函附录中的价格指数和权重表约定的数据，按以下公式计算差额并调整合同价格：

$$\Delta P=P_0\left[A+\left(B_1\times\frac{F_{t1}}{F_{01}}+B_2\times\frac{F_{t2}}{F_{02}}+B_3\times\frac{F_{t3}}{F_{03}}+\cdots+B_n\times\frac{F_{tn}}{F_{0n}}\right)-1\right]$$

式中　ΔP——需调整的价格差额；

P_0——约定的付款证书中承包人应得到的已完成工程量的金额。此项金额应不包括价格调整、不计质量保证金的扣留和支付、预付款的支付和扣回。约定的变更及其他金额已按现行价格计价的，也不计在内；

A——定值权重（即不调部分的权重）；

B_1，B_2，B_3，…，B_n——各可调因子的变值权重（即可调部分的权重），为各可调因子在投标函投标总报价中所占的比例；

F_{t1}，F_{t2}，F_{t3}，…，F_{tn}——各可调因子的现行价格指数，指约定的付款证书相关周期最后一天的前 42 天的各可调因子的价格指数；

F_{01}，F_{02}，F_{03}，…，F_{0n}——各可调因子的基本价格指数，指基准日期的各可调因子的价格指数。

以上价格调整公式中的各可调因子、定值和变值权重以及基本价格指数及其来源在投标函附录价格指数和权重表中约定。价格指数应首先采用有关部门提供的价格指数，缺乏上述价格指数时，可采用有关部门提供的价格代替。

b. 暂时确定调整差额　在计算调整差额时得不到现行价格指数的，可暂用上一次价格指数计算，并在以后的付款中再按实际价格指数进行调整。

c. 权重的调整　约定的变更导致原定合同中的权重不合理时，由监理人与承包人和发包人协商后进行调整。

d. 承包人工期延误后的价格调整　由于承包人原因未在约定的工期内竣工的，则对原约定竣工日期后继续施工的工程，在使用第（1）条的价格调整公式时，应采用原约定竣工日期与实际竣工日期的两个价格指数中较低的一个作为现行价格指数。

② 采用造价信息调整价格差额　施工期内，因人工、材料、设备和机械台班价格波动影响合同价格时，人工、机械使用费按照国家或省、自治区、直辖市建设行政管理部门、行业建设管理部门或其授权的工程造价管理机构发布的人工成本信息、机械台班单价或机械使用费系数进行调整；需要进行价格调整的材料，其单价和采购数应由监理人复核，监理人确认需调整的材料单价及数量，作为调整工程合同价格差额的依据。

（2）工程价款调整注意事项

① 若施工期内市场价格波动超出一定幅度时，应按合同约定调整工程价款；合同没有约定或约定不明确的，可按以下规定执行。

a. 人工单价发生变化时，发、承包双方应按省级或行业建设主管部门或其授权的工程造价管理机构发布的人工成本文件调整工程价款。

b. 材料价格变化超过省级和行业建设主管部门或其授权的工程造价管理机构规定的幅度时应当调整，承包人应在采购材料前将采购数量和新的材料单价报发包人核对，确认用于本合同工程时，发包人应确认采购材料的数量和单价。发包人在收到承包人报送的确认资料后 3 个工作日不予答复的视为已经认可，作为调整工程价款的依据。如果承包人未报经发包人核对即自行采购材料，再报发包人确认调整工程价款的，如发包人不同意，则不做调整。

c. 施工机械台班单价或施工机械使用费发生变化超过省级或行业建设主管部门或其授权的工程造价管理机构规定的范围时，按其规定进行调整。

② 因不可抗力事件导致的费用，发、承包双方应按以下原则分别承担并调整工程价款。

a. 工程本身的损害、因工程损害导致第三方人员伤亡和财产损失以及运至施工场地用于施工的材料和待安装的设备的损害，由发包人承担；

b. 发包人、承包人人员伤亡由其所在单位负责，并承担相应费用；

c. 承包人的施工机械设备损坏及停工损失，由承包人承担；

d. 停工期间，承包人应发包人要求留在施工场地的必要的管理人员及保卫人员的费用，由发包人承担；

e. 工程所需清理、修复费用，由发包人承担。

③ 工程价款调整报告应由受益方在合同约定时间内向合同的另一方提出，经对方确认后调整合同价款。受益方未在合同约定时间内提出工程价款调整报告的，视为不涉及合同价款的调整。

收到工程价款调整报告的一方应在合同约定时间内确认或提出协商意见，否则，视为工程价款调整报告已经确认。

当合同中未就工程价款调整报告作出约定或《建设工程工程量清单计价规范》（GB 50500—2008）中有关条款未作规定时，按以下规定处理。

a. 调整因素确定后 14 天内，由受益方向对方递交调整工程价款报告。受益方在 14 天内未递交调整工程价款报告的，视为不调整工程价款。

b. 收到调整工程价款报告的一方，应在收到之日起 14 天内予以确认或提出协商意见，如在 14 天内未作确定也未提出协商意见时，视为调整工程价款报告已被确认。

④ 经发、承包双方确定调整的工程价款，作为追加（减）合同价款与工程进度款同期支付。

第四节 工程量清单计价费用的计算

一、分部分项工程费

分部分项工程费包括人工费、材料费、施工机械使用费、企业管理费和利润等项目。

（一）人工费的组成与计算

1. 人工费的组成

人工费是指直接从事于建筑安装工程施工的生产工人开支的各项费用。人工费主要包括生产工人的基本工资、工资性补贴、生产工人的辅助工资、职工福利、生产工人劳动保护费、住房公积金、劳动保险费、医疗保险费、危险作业意外伤害保险、工会费用和职工教育经费等。

2. **人工费的计算**

人工费的计算根据工程量清单“彻底放开价格”和“企业自主报价”的特点，结合当前我国建筑市场的状况，以及现今各投标企业的投标策略，主要有以下两种计算模式。

（1）利用现行的概、预算定额计价模式　根据工程量清单提供的清单工程量，利用现行的概、预算定额，计算出完成各个分部分项工程量清单的人工费，并根据本企业的实力及投标策略，对各个分部分项工程量清单的人工费进行调整，然后，汇总计算出整个投标工程的人工费。其计算公式为：

人工费＝∑（概预算定额中人工工日消耗量×相应等级的日工资综合单价）

这种方法是当前我国大多数投标企业所采用的人工费计算方法，具有简单、易操作、速度快，并有配套软件支持的特点。其缺点是竞争力弱，不能充分发挥企业的特长。

（2）动态的计价模式　这种计价模式适用于实力雄厚、竞争力强的企业，也是国际上比较流行的一种报价模式。

动态的人工计价模式费的计算方法是：首先根据工程量清单提供的清单工程量，结合本企业的人工效率和企业定额，计算出投标工程消耗的工日数；其次根据现阶段企业的经济、人力、资源状况和工程所在地的实际生活水平以及工程的特点，计算工日单价；然后根据劳动力来源及人员比例，计算综合工日单价；最后计算人工费。

① 人工工日消耗量的计算方法　工程用工量（人工工日消耗量）的计算，应根据指标阶段和招标方式来确定。就当前我国建筑市场而言，有的在初步设计阶段进行招标，有的在施工图阶段进行招标。由于招标阶段不同，工程用工工日数的计算方法也不同。目前国际承包工程项目计算用工的方法基本有两种：一是分析法；二是指标法。现结合我国当前建设工程工程量清单招投标工作的特点，对这两种方法进行简单的阐述。

a. 分析法计算用工工日数　这种方法多数用于施工图阶段以及扩大的初步设计阶段的招标。招标人在此阶段招标时，在招标文件中提出施工图（或初步设计图纸）和工程量清单，作为投标人计算投标报价的依据。

分析法计算工程用工量，最准确的计算是依据投标人自己施工工人的实际操作水平，加上对人工工效的分析来确定，俗称企业定额。但是，由于我国大多数施工企业没有自己的“企业定额”，其计价行为是以现行的原建设部或各行业颁布的概、预算定额为计价依据，所以，在利用分析法计算工程用工量时，应根据下列公式计算：

$$D_C=RK$$

式中　D_C——人工工日数；

R——用国内现行的概、预算定额计算出的人工工日数；

K——人工工日折算系数。

人工工日折算系数，是通过对本企业施工工人的实际操作水平、技术装备、管理水平等因素进行综合评定计算出的生产工人劳动生产率与概、预算定额水平的比率来确定，计算公式如下：

$$K=V_q/V_o$$

式中　K——人工工日折算系数；

V_q——完成某项工程本企业应消耗的工日数；

V_o——完成同项工程概、预算定额消耗的工日数。

一般来讲，有实力参与建设工程投标竞争的企业，其劳动生产率水平要比社会平均劳动生产率高，亦即 K 的数值一般<1。所以，K 又称为“人工工日折减系数”。

在投标报价时，人工工日折减系数可以分土木建筑工程和安装工程来分别确定两个不同的“K 值”；也可以对安装工程按不同的专业，分别计算多个“K 值”。投标人应根据自己企业的特点和招标书的具体要求灵活掌握。

b. 指标法计算用工工日数。指标法计算用工工日数，是当工程招标处于可行性研究阶段时，采用的一种用工量的计算法。

这种方法是利用工业民用建设工程用工指标计算用工量。工业民用建设工程用工指标是该企业根据历年来承包完成的工程项目，按照工程性质、工程规模、建筑结构形式以及其他经济技术参数等控制因素，运用科学的统计分析方法分析出的用工指标。这种方法不适用于我国目前实施的工程量清单投标报价，在这里不再进行叙述。

② 综合工日单价的计算　综合工日单价可以理解为从事建设工程施工生产的工人日工资水平。从企业支付的角度看，一个从事建设工程施工的本企业生产工人的工资，其构成应包括以下几部分。

a. 本企业待业工人最低生活保障工资　这部分工资是企业中从事施工生产和不从事施工生产（企业内待业或失业）的每个职工都必须具备的；其标准不低于国家关于失业职工最低生活保障金的发放标准。

b. 由国家法律规定的、强制实施的各种工资性费用支出项目　包括职工福利费、生产工人劳动保护费、住房公积金、劳动保险费、医疗保险费等。

c. 投标单位驻地至工程所在地生产工人的往返差旅费　包括短、长途公共汽车费、火车费、旅馆费、路途及住宿补助费、市内交通及补助费。此项费用可根据投标人所在地至建设工程所在地的距离和路线调查确定。

d. 外埠施工补助费　由企业支付给外埠施工生产工人的施工补助费。

e. 夜餐补助费　是指推行三班作业时，由企业支付给夜间施工生产工人的夜间餐饮补助费。

f. 医疗费　对工人轻微伤病进行治疗的费用。

g. 法定节假日工资　法定节假日休息，如“五一”、“十一”支付的工资。

h. 法定休假日工资　法定休假日休息支付的工资。

i. 病假或轻伤不能工作时间的工资。

j. 因气候影响的停工工资。

k. 危险作业意外伤害保险费：按照建筑法规定，为从事危险作业的建筑施工人员支付的意外伤害保险费。

l. 效益工资（奖金）：工人奖金原则应在超额完成任务的前提下发放，费用可在超额结余的资金款项中支付，鉴于当前我国发放奖金的具体状况，奖金费用应归入人工费。

m. 应包括在工资中未明确的其他项目。

其中的“a”、“b”和“k”项是由国家法律强制规定实施的，综合工日单价中必须包含此三项，且不得低于国家规定标准。

“c”项费用可以按管理费处理，不计入人工费中。

其余各项由投标人自主决定选用的标准。

③ 综合工日单价的计算过程可分为下列几个步骤。

a. 根据总施工工日数（即人工工日数）及工期（日）计算总施工人数　工日数、工期（日）和施工人数存在着下列关系。

总工日数＝工程实际施工工期(日)×平均总施工人数

因此，当招标文件中已经确定了施工工期时：

平均总施工人数＝总工日数/工程实际施工工期(日)

当招标文件中未确定施工工期时，而由投标人自主确定工期时：

最优化的施工人数或工期(日)＝$\sqrt{总工日数}$

b. 确定各专业施工人员的数量及比重　其计算方法如下：

某专业平均施工人数＝某专业消耗的工日数/工程实际施工工期(日)

总工日和各专业消耗的工日数是通过“企业定额”或公式 $D_C=R\cdot K$ 计算出来的，前面已经叙述过，这里不再叙述。总施工人数和各专业施工人数计算出来后，其比重亦可计算出。

c. 确定各专业劳动力资源的来源及构成比例　劳动力资源的来源一般有下列三种途径。

ⓐ 来源于本企业　这一部分劳动力是施工现场劳动力资源的骨干。投标人在投标报价时，要根据本企业现有可供调配使用生产工人数量、技术水平、技术等级及拟承建工程的特点，确定各专业应派遣的工人人数和工种比例。如：电气专业，需电工 30 人，焊工 4 人，起重工 2 人，共计 36 人，技术等级综合取定为电工四级。

ⓑ 外聘技工　这部分人员主要是解决本企业短缺的具有特殊技术职能和能满足特殊要求的技术工人。由于这部分人的工资水平比较高，所以人数不宜多。

ⓒ 当地劳务市场招聘的力工　由于当地劳务市场的力工工资水平较低，所以，在满足工程施工要求的前提下，提倡尽可能多地使用这部分劳动力。

上述三种劳动力资源的构成比例的确定，应根据本企业现状、工程特点及对生产工人的要求和当地劳务市场的劳动力资源的充足程度、技能水平及工资水平综合评价后，进行合理确定。

ⓓ 综合工日单价的确定　一个建设项目施工，一般可分为土建、结构、设备、管道、电气、仪表、通风空调、给水排水、采暖、消防以及防腐绝热等专业。各专业综合工日单价的计算可按下列公式计算：

某专业综合工日单价＝∑(本专业某种来源的人力资源人工单价×构成比重)

综合工日单价的计算就是将各专业综合工日单价按加权平均的方法计算出一个加权平均数作为综合工日单价。其计算公式如下：

综合工日单价＝∑(某专业综合工日单价×权数)

其中权数的取定，是根据各专业工日消耗量占总工日数的比重取定的。例如：土建专业工日消耗量占总工日数的比重是 20%，则其权数即为 20%；又如电气专业工日消耗量占总工日数的比重是 8%，则其权数即为 8%。

如果投标单位使用各专业综合工日单价法投标，则不需计算综合工日单价。

通过上述一系列的计算，可以初步得出综合工日单价的水平，但是得出的单价是否有竞争力，以此报价是否能够中标，必须进行一系列的分析评估。

首先，对本企业以往投标的同类或类似工程的标书，按中标与未中标进行分类分析：其一，分析人工单价的计算方法和价格水平；其二，分析中标与未中标的原因，从中找出某些规律。

其次，进行市场调查，摸清现阶段建筑安装施工企业的人均工资水平和劳务市场劳动力价格，尤其是工程所在地的企业工资水平和劳动力价格。其后进一步对其价格水平以及工程施工期内的变动趋势及变动幅度进行分析预测。

再次，对潜在的竞争对手进行分析预测，分析其可能采取的价格水平以及其造成的影响（包括对其自身和其他投标单位及其招标人的影响）。

最后，确定调整。通过上述分析，如果认为自己计算的价格过高，没有竞争力，可以对价格进行调整。

在调整价格时要注意：外聘技工和市场劳务工的工资水平是通过市场调查取得的，这两部分价格不能调整，只能对来源于本企业工人的价格进行调整。调整后的价格作为投标报价价格。

此外，还应对报价中所使用的各种基础数据和计算资料进行整理存档，以备以后投标使用。

动态的计价模式人工费的另一种计算方法是：用国家工资标准即概、预算人工单价的调整额，作为计价的人工工日单价，乘以依据“企业定额”计算出的工日消耗量计算人工费。其计算公式为：

$$人工费=\sum(\Delta 概预算定额人工工日单价\times 人工工日消耗量)$$

动态的计价模式能准确地计算出本企业承揽拟建工程所需发生的人工费，对企业增强竞争力，提高企业管理水平及增收创利具有十分重要的意义。这种报价模式与利用概预算定额报价相比，缺点是工作量相对较大、程序复杂，且企业应拥有自己的企业定额及各类信息数据库。

（二）材料费的计算

建筑安装工程直接费中的材料费是指施工过程中耗用的构成工程实体的各类原材料、零配件、成品及半成品等主要材料的费用以及工程中耗费的虽不构成工程实体，但有利于工程实体形成的各类消耗性材料费用的总和。

主要材料一般有钢材、管材、线材、阀门、管件、电缆电线、油漆、螺栓、水泥、砂石等，其费用约占材料费的85%～95%。

消耗材料一般有砂纸、纱布、锯条、砂轮片、氧气、乙炔气、水、电等，费用一般占到材料费的5%～15%。

以往人们一般习惯把概、预算定额中的“辅材费”称为消耗材料，而把单独计价的“主材”称为主要材料；这种叫法是十分不准确、不科学的。因为，“辅材费”中的许多材料如：钢材、管材、垫铁、螺栓、管件、油漆、焊条等都是构成工程实体的材料，所以，这些材料都是主要材料。因此，“辅材费”的准确称谓应当是“定额计价材料费”。

现今的建筑市场中，许多外商投资的国内建设招标工程以及国际招标工程，要求投标人要把主要材料和消耗材料分别计价，有的还要求列出工程消耗的主要材料和消耗材料明细表。因此，搞清主要材料和消耗材料划分的界限，对工程投标具有十分重要的意义。

在投标报价的过程中，材料费的计算，是一个至关重要的问题。因为，对于建筑安装工程来说，材料费占整个建筑安装工程费用的60%～90%。处理好材料费用，对一个投标人在投标过程中能否取得主动，以致最终能否一举中标都至关重要。

要做好材料费的计算，首先要了解材料费的计算方法。比较常用的材料费计算也有三种模式：利用现行的概、预算定额计价模式，全动态的计价模式，半动态的计价模式。其各自的计算方法可参见人工费计算的相关叙述。

为了在投标中取得优势地位，计算材料费时应把握以下几点。

1. 合理确定材料的消耗量

（1）主要材料消耗量　根据《建设工程工程量清单计价规范》的规定，招标人要在招标书中提供供投标人投标报价用的“工程量清单”。在工程量清单中，已经提供了一部分主要材料的名称、规格、型号、材质和数量，这部分材料应按使用量和消耗量之和进行计价。

对于工程量清单中没有提供的主要材料，投标人应根据工程的需要（包括工程特点和工程量大小）以及以往承担工程的经验自主进行确定，包括材料的名称、规格、型号、材质和数量等，材料的数量应是使用量和消耗量之和。

（2）消耗材料消耗量　消耗材料的确定方法与主要材料消耗量的确定方法基本相同，投标人要根据需要，自主确定消耗材料的名称、规格、型号、材质和数量。

（3）部分周转性材料摊销量　在工程施工过程中，有部分材料作为手段措施没有构成工程实体，其实物形态也没有改变，但其价值却被分批逐步地消耗掉，这部分材料称为周转性材料。周转性材料被消耗掉的价值，应当摊销在相应清单项目的材料费中（计入措施费的周转性材料除外）。摊销的比例应根据材料价值、磨损的程度、可被利用的次数以及投标策略等诸因素进行确定。

（4）低值易耗品　在施工过程中，一些使用年限在规定时间以下，单位价值在规定金额以内的工、器具，称为低值易耗品。这部分物品的计价办法是：概、预算定额中将其费用摊销在具体的定额子目当中；在工程量清单“动态计价模式”中，可以按概、预算定额的模式处理，也可以把它放在其他费用中处理，原则是费用不能重复计算，并能增强企业投标的竞争力。

2. 材料单价的确定

建筑安装工程材料价格是指材料运抵现场材料仓库或堆放点后的出库价格。

根据影响材料价格的因素，可以得到材料单价的计算公式为：

材料单价＝材料原价＋包装费＋采购保管费用＋运输费用＋材料的检验试验费用＋其他费用＋风险

材料的消耗量和材料单价确定后，材料费用便可以根据下面的公式计算：

材料费＝$\sum$(材料消耗量×材料单价)

（三）施工机械使用费的计算

施工机械使用费是指使用施工机械作业所发生的机械使用费以及机械安、拆和进出场费。施工机械不包括为管理人员配置的小车以及用于通勤任务的车辆等不参与施工生产的机械设备的台班费。

施工机械使用费的计算公式是：

施工机械使用费＝$\sum$(工程施工中消耗的施工机械台班量×机械台班综合单价)＋施工机械进出场费及安拆费(不包括大型机械)

施工机械使用费的高低及其合理性，不仅影响到建筑安装工程造价，而且能从侧面反映出企业劳动生产率水平的高低，其对投标单位竞争力的影响是不可忽视的。因此，在计算施工机械使用费时，一定要把握以下几点。

1. 合理确定施工机械的种类和消耗量

要根据承包工程的地理位置、自然气候条件的具体情况以及工程量、工期等因素编制施工组织设计和施工方案，然后根据施工组织设计和施工方案、机械利用率、概预算定额或企业定额及相关文件等，确定施工机械的种类、型号、规格和消耗量。

首先，根据工程量，利用概预算定额或企业定额，粗略地计算出施工机械的种类、型号、规格和消耗量；然后，根据施工方案和其他有关资料对机械设备的种类、型号、规格进行筛选，确定本工程需配备的施工机械的具体明细项目；最后，根据本企业的机械利用率指标，确定本工程中实际需要消耗的机械台班数量。

2. 确定施工机械台班综合单价

（1）确定施工机械台班单价　在施工机械台班单价费用组成中。

① 车船使用税、保险费及年检费是按国家或有关部门规定缴纳的，这部分费用是个定值。

② 燃料动力费是机械台班动力消耗与动力单价的乘积，也是个定值。

③ 机上人工费的处理方法有两种：第一种方法是将机上人工费计入工程直接人工费中；第二种方法是计入相应施工机械的机械台班综合单价中。机上人工费台班单价可参照“人工工日单价”的计算方法确定。

④ 安拆费及场外运输费的计算　施工机械的安装、拆除及场外运输可编制专门的方案。根据方案计算费用，并以此进一步地优化方案，优化后的方案也可作为施工方案的组成部分。

⑤ 折旧费和维修费的计算　折旧费和维修费（维修费包括大修费和经常修理费）是两项随时间变化而变化的费用。一台施工机械如果折旧年限短，则折旧费用高，维修费用低；如果折旧年限长，折旧费用低，维修费用高。

所以，选择施工机械最经济使用年限作为折旧年限，是降低机械台班单价，提高机械使用效率最有效、最直接的方法。确定了折旧年限后，然后确定折旧方法，最后计算台班折旧额和台班维修费。

组成施工机械台班单价的各项费用额确定以后，机械台班单价也就确定了。

还有一种机械台班单价的确定方法是根据国家及有关部门颁布的机械台班定额进行调整求得。

（2）确定租赁机械台班费　租赁机械台班费是指根据施工需要向其他企业或租赁公司租用施工机械所发生的台班租赁费。

在投标工作的前期，应进行市场调查，调查的内容包括：租赁市场可供选择的施工机械种类、规格、型号、完好性、数量、价格水平以及租赁单位信誉度等，并通过比较选择拟租赁的施工机械的种类、规格、数量及单位，并以施工机械台班租赁价格作为机械台班单价。一般除必须租赁的施工机械外，其他租赁机械的台班租赁费应低于本企业的机械台班单价。

（3）优化平衡、确定机械台班综合单价　通过综合分析，确定各类施工机械的来源及比例，计算机械台班综合单价。其计算公式为：

$$机械台班综合单价=\sum(不同来源的同类机械台班单价\times权数)$$

其中权数，是根据各不同来源渠道的机械占同类施工机械总量的比重取定的。

3. 大型机械设备使用费、进出场费及安拆费

在传统的概、预算定额中，施工机械使用费不包括大型机械设备使用费、进出场费及安

拆费，其费用一般作为措施费用单独计算。

在工程量清单计价模式下，此项费用的处理方式与概、预算定额的处理方式不同。大型机械设备的使用费作为机械台班使用费，按相应分项工程项目分摊计入直接工程费的施工机械使用费中。大型机械设备进出场费及安拆费作为措施费用计入措施费用项目中。

（四）企业管理费

1. 企业管理费的组成

企业管理费是指组织施工生产和经营管理所需的费用。企业管理费的高低在很大程度上取决于管理人员的多少。管理人员的多少，不仅反映了管理水平的高低，影响到企业管理费，而且还影响临设费用和调遣费用（如果招标书中无调遣费一项，这笔费用应该计算到人工费单价中，在直接费中人工费的计算已叙述）。

由企业管理费开支的工作人员包括管理人员、辅助服务人员和现场保安人员。

管理人员一般包括：项目经理、施工队长、工程师、技术员、财会人员、预算人员、机械师等。

辅助服务人员一般包括：生活管理员、炊事员、医务员、翻译员、小车司机和勤杂人员等。

为了有效地控制企业管理费开支，降低企业管理费标准，增强企业的竞争力，在投标初期就应严格控制管理人员和辅助服务人员的数量，同时合理确定其他管理费开支项目的水平。

2. 企业管理费的计算

企业管理费的计算主要有两种方法。

（1）公式计算法　利用公式计算企业管理费的方法比较简单，也是投标人经常采用的一种计算方法。其计算公式为：

$$企业管理费=计算基数\times企业管理费率$$

企业管理费率的计算公式中的基本数据应通过以下途径来合理取定。

① 分子与分母的计算口径应一致，即：分子中的生产工人年平均企业管理费是指每一个建安生产工人年平均企业管理费，分母中的有效工作天数和建安生产工人年均直接费分别是指，每一个建安生产工人的有效工作天数和每一个建安生产工人年均直接费。

② 生产工人年平均企业管理费的确定，应按照工程企业管理费的划分，依据企业近年有代表性的工程会计报表中的企业管理费的实际支出，剔除其不合理开支，分别进行综合平均核定全员年均企业管理费开支额，然后分别除以生产工人占职工平均人数的百分比，即得每一生产工人年均企业管理费开支额。

③ 生产工人占职工平均人数的百分比的确定，按照计算基础、项目特征，充分考虑改进企业经营管理，减少非生产人员的措施进行确定。

④ 有效施工天数的确定，必要时可按不同工程、不同地区适当区别对待。在理论上，有效施工天数等于工期。

⑤ 人工单价，是指生产工人的综合工日单价。

⑥ 人工费占直接工程费的百分比，应按专业划分，不同建筑安装工程人工费的比重不同，按加权平均计算核定。

另外，利用公式计算企业管理费时，企业管理费率可以按照国家或有关部门以及工程所在地政府规定的相应企业管理费率进行调整确定。

（2）费用分析法　用费用分析法计算企业管理费，就是根据管理费的构成，结合具体的工程项目，确定各项费用的发生额。计算公式：

$$企业管理费=管理人员及辅助服务人员的工资+办公费+差旅交通费+固定资产使用费+工具用具使用费+保险费+税金+财务费用+其他费用$$

在计算企业管理费之前，应确定以下基础数据，这些数据是通过计算直接工程费和编制施工组织设计和施工方案取得的，这些数据包括：生产工人的平均人数；施工高峰期生产工人人数；管理人员及辅助服务人员总数；施工现场平均职工人数；施工高峰期施工现场职工人数；施工工期。

其中，管理人员及辅助服务人员总数的确定，应根据工程规模、工程特点、生产工人人数、施工机具的配置和数量以及企业的管理水平进行确定。

① 管理人员及辅助服务人员的工资　其计算公式为：

$$管理人员及辅助服务人员的工资=管理人员及辅助服务人员数\times 综合人工工日单价\times 工期(天)$$

其中，综合人工工日单价可采用直接费中生产工人的综合工日单价，也可参照其计算方法另行确定。

② 办公费　按每名管理人员每月办公费消耗标准乘以管理人员人数，再乘以施工工期(月)。管理人员每月办公费消耗标准可以从以往完成的施工项目的财务报表中分析取得。

③ 差旅交通费

a. 因公出差、调动工作的差旅费和住勤补助费、市内交通费和误餐补助费、探亲路费、劳动力招募费、离退休职工一次性路费、工伤人员就医路费、工地转移费的计算可按“办公费”的计算方法确定。

b. 管理部门使用的交通工具的油料燃料费和养路费及牌照费。

$$油料燃料费=机械台班动力消耗\times 动力单价\times 工期(天)\times 综合利用率$$

养路费及牌照费按当地政府规定的月收费标准乘以施工工期（月）。

④ 固定资产使用费　根据固定资产的性质、来源、资产原值、新旧程度以及工程结束后的处理方式确定固定资产使用费。

⑤ 工具用具使用费　其计算公式为：

$$工具用具使用费=年人均使用额\times 施工现场平均人数\times 工期(年)$$

工具用具年人均使用额可以从以往完成的施工项目的财务报表中分析取得。

⑥ 保险费　通过保险咨询，确定施工期间要投保的施工管理用财产和车辆应缴纳的保险费用。

⑦ 税金　是指企业按规定缴纳的房产税、车船使用税、土地使用税、印花税等。税金的计算可以根据国家规定的有关税种和税率逐项计算，也可以根据以往工程的财务数据推算取得。

⑧ 财务费用　是指企业为筹集资金而发生的各种费用，包括企业经营期间发生的短期贷款利息支出、汇兑净损失、调剂外汇手续费、金融机构手续费以及企业筹集资金而发生的其他财务费用。

财务费计算按下列公式执行：

$$财务费=计算基数\times 财务费费率$$

财务费费率依据下列公式计算：

a. 以直接工程费为计算基础：

$$财务费费率(\%)=\frac{年均存贷款利息净支出+年均其他财务费用}{全年产值\times 直接工程费占总造价比例}$$

b. 以人工费为计算基础：

$$财务费费率(\%)=\frac{年均存贷款利息净支出+年均其他财务费用}{全年产值\times人工费占总造价比例}$$

c. 以人工费和机械费合计为计算基础：

$$财务费费率(\%)=\frac{年均存贷款利息净支出+年均其他财务费用}{全年产值\times人工费和机械费之和占总造价比例}$$

另外，财务费用还可以从以往的财务报表及工程资料中，通过分析平衡估算取得。

⑨ 其他费用　可根据以往工程的经验估算。

企业管理费对不同的工程以及不同的施工单位是不一样的，这样使不同的投标单位具有不同的竞争实力。

（五）利润

利润是指施工企业完成所承包工程应收回的酬金。从理论上讲，企业全部劳动成员的劳动，除掉因支付劳动力按劳动力价格所得的报酬以外，还创造了一部分新增的价值，这部分价值凝固在工程产品之中，这部分价值的价格形态就是企业的利润。

在工程量清单计价模式下，利润不单独体现，而是被分别计入分部分项工程费、措施项目费和其他项目费当中。具体计算方法可以以“人工费”或“人工费加机械费”或“直接费”为基础乘以利润率。

利润的计算公式为：

$$利润=计算基础\times利润率$$

利润是企业最终的追求目标，企业的一切生产经营活动都是围绕着创造利润进行的。利润是企业扩大再生产、增添机械设备的基础，也是企业实行经济核算，使企业成为独立经营、自负盈亏的市场竞争主体的前提和保证。

因此，合理地确定利润水平（利润率）对企业的生存和发展是至关重要的。在投标报价时，要根据企业的实力、投标策略，以发展的眼光来确定各种费用水平，包括利润水平，使本企业的投标报价既具有竞争力，又能保证其他各方面的利益的实现。

二、措施项目费用

措施项目费用是指工程量清单中，除工程量清单项目费用以外，为保证工程顺利进行，按照国家现行有关建设工程施工验收规范、规程要求，必须配套完成的工程内容所需的费用。

措施项目费的计算方法有按费率计算、按综合单价计算和按经验计算三种。

（一）按费率计算

按费率计算的措施项目费有：环境保护费、文明施工费、安全施工费、临时设施费、夜间施工费、二次搬运费等。

按费率计算，是指按费率乘以直接费或人工费计算，其计算公式为：

$$措施项目费=人工费\times费率$$

或：

$$措施项目费=直接工程费\times费率$$

1. 措施项目费的计算基数

措施项目费的计算基数可以是人工费，也可以是直接工程费。

人工费是指分部分项工程费中人工费的总和。直接工程费是指分部分项工程费中人工费材料费、机械费的总和。措施项目费的计算基数应以当地的具体规定为准。

2. 措施项目费的费率

根据我国目前的实际情况，措施项目费的费率有按当地行政主管部门规定计算和企业自行确定两种情况。

(1) 按当地行政主管部门规定计算　为防止建筑市场的恶性竞争，确保安全生产、文明施工以及安全文明施工措施的落实到位，切实改善施工从业人员的作业条件和生产环境，防止安全事故发生，《建设工程工程量清单计价规范》（GB 50500—2008）中规定，措施项目清单中的安全文明施工费应按照国家或省级、行业建设主管部门的规定计价，不得作为竞争性费用。

环境保护费应按照当地环境保护部门的规定计算。

(2) 企业自行确定　企业根据自己的情况并结合工程实际自行确定措施费的计算费率用包括夜间施工费、二次搬运费。

（二）按综合单价计算

按综合单价计算，即按工程量乘以综合单价计算。即：

$$措施费=\sum(工程量\times综合单价)$$

其计算方法同分部分项工程费的计算方法。按综合单价计算的费用包括：大型机械设备进出场及安装拆除费、混凝土钢筋混凝土模板及支架费、脚手架费、施工排水降水费、垂直运输机械费等。

混凝土及钢筋混凝土模板及支架费（简称模板费），各地定额的规定不同，其计算方法也不同。有的地区规定按混凝土构件的体积乘以综合单价计算，有的地区规定按混凝土模板的接触面积乘以综合单价计算。

（三）按经验计算

措施项目费的计算一般可根据上述两种方法计算，也可根据经验计算。如：混凝土及钢筋混凝土模板费、脚手架费、垂直运输费。

(1) 混凝土及钢筋混凝土模板费　混凝土及钢筋混凝土模板费，可根据以往经验，按建筑面积分不同的结构类型，并结合市场价格计算。

(2) 垂直运输费　垂直运输费，可根据工程的工期及垂直运输机械的租金计算。

(3) 脚手架费　脚手架费，可根据不同的结构类型以及建筑物的高度，按每平方米面积多少价值综合计算。

措施项目费计算，应在实际工作中不断积累经验，形成自己的经验数据，以便正确的计算措施项目费。

三、其他项目费用

其他项目费用包括暂列金额、暂估价（包括材料暂估单价、专业工程暂估价）、计日工、总承包服务费以及其他费用（如：索赔、现场签证等）。暂列金额是招标人在工程量清单中暂定并包括在合同价款中的一笔款项。用于施工合同签订时尚未确定或者不可预见的所需材料、设备、服务的采购，施工中可能发生的工程变更、合同约定调整因素出现时的工程价款调整以及发生的索赔、现场签证确认等的费用。暂估价是招标人在工程量清单中提供的用于支付必然发生但暂时不能确定价格的材料的单价以及专业工程的金额。计日工是在施工过程中，完成发包人提出的施工图纸以外的零星项目或工作，按合同中约定的综合单价计价。总承包服务费是总承包人为配合协调发包人进行的工程分包自行采购的设备、材料等进行管理、服务以及施工现场管理、竣工资料汇总整理等服务所需的费用。索赔是在合同履行过程中，对于非己方的过错而应由对方承担责任的情况造成的损失，向对方提出补偿的要求。现场签证是发包人现场代表与承包人现场代表就施工过程中涉及的责任事件所作的签认证明。

四、规费

规费是指政府和有关部门规定必须缴纳的费用，简称规费（前面已介绍，这里不再赘述）。

五、税金

税金是指国家税法规定的应计入建筑安装工程造价内的营业税、城市建设维护税及教育费附加等。

根据 2009 年 1 月 1 日起施行的《中华人民共和国营业税暂行条例》，建筑业的营业税税额为营业额的 3%。营业额是指纳税人从事建筑、安装、修缮、装饰及其他工程作业收取的全部收入，还包括建筑、修缮、装饰工程所用原材料及其他物质和动力的价款在内，当安装的设备的价值作为安装工程产值时，也包括所安装设备的价款。但建筑工程分包给其他单位的，以其取得的全部价款和价外费用扣除其支付给其他单位的分包款后的余额作为营业额。

城市建设维护税。纳税人所在地为市区的，按营业税的 7%征收；纳税人所在地为县城镇，按营业税的 5%征收；纳税人所在地不为市区县城镇的，按营业税的 1%征收，并与营业税同时交纳。

教育费附加，一律按营业税的 3%征收，也与营业税同时交纳。即使办有职工子弟学校的建筑安装企业，也应当先交纳教育费附加，教育部门可根据企业的办学情况，酌情返还给办学单位，作为对办学经费的补贴。

税金的计算前面已介绍，这里不再赘述。

第五节　工程量清单计价格式及表格

工程量清单与计价宜采用统一的格式。《建设工程工程量清单计价规范》（GB 50500—2008）按工程量清单、招标控制价、投标报价和竣工结算等各个计价阶段共设计了 4 种封面和 22 种表格。各省、自治区、直辖市建设行政主管部门和行业建设主管部门可根据本地区、本行业的实际情况，在《建设工程工程量清单计价规范》（GB 50500—2008）规定的工程量清单计价表格的基础上进行补充完善。

一、封面

1. 工程量清单（表 5-2）

表 5-2　工程量清单

__________工程

工程量清单

招标人：______________________　　工程造价咨询人：______________________

（单位盖章）　　（单位资质专用章）

法定代表人或其授权人：__________　　法定代表人或其授权人：__________

（签字或盖章）　　（签字或盖章）

编制人：______________________　　复核人：______________________

（造价人员签字盖专用章）　　（造价工程师签字盖专用章）

编制时间：　年　月　日　　复核时间：　年　月　日

工程量清单填写说明如下。

（1）本封面由招标人或招标人委托的工程造价咨询人编制工程量清单时填写。

（2）招标人自行编制工程量清单时，由招标人单位注册的造价人员编制。招标人盖单位公章，法定代表人或其授权人签字或盖章；编制人是造价工程师的，由其签字盖执业专用章；编制人是造价员的，在编制人栏签字盖专用章，应由造价工程师复核，并在复核人栏签字盖执业专用章。

（3）招标人委托工程造价咨询人编制工程量清单时，由工程造价咨询人单位注册的造价人员编制。工程造价咨询人盖单位资质专用章，法定代表人或其授权人签字或盖章；编制人是造价工程师的，由其签字盖执业专用章；编制人是造价员的，在编制人栏签字盖专用章，应由造价工程师复核，并在复核人栏签字盖执业专用章。

2. 招标控制价（表 5-3）

表 5-3 招标控制价

____________________工程

招标控制价

招标控制价(小写)：____________________________

(大写)：____________________________

招标人：__________________ (单位盖章)　　工程造价咨询人：__________________ (单位资质专用章)

法定代表人或其授权人：__________________ (签字或盖章)　　法定代表人或其授权人：__________________ (签字或盖章)

编 制 人：__________________ (造价人员签字盖专用章)　　复 核 人：__________________ (造价工程师签字盖专用章)

编制时间：　年　月　日　　复核时间：　年　月　日

《招标控制价》填写说明同《工程量清单》。

3. 投标总价（表 5-4）

表 5-4 投标总价

招 标 人：____________________________

工 程 名 称：____________________________

投标总价(小写)：____________________________

(大写)：____________________________

投 标 人：____________________________ (单位盖章)

法定代表人或其授权人：____________________________ (签字或盖章)

编 制 人：____________________________ (造价人员签字盖专用章)

编制时间：　年　月　日

《投标总价》填写说明如下。

（1）本封面由投标人编制投标报价时填写。

（2）投标人编制投标报价时，由投标人单位注册的造价人员编制。投标人单位公章，法定代表人或其授权人签字或盖章；编制的造价人员（造价工程师或造价员）签字盖执业专用章。

4. **竣工结算总价**（表 5-5）

表 5-5 竣工结算总价

____________________工程

竣工结算总价

中标价（小写）：____________________（大写）：____________________

结算价（小写）：____________________（大写）：____________________

发 包 人：________________ 承 包 人：________________ 工程造价咨询人：________________
（单位盖章） （单位盖章） （单位资质专用章）

法定代表人或其授权人：____________ 法定代表人或其授权人：____________ 法定代表人或其授权人：____________
（签字或盖章） （签字或盖章） （签字或盖章）

编 制 人：____________________ 核 对 人：____________________
（造价人员签字盖专用章） （造价工程师签字盖专用章）

编制时间： 年 月 日 核对时间： 年 月 日

竣工结算总价填写说明如下。

（1）承包人自行编制竣工结算总价，由承包人单位注册的造价人员编制。承包人盖单位公章，法定代表人或其授权人签字或盖章；编制的造价人员（造价工程师或造价员）在编制人栏签字盖执业专用章。

（2）发包人自行核对竣工结算时，由发包人单位注册的造价工程师核对。发包人盖单位公章，法定代表人或其授权人签字或盖章，造价工程师在核对人栏签字盖执业专用章。

（3）发包人委托工程造价咨询人核对竣工结算时，由工程造价咨询人单位注册的造价工程师核对。发包人盖单位公章，法定代表人或其授权人签字或盖章；工程造价咨询人盖单位资质专用章，法定代表人或其授权人签字或盖章，造价工程师在核对人栏签字盖执业专用章。

（4）除非出现发包人拒绝或不答复承包人竣工结算书的特殊情况，否则，在竣工结算办理完毕后，竣工结算总价封面上的发、承包双方的签字、盖章应当齐全。

二、总说明（表 5-6）

表 5-6 总说明

工程名称： 第 页 共 页

总说明（表5-6）填写说明如下。

本表适用于工程量清单计价的各个阶段。对每一阶段中《总说明》应包括的内容如下。

（1）工程量清单编制阶段　工程量清单中总说明应包括的内容有：

① 工程概况，如建设地址、建设规模、工程特征、交通状况、环保要求等；

② 工程发包、分包范围；

③ 工程量清单编制依据，如采用的标准、施工图纸、标准图集等；

④ 使用材料设备、施工的特殊要求等；

⑤ 其他需要说明的问题。

（2）招标控制价编制阶段

① 采用的计价依据；

② 采用的施工组织设计；

③ 采用的材料价格来源；

招标控制价中总说明应包括的内容有：

④ 综合单价中风险因素、风险范围（幅度）；

⑤ 其他。

（3）投标报价编制阶段　投标报价总说明应包括的内容有：

① 采用的计价依据；

② 采用的施工组织设计；

③ 综合单价中包含的风险因素，风险范围（幅度）；

④ 措施项目的依据；

⑤ 其他有关内容的说明等。

（4）竣工结算编制阶段　竣工结算中总说明应包括的内容有：

① 工程概况；

② 编制依据；

③ 工程变更；

④ 工程价款调整；

⑤ 索赔；

⑥ 其他。

三、汇总表

1. 工程项目招标控制价/投标报价汇总表（表5-7）

工程项目招标控制价/投标报价汇总表填写说明如下。

（1）由于编制招标控制价和投标价包含的内容相同，只是对价格的处理不同，因此，招标控制价和投标报价汇总表使用同一表格。实践中，对招标控制价或投标报价可分别印制本表格。

（2）使用本表格编制投标报价时，汇总表中的投标总价与投标中标函中投标报价金额应当一致。如不一致时以投标中标函中填写的大写金额为准。

表 5-7　工程项目招标控制价/投标报价汇总表

工程名称：　　　　　　　　　　　　　　　　　　　　　　　　　　第　页　共　页

序号	单项工程名称	金额(元)	其　中		
			暂估价(元)	安全文明施工费(元)	规费(元)
合　计					

注：本表适用于工程项目招标控制价或投标报价的汇总。

2. 单项工程招标控制价/投标报价汇总表（表 5-8）

表 5-8　单项工程招标控制价/投标报价汇总表

工程名称：　　　　　　　　　　　　　　　　　　　　　　　　　　第　页　共　页

序号	单位工程名称	金额(元)	其　中		
			暂估价(元)	安全文明施工费(元)	规费(元)
合　计					

注：本表适用于单项工程招标控制价或投标报价的汇总。暂估价包括分部分项工程中的暂估价和专业工程暂估价。

3. 单位工程招标控制价/投标报价汇总表（表5-9）

表 5-9 单位工程招标控制价/投标报价汇总表

工程名称：　　　　标段：　　　　第　页　共　页

序号	汇总内容	金额(元)	其中:暂估价(元)
1	分部分项工程		
1.1			
1.2			
1.3			
1.4			
1.5			
2	措施项目		
2.1	安全文明施工费		
3	其他项目		
3.1	暂列金额		
3.2	专业工程暂估价		
3.3	计日工		
3.4	总承包服务费		
4	规费		
5	税金		
招标控制价合计="1"+"2"+"3"+"4"+"5"			

注：本表适用于单位工程招标控制价或投标报价的汇总，如无单位工程划分，单项工程也使用本表汇总。

4. 工程项目竣工结算汇总表（表5-10）

表 5-10 工程项目竣工结算汇总表

工程名称：　　　　第　页　共　页

序号	单项工程名称	金额(元)	其中	
			安全文明施工费(元)	规费(元)
合　计				

5. 单项工程竣工结算汇总表（表 5-11）

表 5-11　单项工程竣工结算汇总表

工程名称：　　　　　　　　　　　　　　　　　　　　　　第　页　共　页

序号	单位工程名称	金额(元)	其　中	
			安全文明施工费(元)	规费(元)
合　计				

6. 单位工程竣工结算汇总表（表 5-12）

表 5-12　单位工程竣工结算汇总表

工程名称：　　　　　　　　　　标段：　　　　　　　　　　第　页　共　页

序号	汇　总　内　容	金额(元)
1	分部分项工程	
1.1		
1.2		
1.3		
1.4		
1.5		
2	措施项目	
2.1	安全文明施工费	
3	其他项目	
3.1	专业工程结算价	
3.2	计日工	
3.3	总承包服务费	
3.4	索赔与现场签证	
4	规费	
5	税金	
竣工结算总价合计＝“1”＋“2”＋“3”＋“4”＋“5”		

注：如无单位工程划分，单项工程也使用本表汇总。

四、分部分项工程量清单表

1. 分部分项工程量清单与计价表（表 5-13）

表 5-13 分部分项工程量清单与计价表

工程名称： 标段： 第 页 共 页

序号	项目编码	项目名称	项目特征描述	计量单位	工程量	金额(元)		
						综合单价	合价	其中：暂估价
本页小计								
合 计								

注：根据建设部、财政部发布的《建筑安装工程费用组成》（建标［2003］206 号）的规定，为计取规费等的使用，可在表中增设其中："直接费"、"人工费"或"人工费＋机械费"。

分部分项工程量清单与计价表填写说明如下。

（1）本表是编制工程量清单、招标控制价、投标价和竣工结算的最基本用表。

（2）编制工程量清单时，使用本表在"工程名称"栏应填写详细具体的工程称谓，对于房屋建筑而言，习惯上并无标段划分，可不填写"标段"栏，但相对于管道敷设、道路施工、则往往以标段划分，此时，应填写"标段"栏，其他各表涉及此类设置，道理相同。"项目编码"栏应按规定另加 3 位顺序填写。"项目名称"栏应按规定根据拟建工程实际确定填写。"项目特征"栏应按规定根据拟建工程实际予以描述。

（3）编制招标控制价时，使用本表"综合单价"、"合计"以及"其中：暂估价"按《建设工程工程量清单计价规范》（GB 50500—2008）的规定填写。

（4）编制投标报价时，投标人对表中的"项目编码"、"项目名称"、"项目特征"、"计量单位"、"工程量"均不应做改动。"综合单价"、"合价"自主决定填写，对其中的"暂估价"

栏，投标人应将招标文件中提供了暂估材料单价的暂估价进入综合单价，并应计算出暂估单价的材料在“综合单价”及其“合价”中的具体数额，因此，为更详细反应暂估价情况，也可在表中增设一栏“综合单价”其中的“暂估价”。

（5）编制竣工结算时，使用本表可取消“暂估价”。

2. **工程量清单综合单价分析表**（表 5-14）

表 5-14　工程量清单综合单价分析表

工程名称：　　　　　　　　　　　　　　标段：　　　　　　　　　　　　第　页　共　页

项目编码			项目名称				计量单位				
清单综合单价组成明细											
定额编号	定额名称	定额单位	数量	单价				合价			
				人工费	材料费	机械费	管理费和利润	人工费	材料费	机械费	管理费和利润
人工单价		小计									
元/工日		未计价材料费									
清单项目综合单价											
材料费明细	主要材料名称、规格、型号					单位	数量	单价（元）	合价（元）	暂估单价（元）	暂估合价（元）
	其他材料费							—		—	
	材料费小计							—			

注：1. 如不使用省级或行业建设主管部门发布的计价依据，可不填定额项目、编号等。

2. 招标文件提供了暂估单价的材料，按暂估的单价填入表内“暂估单价”栏及“暂估合价”栏。

工程量清单综合单分析表填写说明如下。

（1）工程量清单单价分析表是评标委员会评审和判别综合单价组成和价格完整性、合理性的主要基础，对因工程变更调整综合单价也是必不可少的基础价格数据来源。

（2）本表集中反映了构成每一个清单项目综合单价的各个价格要素的价格及主要的“工、料、机”消耗量。投标人在投标报价时，需要对每一个清单项目进行组价，为了使组价工作具有可追溯性（回复评标质疑时尤其需要），需要表明每一个数据的来源。

（3）本表一般随投标文件一同提交，作为竞标价的工程量清单的组成部分。以便中标后，作为合同文件的附属文件。“投标人须知”中需要就分析表提交的方式作出规定，该规定需要考虑是否有必要对分析表的合同地位给予定义。

（4）编制招标控制价，使用本表应填写使用的省级或行业建设主管部门发布的计价定额名称。

(5) 编制投标报价，使用本表可填写使用的省级或行业建设主管部门发布的计价定额，如不使用，不填写。

五、措施项目清单表

1. 措施项目清单与计价表（一）（表5-15）

表5-15 措施项目清单与计价表（一）

工程名称： 标段： 第 页 共 页

序号	项目名称	计算基础	费率(%)	金额(元)
1	安全文明施工费			
2	夜间施工费			
3	二次搬运费			
4	冬雨季施工			
5	大型机械设备进出场及安拆费			
6	施工排水			
7	施工降水			
8	地上、地下设施、建筑物的临时保护设施			
9	已完工程及设备保护			
10	各专业工程的措施项目			
11				
12				
合计				

注：1. 本表适用于以“项”计价的措施项目。

2. 根据建设部、财政部发布的《建筑安装工程费用组成》（建标［2003］206号）的规定，“计算基础”可为“直接费”、“人工费”或“人工费+机械费”。

措施项目清单与计价表（一）填写说明如下。

(1) 编制工程量清单时，表中的项目可根据工程实际情况进行增减。

(2) 编制招标控制价时，计费基础、费率应按省级或行业建设主管部门的规定计取。

(3) 编制投标报价时，除“安全文明施工费”必须按《建设工程工程量清单计价规范》(GB 50500—2008) 的强制性规定，按省级、行业建设主管部门的规定计取外，其他措施项目均可根据投标施工组织设计自主报价。

2. 措施项目清单与计价表（二）（表5-16）

表5-16 措施项目清单与计价表（二）

工程名称： 标段： 第 页 共 页

序号	项目编码	项目名称	项目特征描述	计量单位	工程量	金额(元)	
						综合单价	合价

续表

序号	项目编码	项目名称	项目特征描述	计量单位	工程量	金额(元)	
						综合单价	合价
本页小计							
合计							

注：本表适用于以综合单价形式计价的措施项目。

六、其他项目清单表

1. 其他项目清单与计价汇总表（表 5-17）

表 5-17　其他项目清单与计价汇总表

工程名称：　　　　　　　　　　　　　标段：　　　　　　　　　　　　第　页　共　页

序号	项目名称	计量单位	暂定金额(元)	备　注
1	暂列金额			明细详见表 5-18
2	暂估价			
2.1	材料暂估价		—	明细详见表 5-19
2.2	专业工程暂估价			明细详见表 5-20
3	计日工			明细详见表 5-21
4	总承包服务费			明细详见表 5-22
合计				—

注：材料暂估单价进入清单项目综合单价，此处不汇总。

其他项目清单与计价汇总表填写说明如下。

(1) 编制工程量清单，应汇总“暂列金额”和“专业工程暂估价”，以提供给投标人报价。

（2）编制招标控制价，应按有关计价规定估算“计日工”和“总承包服务费”。如工程量清单中未列“暂列金额”和“专业工程暂估价”，应按有关规定编列。

（3）编制投标报价，应按招标文件工程量清单提供的“暂列金额”和“专业工程暂估价”填写金额，不得变动。“计日工”、“总承包服务费”自主确定报价。

（4）编制或核对竣工结算，“专业工程暂估价”按实际分包结算价填写，“计日工”、“总承包服务费”按双方认可的费用填写，如发生“索赔”或“现场签证”费用，按双方认可的金额计入本表。

2. **暂列金额明细表**（表5-18）

表5-18 暂列金额明细表

工程名称： 标段： 第 页 共 页

序号	项目名称	计量单位	暂定金额(元)	备注
1				
2				
3				
4				
5				
6				
7				
8				
9				
10				
11				
合计				—

注：此表由招标人填写，如不能详列，也可只列暂定金额总额，投标人应将上述暂列金额计入投标总价中。

暂列金额明细表填写说明如下。

暂列金额在实际履约过程中可能发生，也可能不发生。本表要求招标人能将暂列金额与拟用项目列出明细，但如确实不能详列也可只列暂定金额总额，投标人应将上述暂列金额计入投标总价中。

3. **材料暂估单价表**（表5-19）

表5-19 材料暂估单价表

工程名称： 标段： 第 页 共 页

序号	材料名称、规格、型号	计量单位	单价(元)	备注

续表

序号	材料名称、规格、型号	计量单位	单价(元)	备注

注：1. 此表由招标人填写，并在备注栏说明暂估价的材料拟用在哪些清单项目上，投标人应将上述材料暂估单价计入工程量清单综合单价报价中。

2. 材料包括原材料、燃料、构配件以及按规定应计入建筑安装工程造价的设备。

材料暂估单价表填写说明：

暂估价是在招标阶段预见肯定要发生，只是因为标准不明确或者需要由专业承包人完成，暂时无法确定具体价格。暂估价数量和拟用项目应当在本表备注栏给予补充说明。

4. 专业工程暂估价表（表 5-20）

表 5-20　专业工程暂估价表

工程名称：　　　　　　　　　　　　标段：　　　　　　　　　　　第　页　共　页

序号	工程名称	工程内容	金额(元)	备　注
合计				—

注：此表由招标人填写，投标人应将上述专业工程暂估价计入投标总价中。

专业工程暂估价表填写说明如下。

专业工程暂估价应在表内填写工程名称、工程内容、暂估金额、投标人应将上述金额计入投标总价中。

5. **计日工表**（表 5-21）

表 5-21 计日工表

工程名称： 标段： 第 页 共 页

编号	项目名称	单位	暂定数量	综合单价	合价
一	人工				
1					
2					
3					
4					
人工小计					
二	材料				
1					
2					
3					
4					
5					
6					
材料小计					
三	施工机械				
1					
2					
3					
4					
施工机械小计					
合计					

注：此表项目名称、数量由招标人填写，编制招标控制价时，单价由招标人按有关计价规定确定；投标时，单价由投标人自助报价，计入投标总价中。

计日工表填写说明如下。

（1）编制工程量清单时，“项目名称”、“计量单位”、“暂估数量”由招标人填写。

（2）编制招标控制价时，人工、材料、机械台班单价由招标人按有关计价规定填写并计算合价。

（3）编制投标报价时，人工、材料、机械台班单价由投标人自主确定，按已给暂估数量计算合价计入投标总价中。

6. **总承包服务费计价表**（表 5-22）

总承包服务费计价表填写说明如下。

（1）编制工程量清单时，招标人应将拟定进行专业分包的专业工程、自行采购的材料设备等决定清楚，填写项目名称、服务内容，以便投标人决定报价。

（2）编制招标控制价时，招标人按有关计价规定计价。

（3）编制投标报价时，由投标人根据工程量清单中的总承包服务内容，自主决定报价。

表 5-22　总承包服务费计价表

工程名称：　　　　　　　　　　　　标段：　　　　　　　　　　　　第　页　共　页

序号	工程名称	项目价值(元)	服务内容	费率(%)	金额(元)
1	发包人发包专业工程				
2	发包人供应材料				
合计					

7. 索赔与现场签证计价汇总表（表 5-23）

表 5-23　索赔与现场签证计价汇总表

工程名称：　　　　　　　　　　　　标段：　　　　　　　　　　　　第　页　共　页

序号	签证及索赔项目名称	计量单位	数量	单价(元)	合价(元)	索赔及签证依据
本页小计						—
合计						—

注：签证及索赔依据是指经双方认可的签证单和索赔依据的编号。

8. **费用索赔申请**（核准）**表**（表 5-24）

表 5-24　费用索赔申请（核准）表

工程名称：　　　　　　　　　　　　　　　　标段：　　　　　　　　　　　　　　　　编号：

<table>
<tr><td colspan="2">致：________________（发包人全称）
根据施工合同条款第____条的约定，由于____原因，我方要求索赔金额（大写）____元，（小写）____元，请予核准.
附：1. 费用索赔的详细理由和依据：
2. 索赔金额的计算：
3. 证明材料：

承包人（章）
承包人代表____
日　　期____</td></tr>
<tr><td>复核意见：
根据施工合同条款第____条的约定，你方提出的费用索赔申请经复核：
□ 不同意此项索赔，具体意见见附件。
□ 同意此项索赔，索赔金额的计算，由造价工程师复核。

监理工程师____
日　　期____</td><td>复核意见：
根据施工合同条款第____条的约定，你方提出的费用索赔申请经复核，索赔金额为（大写）____元（小写）____元。

造价工程师____
日　　期____</td></tr>
<tr><td colspan="2">审核意见：
□ 不同意此项索赔。
□ 同意此项索赔，与本期进度款同期支付。

发包人（章）
发包人代表____
日　　期____</td></tr>
</table>

注：1. 在选择栏中的“□”内画“√”。

2. 本表一式四份，由承包人填报，发包人、监理人、造价咨询人、承包人各存一份。

费用索赔申请（核准）表填写说明如下。

填写本表时，承包人代表应按合同条款的约定，阐述原因，附上索赔证据、费用计算报发包人，经监理工程师复核（按照发包人的授权不论是监理工程师或发包人现场代表均可），经造价工程师（此处造价工程师可以是发包人现场管理人员，也可以是发包人委托的工程造价咨询企业的人员）复核具体费用，经发包人审核后生效，该表以在选择栏中的“□”画“√”表示。

9. 现场签证表（表 5-25）

表 5-25　现场签证表

工程名称：　　　　　　　　　　　　标段：　　　　　　　　　　　　编号：

<table>
<tr><td>施工单位</td><td></td><td>日期</td><td></td></tr>
<tr><td colspan="4">致：＿＿＿＿＿＿＿＿＿＿＿＿＿（发包人全称）
根据＿＿（指令人姓名）　年　月　日的口头指令或你方＿＿＿（或监理人）　年　月　日的书面通知，我方要求完成此项工作应支付价款金额为（大写）＿＿＿元，（小写）＿＿＿元，请予核准。
附：1. 签证事由及原因：
2. 附图及计算式：
承包人（章）＿＿＿
承包人代表＿＿＿
日　　期＿＿＿</td></tr>
<tr><td colspan="2">复核意见：
你方提出的此项签证申请申请经复核：
□ 不同意此项签证，具体意见见附件。
□ 同意此项签证，签证金额的计算，由造价工程师复核。
监理工程师＿＿＿
日　　期＿＿＿</td><td colspan="2">复核意见：
□ 此项签证按承包人中标的计日工单价计算，金额为（大写）＿＿＿元（小写）＿＿＿元。
□ 此项签证因无计日工单价，金额为（大写）＿＿＿元，（小写）＿＿＿元。
造价工程师＿＿＿
日　　期＿＿＿</td></tr>
<tr><td colspan="4">审核意见：
□ 不同意此项签证赔。
□ 同意此项签证，价款与本期进度款同期支付。
发包人（章）
发包人代表＿＿＿
日　　期＿＿＿</td></tr>
</table>

注：1. 在选择栏中的"□"内画"√"。

2. 本表一式四份，由承包人在收到发包人（监理人）的口头或书面通知后填写，发包人、监理人、造价咨询人、承包人各存一份。

现场签证表填写说明如下。

本表是对"计日工"的具体化，考虑到招标时，招标人对计日工项目的预估难免会有遗漏，带来实际施工发生后，无相应的计日工单价时，现场签证只能包括单价一并处理，因此，在汇总时，有计日工单价的，可归并于计日工，如无计日工单价，归并于现场签证，以示区别。

七、规费、税金项目清单与计价表

表 5-26　规费、税金项目清单与计价表

工程名称：　　　　　　　　　　　　标段：　　　　　　　　　　　　第　页　共　页

序号	项目名称	计算基础	费率(%)	金额(元)
1	规费			
1.1	工程排污费			
1.2	社会保障费			
(1)	养老保险费			
(2)	失业保险费			
(3)	医疗保险费			
1.3	住房公积金			
1.4	危险作业意外伤害保险			
1.5	工程定额测定费			
2	税金	分部分项工程费＋措施项目费＋其他项目费＋规费		
合计				

注：根据建设部、财政部发布的《建筑安装工程费用组成》（建标［2003］206 号）的规定，“计算基础”可为“直接费”、“人工费”或“人工费＋机械费”。

规费、税金项目清单与计价表（表 5-26）填写说明如下。

本表按原建设部、财政部印发的《建筑安装工程费用项目组成》（建标［2003］206 号）列举的规费项目列项，在施工实践中，有的规费项目，如工程排污费，并非每个工程所在地都要征收，实践中可作为按实计算的费用处理。此外，按照国务院《工伤保险条例》，工伤保险建议列入，与“危险作业意外伤害保险”一并考虑。

八、工程价款支付申请（核准）表

表 5-27　工程款支付申请(核准)表

工程名称：　　　　　　　　　　　　标段：　　　　　　　　　　　　编号：

致：＿＿＿＿＿＿＿＿＿＿＿＿＿＿＿＿＿＿＿＿（发包人全称）

我方于＿＿＿＿至＿＿＿＿期间已完成了＿＿＿＿工作，根据施工合同的约定，现申请支付本期的工程价款为(大写)＿＿＿＿元，(小写)＿＿＿＿元，请予核准。

序号	名　称	金额(元)	备注
1	累计已完成的工程价款		
2	累计已实际支付的工程价款		
3	本周期已完成的工程价款		
4	本周期完成的计日工金额		
5	本周期应增加和扣减的变更金额		
6	本周期应增加和扣减的索赔金额		
7	本周期应抵扣的预付款		
8	本周期应扣减的质保金		
9	本周期应增加或扣减的其他金额		
10	本周期实际应支付的工程价款		

承包人(章)

承包人代表＿＿＿＿

日　　期＿＿＿＿

续表

<table>
<tr><td>复核意见：
□ 与实际施工情况不相符，修改意见见附件。
□ 与实际施工情况相符，具体金额由造价工程师复核。

监理工程师________
日　　期________</td><td>复核意见：
你方提出的支付申请经复核，本周期已完成工程价款为（大写）________元，（小写）________元，本期间应支付金额为（大写）________元，（小写）________元。

造价工程师________
日　　期________</td></tr>
<tr><td colspan="2">审核意见：
□ 不同意。
□ 同意，支付时间为本表签发后的 15 天内。

发包人（章）
发包人代表________
日　　期________</td></tr>
</table>

注：1. 在选择栏中的“□”内画“√”。

2. 本表一式四份，由承包人填报，发包人、监理人、造价咨询人、承包人各存一份。

工程款支付申请（核准）表（表 5-27）填写说明如下。

本表由承包人代表在每个计量周期结束后，向发包人提出，由发包人授权的现场代表复核工程量（本表中设置为监理工程师），由发包人授权的造价工程师（可以是委托的造价咨询企业）复核应付款项，经发包人批准实施。

本章小结

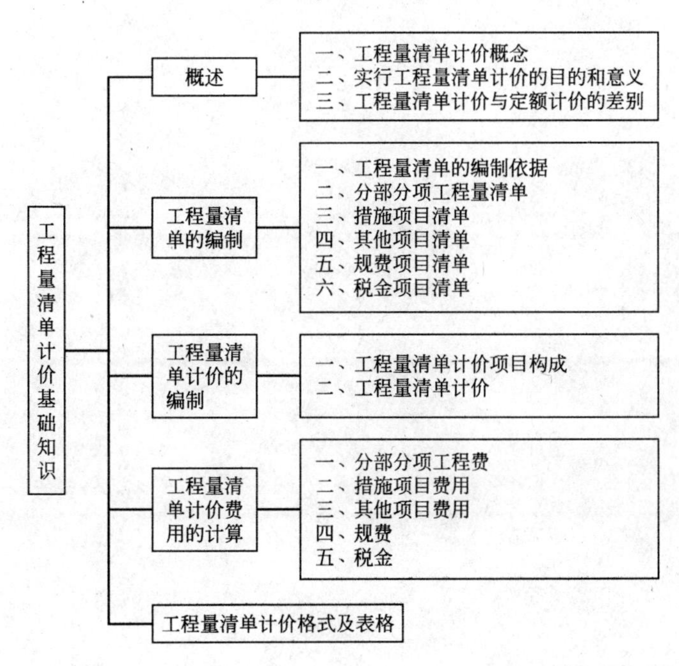

复习思考题

1. 什么是工程量清单？什么是工程量清单计价？两者有何区别？
2. 工程量清单由哪几部分组成？
3. 如何编制工程量清单？
4. 试述工程量清单计价的基本程序。
5. 工程量清单计价文件主要由哪几部分组成？
6. 工程量清单计价时，“编制说明”应写明哪些内容？
7. 清单项目的项目编码由几位数字组成？可分为几级编码？
8. 工程量清单计价时，是否可根据工程实际情况调整招标文件中的措施项目清单？
9. “分部分项工程量清单计价表”与“分部分项工程量清单综合单价计算（分析）表”之间有何联系？

第六章　土石方工程量清单计价

知识目标

- 了解土石方工程清单项目的设置。
- 掌握土石方工程清单项目工程量的计算规则与计算方法。
- 掌握土石方工程清单计价的步骤与方法。

能力目标

- 能够应用清单工程量计算规则与方法计算清单项目的工程量。
- 能够编制土石方工程清单计价文件。

第一节　土石方工程工程量清单项目设置

《建设工程工程量清单计价规范》(GB 50500—2008)(以下简称《计价规范》)中的土石方工程将土石方工程分为挖土方、挖石方、填方及土石方运输三部分，共 12 个清单项目。表 6-1～表 6-3 均来自《清单计价规范》(GB 50500—2008) 附录 D. 1。

一、挖土方工程量清单项目设置

根据土方开挖的类型不同，共设 6 个清单项目。挖土方工程量清单项目设置及工程量计算规则，应按表 6-1 的规定执行。

表 6-1　挖土方(编码：040101)

项目编码	项目名称	项目特征	计量单位	工程量计算规则	工程内容
040101001	挖一般土方	1. 土壤类别 2. 挖土深度	m^3	按设计图示开挖线以体积计算	1. 土方开挖 2. 场地找平 3. 场内运输 4. 平整夯实
040101002	挖沟槽土方			原地面线以下按构筑物最大水平投影面积乘以挖土深度(原地面平均标高至槽坑底高度)以体积计算	
040101003	挖基坑土方			原地面线以下按构筑物最大水平投影面积乘以挖土深度(原地面平均标高至坑底高度)以体积计算	
040101004	竖井挖土方			按设计图示尺寸以体积计算	1. 土方开挖 2. 围护、支撑 3. 场内运输
040101005	暗挖土方	土壤类别		按设计图示断面乘以长度以体积计算	1. 土方开挖 2. 围护、支撑 3. 洞内运输 4. 场内运输
040101006	挖淤泥	挖淤泥深度		按设计图示的位置及界限以体积计算	1. 挖淤泥 2. 场内运输

清单项目相关说明如下。

（1）挖一般土方

① 挖一般土方在编列清单项目时，按划分的原则进行列项。

② 挖一般土方的清单工程量按原地面线与开挖达到设计要求线间的体积计算。

③ 挖一般土方，就市政工程来说一般是路基挖方和广场挖方。路基挖方一般用平均横断面法计算，广场挖方一般采用方格网法进行计算。如遇到原有道路拆除，拆除部分应另列清单项目。道路的挖方量应不包括拆除量。

（2）挖沟槽土方

① 挖沟槽土方在编列清单项目时，按划分原则进行列项。

② 挖沟槽土方的清单工程量，按原地面线以下构筑物最大水平投影面积乘以挖土深度（原地面平均标高至坑、槽底平均标高的高度）以体积计算，如图 6-1 所示。

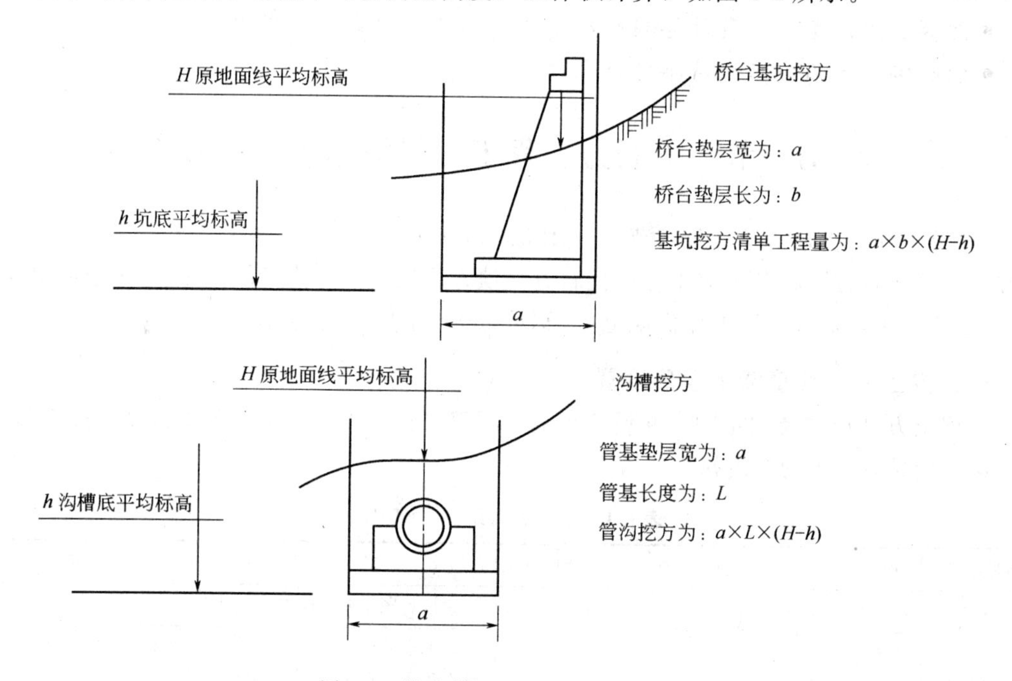

图 6-1 挖沟槽和基坑土石方示意图

③ 挖沟槽土方的清单工程量按原地面以下的构筑物最大水平投影乘以水平挖方深度计算。

（3）挖基坑土方。挖基坑土方与挖沟槽土方相同，其清单工程量亦按原地面以下的构筑物最大水平投影乘以水平挖方深度计算。

（4）竖井挖土方

① 竖井挖土方是指在土质隧道中除用盾构法挖竖井外，其他方法挖竖井土方用此项目。

② 市政管网中各种井的井位挖方计算。因为管沟挖方的长度按管网敷设的管道中心线的长度计算，所以管网中的各种井的井位挖方清单工程量必须扣除与管沟重叠部分的方量，如图 6-2 所示只计算斜线（阴影）部分的方量。

（5）暗挖土方是指在土质隧道、地铁中除用盾构掘进和竖井挖土方外，用其他方法挖洞内土方工程用此项目。

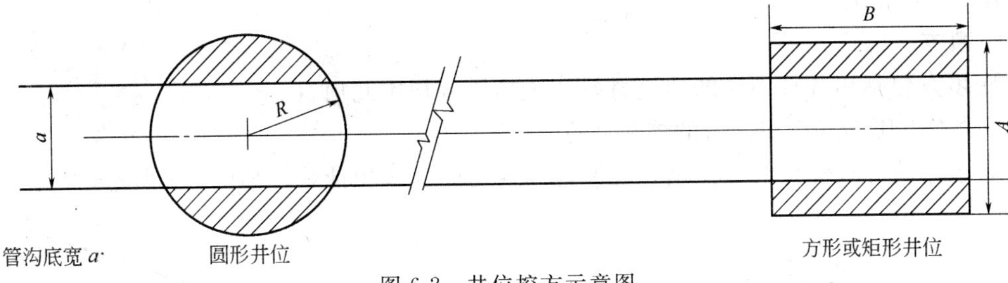

图 6-2　井位挖方示意图

二、挖石方工程量清单项目设置

根据石方开挖的类型不同，共设 3 个清单项目。

挖石方工程量清单项目设置及工程量计算规则，应按表 6-2 的规定执行。

表 6-2　挖石方（编码：040102）

项目编码	项目名称	项目特征	计量单位	工程量计算规则	工程内容
040102001	挖一般石方	1. 岩石类别 2. 单孔深度	m^3	按设计图示开挖线以体积计算	1. 石方开凿 2. 围护、支撑 3. 场内运输 4. 修整底、边
040102002	挖沟槽石方			原地面线以下按构筑物最大水平投影面积乘以挖石深度（原地面平均标高至槽底高度）以体积计算	
040102003	挖基坑石方			按设计图示尺寸以体积计算	

清单项目相关说明如下。

(1) 挖一般石方

① 石方体积以天然密实体积（自然方）计算，回填土按碾压后的体积（实方）计算。有的地区存在大孔隙土，利用大孔隙土挖方作填方时，其挖方量的系数应增加，数值可由各地定额管理部门确定。

② 挖一般石方一般是路基和广场挖方，应分别采用平均横断面法和方格网法计算。如遇到原有道路拆除，拆除部分应另外列项，挖方量不应包括拆除量。

(2) 挖沟槽、基坑石方　挖沟槽、基坑石方工程量清单项目的适用范围与相关说明同挖沟槽、基坑土方。

三、填方及土石方运输工程量清单项目设置

填方及土石方运输工程量清单项目设置及工程量计算规则，应按表 6-3 的规定执行。

表 6-3　填方及土石方运输（编码：040103）

项目编码	项目名称	项目特征	计量单位	工程量计算规则	工程内容
040103001	填方	1. 填方材料品种 2. 密实度	m^3	1. 按设计图示尺寸以体积计算 2. 按挖方清单项目工程量减基础、构筑物埋入体积加原地面线至设计要求标高间的体积计算	1. 填方 2. 压实
040103002	余方弃置	1. 废弃料品种 2. 运距		按挖方清单项目工程量减利用回填方体积（正数）计算	余方点装料运输至缺方点
040103003	缺方内运	1. 填方材料品种 2. 运距		按挖方清单项目工程量减利用回填方体积（负数）计算	取料点装料运输至缺方点

清单项目相关说明如下。

1. 填方

① 填方包括用各种不同的填筑材料填筑的填方均用此项目。

②填方以压实（夯实）后的体积计算。

③ 道路填方按设计线（路基）与原地面线之间的体积计算，如图 6-3 所示。

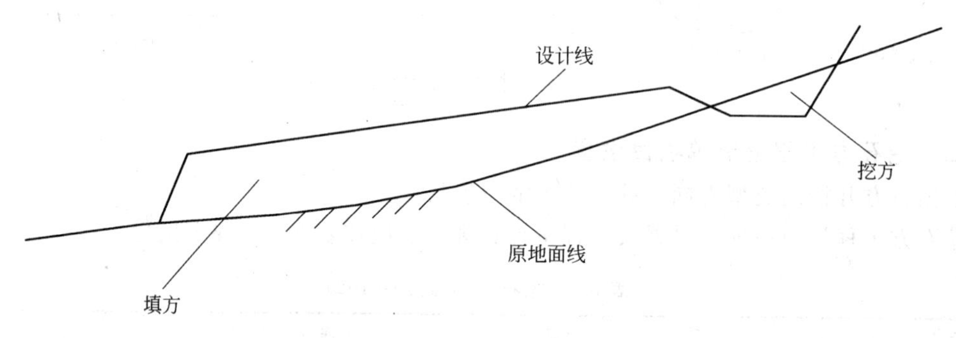

图 6-3　道路填方示意图

④ 沟槽及基坑填方按沟槽或基坑挖方清单工程量减埋入构筑物的体积计算，如有原地面以上填方则再加上这部体积即为填方量。

⑤ 路基填方按路基设计线与原地面线之间的体积计算。

⑥ 沟槽、基坑填方的清单工程量，按相关的挖方清单工程量减包括垫层在内的构筑物埋入体积计算；如设计填筑线在原地面以上的话，还应加上原地面线至设计线之间的体积。

2. 土方运输

每个单位工程的挖方与填方应进行平衡，多余部分应列余方弃置的项目。如招标文件中指明弃置地点的，应列明弃置点及运距；如招标文件中没有列明弃置点的，将由投标人考虑弃置点及运距。缺少部分（即缺方部分）应列缺方内运清单项目。如招标文件中指明取方点的，则应列明到取方点的平均运距；如招标文件和设计图及技术文件中，对填方材料品种、规格有要求的也应列明，对填方密实度有要求的应列明密实度。

四、土石方项目清单编制说明

(1) 挖方应按天然密实度体积计算，填方应按压实后体积计算。

(2) 沟槽、基坑、一般土石方的划分应符合下列规定：

① 底宽 7m 以内、底长大于底宽 3 倍以上应按沟槽计算；

② 底长小于宽 3 倍以下、底面积在 $150m^2$ 以内应按基坑计算；

③ 过上述范围，应按一般土石方计算。

第二节　土石方工程清单工程量计算

一、挖一般土（石）方

1. 工程量计算规则

按设计图示开挖线以体积计算，即按原地面线与设计图示开挖线之间的体积计算。

2. 工程量计算方法

常见的市政道路工程、大面积场地的挖方通常属于挖一般土（石）方，道路工程一般挖土

(石) 方工程量可采用横截面法进行计算，大面积场地挖方工程量可采用方格网法进行计算。

(1) 横截面法　常见的市政道路工程路基横截面形式有：填方路基、挖方路基、半填半挖路基和不填不挖路基，如图 6-4 所示。

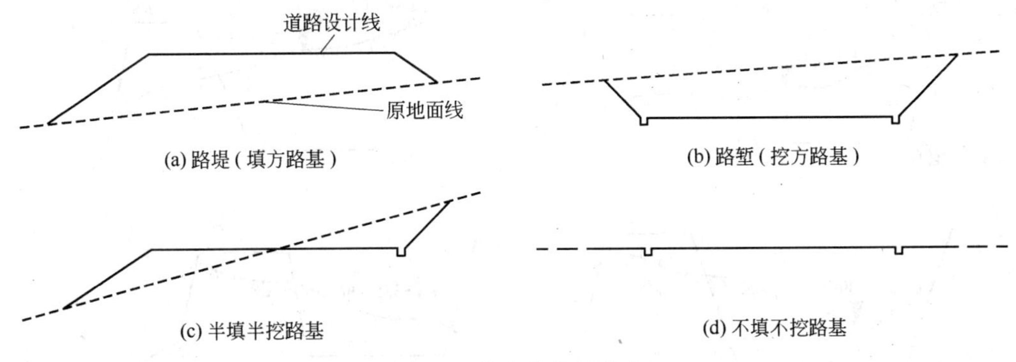

图 6-4　路基横截面形式

根据路基横截面图（道路逐桩横断面图）可以计算每个截面处的挖方面积，取两邻截面挖方面积的平均值乘以相邻截面之间的中心线长度计算相邻两截面间的挖方工程量，合计可得整条道路的挖方工程量。

$$V=\sum\frac{(F_i+F_j)L_{ij}}{2}$$

式中　V——道路挖方总体积；

F_i，F_j——道路相邻两截面的挖方面积；

L_{ij}——道路相邻两截面的中心线长度。

横截面法又称为积距法。在计算时，通常可利用道路工程逐桩横断面图进行土（石）方工程量的计算。

(2) 方格网法　方格网法计算挖（填）方量的步骤如下所述。

① 根据场地大小，将场地划分为 10m×10m 或 20m×20m 的方格网。将各方格网及方格网各角点分别加以编号：方格网编号可标注在中间，角点编号标注在角点左下方。

② 在方格网各角点右上方标注原地面标高、在方格网各角点右下方标注设计路基标高，并计算方格网各角点的施工高度，并将其标注在角点左上方。

施工高度＝原地面标高－设计路基(开挖线)标高

计算结果为“＋”需挖方；计算结果为“－”需填方。

③ 计算确定每个方格网各条边“零点”的位置，并将相邻两边的“零点”连接得到零点线，将各方格网挖方、填方区域进行划分。

零点：施工高度为 0 的点，即方格网边上不填不挖的点。

④ 计算各方格网挖方或填方的体积。

$$V=FH$$

式中　V——各方格网挖方或填方的体积；

F——各方格网挖方或填方部分的底面积；

H——各方格网挖方或填方部分的平均挖深或填高。

⑤ 合计各方格网挖方或填方的体积，可得到整个场地的挖方或填方工程量。

方格网的零点计算公式、挖填土方计算公式，可查阅土石方工程。

【例 6-1】某市四号道路一段修筑起点 K1+200，终点 K1+325，如图 6-5 所示，路面采用沥青混凝土铺筑，路面宽度 16m，路肩各宽 1.5m，土质为三类土，余方运至 5km 处弃置，填方要求密实度达到 95%，试用横断面法计算该段道路的土方量。

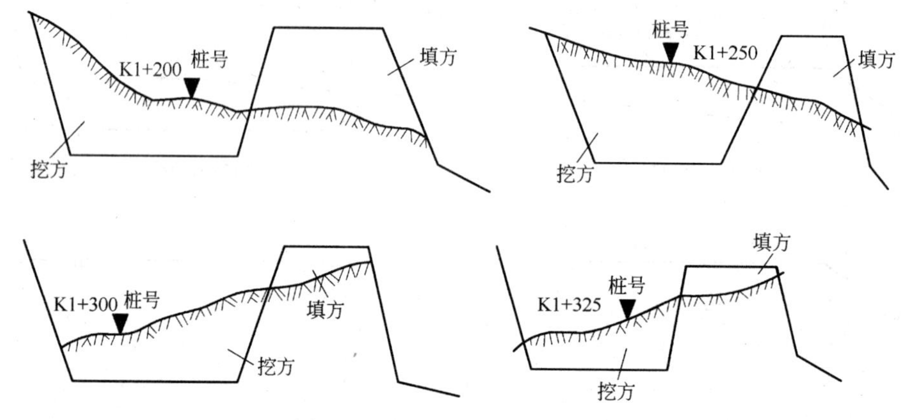

图 6-5 道路施工横断面示意图

【解】(1) 清单工程量 各个截面面积可根据图 6-6 所示示意图，套用下面公式计算：

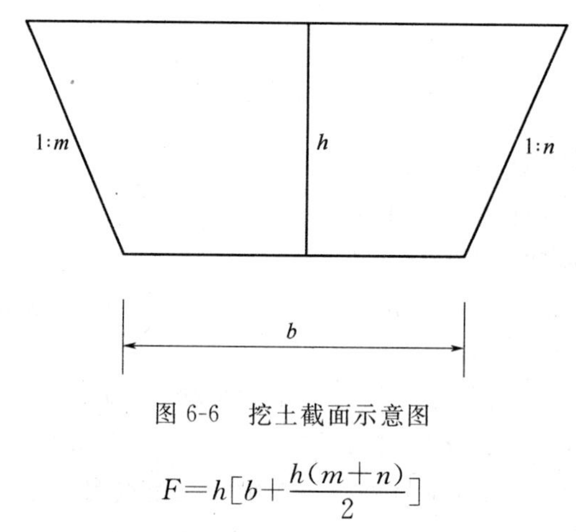

图 6-6 挖土截面示意图

$$F=h[b+\frac{h(m+n)}{2}]$$

式中 F——截面面积；

b——土方开挖底边长度；

h——平均挖土深度；

m、n——土方开挖放坡系数。

计算出各桩号的填（挖）方横断面积填入表 6-4，汇总后便得该道路开挖土（石）方量。

表 6-4 土方量计算表

桩号	土方面积/m²		平均面积/m²		距离/m	土方量/m³	
	挖方	填方	挖方	填方		挖方	填方
K1+200	16.2	7.4	12.45	7.1	50	622.5	355
K1+250	8.7	6.8	9.1	3.4	50	455	170
K1+300	9.5	0	4.75	1.6	25	118.75	40
K1+325	0	3.2					
合计						1196.25	565

（2）清单编制汇总如表 6-5 所示。

表 6-5　清单工程量计算

序号	项目编码	项目名称	项目特征描述	计量单位	工程量
1	040101001001	挖一般土方	三类土	m^3	1196.25
2	040103001001	填方	密实度 95%	m^3	565

（3）定额工程量同清单工程量。

二、挖沟槽土（石）方

1. 工程量计算规则

按原地面以下构筑物最大水平投影面积乘以挖土深度（原地面平均标高至沟槽底平均标高的高度）以体积计算。

2. 工程量计算方法

常见的市政排水管道工程的挖方一般属于挖沟槽土（石）方，工程量计算时，根据管道管径大小、管道基础形式、挖土深度将管道划分成若干管段，分段计算挖方量并合计，如图 6-7 所示。

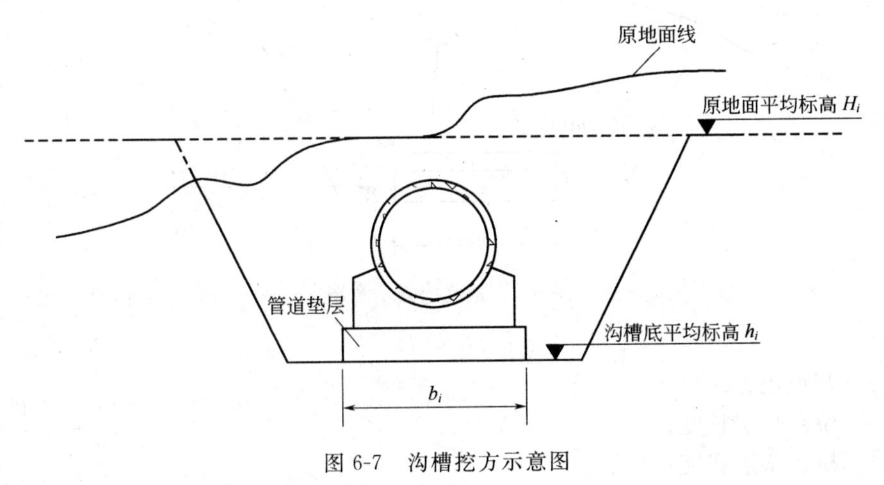

图 6-7　沟槽挖方示意图

$$V=\sum[a_i\times b_i\times(H_i-h_i)]$$

式中　V——沟槽挖方体积；

a_i——各管段管道垫层长度，取各管段管道中心线的长度；

b_i——各管段管道垫层宽度；

H_i——各管段范围内原地面平均标高；

h_i——各管段范围内沟槽底平均标高。

由于管道沟槽挖方计算时管道垫层长度按管道中心线的长度计算，所以排水管道中各种井的井位处挖方清单工程量计算时，需扣除与管道挖方重叠部分的土方量。

【例 6-2】 某污水管道工程沟槽开挖，采用机械和人工开挖，机械挖沿沟槽方向长度，人工用来清理沟底，土壤类别为四类土，原地面平均标高为 4.6m，设计槽坑底平均标高为 1.80m，管道垫层设计宽为 1.5m，沟槽全长 1.6km，如图 6-7 所示，试计算该污水管道工程清单土方工程量。

【解】 根据挖沟槽土方工程量清单计算规则计算。

清单工程量：$V=1600\times1.5\times(4.6-1.8)=6720(m^3)$

清单工程量汇总如表 6-6 所示。

表 6-6 清单工程量汇总

项目编码	项目名称	项目特征描述	计量单位	工程量
040101002001	挖沟槽土方	四类土，深 2.8m	m^3	6720

三、挖基坑土（石）方

1. 工程量计算规则

按原地面以下构筑物最大水平投影面积乘以挖土深度（原地面平均标高至基坑底平均标高的高度）以体积计算。

2. 工程量计算方法

常见的市政桥梁工程的挖方一般属于挖基坑土（石）方，如图 6-8 所示。

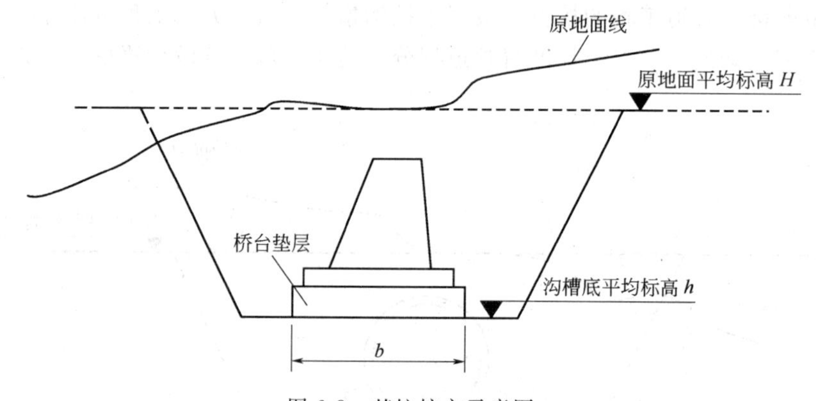

图 6-8 基坑挖方示意图

$$V=a\times b\times(H-h)$$

式中 V——基坑挖方体积；

a——桥台垫层长度；

b——桥台垫层宽度；

H——桥台原地面平均标高；

h——桥台基坑底平均标高。

【例 6-3】 某梁桥桥墩基础为混凝土基础，基础垫层为无筋混凝土，长为 12.86m，宽为 8.64m，基础垫层厚度为 25cm，垫层底面标高为 4.50m，原地面平均标高为 8.75m，其中岩石（松石）平均标高为 6.5m，土壤类别为四类土，试计算该工程土（石）方清单工程量。

【解】 根据挖基坑土（石）方工程量清单计算规则计算。

土方清单工程量： $V_1=12.86\times8.64\times(8.75-6.5)=250.00(m^3)$

石方清单工程量： $V_2=12.86\times8.64\times(6.5-4.5)=222.22(m^3)$

清单工程量汇总如表 6-7 所示。

表 6-7 清单工程量汇总

序号	项目编码	项目名称	项目特征描述	计量单位	工程量
1	040101003001	挖基坑土方	四类土、深 2.25m	m^3	250
2	040102003001	挖基坑石方	松石、单孔深 2m	m^3	222.22

四、填方

1. 道路工程填方工程量

按设计图示尺寸以体积计算。道路工程填方工程量可采用横截面法进行计算；大面积场地填方工程量可采用方格网法进行计算，计算方法同挖一般土（石）方工程量的计算。

2. 沟槽、基坑填方工程量

按挖方清单项目工程量减包括垫层在内的构筑物埋入体积计算；如设计填筑线在原地面线以上，还应加上原地面线至设计线间的体积。

【例 6-4】 某雨水管道工程，长为 50m，断面如图 6-9 所示，土方回填至原地面高，无检查井。槽内敷设 ϕ800 钢筋混凝土平口管，管壁厚 0.12m，管下混凝土基座为 0.4849m^3/m，基座下碎石垫层 0.24m^3/m，试确定该沟槽填土压实（机械回填；10t 压路机碾压，密实度为 97%）的清单工程量。

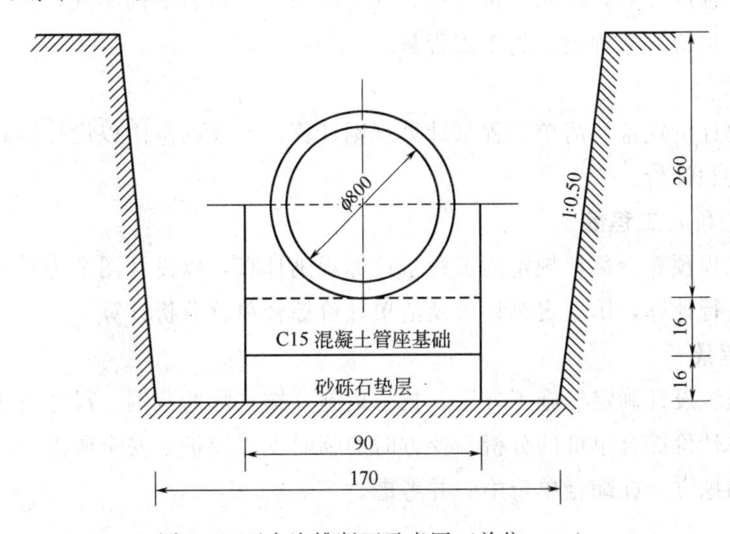

图 6-9　雨水沟槽断面示意图（单位：cm）

【解】 清单工程量：

沟槽体积＝50×0.9×(0.16＋0.16＋2.6)＝131.4(m^3)

混凝土基座体积＝0.4849×50＝24.25(m^3)

碎石垫层体积＝0.24×50＝12(m^3)

ϕ800 钢筋混凝土平口管体积＝3.14×(0.8＋0.12×2)^2/4×50＝42.45(m^3)

填土压实土方量为＝(131.4－24.25－12－42.45)＝52.7(m^3)

清单工程量计算见表 6-8。

表 6-8　沟槽填土压实的清单工程量

项目编码	项目名称	项目特征描述	计量单位	工程量
040103001001	填方	压实度 97%	m^3	52.7

五、余方弃置

工程量按挖方清单项目工程量减利用回填方体积（正数）计算。

【例 6-5】 某雨水管道工程资料如【例 6-4】所示，要求余土外运，自卸汽车运土，运距 5km，试计算该工程余土外运清单工程量。

【解】 余土外运清单工程量=131.4−52.7=78.7（m^3）

清单工程量计算见表 6-9。

表 6-9 清单工程量

项目编码	项目名称	项目特征描述	计量单位	工程量
040103002001	余方弃置	运距 5km	m^3	78.7

六、缺方内运

工程量按挖方清单项目工程量减利用回填方体积（负数）计算。

七、土石方清单工程量计算的有关说明

土石方工程量的计算，按照计价方法、计价阶段、计价目的的不同，可分为土石方清单工程量、定额（报价）工程量、施工工程量。

1. 清单工程量

按照《清单计价规范》清单工程量计算规则计算，计算的范围以设计图纸为依据，用于工程量清单编制和计价。

2. 定额（报价）工程量

按《市政工程预算定额》规定的工程量计算规则计算，以设计图纸为基础，结合施工方法、定额规定进行计算，用于定额计价及清单计价综合单价分析计算。

3. 施工工程量

根据施工组织设计确定的施工方法、技术措施，按实际的范围、尺寸及相关的影响因素计算，用于清单计价综合单价的分析。挖方时的临时支撑围护、安全所需的放坡和工作面所需的加宽部分的挖方，在综合单价中一并考虑。

第三节 土石方工程计量与计价实例

某排水管道土方工程，管道设计为 D500mm（承插）Ⅰ级钢筋混凝土管，混凝土基础选用标准图 06MS201-1-21（图 6-10 所示）；总长 100.00m，原地面标高至槽底平均高度为 2.5m。ϕ1000mm 圆形砖砌雨水检查井（收口式）3 座，选用标准图 06MS201-3-10，井中心距为 30.00m。回填利用开挖的土方夯填至原地面标高，压实度不小于 95%，剩余土方运至指定弃土点，运距 1.00km。试编制该排水工程土方工程量清单并计价。

本工程管内径 D 为 500mm，根据标准图 06MS201-1-21，管基尺寸 a 为 100mm，B 为 800mm，C_1 为 100mm，C_2 为 150mm，管壁厚 t 为 50mm，基础混凝土量为 0.145m^3/m。

ϕ1000mm 圆形砖砌雨水检查井（收口式 06MS201-3-10）基础直径为 1580mm。

一、施工组织设计

本工程土质根据地质资料为三类土壤，无地下水；现场无地面积水，地面已平整，并达到设计地面标高。计划采用反铲挖掘机（斗容量 0.6m^3）坑内开挖，根据规范要求，放坡系数为 1∶0.25；管道基础宽 80cm，沟槽底部在管道基础每侧留 50cm 工作面，沟槽底部宽 180cm。回填利用开挖的土方机械夯填至原地面标高；剩余土方采用装载机（斗容量 1m^3）

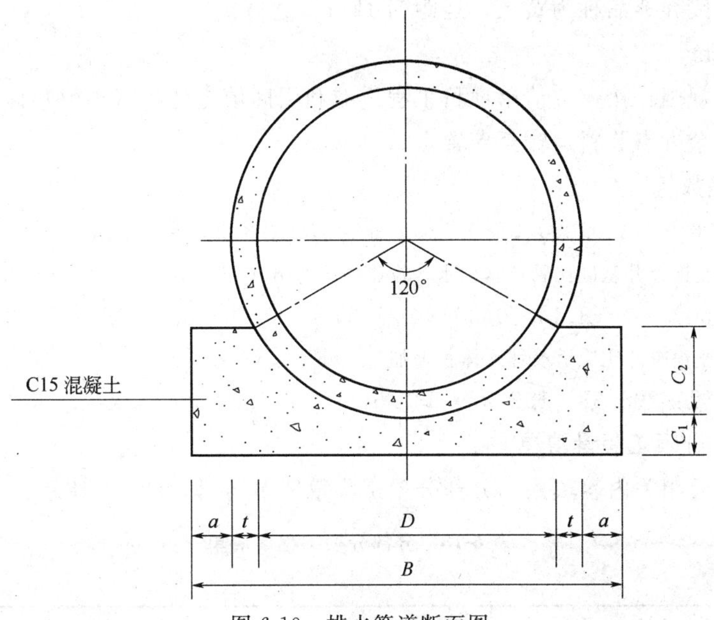

图 6-10 排水管道断面图

装车，自卸汽车（8t）运至指定弃土点，运距 1.00km。

二、土石方工程分部分项工程量清单的编制

根据国家标准《清单计价规范》(2008)，结合《山东省市政工程工程量清单计价办法》(2004)，分部分项工程量清单的编制步骤为：列项→计算工程量→编制分部分项工程量清单。

1. 列项

(1) 项目编码：040101002001。

项目名称：挖沟槽土方。

项目特征：土壤类型为三类土；挖土深度为 2.5m。

计量单位：m^3。

工程量计算规则：原地面线以下按构筑物最大水平投影面积乘以挖土深度（原地面平均标高至槽坑底高度）以体积计算。

工程内容：土方开挖；围护、支撑；场内运输；平整、夯实。

(2) 项目编码：040103001001。

项目名称：填方。

项目特征：填方材料品种为黄土；压实度不小于 95%。

计量单位：m^3。

工程量计算规则：按挖方清单项目工程量减基础、构筑物埋入体积加原地面线至设计要求标高间的体积计算。

工程内容：填方；压实。

(3) 项目编码：040103002001。

项目名称：余方弃置。

项目特征：废弃料品种为黄土；运距为1km。

计量单位：m^3。

工程量计算规则：按挖方清单项目工程量减利用回填方体积（正数）计算。

工程内容：余方点装料运输至弃置点。

2. 计算工程数量

（1）挖沟槽土方：100.00×0.80×2.50＋0.75×3×2.50＝205.63(m^3)

注：经计算每座检查井基础比管道基础水平投影面积宽出0.75m^2。

（2）填方：205.63－(3.14×0.30^2＋0.145)×100.00－3.50×3＝152.37(m^3)

注：经计算每座检查井比管道段埋入体积增加3.50m^3。

（3）余方弃置：205.63－152.37＝53.26(m^3)

3. 编制分部分项工程量清单

将上述结果及相关内容填入“分部分项工程量清单”，如表6-10所示：

表6-10　分部分项工程量清单

工程名称：某工程　　　　第1页共1页

序号	项目编码	项目名称	项目特征描述	计量单位	工程量
1	040101002001	挖沟槽土方	1. 土壤类别：三类土 2. 挖土深度：2.5m	m^3	205.63
2	040103001001	填方	1. 填方材料品种：黄土 2. 密实度：压实度不小于95%	m^3	152.37
3	040103002001	余方弃置	1. 废弃料品种：黄土 2. 运距：1km	m^3	53.26

三、分部分项工程量清单计价表的编制

（1）根据施工组织计算实际工程量

① 挖沟槽土方：100.00×(1.80＋2.50×0.25)×2.50×1.025＝621.41(m^3)

② 填方：621.41－(3.14×0.30^2＋0.145)×100.00－3.50×3＝568.15(m^3)

③ 余方弃置：621.41－568.15＝53.26(m^3)

（2）根据土石方工程及施工组织设计选定额，确定人、材、机消耗量。

① 挖沟槽土方：1-117。

② 填方：1-134。

③ 余方弃置：1-93、1-105。

（3）人、材、机单价选用造价信息价或市场价，为简化计算本实例按《山东省市政工程价目表》(2006年)计算清单项目每计量单位所含各项工程内容人、材、机价款。

（4）根据企业情况确定管理费率为14%，利润率4%，采用费率和18%乘人机费计算管理费和利润。

（5）将上述计算结果及相关内容填入“工程量清单综合单价分析表（表6-11）”计算出各清单项目综合单价。

表 6-11　工程量清单综合单价分析表

工程名称：某工程　　　　　　　　　　　　　　　　　　　　　　　　第 1 页共 3 页

项目编码	040101002001	项目名称	挖沟槽土方	计量单位	m^3
清单数量	205.63	项目合价	1537.25	综合单价	7.48

清单综合单价组成明细

定额编号	定额名称	定额单位	数量	单价				合价			
				人工费	材料费	机械费	管理费和利润	人工费	材料费	机械费	管理费和利润
1-117	反铲挖掘机挖土方(不装车,三类土)	$100m^3$	6.2141	19.32		190.32	37.74	120.06		1182.67	234.52
人工单价		小计						120.06		1182.67	234.52
28 元/工日		未计价材料费						0.00			
项目合价								1537.25			

工程名称：某工程　　　　　　　　　　　　　　　　　　　　　　　　第 2 页共 3 页

项目编码	040103001001	项目名称	填方	计量单位	m^3
清单数量	152.37	项目合价	4055.80	综合单价	26.62

清单综合单价组成明细

定额编号	定额名称	定额单位	数量	单价				合价			
				人工费	材料费	机械费	管理费和利润	人工费	材料费	机械费	管理费和利润
1-134	机械填土,夯实槽、坑	$100m^3$	5.6815	386.40		218.57	108.89	2195.33		1241.81	618.66
人工单价		小计						2195.33		1241.81	618.66
28 元/工日		未计价材料费						0.00			
项目合价								4055.8			

工程名称：某工程　　　　　　　　　　　　　　　　　　　　　　　　第 3 页共 3 页

项目编码	040103002001	项目名称	余方弃置	计量单位	m^3
清单数量	53.26	项目合价	502.50	综合单价	9.43

清单综合单价组成明细

定额编号	定额名称	定额单位	数量	单价				合价			
				人工费	材料费	机械费	管理费和利润	人工费	材料费	机械费	管理费和利润
1-93	装载机装土方 $1m^3$	$100m^3$	0.5326	16.80		130.90	26.59	8.95		69.72	14.16
1-105	自卸汽车运土(8t 以内,第一个 1km)	$100m^3$	0.5326		4.56	648.00	116.64		2.43	345.12	62.12
人工单价		小计						8.95	2.43	414.84	76.28
28 元/工日		未计价材料费						0.00			
项目合价								502.50			

四、分部分项工程量清单与计价表

根据清单计价办法的要求，将上述计算结果及相关内容填入“分部分项工程量清单与计价表”（表6-12）中。

表6-12　分部分项工程量清单与计价表

工程名称：某工程　　　　第1页共1页

序号	项目编码	项目名称	项目特征描述	计量单位	工程量	金额(元)		
						综合单价	合价	暂估价
1	040101002001	挖沟槽土方	1. 土壤类别：三类土 2. 挖土深度：2.5m	m^3	205.63	7.48	1537.25	0.00
2	040103001001	填方	1. 填方材料品种：黄土 2. 密实度：压实度不小于95%	m^3	152.37	26.62	4055.80	0.00
3	040103002001	余方弃置	1. 废弃料品种：黄土 2. 运距：5km	m^3	53.26	9.43	502.50	0.00
本页小计							6095.55	0.00
合　计							6095.55	0.00

本章小结

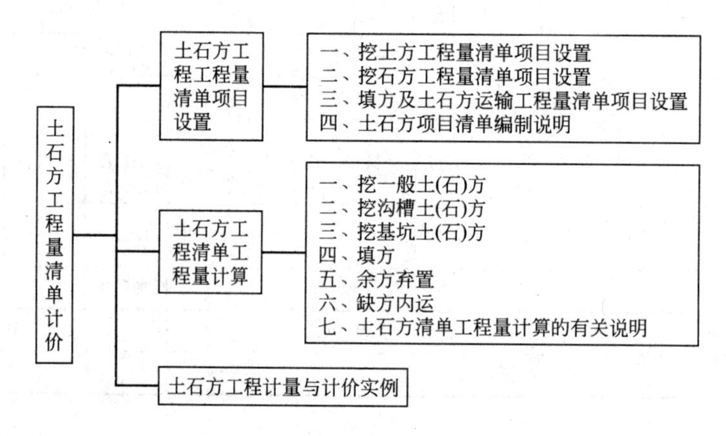

复习思考题

一、简答题

1.《清单计价规范》中，市政土石方工程设置了哪几个清单项目？

2. 清单项目中的“挖沟槽土方”、“挖基坑土方”、“挖一般土方”应如何区分？

3. “挖一般土方”清单项目的工程量计算方法有哪些？

4. “挖一般土方”清单项目与“挖土方”定额子目的工程量计算规则相同吗？

5. “挖沟槽（基坑）土方”清单项目的工程量计算规则与“挖沟槽（基坑）土方”定额子目的工程量计算规则相同吗？

6. 定额计价模式下土石方工程的计量与清单计价模式下土石方工程的计量有什么区别？定额计价模式下土石方工程的计价与清单计价模式下土石方工程的计价有什么区别？

二、计算题

某城市道路排水工程雨水暗渠（如图4-22所示），长100m，断面（$L_0 \times H$）1.5m×1.2m，原地面平均标高为172.56m，沟槽底平均设计标高为169.33m。土壤类别为四类土，拟采用挖掘机挖土。试计算：

1. 该管道沟槽开挖的定额工程量；

2. 该管道沟槽开挖的清单工程量。

第七章　道路工程工程量清单计价

知识目标

- 了解道路工程清单项目的设置。
- 掌握道路工程清单项目工程量的计算规则与计算方法。
- 掌握道路工程清单计价的步骤与方法。

能力目标

- 能应用清单工程量计算规则与方法计算清单项目的工程量。
- 能完成道路工程清单计价文件的编制。

第一节　道路工程工程量清单项目设置

一、道路工程清单项目设置

《建设工程工程量清单计价规范》（GB 50500—2008）（以下简称《清单计价规范》）中的道路工程，将道路工程分为路基处理、道路基层、道路面层、人行道及其他、交通管理设施五部分，共设置 60 个清单项目，各部分的设置基本是按照道路工程施工的先后顺序编排的。

1. 路基处理

本部分根据路基处理方法的不同，共设置 14 个清单项目。

工程量清单项目设置及工程量计算规则，应按《清单计价规范》的规定执行，见表 7-1。

表 7-1　路基处理（编码：040201）

项目编码	项目名称	项目特征	计量单位	工程量计算规则	工程内容
040201001	强夯土方	密实度	m^2	按设计图示尺寸以面积计算	土方强夯
040201002	掺石灰	含灰量	m^3	按设计图示尺寸以体积计算	掺石灰
040201003	掺干土	1. 密实度 2. 掺土率			掺干土
040201004	掺石	1. 材料 2. 规格 3. 掺石率			掺石
040201005	抛石挤淤	规格			抛石挤淤
040201006	袋装砂井	1. 直径 2. 填充料品种	m	按设计图示以长度计算	成孔、装砂袋
040201007	塑料排水板	1. 材料 2. 规格			成孔、打塑料排水板
040201008	石灰砂桩	1. 材料配合比 2. 桩径			成孔、石灰、砂填充

续表

项目编码	项目名称	项目特征	计量单位	工程量计算规则	工程内容
040201009	碎石桩	1. 材料规格 2. 桩径	m	按设计图示以长度计算	1. 振冲器安装、拆除 2. 碎石填充振实
040201010	喷粉桩	1. 桩径 2. 水泥含量			成孔、喷粉固化
040201011	深层搅拌桩				1. 成孔 2. 水泥浆制作 3. 压浆、搅拌
040201012	土工布	1. 材料品种 2. 规格	m^2	按设计图示尺寸以面积计算	土工布铺设
040201013	排水沟、截水沟	1. 材料品种 2. 断面 3. 混凝土强度等级 4. 砂浆强度等级	m	按设计图示以长度计算	1. 垫层铺筑 2. 混凝土浇筑 3. 砌筑 4. 勾缝 5. 抹面 6. 盖板
040201014	盲沟	1. 材料品种 2. 断面 3. 材料规格			盲沟铺筑

2. **道路基层**

本部分根据道路基层材料的不同，共设置 15 个清单项目。

工程量清单项目设置及工程量计算规则，应按《清单计价规范》的规定执行，见表 7-2。

表 7-2　道路基层（编码：040202）

项目编码	项目名称	项目特征	计量单位	工程量计算规则	工程内容
040202001	垫层	1. 厚度 2. 材料品种 3. 材料规格	m^2	按设计图示尺寸以面积计算，不扣除各种井所占面积	1. 拌和 2. 铺筑 3. 找平 4. 碾压 5. 养护
040202002	石灰稳定土	1. 厚度 2. 含灰量			
040202003	水泥稳定土	1. 水泥含量 2. 厚度			
040202004	石灰、粉煤灰、土	1. 厚度 2. 配合比			
040202005	石灰、碎石、土	1. 厚度 2. 配合比 3. 碎石规格			
040202006	石灰、粉煤灰、碎(砾)石	1. 材料品种 2. 厚度 3. 碎(砾)石规格 4. 配合比			
040202007	粉煤灰	厚度			
040202008	砂砾石				
040202009	卵石				
040202010	碎石				
040202011	块石				
040202012	炉渣				

续表

项目编码	项目名称	项目特征	计量单位	工程量计算规则	工程内容
040202013	粉煤灰三渣	1. 厚度 2. 配合比 3. 石料规格	m^2	按设计图示尺寸以面积计算，不扣除各种井所占面积	1. 拌和 2. 铺筑 3. 找平 4. 碾压 5. 养护
040202014	水泥稳定碎（砾）石	1. 厚度 2. 水泥含量 3. 石料规格			
040202015	沥青稳定碎石	1. 厚度 2. 沥青品种 3. 石料粒径			

3. 道路面层

本部分根据道路面层材料的不同，共设置 7 个清单项目。

工程量清单项目设置及工程量计算规则，应按《清单计价规范》的规定执行，见表 7-3。

表 7-3 道路面层（编码：040203）

项目编码	项目名称	项目特征	计量单位	工程量计算规则	工程内容
040203001	沥青表面处治	1. 沥青品种 2. 层数	m^2	按设计图示尺寸以面积计算，不扣除各井所占面积	1. 洒油 2. 碾压
040203002	沥青贯入式	1. 沥青品种 2. 厚度			
040203003	黑色碎石	1. 沥青品种 2. 厚度 3. 石料最大粒径			1. 洒铺底油 2. 铺筑 3. 碾压
040203004	沥青混凝土	1. 沥青品种 2. 石料最大粒径 3. 厚度			
040203005	水泥混凝土	1. 混凝土强度等级、石料最大粒径 2. 厚度 3. 掺和料 4. 配合比			1. 传力杆及套筒制作、安装 2. 混凝土浇筑 3. 拉毛或压痕 4. 伸缝 5. 缩缝 6. 锯缝 7. 嵌缝 8. 路面养生
040203006	块料面层	1. 材质 2. 规格 3. 垫层厚度 4. 强度			1. 铺筑垫层 2. 铺砌块料 3. 嵌缝、勾缝
040203007	橡胶、塑料弹性面层	1. 材料名称 2. 厚度			1. 配料 2. 铺贴

4. 人行道及其他

本部分根据道路工程的附属结构，共设置 6 个清单项目。

工程量清单项目设置及工程量计算规则，应按《清单计价规范》的规定执行，见表 7-4。

表 7-4　人行道及其他（编码：040204）

项目编码	项目名称	项目特征	计量单位	工程量计算规则	工程内容
040204001	人行道块料铺设	1. 材质 2. 尺寸 3. 垫层材料品种、厚度、强度 4. 图形	m^2	按设计图示尺寸以面积计算，不扣除各种井所占面积	1. 整形碾压 2. 垫层、基础铺筑 3. 块料铺设
040204002	现浇混凝土人行道及进口坡	1. 混凝土强度等级、石料最大粒径 2. 厚度 3. 垫层与基础的材料品种、厚度、强度			1. 整形碾压 2. 垫层、基础铺筑 3. 混凝土浇筑 4. 养生
040204003	安砌侧（平、缘）石	1. 材料 2. 尺寸 3. 形状 4. 垫层与基础的材料品种、厚度、强度	m	按设计图示中心线长度计算	1. 垫层、基础铺筑 2. 侧（平、缘）石安砌
040204004	现浇侧（平、缘）石	1. 材料品种 2. 尺寸 3. 形状 4. 混凝土强度等级、石料最大粒径 5. 垫层与基础的材料品种、厚度、强度			1. 垫层铺筑 2. 混凝土浇筑 3. 养生
040204005	检查井升降	材料品种 规格 平均升降高度	座	按设计图示路面标高与原有的检查井发生正负高差的检查井的数量计算	升降检查井
040204006	树池砌筑	1. 材料品种、规格 2. 树池尺寸 3. 树池盖材料品种	个	按设计图示数量计算	1. 树池砌筑 2. 树池盖制作、安装

5. 交通管理设施

本部分根据交通管理设施的不同，共设置 18 个清单项目。

工程量清单项目设置及工程量计算规则，应按《清单计价规范》的规定执行，见表 7-5。

表 7-5　交通管理设施（编码：040205）

项目编码	项目名称	项目特征	计量单位	工程量计算规则	工程内容
040205001	接线工作井	1. 混凝土强度等级、石料最大粒径 2. 规格	座	按设计图示数量计算	浇筑
040205002	电缆保护管敷设	1. 材料品种 2. 规格 3. 基础材料品种、厚度、强度	m	按设计图示以长度计算	电缆保护管制作、安装
040205003	标杆		套	按设计图示数量计算	1. 基础浇捣 2. 标杆制作、安装
040205004	标志板		块		标志板制作、安装
040205005	视线诱导器	类型	只		安装

续表

项目编码	项目名称	项目特征	计量单位	工程量计算规则	工程内容
040205006	标线	1. 油漆品种 2. 工艺 3. 线形	km	按设计图示长度计算	画线
040205007	标记	1. 油漆品种 2. 规格 3. 形式	个	按设计图示数量计算	
040205008	横道线	形式	m^2	按设计图示尺寸以面积计算	
040205009	清除标线	清除方法			清除
040205010	交通信号灯安装	型号	套	按设计图示数量计算	1. 基础浇捣 2. 安装
040205011	环形检测线安装	1. 类型 2. 垫层与基础的材料品种、厚度、强度	m	按设计图示长度计算	
040205012	值警亭安装	型号	座	按设计图示数量计算	
040205013	隔离护栏安装	1. 部位 2. 形式 3. 规格 4. 类型 5. 材料品种 6. 基础材料品种、强度	m	按设计图示长度计算	1. 基础浇筑 2. 安装
040205014	立电杆	1. 类型 2. 规格 3. 基础材料品种、强度	根	按设计图示数量计算	1. 基础浇筑 2. 安装
040205015	信号灯架空走线	规格	km	按设计图示以长度计算	架线
040205016	信号机箱	1. 形式 2. 规格 3. 基础材料品种、强度	只	按设计图示数量计算	1. 基础浇筑或砌筑 2. 安装 3. 系统调试标志板制作、安装
040205017	信号灯架		组		
040205018	管内穿线	1. 规格 2. 型号	km	按设计图示以长度计算	穿线

道路工程厚度均应以压实后为准。

二、道路工程工程量清单项目设置的说明

道路工程分部分项工程量清单的编制，应根据《清单计价规范》中的道路工程设置的统一项目编码、项目名称、计量单位和工程量计算规则编制。

除上述清单项目以外，一个完整的道路工程分部分项工程量清单，一般还包括《清单计价规范》土石方工程中的有关清单项目，还可能包括《清单计价规范》钢筋工程中的有关清单项目。如果是改建道路工程，还应包括《清单计价规范》拆除工程中的有关清单项目。如果道路工程包括挡墙等工作内容，还应包括《清单计价规范》桥梁护岸工程中的有关清单

项目。

钢筋工程的清单项目有：预埋铁件、非预应力钢筋、先张法预应力钢筋、后张法预应力钢筋、型钢。道路工程中应用普遍的是非预应力钢筋。

拆除工程的清单项目有：拆除路面、拆除基层、拆除人行道、拆除侧缘石、拆除管道、拆除砖石结构、拆除混凝土结构、伐树、挖树蔸。

桥梁护岸工程中挡墙的清单项目有：挡墙基础、现浇混凝土挡墙墙身、预制混凝土挡墙墙身、挡墙混凝土压顶。

1. 项目名称

道路工程清单项目名称，一般是以工程实体的名称来命名的。如：砂砾石基层、粉煤灰三渣基层、沥青混凝土面层、水泥混凝土面层、人行道块料铺设等清单项目名称。

2. 项目编码

每个清单项目有一个项目编码，项目编码分为五级，用12位阿拉伯数字表示。一、二、三、四级编码统一，必须依据《清单计价规范》设置；第五级编码由工程量清单编制人根据工程特征自行编排。各级编码代表的含义如下。

（1）第一级（第1、2位）表示分类码：04为市政工程。

（2）第二级（第3、4位）表示章顺序码：02为道路工程。

（3）第三级（第5、6位）表示节顺序码：01为路基处理；02为道路基层；03为道路面层；04为人行道及其他。

（4）第四级（第7、8、9位）表示清单项目顺序码：从001开始。

（5）第五级（第10、11、12位）表示具体清单项目码：从001开始由工程量清单编制人编码。

以040203005001为例，项目编码结构如图7-1。

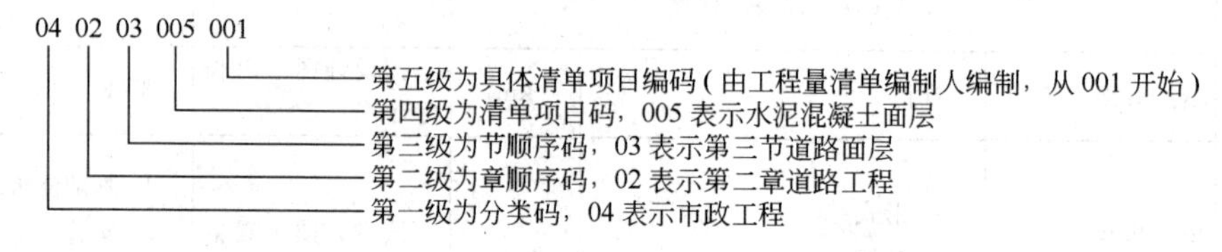

图7-1　工程量清单项目编码结构

3. 项目特征

项目特征是对清单项目准确具体的描述。

例如，人行道及其他中“安砌侧（平、缘）石”项目，项目特征为：①材料；②尺寸；③形状；④垫层与基础的材料品种、厚度、强度。

又如，道路面层中“沥青混凝土面层”项目，项目特征为：①沥青品种；②石料最大粒径；③厚度。

项目特征的具体数值，从施工设计图纸中读取。相同名称的清单项目，项目特征值也应完全相同。若项目的某项特征值有改变，就意味着该工程项目实体的改变，即应视为是另一个具体的清单项目，需要有一个对应的项目编码，该具体项目名称的编码前9位相同，后三位不同。

例如，某道路工程，施工设计图设计路面结构为两层式石油沥青混凝土路面，上层为4cm厚中粒式沥青混凝土路面，下层为6cm厚粗粒式沥青混凝土路面，则项目名称根据

《清单计价规范》“道路面层”中的项目名称、项目特征，结合施工设计图设置为两项，编码分别为 040203004001 和 040203004002，见表 7-6。

表 7-6　分部分项工程量清单

工程名称：某道路工程

项目编码	项目名称	项目特征	计量单位	工程数量
040203004001	粗粒式沥青混凝土	1. 沥青品种：石油沥青 2. 石料最大粒径：30mm 3. 厚度：6cm	m^2	
040203004002	中粒式沥青混凝土	1. 沥青品种：石油沥青 2. 石料最大粒径：25mm 3. 厚度：4cm	m^2	

总之，编制分部分项工程量清单时，应根据《清单计价规范》的项目名称，同时考虑规格、种类等项目特征要求，结合拟建工程施工设计图纸标明的具体项目特征数值，设置清单项目，使分部分项工程量清单项目名称具体、准确、不漏项。

4. 工程内容

工程内容指完成该清单项目可能发生的具体工序，清单编制时可填写在相应的清单项目名称栏内，供招标人确定清单项目和投标人投标报价参考。

以道路砂砾石基层为例，可能发生的具体工序有拌和、铺筑、找平、碾压、养护。至于使用什么机械、用什么方法、采取什么措施均由投标人自主决定，在清单项目设置中不做具体规定。

工程内容也是招标人对已列出的清单项目，检查是否重列或漏列的主要依据。例如，道路面层中“水泥混凝土”清单项目的工程内容为：①传力杆及套筒的制作、安装；②混凝土浇筑；③拉毛或压痕；④伸缝；⑤缩缝；⑥锯缝；⑦嵌缝；⑧路面养生。

上述 8 项工程内容几乎包括了常规施工水泥混凝土路面的全部施工工艺过程。若拟建工程设计的是水泥混凝土路面结构，就可以对照上述工程内容列项。列出的项目名称是“C××水泥混凝土面层（厚××cm，碎石最大××mm）”，项目编码为“040203005×××”。不能再另外列出伸缩缝构造、切缝机切缝、路面养生等清单项目名称，否则就属于重列。

但应注意，“水泥混凝土”项目中，已包括了传力杆及套筒的制作、安装，但没有包括纵缝拉杆，角隅加强钢筋，边缘加强钢筋的工程内容。当拟建的道路路面设计有这些钢筋工程时，就应该对照《清单计价规范》钢筋工程，另外增列钢筋的分部分项清单项目，否则就属于漏列。

5. 计量单位、工程量计算规则

计量单位与工程量计算规则是对道路工程各清单项目工程数量的计算规定。清单项目的工程量，应根据工程量计算规则和计量单位采用数学方法和公式进行计算。

第二节　道路工程工程量清单编制

一、路基处理

根据道路结构的类型、路线经过路段软土地基的土质、深度等因素，路基处理方法可有多种选择。不同的路基处理方法，清单工程量计算规则不同，其规定分述如下：

① 采用强夯土方、土工布的方法处理路基，按照设计图示尺寸以面积计算，计量单位为“m^2”；

② 采用掺石灰、掺干土、掺石、抛石挤淤的方法处理路基，按照设计图示尺寸以体积计算，计量单位为“m^3”；

③ 采用排水沟、截水沟、盲沟、袋装砂井、塑料排水板、石灰砂桩、碎石桩、喷粉桩、深层搅拌桩排除地表水、地下水或提高软土承载力的方法处理路基，按照设计图示长度计算，计量单位为“m”。

二、道路基层

1. 计算规则

不同材料的道路基层，工程量计算规则相同，均按设计图示尺寸以面积计算，不扣除各种井所占面积，计量单位为“m^2”。

2. 计算方法

道路基层面积等于直线段基层面积，加上交叉路口转角面积。

基层面积＝直线段基层面积＋交叉路口转角面积

（1）直线段基层面积＝道路中线长度×基层宽度

式中的道路中线长度按道路平面图中的桩号计算；基层宽度按设计车行道宽度另计两侧加宽值，加宽值按设计图纸计算。如无明确设计要求时，加宽值按各地规定确定。

【例 7-1】 图 7-2 为某新建道路工程设计平面及横断面图，施工桩号为 K0＋000～K0＋500，试计算道路基层清单工程量。

【解】 由道路平面设计图可知，该新建道路工程无交叉路口。

基层面积＝道路中线长度×基层宽度

道路中线长度＝500m

基层宽度＝18＋0.3×2＝18.6(m)

三渣基层面积＝500×18.6＝9300(m^2)

（2）交叉路口转角面积，参见后述道路面层交叉路口转角面积工程量的计算方法。

三、道路面层

1. 工程量计算规则

不同材料的道路面层，工程量计算规则相同，均按设计图示尺寸以面积计算，不扣除各种井所占面积（带平石的面层应扣除平石所占面积），计量单位为“m^2”。

2. 工程量计算方法

道路面层面积等于直线段面层面积，加上交叉路口转角面积。

面层面积＝直线段面层面积＋交叉路口转角面积

（1）直线段面层面积＝道路中线长度×面层宽度

式中的道路中线长度按道路平面图中的桩号计算；面层宽度按设计车行道宽度计算（带平石的面层应扣除平石宽度计算）。

【例 7-2】 试计算图 7-2 所示水泥混凝土面层清单工程量。

【解】 由道路平面设计图可知，该新建道路工程无交叉路口。

面层面积＝道路中线长度×面层宽度

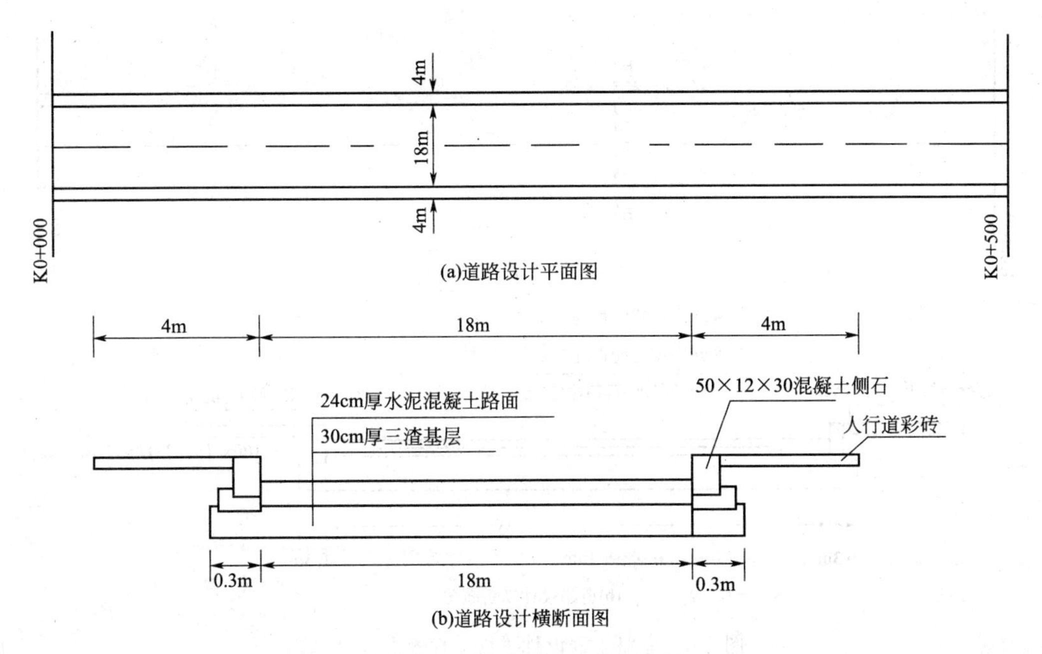

图 7-2　道路工程设计平面、横断面图（一）

道路中线长度＝500m

面层宽度＝18m

水泥混凝土面层面积＝500×18＝9000(m^2)

【例 7-3】 图 7-3 为某新建道路工程设计平面及横断面图，施工桩号为（K0＋000）～(K0＋500)，试计算道路面层及基层清单工程量。

【解】 由道路平面设计图可知，该新建道路工程无交叉路口

① 面层面积＝道路中线长度×面层宽度

沥青混凝土路面带有平石，面层宽度应扣除平石宽度计算

道路中线长度＝500m

面层宽度＝18－0.5×2＝17（m）

细粒式沥青混凝土面层面积＝500×17＝8500（m^2）

中粒式沥青混凝土面层面积＝500×17＝8500（m^2）

② 基层面积＝道路中线长度×基层宽度

道路中线长度＝500m

基层宽度＝18＋0.3×2＝18.6（m）

10％石灰稳定土基层面积＝500×18.6＝9300（m^2）

(2) 交叉路口转角面积　交叉路口有图 7-4 和图 7-5 所示直交和斜交两种形式，转角面积一般计算至转弯圆弧切点处，计算交叉路口转角面积实际上就是计算这几处阴影部分面积。

① 直交路口转角面积$=\dfrac{R^2-1}{4\cdot R^2\cdot\pi}=0.2146R^2$

② 斜交路口转角面积$=R^2\left[\tan\left(\dfrac{\alpha}{2}\right)-0.00873\alpha\right]$

式中　R——平曲线半径，即为路口转弯半径；

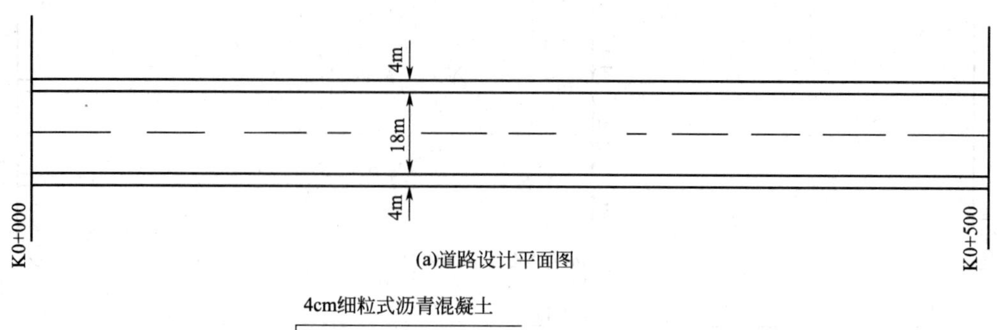

(a)道路设计平面图

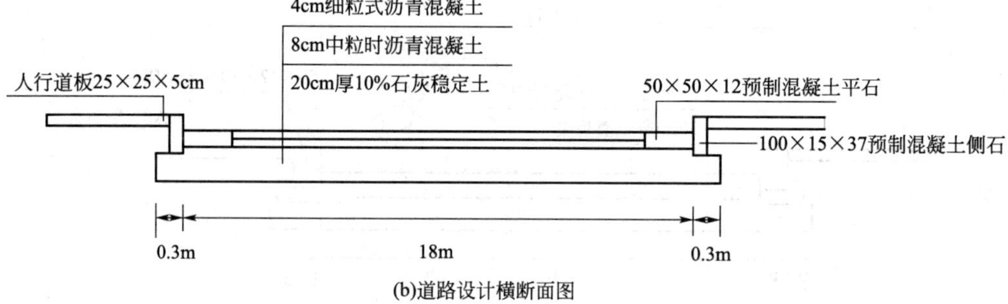

(b)道路设计横断面图

图 7-3 道路工程设计平面、横断面图（二）

α——道路斜交的角度，即为圆心角。

用同样的方法可以求得其余三处转角面积，相邻的两个转角的圆心角是互为补角的，即一个中心角是 α，另一个中心角是（180°－α）。

在计算两条相交道路的面积时，应减去它们在交叉口处的重叠部分。

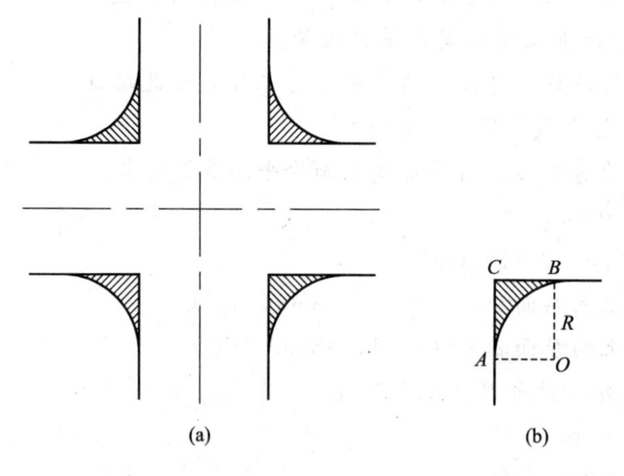

图 7-4 直交路口

【例 7-4】 图 7-6 为某新建道路工程设计平面及横断面图，主干道施工桩号为（K0＋100)～(K0＋900)，设计车行道宽度为 18m；支路正交于主干道，施工桩号为（K0＋000)～(K0＋200)，支路车行道宽度为 12m；试计算道路面层及基层清单工程量。

【解】（1）面层面积＝直线段面层面积＋交叉路口转角面积

在计算两条相交道路的面积时，应减去它们在交叉口处的重叠部分，故：

$$\text{直线段面层面积}=\text{道路中线长度}\times\text{面层宽度}$$
$$=800\times18+200\times12-18\times12=16584(\text{m}^2)$$

$$\text{交叉路口转角面积}=0.2146R^2\times4=0.2146\times20^2\times4=343.36(\text{m}^2)$$

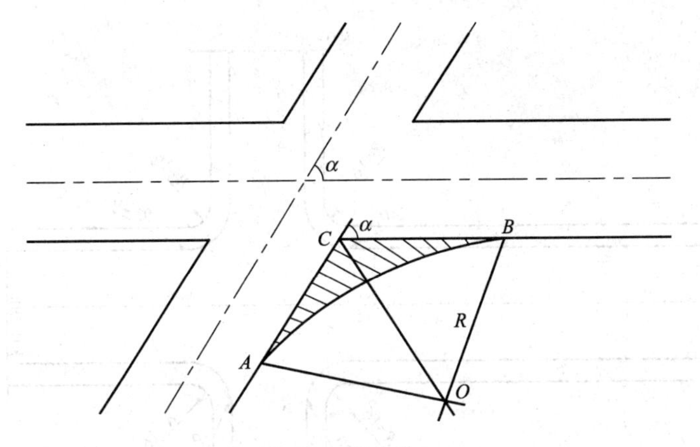

图 7-5　斜交路口

水泥混凝土面层面积＝16584＋343.36＝16927.36(m^2)

(2) 基层面积＝直线段基层面积＋交叉路口转角面积

在计算两条相交道路的面积时，应减去它们在交叉口处的重叠部分，故：

直线段基层面积＝道路中线长度×基层宽度

＝800×(18＋0.3×2)＋200×(12＋0.3×2)－(18＋0.3×2)×(12＋0.3×2)

＝17165.64(m^2)

交叉路口转角面积＝0.2146R^2×4＝0.2146×20^2×4＝343.36(m^2)

三渣基层面积＝17165.64＋343.36＝17509 (m^2)

四、人行道及其他

1. 人行道

(1) 计算规则　不论现浇或铺砌，均按设计图示尺寸以面积计算，不扣除各种井所占面积，计量单位为“m^2”。

(2) 计算方法　人行道面积等于直线段人行道面积，加上交叉路口人行道转弯面积。即：

人行道面积＝直线段人行道面积＋人行道转弯面积

① 人行道铺设宽度应按设计人行道宽度扣除侧石所占宽度计算，则：

直线段人行道面积＝直线段设计长度×(设计人行道宽度－侧石宽度)

【例 7-5】 试计算图 7-2 所示人行道铺设清单工程量。

【解】 人行道面积＝直线段设计长度×（设计人行道宽度－侧石宽度）

人行道设计长度＝500m

设计人行道宽度＝4m

人行道面积＝500×(4－0.12)×2＝3880(m^2)

② 交叉口转弯处人行道设计长度，取人行道中心线弧形长度计算。人行道中心线弧形长度应按人行道外侧半径 R_1 与内侧半径 R_2 的平均值计算，则：

人行道转弯面积＝人行道中心线弧形长度×(设计人行道宽度－侧石宽度)

＝$(R_1+R_2)\div2\times\alpha\times\pi\div180°$×(设计人行道宽度－侧石宽度)

＝$0.01745(R_1+R_2)\div2\times\alpha$×(设计人行道宽度－侧石宽度)

【例 7-6】 图 7-6 所示人行道每侧设计宽 4m，人行道转弯外侧半径 R_1 为 20cm，内侧半

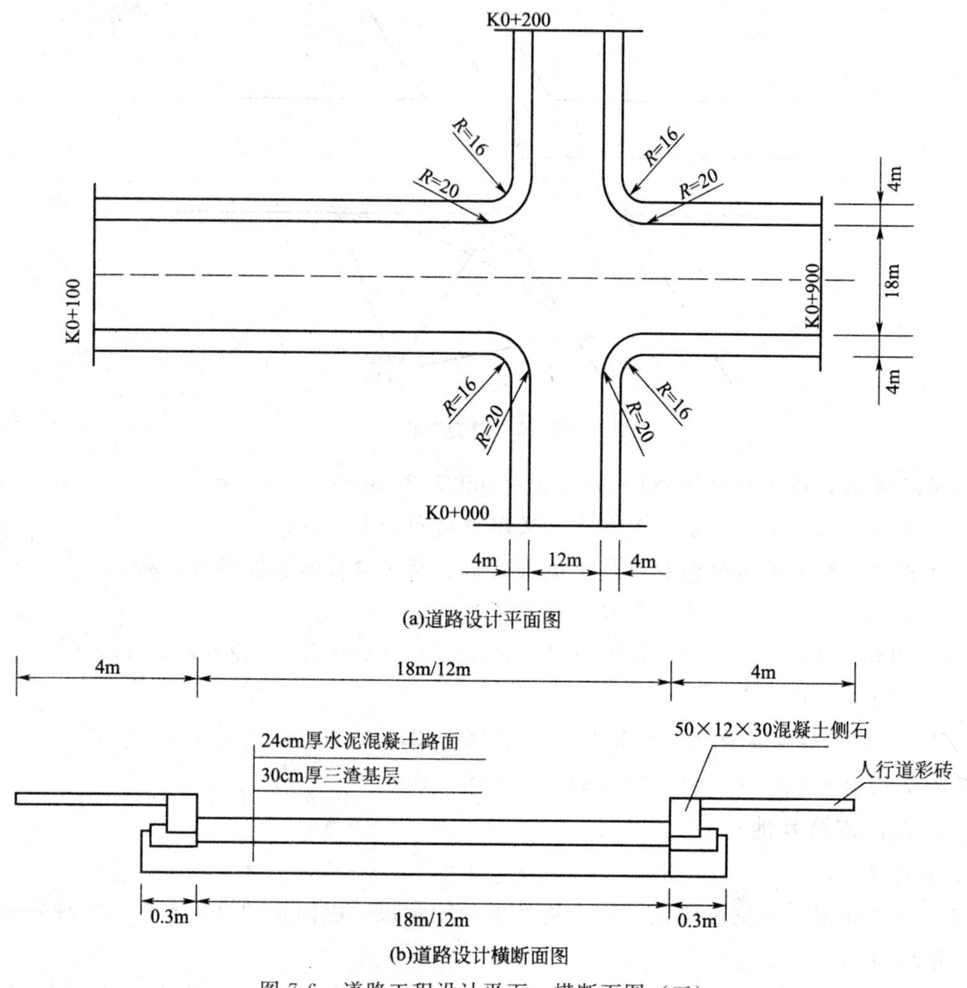

(a)道路设计平面图

(b)道路设计横断面图

图 7-6 道路工程设计平面、横断面图（三）

径 R_2 为 16cm；试计算人行道铺设清单工程量。

【解】 人行道面积＝直线段人行道面积＋人行道转弯面积

直线段人行道面积＝直线段人行道长度×(设计人行道宽度－侧石宽度)

＝[(800－12－20×2)×2＋(200－18－20×2)×2]×(4－0.12)

＝1780×3.88

＝6906.4(m^2)

人行道转弯面积＝人行道中心线弧形长度×(设计人行道宽度－侧石宽度)×4

＝0.01745×(R_1＋R_2)÷2×90×(4－0.12)×4

＝1.5705×(20＋16)÷2×3.88×4

＝438.73m^2

人行道面积＝6906.4＋438.73＝7345.13m^2

2. 侧（平、缘）石

(1) 计算规则　不论现浇或安砌，均按设计图示中心线长度计算，计量单位为“m”。

(2) 计算方法　侧（平、缘）石长度等于道路两侧直线段长度，加上交叉路口转弯处弧形长度。

侧石长度＝直线段长度＋弧形长度

直线段长度＝道路中线长度

【例 7-7】 试计算图 7-2 所示安砌侧石清单工程量。

【解】 道路中线长度＝500m

侧石长度＝500×2＝1000(m)

交叉路口有如图 7-4 和图 7-5 所示直交和斜交两种情况，弧形长度计算至转弯切点处：

(a) 道路直交时弧形长度$=\frac{1}{4}\times 2\pi R=\frac{1}{2}\times \pi R=1.5708R$

(b) 道路斜交时弧形长度$=\frac{\alpha\pi R}{180^{\circ}}=0.01745R\alpha$

【例 7-8】 试计算图 7-6 所示安砌侧石清单工程量

【解】 侧石长度＝直线段长度＋弧形长度

直线段长度＝(800－12—20×2)×2＋(200 — 18 — 20×2)×2

＝1780(m)

交叉口弧形长度＝1.5708R×4

＝1.5708×20×4

＝125.66 (m)

侧石长度＝1780＋125.66＝1905.66(m)

3. 检查井升降

按设计图示路面标高与原检查井发生正负高差的检查井的数量计算，计量单位为“座”。

4. 树池砌筑

按设计图示数量计算，计量单位为“个”。

第三节　道路工程工程量清单计价实例

图 7-7 为某新建道路工程施工设计图，施工标段为(K0＋000)～(K0＋800)；(K0＋000)～(K0＋400)为沥青混凝土路面结构，(K0＋400)～(K0＋800) 为水泥混凝土路面结构，设计车行道宽度为 16m，路面两边安砌侧石，设计人行道宽度为 3m。

(K0＋000)～(K0＋400) 标段沥青混凝土路面车行道结构层为：20cm 厚天然级配砂砾石基层，30cm 厚 6％水泥稳定砂砾基层，6cm 厚粗粒式沥青混凝土面层，4cm 厚中粒式沥青混凝土面层。

(K0＋400)～(K0＋800) 标段水泥混凝土路面车行道结构层为：20cm 厚 8％石灰土碎石基层，22cm 厚抗折 4.5MPa 水泥混凝土面层。

人行道铺设人行道板，规格为 25cm×25cm×5cm。

安砌机制花岗岩侧石，规格为 49cm×18cm×25cm。

已知道路挖方为 1024m^3，土质为二类土；道路填方为 178m^3，填方密实度为 95％，挖方为可利用回填土方；余方弃置运距 10km。

试编制该道路工程工程量清单并计价。

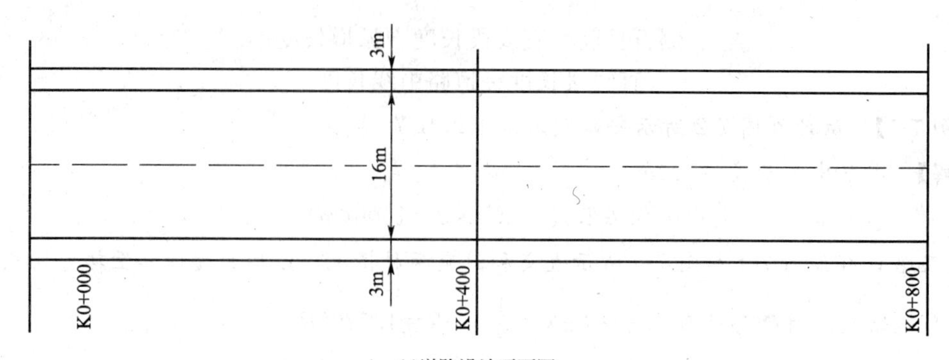

(a)道路设计平面图

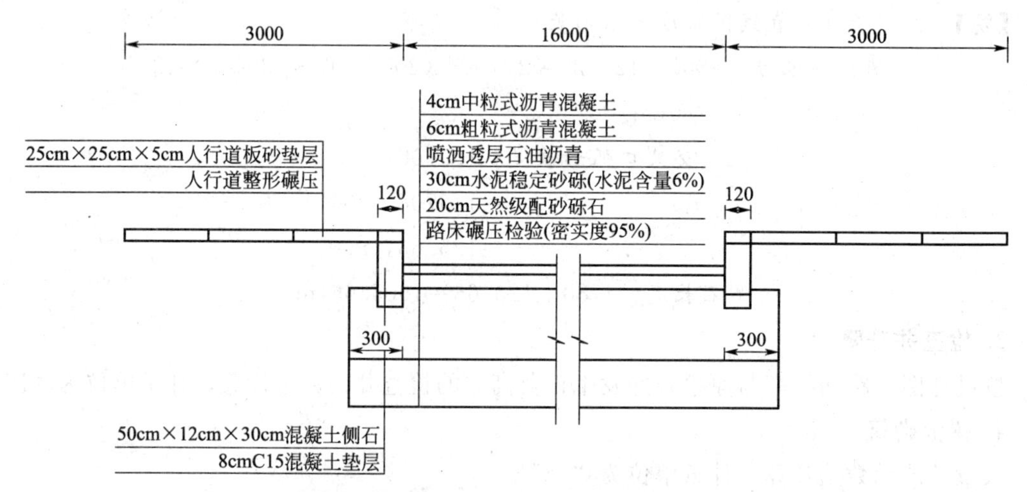

(b)沥青混凝土路面标准横断面结构大样图(单位:mm)

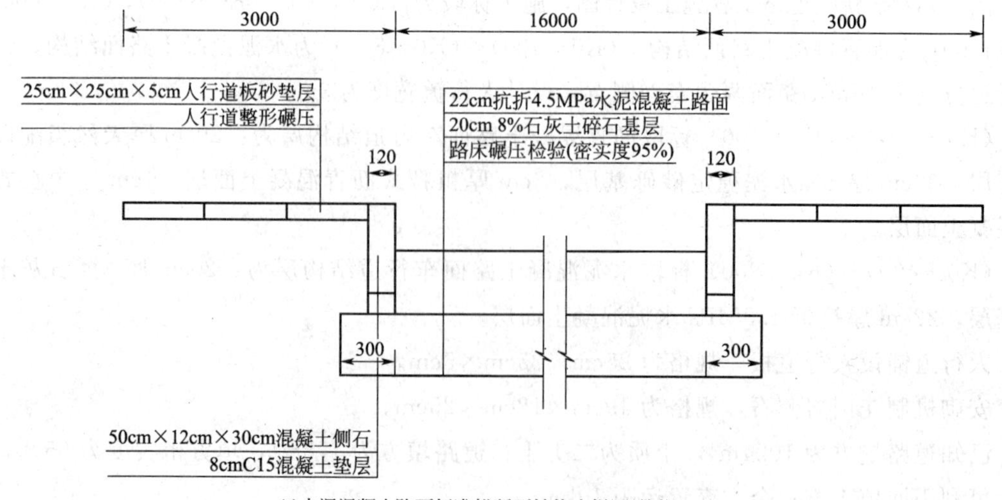

(c)水泥混凝土路面标准横断面结构大样图(单位:mm)

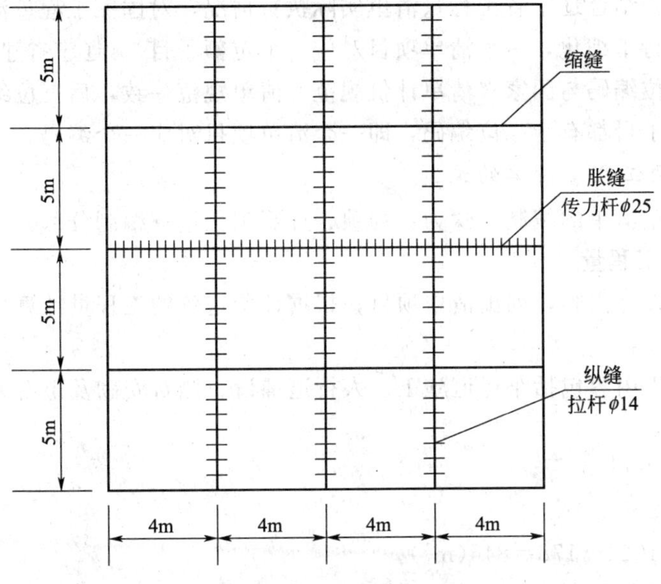

(d)水泥混凝土路面板块划分示意图

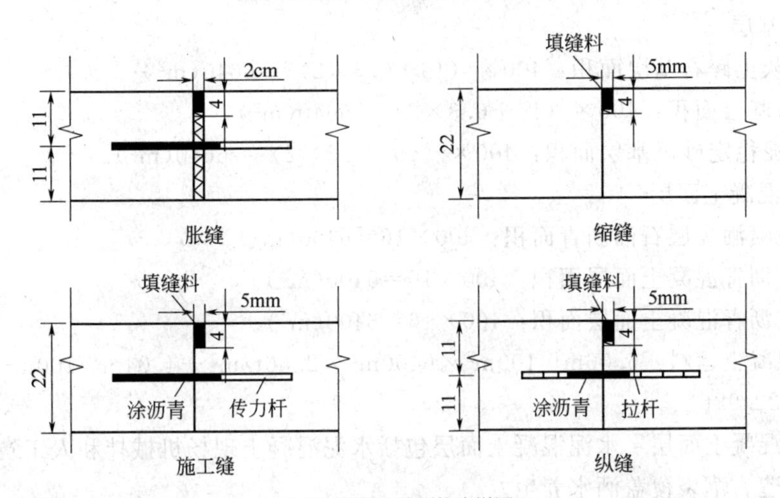

(e)水泥混凝土路面接逢详图

名称	直径/mm	长度/cm	间距/cm
拉杆	ϕ14	70	60
传力杆	ϕ25	45	30

注：1.本图尺寸以“cm”计，水泥混凝土板块尺寸为5m×4m，设计抗折强度4.5MPa。
2.每隔300m左右设一条胀缝。
3.填缝料为沥青玛璃脂。

图 7-7　道路工程施工设计图

一、工程量清单的编制

本例根据辽宁省的有关规定，在辽宁省应将 2008 年《辽宁省建设工程计价定额》作为国家标准《建设工程工程量清单计价规范》的附录。工程量清单的编制，应按照 2008 年《辽宁省建设工程计价定额》的项目名称、项目编码、计量单位、工程量计算规则进行编制。

《辽宁省建设工程计价定额》的项目设置，是根据国家《清单计价规范》的项目名称、项目特征进行设置，结合辽宁省工程量清单实际执行情况，对国家工程量清单计价规范项目的“工程内容”进行了细化，一个清单项目对应一个定额子目。《辽宁省建设工程计价定额》的项目编码，前九位编码与国家《清单计价规范》清单规范一致，后三位编码按照顺序做了补充，每一个定额子目都有十二位编码，即一个清单项目对应一个编码。

（一）分部分项工程量清单的编制

分部分项工程量清单的编制步骤为：列项、计算工程量→编制分部分项工程量清单。

1. 列项、计算工程量

根据施工图纸设计内容，列出清单项目；根据计价定额的工程量计算规则，计算各清单项目工程量。

本工程设计施工内容包括车行道施工、人行道铺设、侧石安砌及土石方施工。

（1）道路土石方

① 挖土方：1024m^3。

② 填土方：178m^3。

③ 余土外运：1024－178＝846(m^3)。

（2）车行道路基处理　车行道路床碾压检验面积：800×(16＋0.3×2)＝13280(m^2)。

（3）道路基层

① 8%石灰土碎石基层面积：400×（16＋0.3×2）＝6640(m^2)。

② 砂砾石基层面积：400×（16＋0.3×2）＝6640(m^2)。

③ 6%水泥稳定砂砾基层面积：400×（16＋0.3×2）＝6640(m^2)。

（4）沥青混凝土面层

① 喷洒机喷洒黏层石油沥青面积：400×16＝6400(m^2)。

② 粗粒式沥青混凝土面层面积：400×16＝6400(m^2)。

③ 中粒式沥青混凝土面层面积：400×16＝6400(m^2)。

④ 沥青混凝土运料：6.06m^3/100m^2×6400m^2×2.36t/m^3＋4.04m^3/100m^2×6400m^2×2.35t/m^3＝1522.92t。

（5）水泥混凝土面层　水泥混凝土面层包括水泥混凝土现场机械拌和人工筑铺、切缝机切缝、接缝构造、草袋覆盖洒水养生。

在沿道路长度方向每隔300m左右设一条胀缝，间隔30m设横向施工缝，设在胀缝处的施工缝，其构造与胀缝（即伸缝）相同。

抗折4.5MPa水泥混凝土面层面积：400×16＝6400(m^2)

伸缝沥青木板面积：16×0.18×2＝5.76(m^2)

伸缝沥青玛琋脂面积：16×0.04×2＝1.28(m^2)

缩缝沥青玛琋脂面积：400×0.04×3＋16×0.04×78＝97.92(m^2)

路面锯缝机锯缝长度：16×80＋400×3＝2480(m)

水泥混凝土路面草袋养生面积：400×16＝6400(m^2)

（6）水泥混凝土路面构造筋

ϕ14mm$L$＝0.7m，400÷5×8×0.7×3×1.21÷1000＝1.626(t)

ϕ25mm$L$＝0.45m，13(11条施工缝＋2条胀缝)×13×0.45×4×3.85÷1000＝1.171(t)

构造筋合计：1.626＋1.171＝2.797（t）

（7）人行道

① 人行道整形碾压面积：800×(3－0.12)×2＝4608(m^2)

② 人行道板铺设面积：800×(3－0.12)×2＝4608(m^2)

(8) 侧石

① C15 混凝土侧石垫层：800×2×0.12×0.08＝15.36(m^3)

② 混凝土侧石安砌：800×2＝1600(m)

2. 编制分部分项工程量清单

根据上述资料，结合常规施工方法，从计价定额中找到相对应的内容；按照给定的项目编码，填表完成分部分项工程量清单，见表 7-7 所示。

表 7-7　分部分项工程量清单

序号	项目编码	项目名称	计量单位	工程数量
一		土石方		
1	040101008038	反铲挖掘机挖土(斗容量 1.0m^3,装车一、二类土)	m^3	1024
2	040103001012	机械填土夯实,平地	m^3	178
3	040103002029	自卸汽车运土(载重 8t 以内,运距 10km)	m^3	846
二		路基处理		
4	040201015001	车行道路床碾压检验	m^2	13280
三		道路基层		
5	040202005001	石灰∶土∶碎石(8∶72∶20)机拌(厚 20cm)	m^2	6640
6	040202008007	砂砾石基层人机配合(厚度 20cm 以内)	m^2	6640
7	040202014004	水泥稳定砂砾,路拌机械摊铺(水泥 6%,压实厚度 10cm)	m^2	6640
8	040202014006	水泥稳定砂砾,路拌机械摊铺(水泥 6%,压实厚度 20cm)	m^2	6640
四		沥青混凝土面层		
9	040203009001	喷洒透层石油沥青	m^2	6400
10	040203004009	粗粒式沥青混凝土机械摊铺(厚度 6cm)	m^2	6400
11	040203004017	中粒式沥青混凝土机械摊铺(厚度 4cm)	m^2	6400
12	040204009001	沥青混凝土运输	t	1522.92
五		水泥混凝土面层		
13	040203005004	水泥混凝土浇筑、拉毛或压痕(厚度 22cm)	m^2	6400
14	040203005007	人工切缝,伸缝(沥青木板)	m^2	5.76
15	040203005008	人工切缝,伸缝(沥青玛瑞脂)	m^2	1.28
16	040203005011	人工切缝,缩缝(沥青玛瑞脂)	m^2	97.92
17	040203005012	锯缝机锯缝	m	2480
18	040203005014	草袋养生	m^2	6400
六		水泥混凝土路面,构造筋		
19	040701002001	水泥混凝土路面,构造筋	t	2.797
七		人行道		
20	040201015002	人行道整形碾压	m^2	4512
21	040204001001	人行道板铺设砂垫层(规格 25cm×25cm×5cm)	m^2	4512
八		侧石		
22	040204003003	人工铺装混凝土垫层	m^3	52.48
23	040204003006	混凝土侧石安砌(长度 50cm)	m	1600

（二）措施项目清单的编制

本工程的措施项目清单见表7-8。措施项目以“项”为计量单位，相应数量为“1”。

表7-8 措施项目清单

序号	项目名称
1	安全文明施工
2	夜间施工
3	二次搬运
4	已完工程及设备保护
5	冬雨季施工
6	市政工程施工干扰

（三）其他项目清单的编制

其他项目清单包括暂列金额、暂估价、计日工、总承包服务费。

本工程其他项目暂不考虑，所以其他项目清单为空白表格，表格格式略。

（四）填写封面、总说明

根据有关工程信息，按照《清单计价规范》规定的统一格式填写，表格格式略。

二、工程量清单计价

（一）分部分项工程量清单计价

分部分项工程量清单计价的步骤为：计算清单项目综合单价→分部分项工程量清单计价。

1. 计算清单项目综合单价

综合单价＝人工费单价＋材料费单价＋机械费单价＋管理单价＋利润单价

《辽宁省市政工程计价定额》的清单项目与定额子目一一对应，本工程根据分部分项工程量清单中各清单项目所对应的定额子目及未计价材料市场价格，计算清单项目的人工费单价、材料费单价、机械费单价。人行道板规格25cm×25cm×5cm，2.5元/块；混凝土侧石规格50cm×12cm×30cm，14元/m。

根据《辽宁省建设工程费用标准》，本工程按总承包工程四类标准规定：管理费按人工费与机械费之和的18.20%计取，利润按人工费与机械费之和的23.40%计取。

综合单价计算见表7-9。

表7-9 分部分项工程量清单综合单价计算表

工程名称：道路工程　　计量单位：m^3

项目编码：040101008038　　工程数量：1

项目名称：反铲挖掘机挖土　　综合单价：7.89

定额编号	工程内容	定额单位	工程量	综合单价组成				
				人工费	材料费	机械费	管理费和利润	小计
1-83	反铲挖掘机挖土（斗容量1.0m^3，装车，一、二类土）	1000m^3	0.001	211.2		5359.59	2317.45	7888.24
	单价			0.21		5.36	2.32	7.89

工程名称：道路工程　　　　计量单位：m^3

项目编码：040103001012　　　　工程数量：1

项目名称：机械填土夯实，平地　　　　综合单价：5.33

定额编号	工程内容	定额单位	工程量	综合单价组成				
				人工费	材料费	机械费	管理费和利润	小计
1-383	机械填土夯实，平地	$100m^3$	0.01	224.08		152.09	156.49	532.66
	单价			2.24		1.52	1.57	5.33

工程名称：道路工程　　　　计量单位：m^3

项目编码：040103002037　　　　工程数量：1

项目名称：自卸汽车运土　　　　综合单价：24.35

定额编号	工程内容	定额单位	工程量	综合单价组成				
				人工费	材料费	机械费	管理费和利润	小计
1-415	自卸汽车运土方(载重 8t 以内，运距 10km 以内)	$1000m^3$	0.001		31.20	17171.46	7143.33	24345.99
	单价				0.03	17.17	7.15	24.35

工程名称：道路工程　　　　计量单位：m^2

项目编码：040201015001　　　　工程数量：1

项目名称：车行道路床碾压检验　　　　综合单价：2.39

定额编号	工程内容	定额单位	工程量	综合单价组成				
				人工费	材料费	机械费	管理费和利润	小计
2-110	路床碾压检验	$100m^2$	0.01	12.73		156.42	70.35	239.50
	单价			0.13		1.56	0.70	2.39

工程名称：道路工程　　　　计量单位：m^2

项目编码：040202005001　　　　工程数量：1

项目名称：石灰：土：碎石机拌（厚 20cm）　　　　综合单价：19.12

定额编号	工程内容	定额单位	工程量	综合单价组成				
				人工费	材料费	机械费	管理费和利润	小计
2-189	石灰：土：碎石(8：72：20)机拌(厚 20cm)	$100m^2$	0.01	273.85	1363.92	113.35	161.07	1912.19
	单价			2.74	13.64	1.13	1.61	19.12

工程名称：道路工程　　　　计量单位：m^2

项目编码：040202008007　　　　工程数量：1

项目名称：砂砾石基层人机配合（厚度 20cm）　　　　综合单价：18.47

定额编号	工程内容	定额单位	工程量	综合单价组成				
				人工费	材料费	机械费	管理费和利润	小计
2-206	砂砾石底基层人机配合(厚度 20cm)	$100m^2$	0.01	124.43	1346.4	229.36	147.17	1847.36
	单价			0.13	13.46	2.29	1.47	18.47

工程名称：道路工程
项目编码：040202014004
项目名称：路拌水泥稳定砂砾（厚度10cm）

计量单位：m^2
工程数量：1
综合单价：14.85

定额编号	工程内容	定额单位	工程量	综合单价组成				
				人工费	材料费	机械费	管理费和利润	小计
2-246	水泥稳定砂砾，路拌机械摊铺（水泥6%，压实厚度10cm）	$100m^2$	0.01	213.91	1007.68	122.85	140.09	1484.53
	单价			2.14	10.08	1.23	1.40	14.85

工程名称：道路工程
项目编码：040202014006
项目名称：路拌水泥稳定砂砾（厚度20cm）

计量单位：m^2
工程数量：1
综合单价：26.92

定额编号	工程内容	定额单位	工程量	综合单价组成				
				人工费	材料费	机械费	管理费和利润	小计
2-248	水泥稳定砂砾，路拌机械摊铺（水泥6%，压实厚度20cm）	$100m^2$	0.01	344.7	2014.88	133.71	199.02	2692.31
	单价			3.45	20.15	1.33	1.99	26.92

工程名称：道路工程
项目编码：040203009001
项目名称：喷洒透层石油沥青

计量单位：m^2
工程数量：1
综合单价：3.95

定额编号	工程内容	定额单位	工程量	综合单价组成				
				人工费	材料费	机械费	管理费和利润	小计
2-415	石油沥青，透油层	$100m^2$	0.01	2.81	354.18	26.07	12.01	395.07
	单价			0.03	3.54	0.26	0.12	3.95

工程名称：道路工程
项目编码：040203004009
项目名称：粗粒式沥青混凝土机械摊铺6cm

计量单位：m^2
工程数量：1
综合单价：37.35

定额编号	工程内容	定额单位	工程量	综合单价组成				
				人工费	材料费	机械费	管理费和利润	小计
2-377	粗粒式沥青混凝土机械摊铺（厚度6cm）	$100m^2$	0.01	90.61	3298.49	218.23	128.48	3735.81
	单价			0.91	32.98	2.18	1.28	37.35

工程名称：道路工程
项目编码：040203004017
项目名称：中粒式沥青混凝土机械摊铺4cm

计量单位：m^2
工程数量：1
综合单价：27.09

定额编号	工程内容	定额单位	工程量	综合单价组成				
				人工费	材料费	机械费	管理费和利润	小计
2-385	中粒式沥青混凝土机械摊铺（厚度4cm）	$100m^2$	0.01	74.9	2354.93	174.84	103.89	2708.56
	单价			0.75	23.55	1.75	1.04	27.09

工程名称：道路工程　　　　计量单位：t

项目编码：040204009001　　　　工程数量：1

项目名称：沥青混凝土运输　　　　综合单价：12.62

定额编号	工程内容	定额单位	工程量	综合单价组成				
				人工费	材料费	机械费	管理费和利润	小计
2-492	沥青混凝土运输	10t	0.1			89.10	37.06	126.16
	单价					8.91	3.71	12.62

工程名称：道路工程　　　　计量单位：m²

项目编码：040203005004　　　　工程数量：1

项目名称：22cm水泥混凝土浇筑拉毛压痕　　　　综合单价：70.00

定额编号	工程内容	定额单位	工程量	综合单价组成				
				人工费	材料费	机械费	管理费和利润	小计
2-398	水泥混凝土浇筑、拉毛或压痕(厚度22cm)	100m²	0.01	1135.64	5169.57	157.42	537.91	7000.54
	单价			11.36	51.69	1.57	5.38	70.00

工程名称：道路工程　　　　计量单位：m²

项目编码：040203005007　　　　工程数量：1

项目名称：人工切缝，伸缝（沥青木板）　　　　综合单价：86.35

定额编号	工程内容	定额单位	工程量	综合单价组成				
				人工费	材料费	机械费	管理费和利润	小计
2-401	人工切缝，伸缝(沥青木板)	10m²	0.1	251.02	508.1		104.42	863.54
	单价			25.10	50.81		10.44	86.35

工程名称：道路工程　　　　计量单位：m²

项目编码：040203005008　　　　工程数量：1

项目名称：人工切缝，伸缝（沥青玛瑞脂）　　　　综合单价：158.45

定额编号	工程内容	定额单位	工程量	综合单价组成				
				人工费	材料费	机械费	管理费和利润	小计
2-402	人工切缝，伸缝(沥青玛瑞脂)	10m²	0.1	135.46	1392.74		56.35	1584.55
	单价			13.55	139.27		5.63	158.45

工程名称：道路工程　　　　计量单位：m²

项目编码：040203005011　　　　工程数量：1

项目名称：人工切缝，缩缝（沥青玛瑞脂）　　　　综合单价：91.51

定额编号	工程内容	定额单位	工程量	综合单价组成				
				人工费	材料费	机械费	管理费和利润	小计
2-405	人工切缝，缩缝(沥青玛瑞脂)	10m²	0.1	153.12	698.27		63.70	915.09
	单价			15.31	69.83		6.37	91.51

工程名称：道路工程　　　　计量单位：m
项目编码：040203005012　　　　工程数量：1
项目名称：锯缝机锯缝　　　　综合单价：8.06

定额编号	工程内容	定额单位	工程量	综合单价组成				
				人工费	材料费	机械费	管理费和利润	小计
2-406	锯缝机锯缝	10延长米	0.1	25.06	32.5	8.95	14.15	80.66
	单价			2.51	3.25	0.89	1.41	8.06

工程名称：道路工程　　　　计量单位：m^2
项目编码：040203005014　　　　工程数量：1
项目名称：草袋养生　　　　综合单价：1.42

定额编号	工程内容	定额单位	工程量	综合单价组成				
				人工费	材料费	机械费	管理费和利润	小计
2-408	草袋养生	$100m^2$	0.01	40.54	84.37		16.86	141.77
	单价			0.41	0.84		0.17	1.42

工程名称：道路工程　　　　计量单位：t
项目编码：040701002001　　　　工程数量：1
项目名称：水泥混凝土路面，构造筋　　　　综合单价：4443.60

定额编号	工程内容	定额单位	工程量	综合单价组成				
				人工费	材料费	机械费	管理费和利润	小计
7-9	(道路工程)水泥混凝土路面，构造筋	t	1	509.51	3688.62	23.67	221.80	4443.60
	单价			509.51	3688.62	23.67	221.80	4443.60

工程名称：道路工程　　　　计量单位：m^2
项目编码：040201015002　　　　工程数量：1
项目名称：人行道整形碾压　　　　综合单价：1.04

定额编号	工程内容	定额单位	工程量	综合单价组成				
				人工费	材料费	机械费	管理费和利润	小计
2-111	人行道整形碾压	$100m^2$	0.01	60.66		12.66	30.50	103.82
	单价			0.61		0.13	0.30	1.04

工程名称：道路工程　　　　计量单位：m^2
项目编码：040204001001　　　　工程数量：1
项目名称：人行道板铺设砂垫层 25cm×25cm×5cm　　　　综合单价：50.58

定额编号	工程内容	定额单位	工程量	综合单价组成				
				人工费	材料费	机械费	管理费和利润	小计
2-429	人行道板铺设砂垫层(规格25cm×25cm×5cm)	$100m^2$	0.01	445.49	4427.32		185.32	5058.13
	单价			4.46	52.47		1.85	50.58

工程名称：道路工程　　　　计量单位：m^3

项目编码：040204003003　　　　工程数量：1

项目名称：人工铺装混凝土垫层　　　　综合单价：273.95

定额编号	工程内容	定额单位	工程量	综合单价组成				
				人工费	材料费	机械费	管理费和利润	小计
2-460	人工铺装混凝土垫层	m^3	1	53.94	197.57		22.44	273.95
	单价			53.94	197.57		22.44	273.95

工程名称：道路工程　　　　计量单位：m

项目编码：040204003006　　　　工程数量：1

项目名称：混凝土边石安砌（长度50cm）　　　　综合单价：20.03

定额编号	工程内容	定额单位	工程量	综合单价组成				
				人工费	材料费	机械费	管理费和利润	小计
2-462	混凝土边石安砌(长度50cm)	100m	0.01	340.83	1520.32		141.78	2002.93
	单价			3.41	15.20		1.42	20.03

2. 分部分项工程量清单计价

根据各清单项目综合单价，计算各清单项目费，汇总计算分部分项工程费，见表7-10。

$$分部分项工程费=\sum清单项目合价=\sum(工程数量\times综合单价)$$

表7-10　分部分项工程量清单计价表

序号	项目编码	项目名称	计量单位	工程数量	金额/元	
					综合单价	合价
一		土石方				
1	040101008038	反铲挖掘机挖土(斗容量1.0m^3,装车,一、二类土)	m^3	1024	7.89	8079.36
2	040103001012	机械填土夯实,平地	m^3	178	5.33	948.74
3	040103002029	自卸汽车运土(载重8t以内,运距10km以内)	m^3	846	24.35	20600.10
二		路基处理				
4	040201015001	车行道路床碾压检验	m^2	13280	2.39	31739.20
三		道路基层				
5	040202005001	石灰：土：碎石(8：72：20)机拌(厚20cm)	m^2	6640	19.12	126956.80
6	040202008007	砂砾石基层人机配合(厚度20cm以内)	m^2	6640	18.47	122640.80
7	040202014004	水泥稳定砂砾,路拌机械摊铺(水泥6%,压实厚度10cm)	m^2	6640	14.85	98604
8	040202014006	水泥稳定砂砾,路拌机械摊铺(水泥6%,压实厚度20cm)	m^2	6640	26.92	178748.80
四		沥青混凝土面层				
9	040203009001	喷洒透层石油沥青	m^2	6400	3.95	25280
10	040203004009	粗粒式沥青混凝土机械摊铺(厚度6cm)	m^2	6400	37.35	239040
11	040203004017	中粒式沥青混凝土机械摊铺(厚度4cm)	m^2	6400	27.09	173376
12	040204009001	沥青混凝土运输	t	1522.92	12.62	19219.25

续表

序号	项目编码	项目名称	计量单位	工程数量	金额/元	
					综合单价	合价
五		水泥混凝土面层				
13	040203005004	水泥混凝土浇筑、拉毛或压痕(厚度 22cm)	m^2	6400	70.00	448000
14	040203005007	人工切缝,伸缝(沥青木板)	m^2	5.76	86.35	497.37
15	040203005008	人工切缝,伸缝(沥青玛瑞脂)	m^2	1.28	158.45	202.82
16	040203005011	人工切缝,缩缝(沥青玛瑞脂)	m^2	97.92	91.51	8960.66
17	040203005012	锯缝机锯缝	m	2480	8.06	19988.80
18	040203005014	草袋养生	m^2	6400	1.42	9088
六		水泥混凝土路面,构造筋				
19	040701002001	水泥混凝土路面,构造筋	t	2.797	4443.60	12428.75
七		人行道				
20	040201015002	人行道整形碾压	m^2	4512	1.04	4692.48
21	040204001001	人行道板铺设砂垫层(规格 25cm×25cm×5cm)	m^2	4512	50.58	228216.96
八		侧石				
22	040204003003	人工铺装混凝土垫层	m^3	52.48	273.95	14376.90
23	040204003006	混凝土侧石安砌(长度 50cm)	m	1600	20.03	32048
		合　计				1823733.79

(二) 措施项目清单计价

措施项目清单计价根据拟建工程的施工组织设计计价。

本工程为保证工程施工顺利进行采取必要的安全文明施工措施、雨期施工措施、避免行车行人干扰的措施。

$$措施项目费=\sum措施项目金额=\sum(取费基数\times费率)$$

根据辽宁省《建设工程费用标准》规定，本工程按总承包工程四类标准取费，措施项目费的计算，见表 7-11。

表 7-11　措施项目清单计价表

序号	项目名称	基数说明	费率/%	金额/元
1	安全文明施工措施费	分部分项人工费+分部分项机械费	10.4	33958.49
2	夜间施工增加费			
3	二次搬运费			
4	已完工程及设备保护费			
5	雨季施工费	分部分项人工费+分部分项机械费	1	3265.24
6	市政工程干扰费	分部分项人工费+分部分项机械费	4	13060.96
	合　计			50284.69

(三) 其他项目清单计价

本工程暂不考虑其他项目，所以其他项目费为零，表格格式略。

（四）单位工程投标报价汇总

根据各地区有关规定，计算规费和税金，汇总单位工程费，见表7-12。

本工程规费按“分部分项工程费＋措施项目费＋其他项目费”的6.26％计取；

税金按“分部分项工程费＋措施项目费＋其他项目费＋规费”的3.445％计取。

表7-12　单位工程投标报价汇总表

序号	项目名称	金额/元
1	分部分项工程费	1823733.79
2	措施项目费	50284.69
3	其他项目费	0
4	规费	117313.56
5	税金	64559.94
合　计		2055891.98

（五）投标总价

按照“投标总价表”的统一格式填写，见表7-13所示。

表7-13　投标总价

投标总价

投　标　人：（略）

工 程 名 称：新建道路工程

投标总价(小写)：2055891.98

(大写)：贰佰零伍万伍仟捌佰玖拾壹元玖角捌分

投　标　人：（略）（单位盖章）

法定代表人：（略）（签字或盖章）

编　制　人：（略）（造价人员签字盖专用章）

编制时间：（略）

本章小结

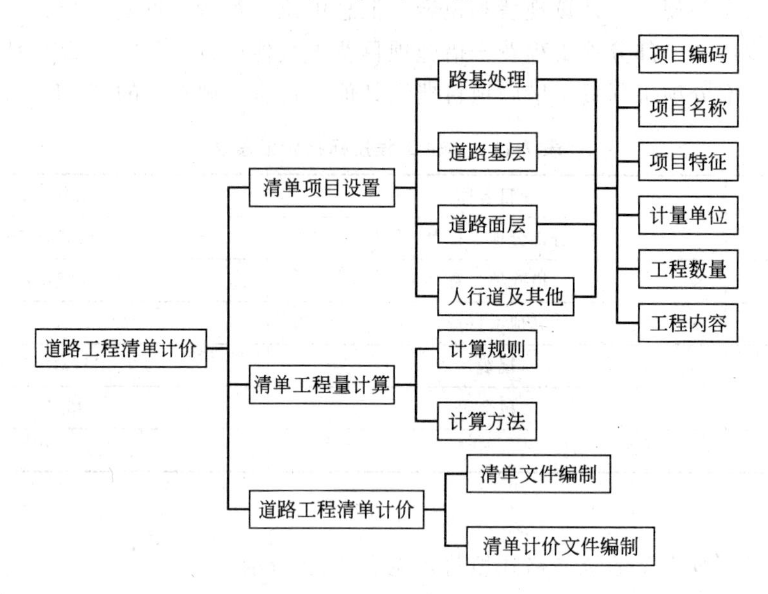

复习思考题

一、简答题

1.《建设工程工程量清单计价规范》中的道路工程主要设置了哪些清单项目?

2.“沥青混凝土面层”清单项目与定额子目有何不同?

3.“水泥混凝土面层”清单项目与定额子目有何不同?

4. 道路基层与道路面层清单工程量的计算有何区别?

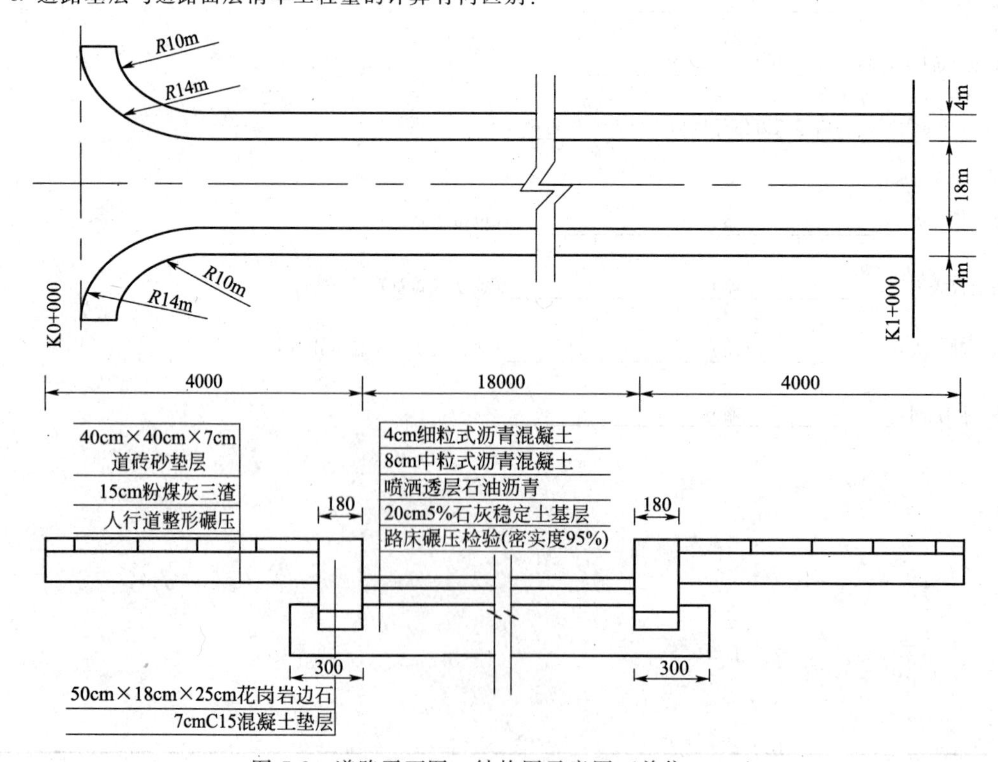

图 7-8 道路平面图、结构图示意图（单位：mm）

二、计算题

某新建道路工程施工设计图如图7-8所示，施工标段为（K0＋000）～（K1＋000），沥青混凝土路面结构，设计车行道宽度为18m，路面两边安砌侧石，设计人行道宽度为4m，直交路口转弯外侧半径14m；道路挖方为2680m^3，土质为三类土；道路填方为855m^3，填方密实度为95%，挖方为可利用回填土方；余方弃置运距5km。

试编制该道路工程工程量清单并计价。

第八章　桥涵护岸工程工程量清单计价

知识目标

- 了解桥涵护岸工程清单项目的设置。
- 掌握桥涵护岸工程清单项目工程量的计算规则与计算方法。
- 掌握桥涵护岸工程清单计价的步骤与方法。

能力目标

- 能应用清单工程量计算规则与方法计算清单项目的工程量。
- 能完成桥涵护岸工程清单计价文件的编制。

第一节　桥涵护岸工程工程量清单项目设置

《建设工程工程量清单计价规范》(GB 50500—2008)(以下简称《清单计价规范》)“桥涵护岸工程”，将桥涵护岸工程分为桩基、现浇混凝土、预制混凝土、砌筑、挡墙护坡、立交箱涵、钢结构、装饰以及其他九部分，共74个清单项目。

一、桩基工程工程量清单项目设置

1. 桩基工程工程量清单项目设置及工程量计算规则见(见表8-1)。

表8-1　桩基(编码：040301)

项目编码	项目名称	项目特征	计量单位	工程量计算规划	工程内容
040301001	圆木桩	1. 材质 2. 尾径 3. 斜率	m	按设计图示以桩长(包括桩尖)计算	1. 工作平台搭拆 2. 桩机竖拆 3. 运桩 4. 桩靴安装 5. 沉桩 6. 截桩头 7. 废料弃置
040301002	钢筋混凝土板桩	1. 混凝土强度等级、石料最大粒径 2. 部位	m^3	按设计图示桩长(包括桩尖)乘以桩的断面积以体积计算	1. 工作平台搭拆 2. 桩机竖拆 3. 场内外运桩 4. 沉桩 5. 送桩 6. 凿除桩头 7. 废料弃置 8. 混凝土浇筑 9. 废料弃置

续表

<table>
<tr><th>项目编码</th><th>项目名称</th><th>项目特征</th><th>计量单位</th><th>工程量计算规划</th><th>工程内容</th></tr>
<tr><td>040301003</td><td>钢筋混凝土方桩(管桩)</td><td>1. 形式
2. 混凝土强度等级、石料最大粒径
3. 断面
4. 斜率
5. 部位</td><td rowspan="3">m</td><td rowspan="3">按设计图示桩长(包括桩尖)计算</td><td>1. 工作平台搭拆
2. 桩机竖拆
3. 混凝土浇筑
4. 运桩
5. 沉桩
6. 接桩
7. 送桩
8. 凿除桩头
9. 桩芯混凝土充填
10. 废料弃置</td></tr>
<tr><td>040301004</td><td>钢管桩</td><td>1. 材质
2. 加工工艺
3. 管径、壁厚
4. 斜率
5. 强度</td><td>1. 工作平台搭拆
2. 桩机竖拆
3. 钢管制作
4. 场内外运桩
5. 沉桩
6. 接桩
7. 送桩
8. 切割钢管
9. 精割盖帽
10. 管内取土
11. 余土弃置
12. 管内填心
13. 废料弃置</td></tr>
<tr><td>040301005</td><td>钢管成孔灌注桩</td><td>1. 桩径
2. 深度
3. 材料品种
4. 混凝土强度等级、石料最大粒径</td><td>1. 工作平台搭拆
2. 桩机竖拆
3. 沉桩及灌桩、拔管
4. 凿除桩头
5. 废料弃置</td></tr>
<tr><td>040301006</td><td>挖孔灌注桩</td><td rowspan="2">1. 桩径
2. 深度
3. 岩土类别
4. 混凝土强度等级、石料最大粒径</td><td rowspan="2">m</td><td rowspan="2">按设计图示以长度计算</td><td>1. 挖桩成孔
2. 护壁制作、安装、浇捣
3. 土方运输
4. 灌注混凝土
5. 凿除桩头
6. 废料弃置
7. 余方弃置</td></tr>
<tr><td>040301007</td><td>机械成孔灌注桩</td><td>1. 工作平台搭拆
2. 成孔机械竖拆
3. 护筒埋设
4. 泥浆制作
5. 钻、冲成孔
6. 余方弃置
7. 灌注混凝土
8. 凿除桩头
9. 废料弃置</td></tr>
</table>

2. 清单项目相关说明

（1）桩基工程适用于城市桥梁和护岸工程。

（2）桩基包括了桥梁常用的桩种，清单工程量以设计桩长计量，只有混凝土板桩以体积计算。这与定额工程量计算是不同的，定额一般桩以体积计算，钢管桩以重量计算。清单工程内容包括了从搭拆工作平台起到竖拆桩机、制桩、运桩、打桩（沉桩）、接桩、送桩，直至截桩头、废料弃置等全部内容。

二、现浇混凝土工程工程量清单项目设置

1. 现浇混凝土工程工程量清单项目设置及工程量计算规则（表 8-2）

表 8-2　现浇混凝土（编码：040302）

<table>
<tr><th>项目编码</th><th>项目名称</th><th>项目特征</th><th>计量单位</th><th>工程量计算规则</th><th>工程内容</th></tr>
<tr><td>040302001</td><td>混凝土基础</td><td>1. 混凝土强度等级，石料最大粒径
2. 嵌料(毛石)比例
3. 垫层厚度、材料品种、强度</td><td rowspan="10">m^3</td><td rowspan="10">按设计图示尺寸以体积计算</td><td>1. 垫层铺筑
2. 混凝土浇筑
3. 养护</td></tr>
<tr><td>040302002</td><td>混凝土承台</td><td rowspan="5">1. 部位
2. 混凝土强度等级、石料最大粒径</td><td rowspan="9">1. 混凝土浇筑
2. 养护</td></tr>
<tr><td>040302003</td><td>墩(台)帽</td></tr>
<tr><td>040302004</td><td>墩(台)身</td></tr>
<tr><td>040302005</td><td>支撑梁及横梁</td></tr>
<tr><td>040302006</td><td>墩(台)盖梁</td></tr>
<tr><td>040302007</td><td>拱桥拱座</td><td rowspan="2">混凝土强度等级、石料最大粒径</td></tr>
<tr><td>040302008</td><td>拱桥拱肋</td></tr>
<tr><td>040302009</td><td>拱上构件</td><td rowspan="2">1. 部位
2. 混凝土强度等级、石料最大粒径</td></tr>
<tr><td>040302010</td><td>混凝土箱梁</td></tr>
<tr><td>040302011</td><td>混凝土连续板</td><td>1. 部位
2. 强度
3. 形式</td><td>m^3</td><td>按设计图示尺寸以体积计算</td><td>1. 混凝土浇筑
2. 养护</td></tr>
<tr><td>040302012</td><td>混凝土板梁</td><td>1. 部位
2. 形式
3. 混凝土强度等级、石料最大粒径</td><td rowspan="3">m^3</td><td rowspan="3">按设计图示尺寸以体积计算</td><td rowspan="5">1. 混凝土浇筑
2. 养护</td></tr>
<tr><td>040302013</td><td>拱板</td><td>1. 部位
2. 混凝土强度等级、石料最大粒径</td></tr>
<tr><td>040302014</td><td>混凝土楼梯</td><td>1. 形式
2. 混凝土强度等级、石料最大粒径</td></tr>
<tr><td>040302015</td><td>混凝土防撞护栏</td><td>1. 断面
2. 混凝土强度等级、石料最大粒径</td><td>m</td><td>按设计图示尺寸以长度计算</td></tr>
<tr><td>040302016</td><td>混凝土小型构件</td><td>1. 部位
2. 混凝土强度等级、石料最大粒径</td><td>m^3</td><td>按设计图示尺寸以体积计算</td></tr>
</table>

续表

项目编码	项目名称	项目特征	计量单位	工程量计算规则	工程内容
040302017	桥面铺装	1. 部位 2. 混凝土强度等级、石料最大粒径 3. 沥青品种 4. 厚度 5. 配合比	m^2	按设计图示尺寸以面积计算	1. 混凝土浇筑 2. 养护 3. 沥青混凝土铺装 4. 碾压
040302018	桥头搭板	混凝土强度等级、石料最大粒径	m^3	按设计图示尺寸以体积计算	1. 混凝土浇筑 2. 养护
040302019	桥塔身	1. 形状 2. 混凝土强度等级、石料最大粒径		按设计图示尺寸以实体积计算	
040302020	连系梁				

2. 清单项目相关说明

(1) 现浇混凝土工程适用于城市桥梁和护岸工程。

(2) 现浇混凝土清单项目的工程内容包括混凝土制作、运输、浇筑、养护等全部内容。混凝土基础还包括垫层在内。

(3) 嵌石混凝土的块石含量按15%计取，如与设计不符时，可按表8-3换算。

表8-3　混凝土块石掺量表

块石掺量/%	10	15	20	25
每立方米混凝土块石掺量/m^3	0.159	0.238	0.381	0.397

注：1. 块石掺量另加损耗率，块石损耗为2%。

2. 混凝土用量扣除嵌石百分数后，乘以损耗率1.5%。

三、预制混凝土工程工程量清单项目设置

1. 预制混凝土工程工程量清单项目设置及工程量计算规则（见表8-4）

表8-4　预制混凝土（编码：040303）

项目编码	项目名称	项目特征	计量单位	工程量计算规则	工程内容
040303001	预制混凝土立柱	1. 形状、尺寸 2. 混凝土强度等级、石料最大粒径 3. 预应力、非应力 4. 张拉方式	m^3	按设计图示尺寸以体积计算	1. 混凝土浇筑 2. 养护 3. 构件运输 4. 立柱安装 5. 构件连接
040303002	预制混凝土板				1. 混凝土浇筑 2. 养护 3. 构件运输 4. 安装 5. 构件连接
040303003	预制混凝土梁				
040303004	预制混凝土桁架拱构件	1. 部位 2. 混凝土强度等级、石粒最大粒径			
040303005	预制混凝土小型构件				

2. 清单项目相关说明

(1) 预制混凝土工程适用于城市桥梁护岸工程。

(2) 预制混凝土清单项目的工程内容包括制作、运输、安装和构件连接等全部内容。

四、砌筑工程工程量清单项目设置

1. 砌筑工程工程量清单项目设置及工程量计算规则（见表8-5）

表8-5 砌筑（编码：040304）

项目编码	项目名称	项目特征	计量单位	工程量计算规则	工程内容
040304001	干砌块料	1. 部位 2. 材料品种 3. 规格	m^3	按设计图示尺寸以体积计算	1. 砌筑 2. 勾缝
040304002	浆砌块料	1. 部位 2. 材料品种 3. 规格 4. 砂浆强度等级			1. 砌筑 2. 砌体勾缝 3. 砌体抹面 4. 泄水孔制作、安装 5. 滤层铺设 6. 沉降缝
040304003	浆砌拱圈	1. 材料品种 2. 规格 3. 砂浆强度			1. 砌筑 2. 砌体勾缝 3. 砌体抹面
040304004	抛石	1. 要求 2. 品种规格			抛石

2. 清单项目相关说明

（1）砌筑工程适用于城市桥梁和护岸工程。

（2）砌筑工程清单项目的工程内容包括泄水孔、滤水层及勾缝等内容

五、挡墙、护坡工程工程量清单项目设置

1. 挡墙、护坡工程工程量清单项目设置及工程量计算规则（见表8-6）

表8-6 挡墙、护坡（编码：040305）

项目编码	项目名称	项目特征	计量单位	工程量计算规则	工程内容
040305001	挡墙基础	1. 材料品种 2. 混凝土强度等级、石料最大粒径 3. 形式 4. 垫层厚度、材料品种、强度	m^3	按设计图示尺寸以体积计算	1. 垫层铺筑 2. 混凝土浇筑
040305002	现浇混凝土挡墙墙身	1. 混凝土强度等级、石料最大粒径 2. 泄水孔材料品种、规格 3. 滤水层要求			1. 混凝土浇筑 2. 养护 3. 抹灰 4. 泄水孔制作、安装 5. 滤水层铺筑
040305003	预制混凝土挡墙墙身				1. 混凝土浇筑 2. 养护 3. 构件运输 4. 安装 5. 泄水孔制作、安装 6. 滤水层铺筑
040305004	挡墙混凝土压顶	混凝土强度等级、石料最大粒径			1. 混凝土浇筑 2. 养护
040305005	护坡	1. 材料品种 2. 结构形式 3. 厚度	m^2	按设计图示尺寸以面积计算	1. 修整边坡 2. 砌筑

2. 清单项目相关说明

（1）挡墙、护坡工程适用于城市桥梁和护坡工程。

（2）挡墙、护坡工程清单项目的工程内容包括泄水口、滤水层及勾缝等。

六、立交箱涵工程工程量清单项目设置

1. 立交箱涵工程工程量清单项目设置及工程量计算规则（见表 8-7）

表 8-7　立交箱涵（编码：040306）

<table>
<tr><th>项目编码</th><th>项目名称</th><th>项目特征</th><th>计量单位</th><th>工程量计算规则</th><th>工程内容</th></tr>
<tr><td>040306001</td><td>滑板</td><td>1. 透水管材料品种、规格
2. 垫层厚度、材料品种、强度
3. 混凝土强度等级、石料最大粒径</td><td rowspan="4">m^3</td><td rowspan="4">按设计图示尺寸以体积计算</td><td>1. 透水管铺设
2. 垫层铺筑
3. 混凝土浇筑
4. 养护</td></tr>
<tr><td>040306002</td><td>箱涵底板</td><td>1. 透水管材料品种、规格
2. 垫层厚度、材料品种、强度
3. 混凝土强度等级、石料最大粒径
4. 石蜡层要求
5. 塑料薄膜品种、规格</td><td>1. 石蜡层
2. 塑料薄膜
3. 混凝土浇筑
4. 养护</td></tr>
<tr><td>040306003</td><td>箱涵侧墙</td><td rowspan="2">1. 混凝土强度等级、石料最大粒径
2. 防水层工艺要求</td><td rowspan="2">1. 混凝土浇筑
2. 养护
3. 防水砂浆
4. 防水层铺涂</td></tr>
<tr><td>040306004</td><td>箱涵顶板</td></tr>
<tr><td>040306005</td><td>箱涵顶进</td><td>1. 断面
2. 长度</td><td>kt·m</td><td>按设计图示尺寸以被顶箱涵的质量乘以箱涵的位移距离分节累计计算</td><td>1. 顶进设备安装、拆除
2. 气垫安装、拆除
3. 气垫使用
4. 钢刃角制作、安装、拆除
5. 挖土实顶
6. 场内外运输
7. 中继间安装、拆除</td></tr>
<tr><td>040306006</td><td>箱涵接缝</td><td>1. 材质
2. 工艺要求</td><td>m</td><td>按设计图示止水带长度计算</td><td>接缝</td></tr>
</table>

2. 清单项目相关说明

（1）立交箱涵工程适用于城市桥梁和护岸工程。

（2）箱涵滑板下的肋楞，其工程量并入滑板内计算。

（3）箱涵混凝土工程量，不扣除单孔面积 $0.3m^2$ 以下的预留孔洞体积。

七、钢结构工程工程量清单项目设置

1. 钢结构工程工程量清单项目设置及工程量计算规则（见表 8-8）

2. 清单项目相关说明

（1）钢结构工程适用于城市桥梁和护岸工程。

（2）钢管每米重量见表 8-9。

表 8-8　钢结构（编码：040307）

项目编码	项目名称	项目特征	计量单位	工程量计算规则	工程内容
040307001	钢箱梁	1. 材质 2. 部位 3. 油漆品种、色彩、工艺要求	t	按设计图示尺寸以质量计算(不包括螺栓、焊缝质量)	1. 制作 2. 运输 3. 试拼 4. 安装 5. 连接 6. 除锈、油漆
040307002	钢板梁				
040307003	钢桁梁				
040307004	钢拱				
040307005	钢构件				
040307006	劲性钢结构				
040307007	钢结构叠合梁				
040307008	钢拉索	1. 材质 2. 直径 3. 防护方式		按设计图示尺寸以质量计算	1. 拉索安装 2. 张拉 3. 锚具 4. 防护壳制作、安装
040307009	钢拉杆				1. 连接、紧锁件安装 2. 钢拉杆安装 3. 钢拉杆防腐 4. 钢拉杆防护壳制作、安装

表 8-9　钢管每米重量

项目 公称直径/mm	钢管壁厚/mm								
	6	7	8	9	10	12	14	16	18
	重量/kg								
150	22.640	22.240							
200	31.520	36.600	41.630						
250	39.510	47.640	52.280						
300	47.200	54.890	62.540						
350	54.900	63.870	72.800	81.680	90.510				
400	62.150	72.330	82.470	92.650	102.600				
450	69.840	81.310	92.720	104.100	115.400				
500	77.390	90.110	102.790	115.400	128.000				
600	92.340	107.550	122.720	137.800	152.900				
700	105.650	123.090	140.470	157.800	175.100				
800	120.450	140.390	160.200	180.000	199.800				
900	135.240	157.610	180.390	202.200	224.400				
1000	150.040	174.880	199.660	224.400	249.100				
1100					273.730	327.880	381.840	435.590	489.160
1200					298.390	357.470	416.360	475.050	533.540
1400					347.710	416.660	485.410	553.960	622.320
1500					372.370	446.250	519.930	593.420	666.710
1600					397.030	475.840	554.460	632.870	711.100
1800					446.350	535.020	623.500	711.790	799.870
2000					495.670	594.210	692.550	790.700	888.650
2200					544.990	653.390	761.600	869.610	977.420
2400					594.306	712.575	830.647	948.522	1066.200

八、装饰工程工程量清单项目设置

1. 装饰工程工程量清单项目设置及工程量计算规则（见表 8-10）

表 8-10　装饰（编码：040308）

项目编码	项目名称	项目特征	计量单位	工程量计算规则	工程内容
040308001	水泥砂浆抹面	1. 砂浆配合比 2. 部位 3. 厚度	m^2	按设计图示尺寸以面积计算	砂浆抹面
040308002	水刷石饰面	1. 材料 2. 部位 3. 砂浆配合比 4. 形式、厚度			饰面
040308003	剁斧石饰面	1. 材料 2. 部位 3. 形式 4. 厚度			
040308004	拉毛	1. 材料 2. 砂浆配合比 3. 部位 4. 厚度			砂浆、水泥浆拉毛
040308005	水磨石饰面	1. 规格 2. 砂浆配合比 3. 材料品种 4. 部位			饰面
040308006	镶贴面层	1. 材质 2. 规格 3. 厚度 4. 部位			镶贴面层
040308007	水质涂料	1. 材料品种 2. 部位			涂料涂刷
040308008	油漆	1. 材料品种 2. 部位 3. 工艺要求			1. 除锈 2. 刷油漆

2. 清单项目相关说明

（1）装饰工程适用于城市桥梁和护岸工程。

（2）装饰工程所有项目均按面积计算。

九、其他项目工程工程量清单项目设置

1. 其他项目工程工程量清单项目设置及工程量计算规则（见表 8-11）

2. 清单项目相关说明

其他项目适用于城市桥梁和护岸工程。

表 8-11 其他（编码：040309）

项目编码	项目名称	项目特征	计量单位	工程量计算规则	工程内容
040309001	金属栏杆	1. 材质 2. 规格 3. 油漆品种、工艺要求	t	按设计图示尺寸以质量计算	1. 制作、运输、安装 2. 除锈、刷油漆
040309002	橡胶支座	1. 材质 2. 规格			
040309003	钢支座	1. 材质 2. 规格 3. 形式	个	按设计图示数量计算	支座安装
040309004	盆式支座	1. 材质 2. 承载力			
040309005	油毛毡支座	1. 材质 2. 规格	m^2	按设计图示尺寸以面积计算	制作、安装
040309006	桥梁伸缩装置	1. 材料品种 2. 规格	m	按设计图示尺寸以延长米计算	1. 制作、安装 2. 嵌缝
040309007	隔音屏障	1. 材料品种 2. 结构形式 3. 油漆品种、工艺要求	m^2	按设计图示尺寸以面积计算	1. 制作、安装 2. 除锈、刷油漆
040309008	桥面泄水管	1. 材料 2. 管径 3. 滤层要求	m	按设计图示以长度计算	1. 进水口、泄水管制作、安装 2. 滤层铺设
040309009	防水层	1. 材料品种 2. 规格 3. 部位 4. 工艺要求	m^2	按设计图示尺寸以面积计算	防水层铺涂
040309010	钢桥维修设备	按设计图要求	套	按设计图示数量计算	1. 制作 2. 运输 3. 安装 4. 除锈、刷油漆

第二节 桥涵护岸工程工程量清单编制

一、桥涵护岸工程量清单编制方法与步骤

桥涵工程量清单编制按照《清单计价规范》规定的工程量清单统一格式进行编制，主要是分部分项工程量清单、措施项目清单、其他项目清单这三大清单的编制。

1. 分部分项工程量清单的编制

桥涵工程分部分项工程量清单应根据《清单计价规范》规定的统一的项目编码、项目名称、计量单位、工程量计算规则进行编制。

分部分项工程量清单编制的步骤如下：清单项目列项、编码→清单项目工程量计算→分部分项工程量清单编制。

(1) 清单项目列项、编码　应依据《计价规范》中规定的清单项目及其编码，根据招标文件的要求，结合施工图设计文件、施工现场等条件进行桥涵工程清单项目列项、编码。

清单项目列项、编码可按下列顺序进行。

① 主要明确桥涵工程的招标范围及其他相关内容。

② 审读图纸、列出施工项目。

桥涵工程施工图纸主要有桥涵总体布置平面图、桥涵总体布置立面图、桥涵总体布置横断面图、桥涵上下部结构图及钢筋布置图、桥面系结构图、桥涵附属工程结构图等。

编制分部分项工程量清单，必须认真阅读全套施工图纸，了解工程的总体情况，明确各部分的工程构造，并结合工程施工方法，按照工程的施工工序，逐个列出工程施工项目。

某桥梁基础采用钻孔灌注桩，下部结构采用现浇钢筋混凝土承台、台身、台帽，上部为预制预应力钢筋混凝土梁板。

根据工程的总体情况，该桥梁工程的施工工序为钻孔灌注桩基础→桥台基坑开挖→承台碎石、混凝土垫层→现浇钢筋混凝土承台→现浇钢筋混凝土台身→现浇钢筋混凝土侧墙→现浇钢筋混凝土台帽→台背回填土方→梁板预制、安装→桥面系及附属工程。

桥梁基础钻孔灌注桩施工时需搭设陆上支架平台，搭泥浆池、埋设钢护筒、桩机就位并钻进成孔、钢筋笼制作安装、钻孔桩混凝土的灌注、拆除泥浆池、泥浆外运、拆除桩基支架平台、桩机移位、桥台基坑开挖、凿除桩头混凝土、桩的检测。桥台基坑开挖时，地下水位较高，土质主要是砂性土，所以考虑采用井点降水。基坑开挖主要采用挖掘机挖土，人工辅助清底，土方就近堆放。

根据上述工程的施工工序、施工方法，可列出桥梁钻孔灌注桩基础施工时以下工程施工项目表（见表 8-12）。

表 8-12　施工项目表

<table>
<tr><th>序　号</th><th colspan="2">施工项目</th></tr>
<tr><td>1</td><td colspan="2">搭、拆桩基支架平台</td></tr>
<tr><td>2</td><td colspan="2">搭拆泥浆池</td></tr>
<tr><td>3</td><td colspan="2">埋设钢护筒</td></tr>
<tr><td>4</td><td colspan="2">钻进成孔</td></tr>
<tr><td>5</td><td colspan="2">钻孔桩钢筋笼制作安装</td></tr>
<tr><td>6</td><td colspan="2">混凝土灌注</td></tr>
<tr><td>7</td><td colspan="2">泥浆外运</td></tr>
<tr><td>8</td><td colspan="2">凿除桩头</td></tr>
<tr><td>9</td><td colspan="2">井点降水</td></tr>
<tr><td>10</td><td rowspan="2">基坑开挖</td><td>挖掘机挖土</td></tr>
<tr><td>11</td><td>人工辅助挖土</td></tr>
<tr><td>12</td><td colspan="2">桩机进出场及竖拆</td></tr>
</table>

③ 对照《清单计价规范》按其规定的清单项目列项、编码。根据列出的施工项目表，对照《清单计价规范》中各清单项目的工程内容，确定清单项目的项目名称、项目编码。这是正确编制分部分项工程量清单的关键。

上例桥梁基础钻孔灌注桩的清单项目、编码见表 8-13。

比较表 8-12 与表 8-13 可知，在进行清单项目列项编码时，应注意以下几点。

a. 施工项目与分部分项工程量清单项目不是一一对应的。通常一个分部分项工程量清单项目可包括几个施工项目，这主要根据《清单计价规范》中规定的清单项目所包含的“工程内容”。

表 8-13 清单项目表

序号	清单项目名称	项目编码	备　注
1	机械成孔灌注桩(ϕ1000mm、C25 混凝土)	040301007001	表 8-12 第 1、2、3、4、6、7、8 项施工项目
2	非预应力钢筋(钻孔桩钢筋笼)	040701002001	表 8-12 第 5 项施工项目
3	挖基坑土方(一、二类土)	040101003001	表 8-12 第 9、10 项施工项目

如“机械成孔灌注桩（ϕ1000mm、C25 混凝土）”清单项目，根据《清单计价规范》规定其工程内容包括：搭拆桩基础支架平台、埋设钢护筒、钻机成孔、泥浆池建造和拆除、灌注混凝土、凿除桩头、泥浆等废料外运弃置，所以这个清单项目就包括了表 8-12 中第 1、2、3、4、6、7、8 项施工项目。

“机械成孔灌注桩（ϕ1000mm、C25 混凝土）”清单项目不包括钢筋笼的制作安装。这个施工工作项目是按“钢筋工程”另列“非预应力钢筋（钻孔桩钢筋笼）”清单项目。

b. 有的施工项目不属于分部分项工程量清单项目，而属于措施清单项目。

如表 8-12 中第 9、12 项施工项目，是施工技术措施项目，属于措施清单项目，不属于分部分项工程量清单项目。

c. 清单项目名称应按《清单计价规范》中的项目名称（可称为基本名称），结合实际工程的项目特征综合确定，形成具体的项目名称。

如上例中“机械成孔灌注桩”为基本名称，项目特征为桩径、深度、岩石类别、混凝土强度等级、石类最大粒径，结合工程实际情况，具体的项目名称为“机械成孔灌注桩（ϕ1000mm、C25 混凝土）”。

d. 清单项目编码由 12 位数字组成，第 1～9 位项目编码根据项目“基本名称”按《清单计价规范》统一编制，第 10～12 位项目编码由清单编制人根据“项目特征”由 001 起按顺序编制。

e. 从上述举例中可看出，一个完整的桥梁工程分部分项工程量清单，一般包括《清单计价规范》“土石方工程”、“桥涵护岸工程”中的有关清单项目，还可能包括“钢筋工程”中的有关清单项目。如果是改建工程，还应包括“拆除工程”中的有关清单项目。

（2）清单项目工程量计算　清单项目列项后，根据施工图纸，按照清单项目的工程量计算规则、计算方法计算各清单项目的工程量。清单项目工程量计算时，要注意计量单位。

（3）编制分部分项工程量清单　按照分部分项工程量清单的统一格式，编制分部分项工程量清单。

2. 措施项目清单的编制

措施项目清单的编制应根据工程招标文件、施工设计图纸、施工方法确定施工措施项目，包括施工组织措施项目、施工技术措施项目，并按照《清单计价规范》规定的统一格式编制。

措施项目清单编制的步骤如下：施工组织措施项目列项→施工技术措施项目列项→措施项目清单编制。

（1）施工组织措施项目列项　施工组织措施项目主要有环境保护、文明施工、安全施工、临时设施、夜间施工、材料二次搬运、已完工程及设备保护。

施工组织措施项目主要根据招标文件的要求、工程实际情况确定列项。材料二次搬运项目可根据工程现场条件确定是否列项，其他施工组织措施项目一般需列项。夜间施工增加费与缩短工期增加费不能同时列项。

(2) 施工技术措施项目列项　施工技术措施项目主要有大型机械设备进出场及安拆、混凝土、钢筋混凝土模板及支架、脚手架、施工排水、降水、围堰、现场施工围栏、便道、便桥等。施工技术措施项目主要根据施工图纸、施工方法确定列项。

如上例桥梁桩基础施工中，井点降水、钻孔灌注桩桩机竖拆均为施工技术措施项目。

(3) 编制措施项目清单　按照《清单计价规范》规定的统一的格式，编制措施项目清单。

编制措施项目清单时，只需要列项，不需要计算相关措施项目的工程量。

3. 其他项目清单的编制

其他项目清单主要根据招标文件的要求，按《清单计价规范》规定的统一格式编制。

如果招标文件中明确了预留金、材料购置费金额，则应在其他项目清单的“招标人部分”予以明确。如果招标文件中明确工程总承包方可进行分包的范围，则应在其他项目清单“投标人”部分明确总承包服务费的计算基数以及费率。如果有零星工作项目，则应提供“零星工作项目表”。

二、桥涵护岸工程清单工程量计算

本部分分别介绍桩基、现浇混凝土、预制混凝土、砌筑、挡墙护坡、立交箱涵、钢结构、装饰及其他九部分中常见的桥梁工程清单项目的计算规则及计算方法。

1. 桩基

根据桩基础的施工方法不同，桥梁桩基可分为两大类：打入桩、灌注桩。

(1) 打入桩　打入桩根据桩身材料可分圆木桩、钢筋混凝土板桩、钢筋混凝土方桩（管桩）、钢管桩等。桥梁工程较常用的是钢筋混凝土方桩。

① 工程量计算规则　钢筋混凝土板桩按设计图示桩长（包括桩尖）乘以桩的断面面积以体积计算，计量单位为“m^3”。其他桩按设计图示以桩长（包括桩尖）计算，计量单位为“m”。

② 工程量计算方法

$$钢筋混凝土板桩清单工程量＝桩长\times桩断面面积$$

$$其他桩清单工程量＝桩长$$

在计算工程量时，要根据具体工程的施工图纸，结合桩基清单项目的项目特征，划分不同的清单项目，分类计算其工程量。

如“钢筋混凝土方桩（管桩）”项目特征有5点，需结合工程实际加以区别。

a. 形式　是钢筋混凝土方桩还是钢筋混凝土管桩。

b. 混凝土强度等级、石料最大粒径　桩身强度等级、混凝土配合比中石料的最大粒径是否相同。

c. 断面尺寸　桩的断面尺寸是否相同。

d. 斜率　是直桩还是斜桩，如果都是斜桩，斜率是否相同。

e. 部位　是桥墩打桩，还是桥台打桩。

如果上述5个项目特征有1个不同，就应是1个不同的具体的清单项目，其钢筋混凝土方桩的工程量应分别计算。

【例8-1】 某单跨小型桥梁，采用轻型桥台、钢筋混凝土方桩基础，桥梁桩基础如图8-1所示，试计算桩基清单工程量。

【解】 根据图8-1可知，该桥梁两侧桥台下均采用C30钢筋混凝土方桩，均为直桩。但两侧桥台下方桩截面尺寸不同，即有1个项目特征不同，所以该桥梁工程桩基有2个清单项目，应分别计算其工程量。

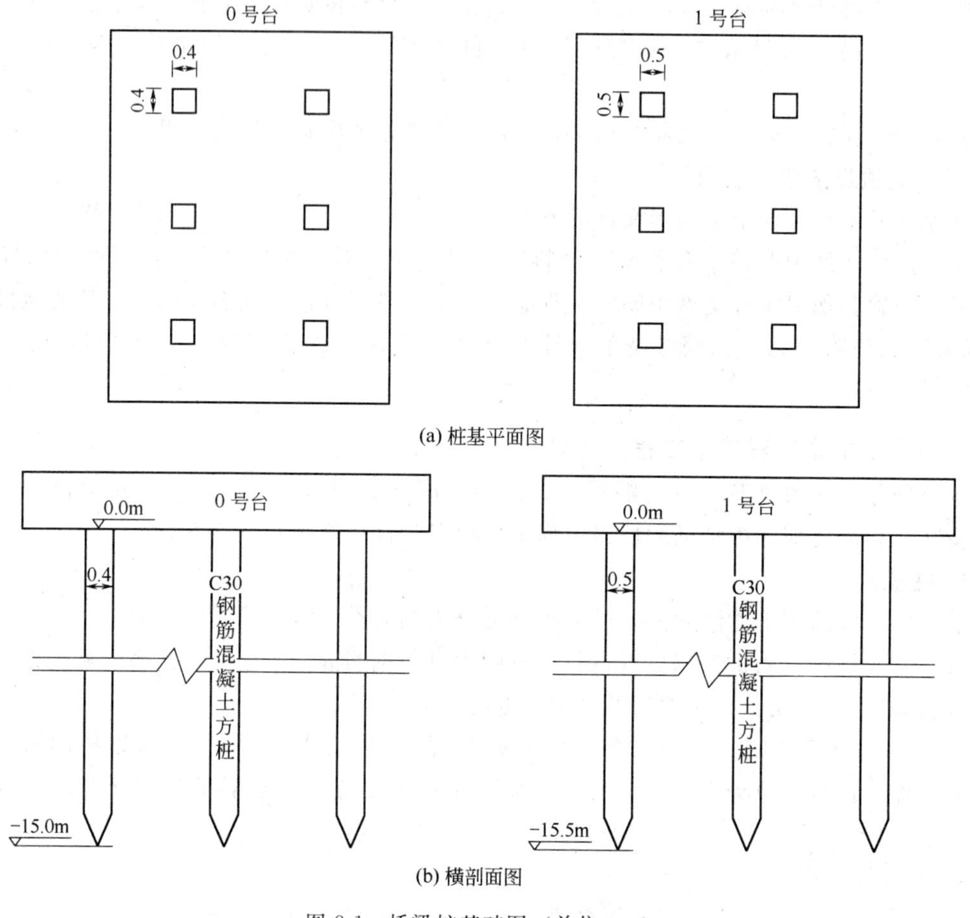

图8-1　桥梁桩基础图（单位：m）

① C30钢筋混凝土方桩（400mm×400mm）：

清单工程量＝15×6＝90（m）

② C30钢筋混凝土方桩（500mm×500mm）：

清单工程量＝15.5×6＝93（m）

清单工程量汇总如表8-14所示。

表8-14　清单工程量汇总

序号	项目编码	项目名称	项目特征描述	计量单位	工程量
1	040301003001	钢筋混凝土方桩	C30，(400mm×400mm)，桩长15m，桩基础	m	90
2	040301003002	钢筋混凝土方桩	C30，(500mm×500mm)，桩长15.5m，桩基础	m	93

【例8-2】 某工程采用柴油打桩机打C30钢筋混凝土板桩，如图8-2所示，桩长为10000mm，截面为500mm×200mm，求打桩机打桩工程量。

【解】 清单工程量：

$$V=S\times L=(0.2\times 0.5)\times 10=1(m^3)$$

清单工程量计算见表 8-15。

表 8-15　钢筋混凝土板桩清单工程量

项目编码	项目名称	项目特征描述	计量单位	工程量
040301002001	钢筋混凝土板桩	C30，桩长 10m，桩基础	m^3	1

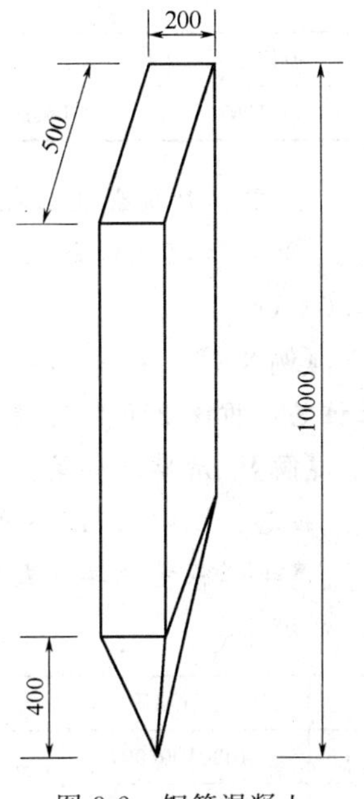

图 8-2　钢筋混凝土板桩（单位：mm）

③ 工程量计算注意事项

a. 打入桩清单项目包括以下工程内容：搭拆桩基础支架平台、打桩、送桩、接桩、凿除桩头、桩的场内运输等，但不包括桩机竖拆（水上桩基平台除外）、桩机进出场，桩机竖拆、桩机进出场列入施工技术措施项目计算：也不包括桩的钢筋制作安装、模板工程，桩的钢筋制作安装按钢筋工程另列清单项目计算，桩基模板列入施工技术措施项口计算。

b. 本部分所列的各种桩均指作为桥梁基础的永久桩，是桥梁结构的一个组成部分，不是临时的工具桩。《山东省市政工程消耗量定额》(2006 版）《通用项目》中的打拔工具桩，均指临时的工具桩，不是永久桩。要注意两者的区别。

(2) 灌注桩　根据成孔方式的不同，分为钢管成孔灌注桩、挖孔灌注桩、机械成孔灌注桩。

① 工程量计算规则　按设计图示尺寸以长度计算，计量单位为“m”。

② 工程量计算方法

灌注桩清单工程量＝桩长

【例 8-3】 某桥梁钻孔灌注桩基础如图 8-3 所示，采用正循环钻孔桩工艺，桩径为

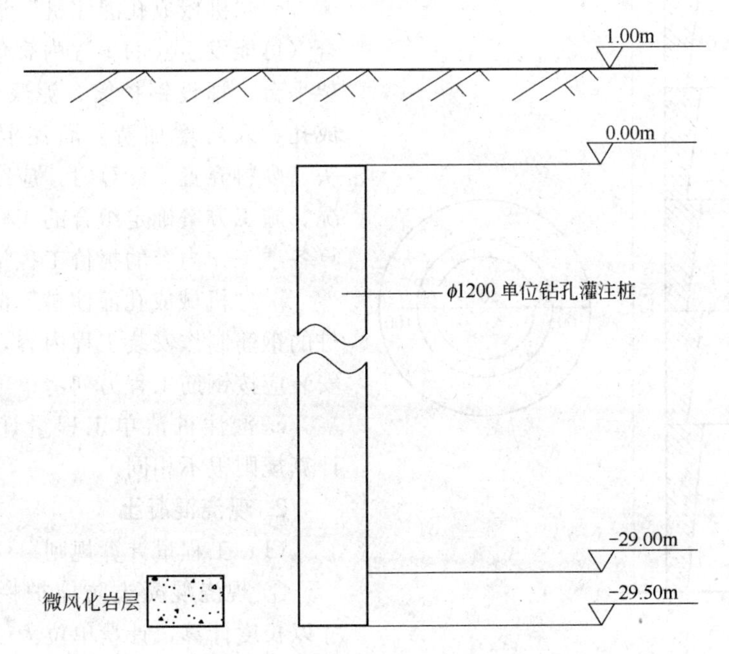

图 8-3　桥梁钻孔灌注桩基础图

1.2m，桩顶设计标高为0.00m，桩底设计标高为−29.50m，桩底要求入岩，桩身采用C25钢筋混凝土。试计算桩基清单工程量和定额工程量（钻机成孔、灌注混凝土的工程量）。

【解】

① 清单项目为机械成孔灌注桩（ϕ1200、C25），项目编码为040301007001（表8-16）。

$$清单工程量=0.00-(-29.50)=29.50\ (m)$$

表8-16　机械成孔灌注桩清单工程量

项目编码	项目名称	项目特征描述	计量单位	工程量
040301007001	机械成孔灌注桩	ϕ1200,C25,微风化岩层	m	29.50

② 定额钻机成孔工程量$=[1.00-(-29.50)]\times(1.2/2)^2\times3.14=34.49\ (m^3)$

③ 定额灌注混凝土工程量$=\{[0.00-(-29.50)]+0.5\times1.2\}\times(1.2/2)^2\times3.14=34.04\ (m^3)$

【例8-4】 某工程挖孔灌注桩工程，如图8-4所示，D=820mm，1/4砖护壁，C20混凝土桩芯，桩深27m，现场搅拌，求单桩工程量为多少？

【解】 清单工程量：

桩芯：L=27.0m，护壁：L=27.0m

清单工程量计算见表8-17。

表8-17　挖孔灌注桩清单工程量

序号	项目编码	项目名称	项目特征描述	计量单位	工程量
1	40301006001	挖孔灌注桩	C20混凝土桩芯，桩径820mm，深度27m	m	27
2	040301006002	挖孔灌注桩	1/4砖护壁，桩径820mm，深度27m	m	27

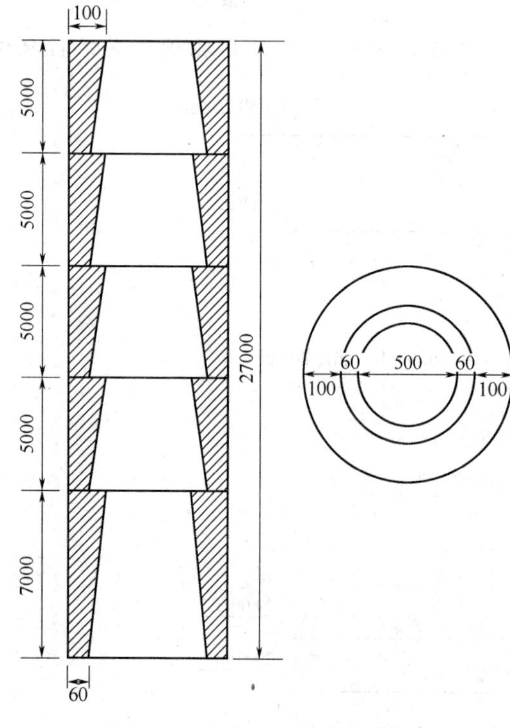

图8-4　挖孔灌注桩（单位：mm）

③ 工程量计算注意事项

a. “机械成孔灌注桩”清单项目其可组合（可能发生）的工程内容包括搭拆桩基支架平台、埋设钢护筒、泥浆池建造和拆除、成孔、入岩增加费、灌注混凝土、凿除桩头、废料弃置。计算时，应结合工程实际情况、施工方案确定组合的工程内容，分别计算各项工作内容的报价工程量。

b. “机械成孔灌注桩”清单项目不包括桩的钢筋制作安装工程内容，桩的钢筋制作安装应按钢筋工程另列清单项目计算。

c. 灌注桩清单工程量计算规则与定额计算规则很不相同。

2. 现浇混凝土

(1) 工程量计算规则

① 现浇混凝土防撞护栏按设计图示尺寸以长度计算，计量单位为“m”。

② 现浇混凝土桥面铺装按设计图示尺

寸以面积计算，计量单位为“m^2”。

③ 其他现浇混凝土结构按设计图示尺寸以体积计算，计量单位为“m^3”。

（2）工程量计算方法

现浇混凝土防撞护栏清单工程量＝设计图示长度

现浇混凝土桥面铺装清单工程量＝设计图示长度×宽度

其他现浇混凝土结构清单工程量＝设计图示长度×宽度×厚度(高度)

（3）工程量计算注意事项

① 桥梁现浇混凝土清单项目应区别现浇混凝土的结构部位、混凝土强度等级、碎石的最大粒径，划分设置不同的清单项目，并分别计算工程量。

② 现浇混凝土清单项目包括的工程内容主要有混凝土浇筑、养生，不包括混凝土结构的钢筋制作安装、模板工程。钢筋制作安装按钢筋工程另列清单项目计算，现浇混凝土结构的模板列入施工措施项目计算。

【例 8-5】 某梁桥重力式桥墩各部尺寸如图 8-5 所示，采用 C20 混凝土浇筑，石料最大粒径 20mm，计算墩帽、墩身及基础的工程量。

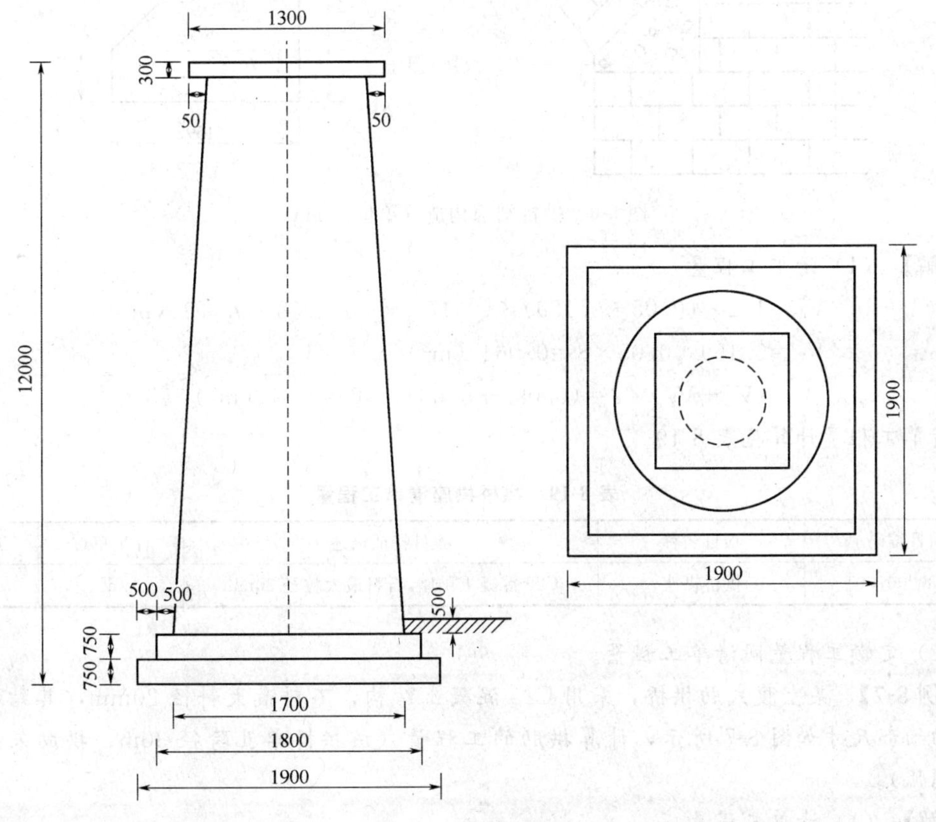

图 8-5　桥墩构造图

【解】（1）清单工程量

① 墩帽：$V_1=1.3\times1.3\times0.3=0.51$（$m^3$）

② 墩身：$V_2=1/3\times3.14\times(12-0.3-0.75\times2)\times(0.6^2+0.85^2+0.6\times0.85)$

$=16.99$（m^3）

③ 基础：$V_3=(1.8\times1.8+1.9\times1.9)\times0.75=5.14$（$m^3$）

清单工程量计算见表 8-18。

表 8-18 桥墩清单工程量

序号	项目编码	项目名称	项目特征描述	计量单位	工程量
1	040302003001	墩(台)帽	墩帽,C20 混凝土,石料最大粒径 20mm	m^3	0.51
2	040302004001	墩(台)身	墩身,C20 混凝土,石料最大粒径 20mm	m^3	6.99
3	40302001001	混凝土基础	C20 混凝土,石料最大粒径 20mm	m^3	5.14

(2) 定额工程量同清单工程量。

【例 8-6】 某拱桥工程采用混凝土拱座，宽 8m，细部构造如图 8-6 所示，计算混凝土的工程量。

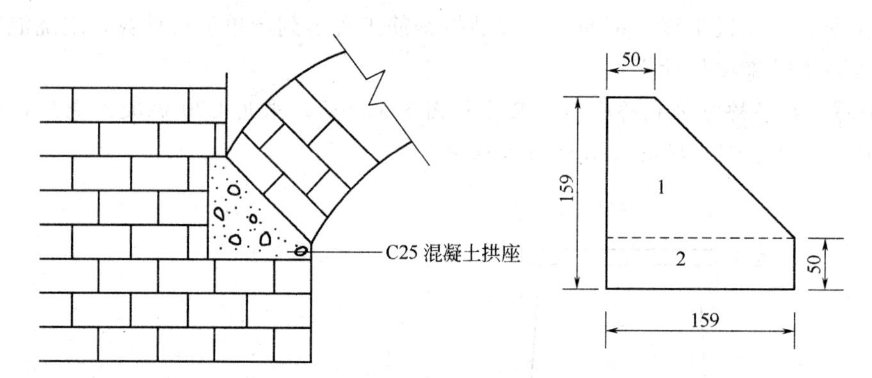

图 8-6 拱桥细部构造（单位：mm）

【解】 (1) 清单工程量

$$V_1=1/2\times(0.05+0.159)\times(0.159-0.05)\times8=0.091\ (m^3)$$

$$V_2=0.159\times0.05\times8=0.064\ (m^3)$$

$$V=(V_1+V_2)\times2=(0.091+0.064)\times2=0.31\ (m^3)$$

清单工程量计算见表 8-19。

表 8-19 拱桥拱座清单工程量

项目编码	项目名称	项目特征描述	计量单位	工程量
040302007001	拱桥拱座	C25 混凝土拱座,石料最大粒径 20mm	m^3	0.31

(2) 定额工程量同清单工程量。

【例 8-7】 某空腹式肋拱桥，采用 C25 混凝土结构，石料最大料径 20mm，其结构构造及拱肋细部尺寸如图 8-7 所示，计算拱肋的工程量（该拱桥单孔跨径 30m，拱肋采用 $R=$ 20m 圆弧）。

【解】 (1) 清单工程量

单孔拱肋弧线对应圆心角度数：$2\times\arcsin\dfrac{15}{20}=2\times48.6°=97.2°$

拱肋纵向截面面积近似：$S=\dfrac{92.2}{360}\times3.142\times(20.5^2-20^2)=17.18\ (m^2)$

单孔拱肋工程量：$V=2\times17.18\times0.3=10.31\ (m^3)$

清单工程量计算见表 8-20。

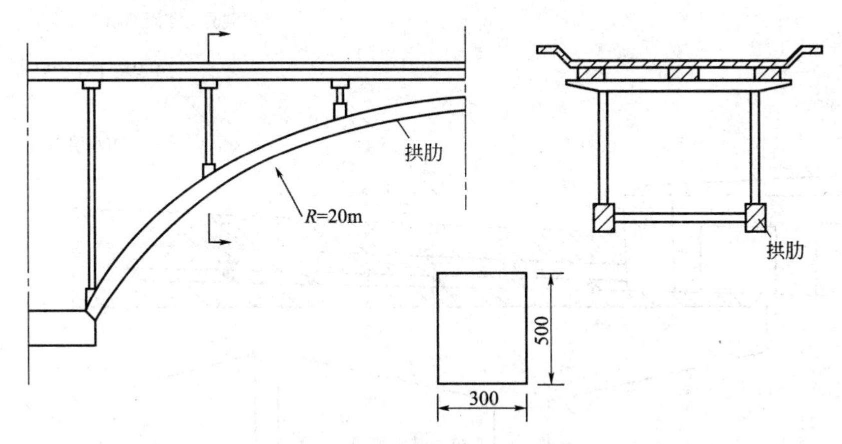

图 8-7　肋拱桥构造及拱肋细部尺寸图（单位：mm）

表 8-20　拱桥拱肋清单工程量

项目编码	项目名称	项目特征描述	计量单位	工程量
040302008001	拱桥拱肋	空腹式肋拱桥拱肋，C25 混凝土，石料最大粒径 20mm	m^3	10.31

（2）定额工程量同清单工程量。

【例 8-8】 某桥为整体式连续板梁桥，其桥长为 30m，板梁结构如图 8-8 所示，计算其工程量。

【解】（1）清单工程量

$$V=30\times12\times0.03=10.8\ (m^3)$$

清单工程量计算见表 8-21。

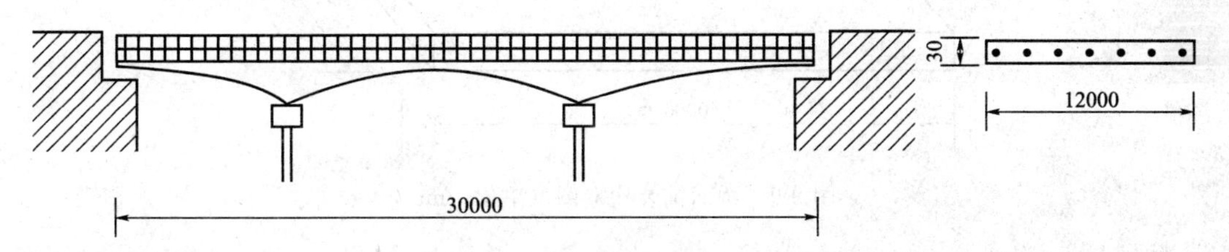

图 8-8　连续板梁桥（单位：mm）

表 8-21　混凝土连续板梁桥清单工程量

项目编码	项目名称	项目特征描述	计量单位	工程量
040302011001	混凝土连续板	整体式连续板梁桥	m^3	10.8

（2）定额工程量同清单工程量。

【例 8-9】 某桥面的铺装构造如图 8-9 所示，桥面长 60m，车行道宽 16m，试分层计算其清单工程量。

【解】

沥青混凝土路面面积：

$$S_1=60\times16=960\ (m^2)$$

混凝土保护层：

$$S_2=60\times16=960\ (m^2)$$

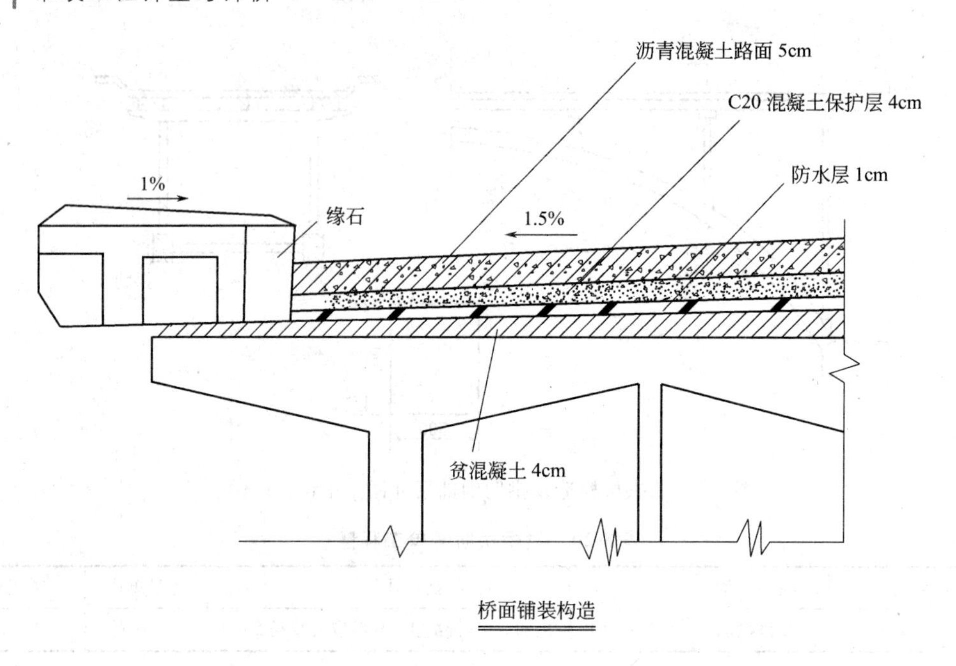

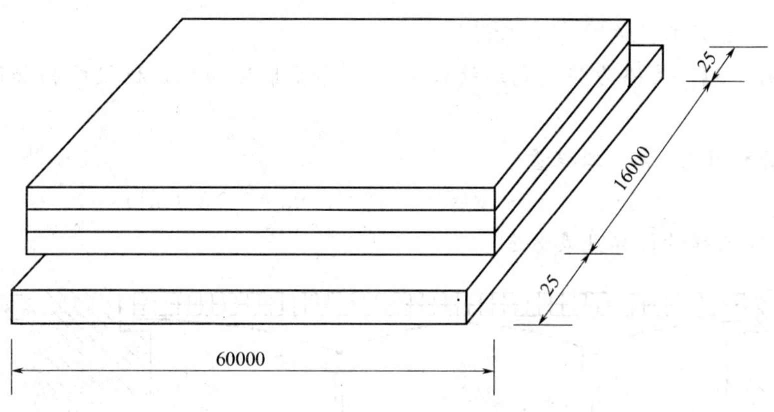

图 8-9 桥面铺装构造图（单位：mm）

防水层：

$$S_3=60\times16=960\ (\mathrm{m}^2)$$

贫混凝土：

$$S_4=60\times(16+0.025\times2)=963\ (\mathrm{m}^2)$$

清单工程量计算见表 8-22。

表 8-22 桥面铺装清单工程量

序号	项目编码	项目名称	项目特征描述	计量单位	工程量
1	040302017001	桥面铺装	沥青混凝土路面 5cm	m^2	960
2	040302017002	桥面铺装	C20 混凝土保护层 4cm	m^2	960
3	040302017003	桥面铺装	防水层 1cm	m^2	960
4	040302017004	桥面铺装	贫混凝土层 4cm	m^2	963

3. 预制混凝土

（1）工程量计算规则　按设计图示尺寸以体积计算，计量单位为“m^2”。

（2）工程量计算方法

预制混凝土结构清单工程量＝设计图示长度×宽度×厚度(高度)

（3）工程量计算注意事项

① 桥梁预制混凝土清单项目应区别预制混凝土的结构部位、混凝土强度等级、碎石的最大粒径、预应力、非预应力、形状尺寸，划分设置不同的清单项目，并分别计算工程量。

② 预制混凝土清单项目包括的工程内容主要有混凝土浇筑、养生，构件场内运输、安装、构件连接，不包括混凝土结构的钢筋制作安装、模板工程。

钢筋制作安装按钢筋工程另列清单项目计算，预制混凝土结构的模板列入施工措施项目计算。

【例 8-10】 某桥梁工程预制钢筋混凝土双 T 形板如图 8-10 所示，试计算 35 块预制钢筋混凝土双 T 形板的工程量。

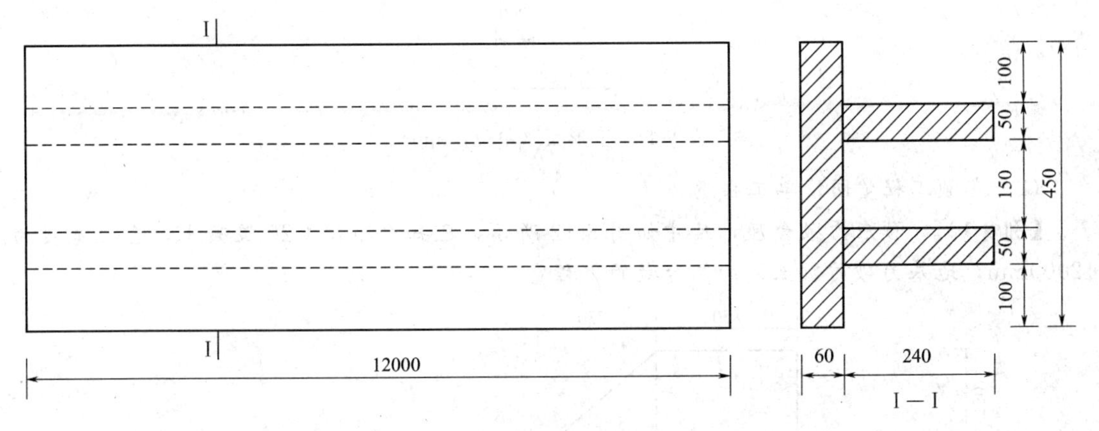

图 8-10　预制钢筋混凝土双 T 形板（单位：mm）

【解】 （1）清单工程量

$$V=(0.06\times0.45+0.05\times0.24+0.05\times0.24)\times12\times35=21.42\ (\mathrm{m^3})$$

清单工程量计算见表 8-23。

表 8-23　预制混凝土板清单工程量

项目编码	项目名称	项目特征描述	计量单位	工程量
040303002001	预制混凝土板	钢筋混凝土双 T 形板，非预应力	m^3	21.42

（2）定额工程量同清单工程量。

【例 8-11】 一跨径为 40m 的预应力混凝土 T 形梁桥，其主梁尺寸如图 8-11 所示，计算单梁工程量（不考虑端部渐变情况）。

【解】 （1）清单工程量

$$V=[1.2\times0.5+2\times0.5\times0.6\times0.1+(1.8-0.15-0.4)\times0.2+2\times0.5\times0.2\times0.2+0.6\times0.4]\times40=30.8\ (\mathrm{m^3})$$

清单工程量计算见表 8-24。

表 8-24　预制混凝土 T 形梁清单工程量

项目编码	项目名称	项目特征描述	计量单位	工程量
040303003001	预制混凝土梁	预应力混凝土 T 形梁	m^3	30.80

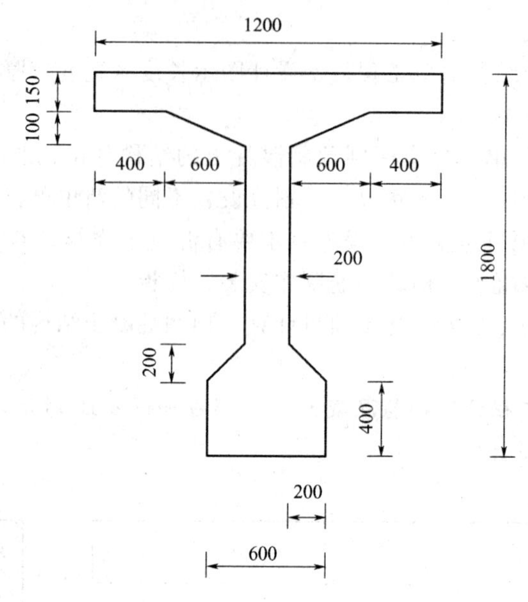

图 8-11　T 形梁（单位：mm）

（2）定额工程量同清单工程量。

【例 8-12】　预应力墩台座，尺寸如图 8-12 所示，已知台墩用 C20 混凝土，台墩宽度为 12000mm，地基为砂质黏土，计算台墩的工程量。

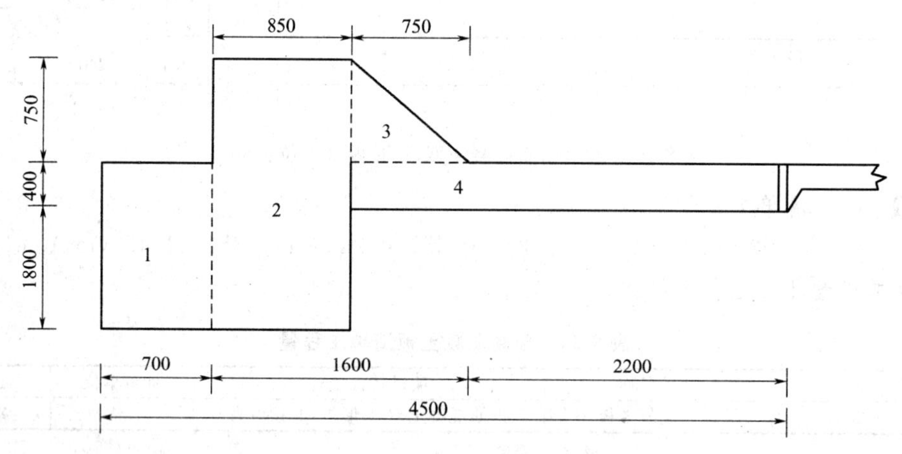

图 8-12　墩台座（单位：mm）

【解】（1）清单工程量

$V_1=0.7\times(1.8+0.4)\times12=18.48\ (m^3)$

$V_2=(1.6-0.75)\times(1.8+0.4+0.75)\times12=30.09\ (m^3)$

$V_3=1/2\times(1.6-0.85)\times0.75\times12=3.375\ (m^3)$

$V_4=(2.2+0.75)\times0.4\times12=14.16\ (m^3)$

$V=V_1+V_2+V_3+V_4=18.48+30.09+3.375+14.16=66.11\ (m^3)$

清单工程量计算见表 8-25。

表 8-25　预制混凝土小型构件清单工程量

项目编码	项目名称	项目特征描述	计量单位	工程量
040303005001	预制混凝土小型构件	预应力墩台座，C20 混凝土	m^3	66.11

（2）定额工程量同清单工程量。

4. 砌筑

（1）工程量计算规则　按设计图示尺寸以体积计算，计量单位为“m^3”。

（2）工程量计算方法

砌筑结构清单工程量＝设计图示长度×宽度×厚度(高度)

砌筑清单项目应区别砌筑的结构部位、材料品种、规格、砂浆强度等这些项目特征，划分设置不同的具体清单项目，并分别计算工程量。

【例 8-13】 某桥梁的桥墩和基础的各截面尺寸及桥墩基础的砌筑材料如图 8-13 所示，试计算该桥墩和基础各砌筑材料的工程量。

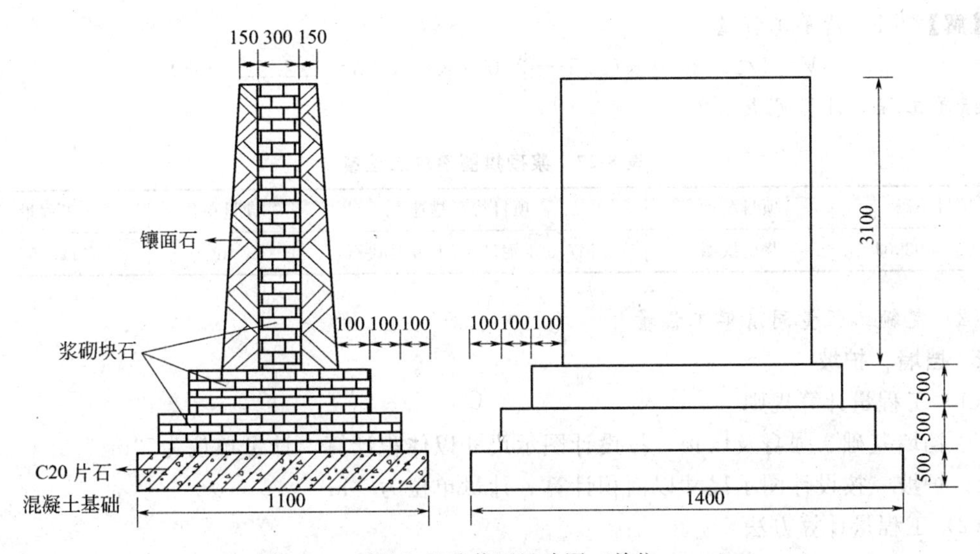

图 8-13　桥墩和基础截面尺寸图（单位：mm）

【解】（1）清单工程量

镶面石：$V=0.5\times[0.15+0.5\times(1.1-0.1\times6-0.3)]\times3.1\times(14-0.1\times6)\times2$
$=10.39\ (m^3)$

浆砌块石：$V=0.3\times3.1\times(14-0.1\times6)+(1.1-0.1\times4)\times0.5\times(14-0.1\times4)$
$+(1.1-0.1\times2)\times0.5\times(14-0.1\times2)$
$=23.43\ (m^3)$

C20 片石混凝土：$V=1.1\times0.5\times14=7.7\ (m^3)$

清单工程量计算见表 8-26。

表 8-26　浆砌块料清单工程量

序号	项目编码	项目名称	项目特征描述	计量单位	工程量
1	040304002001	浆砌块料	桥墩，镶面石	m^3	10.39
2	040304002002	浆砌块料	桥墩，浆砌块石	m^3	23.43
3	040304002003	浆砌块料	C20 片石混凝土基础	m^3	7.7

（2）定额工程量同清单工程量。

【例 8-14】 某桥梁工程采用 M7.5 水泥砂浆砌 40 号块石砌拱，桥梁及拱圈示意图如图 8-14 所示，已知桥梁全长 27m、宽 8.0m，共三个桥洞，试计算该桥梁工程砌拱所用浆砌土

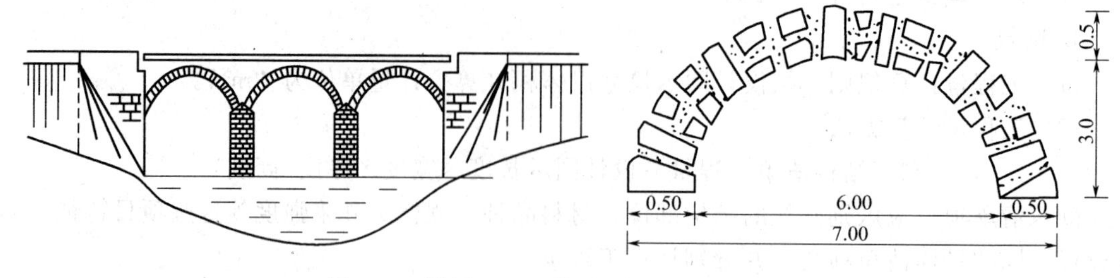

图 8-14 拱桥立面及拱圈示意图（单位：m）

块的工程量。

【解】（1）清单工程量

$$V=1/2\times3.14\times(3.5^2-3.0^2)\times8.0\times3=122.52\ (m^3)$$

清单工程量计算见表 8-27。

表 8-27 浆砌拱圈清单工程量

项目编码	项目名称	项目特征描述	计量单位	工程量
040304003001	浆砌拱圈	M7.5 水泥砂浆砌 40 号块石	m^3	122.52

（2）定额工程量同清单工程量。

5. 挡墙、护坡

（1）工程量计算规则

① 挡墙基础、强身及压顶　按设计图示尺寸以体积计算，计量单位为“m^3”。

② 护坡　按设计图示尺寸以面积计算，计量单位为“m^2”。

（2）工程量计算方法

挡墙结构清单工程量＝设计图示长度×宽度×厚度(高度)

护坡清单工程量＝设计图示长度×宽度

【例 8-15】 某桥下边坡采用如图 8-15 所示的挡土墙基础，采用 C20 混凝土结构，石料最大粒径 20mm，其宽 2m，计算其工程量。

【解】（1）清单工程量

$$V_1=0.8\times3\times1\times2=4.8\ (m^3)$$

$$V_2=0.8\times2\times1\times2=3.2\ (m^3)$$

$$V_3=0.8\times1\times2=1.6\ (m^3)$$

$$V=V_1+V_2+V_3$$

$$=4.8+3.2+1.6=9.6\ (m^3)$$

清单工程量计算见表 8-28。

表 8-28 挡土墙基础清单工程量

项目编码	项目名称	项目特征描述	计量单位	工程量
040305001001	挡土墙基础	挡土墙基础，宽 2m，C20 混凝土，石料最大粒径 20mm	m^3	9.6

（2）定额工程量同清单工程量。

【例 8-16】 在某桥梁工程中，其桥下边坡采用如图 8-16 所示的仰斜式预制混凝土挡土墙，其墙厚 3m，计算其工程量。

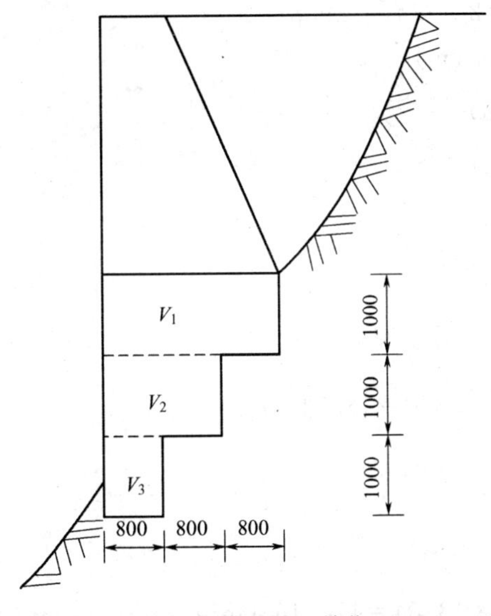

图 8-15　挡土墙基础（单位：mm）

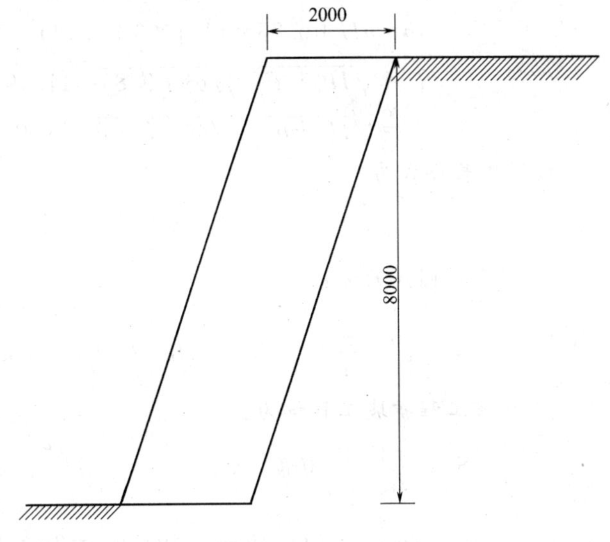

图 8-16　仰斜式预制混凝土挡土墙（单位：mm）

【解】（1）清单工程量

$$V=8\times2\times3=48\ (\mathrm{m}^3)$$

清单工程量计算见表 8-29。

表 8-29　预制混凝土挡墙墙身清单工程量

项目编码	项目名称	项目特征描述	计量单位	工程量
040305003001	预制混凝土挡墙墙身	仰斜式挡土墙，墙厚 3m	m^3	48

（2）定额工程量同清单工程量。

【例 8-17】 某桥梁工程采用Ⅱ型桥台，锥体护坡，锥体护坡坡脚在平面上为四分之一椭圆曲线，已知桥台护坡高度 $H=6.0\mathrm{m}$，桥台在直线上，其路基宽度 $B=6.4\mathrm{m}$，半桥台宽度 $W_t=2.4\mathrm{m}$，桥台平面示意图和锥坡计算示意图如图 8-17 所示，试计算该工程护坡工程量。

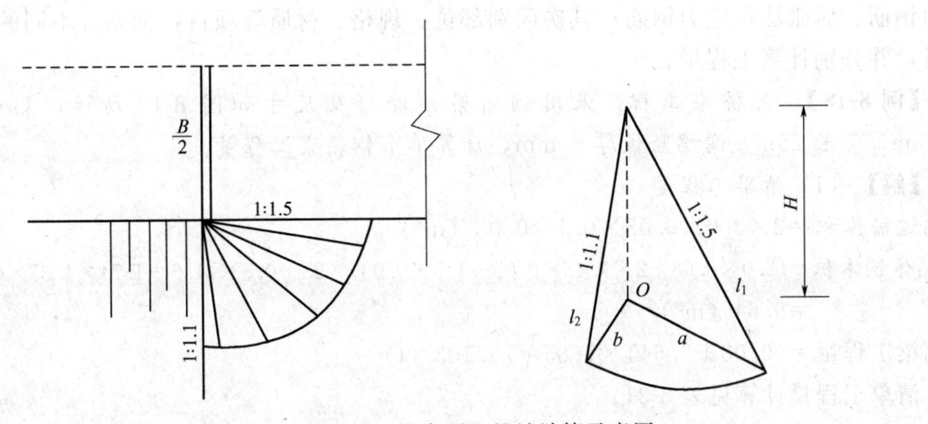

图 8-17　桥台平面示意图和锥坡计算示意图

【解】（1）清单工程量

① 椭圆曲线长、短半轴 a、b 的长度计算：

$$a=mH+(W_b-W_t)=[1.5\times6.0+(3.2-2.4)]=9.8\ (\text{m})$$

$$b=nH+0.75=(1.1\times6+0.75)=7.35\ (\text{m})$$

$$l_1=\sqrt{H^2+a^2}=\sqrt{6^2+9.8^2}=11.49\ (\text{m})$$

$$l_2=\sqrt{H^2+b^2}=\sqrt{6^2+7.35^2}=9.49\ (\text{m})$$

椭圆周长公式为：

$$C=\pi\times[1.5(a+b)-\sqrt{ab}]$$

② 则$\frac{1}{4}$椭圆周长为：

$$C'=\frac{\pi}{4}\times[1.5\times(9.8+7.35)-\sqrt{9.8\times7.35}]=13.54\ (\text{m})$$

③ 则该工程护坡工程量为：

$$S=\frac{\pi}{2}\int_0^{C'}\int_{l_2}^{l_1}\mathrm{d}l\mathrm{d}C'\times4$$

$$=2\pi\int_0^{13.54}(11.49-9.49)\,\mathrm{d}C'=2\pi\times2.0\times13.54=170.15\ (\text{m}^2)$$

清单工程量计算见表 8-30。

表 8-30 护坡清单工程量

项目编码	项目名称	项目特征描述	计量单位	工程量
040305005001	护坡	Ⅱ型桥台，锥体护坡，护坡坡脚在平面上为四分之一椭圆曲线，护坡高度 6.0m	m^2	170.15

（2）定额工程量同清单工程量。

6. 钢结构

（1）工程量计算规则　按设计图示尺寸以质量计算，计量单位为“t”。

（2）工程量计算方法

① 钢拉索、钢拉杆：清单工程量＝设计图示长度×每米重量

② 其他钢结构：清单工程量＝设计图示长度×宽×厚×密度（$7.85\times10^3\text{kg/m}^3$）

钢筋清单项目应先区别非预应力钢筋、预应力钢筋，其中预应力钢筋还应区别先张法预应力钢筋、后张法预应力钢筋；其次区别部位、规格、材质等项目特征划分不同的具体清单项目，并分别计算工程量。

【例 8-18】 某桥梁工程，采用钢箱梁的外形及尺寸如图 8-18 所示，箱两端过檐 100mm，箱长 25m，两端竖板厚 50mm，计算单个钢箱梁工程量。

【解】（1）清单工程量

两端过檐体积＝2×2.0×0.08×0.1＝0.03（m^3）

箱体钢体积＝(2.0×0.08＋2×1.42×0.05＋1.5×0.05)×25＋0.5×(1.5＋1.7)×1.37×0.05×2＝9.64（m^3）

钢箱梁工程量＝(0.03＋9.64)×7.85＝76.103（t）

清单工程量计算见表 8-31。

表 8-31 钢箱梁清单工程量

项目编码	项目名称	项目特征描述	计量单位	工程量
040307001001	钢箱梁	钢箱梁两端过檐 100mm，箱长 25m，两端竖板厚 50mm	t	76.103

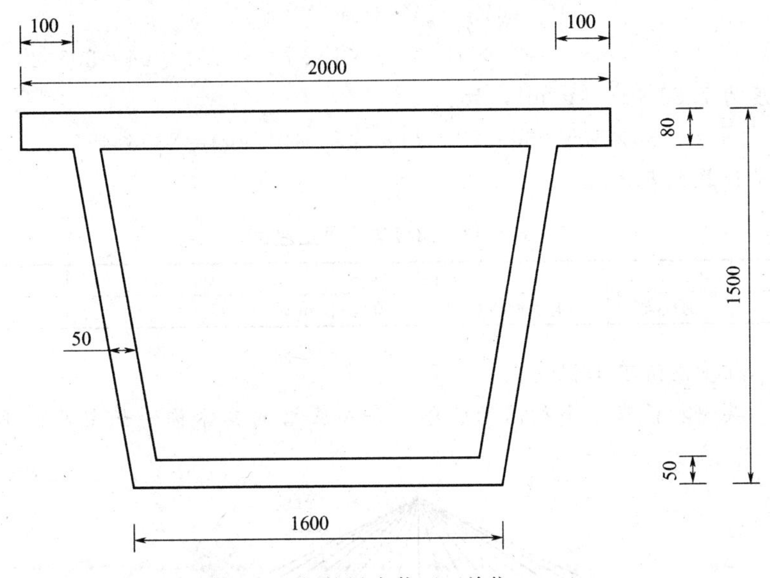

图 8-18　钢箱梁中截面（单位：mm）

(2) 定额工程量同清单工程量。

【例 8-19】 某板梁桥的上承板梁如图 8-19 所示，其全桥长为 60m，如图所示细部构造，其中加劲角钢 3m 设计，计算钢板梁工程量。

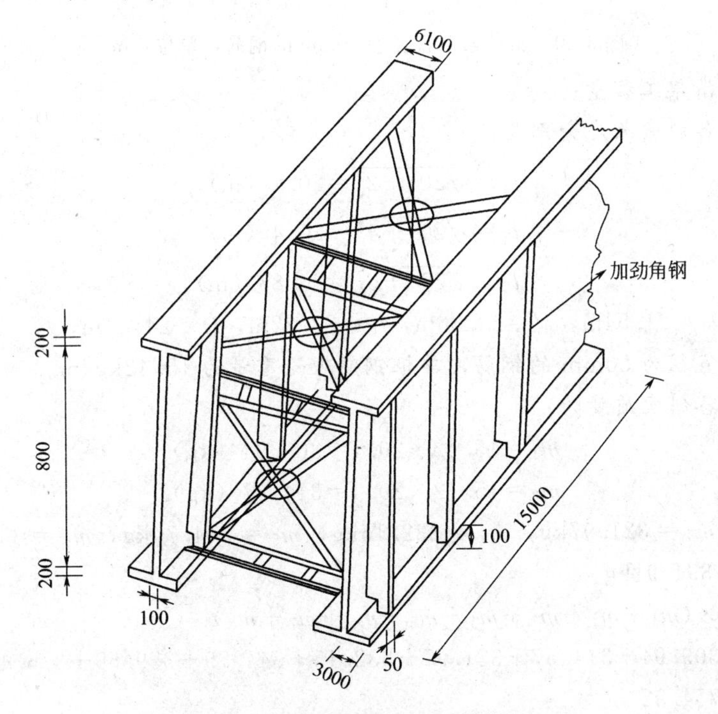

图 8-19　梁桥上承板示意图（单位：mm）

【解】 (1) 清单工程量

$$V_1=6.1\times0.2\times15=18.3\ (\text{m}^3)$$

$$V_2=0.1\times15\times0.8=1.2\ (\text{m}^3)$$

$$V_3=3\times0.05\times0.8-1.5\times0.1\times0.05\times2=0.12\ (\text{m}^3)$$

$$V=(4V_1+2V_2+6V_3)\times 4$$
$$=(4\times 18.3+2\times 1.2+6\times 0.12)\times 4=305.28\ (\text{m}^3)$$

钢板的密度为 $7.85\times 10^3\text{kg/m}^3$，故：

$$m=7.85\times 10^3\times 305.28=2396.45\times 10^3(\text{kg})=2396.45(\text{t})$$

清单工程量计算见表 8-32。

表 8-32　钢板梁清单工程量

项目编码	项目名称	项目特征描述	计量单位	工程量
040307002001	钢板梁	上承钢板梁，其中加劲角钢 3m 设计	t	2396.45

(2) 定额工程量同清单工程量。

【例 8-20】 某斜拉桥有 4 个相同的索塔，每个索塔的具体构造如图 8-20 所示，计算其斜索工程量。

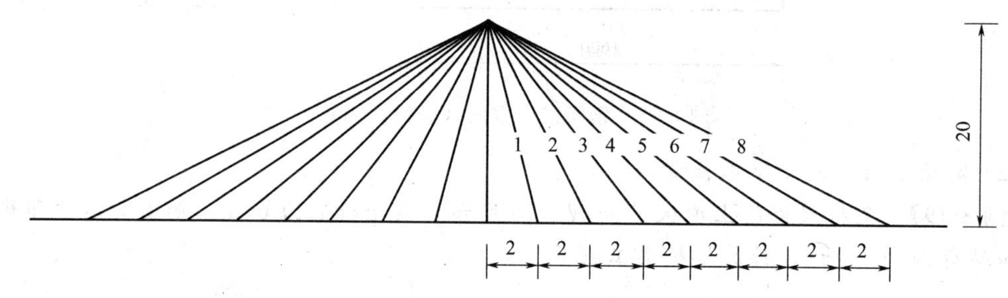

图 8-20　斜拉索（直径为 50mm 的钢筋，单位：m）

【解】 (1) 清单工程量：

如图所示，各斜索长度分别为：

$$l_1=\sqrt{20^2+2^2}=20.1\ (\text{m})$$
$$l_2=\sqrt{20^2+4^2}=20.4\ (\text{m})$$
$$l_3=\sqrt{20^2+6^2}=20.88\ (\text{m})$$

同理可得：$l_4=21.54\text{m}$，$l_5=22.36\text{m}$，$l_6=23.32\text{m}$，$l_7=24.41\text{m}$，$l_8=25.61\text{m}$。

查表可得：直径为 50mm 的钢筋，单根钢筋理论重量为 15.42kg/m。

故各索塔侧各斜索质量为：

$$m_1=15.42\times 20.1=309.94\ (\text{kg})$$
$$m_2=15.42\times 20.4=314.57\ (\text{kg})$$

同理可得：$m_3=321.97\text{kg}$，$m_4=332.15\text{kg}$，$m_5=344.79\text{kg}$，$m_6=359.59\text{kg}$，$m_7=376.40\text{kg}$，$m_8=394.91\text{kg}$。

故 $m=4\times 2\times(m_1+m_2+m_3+m_4+m_5+m_6+m_7+m_8)$

$=8\times(309.94+314.57+321.97+332.15+344.79+359.59+376.40+394.91)$

$=8\times 2754.32$

$=22034.6(\text{kg})=22.035\ (\text{t})$

清单工程量计算见表 8-33。

表 8-33　钢拉索清单工程量

项目编码	项目名称	项目特征描述	计量单位	工程量
040307008001	钢拉索	斜拉桥索塔斜索直径为 50mm 的钢筋	t	22.028

（2）定额工程量同清单工程量。

7. **装饰**

（1）工程量计算规则　按设计图示尺寸以面积计算，计量单位为“m^2”。

（2）工程量计算方法

$$清单工程量=设计图示长度\times宽度$$

【例 8-21】 为了增加城市的美观，对某城市桥梁进行面层装饰如图 8-21 所示，其行车道采用水泥砂浆抹面，人行道为水磨石饰面，护栏为镶贴面层，计算各种饰料的工程量。

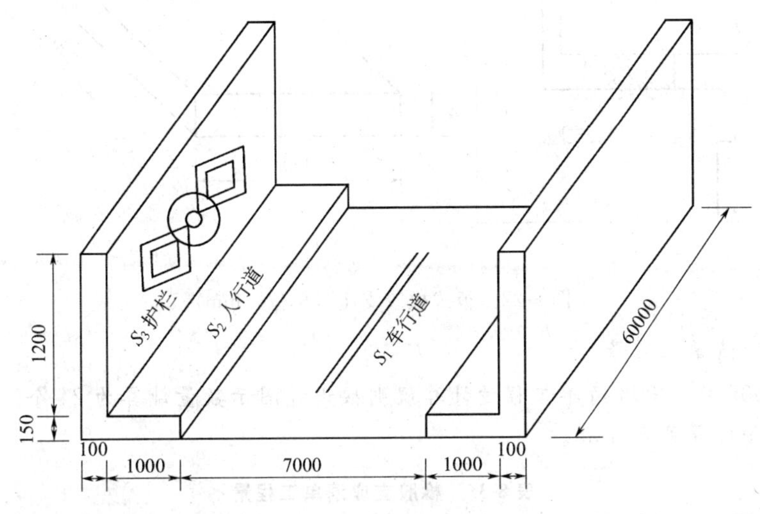

图 8-21　桥梁装饰示意图（单位：mm）

【解】（1）清单工程量

水泥砂浆工程量：$S_1=7\times60=420$（m^2）

水磨石饰面工程量：$S_2=2\times1\times60+4\times1\times0.15+2\times0.15\times60=138.6$（$m^2$）

镶贴面层工程量：$S_3=2\times1.2\times60+2\times0.1\times60+4\times0.1\times(1.2+0.15)$

$=144+12+0.54=156.54$（m^2）

清单工程量计算见表 8-34。

表 8-34　桥梁装饰清单工程量

序号	项目编码	项目名称	项目特征描述	计量单位	工程量
1	040308001001	水泥砂浆抹面	行车道采用水泥砂浆抹面	m^2	420
2	40308005001	水磨石饰面	人行道为水磨石饰面	m^2	138.6
3	40308006001	镶贴面层	护栏为镶贴面层	m^2	156.54

（2）定额工程量同清单工程量。

8. **其他**

（1）金属栏杆清单项目工程量按设计图示尺寸以质量计算，计量单位为“t”。

（2）橡胶支座、钢支座、盆式支座清单项目工程量按设计图示数量计算，计量单位为“个”。

（3）油毛毡支座、隔声屏障、防水层清单项目工程量按设计图示尺寸以面积计算，计量单位为“m^2”。

（4）桥梁伸缩缝、桥面泄水管清单项目工程量按设计图示尺寸以长度计算，计量单位为“m”。

（5）钢桥维修设备清单项目工程量按设计图示数量计算，计量单位为“套”。

【例 8-22】 如图 8-22 所示为目前常用的板式橡胶支座，某桥梁用 24 个这种支座，计算该支座的工程量。

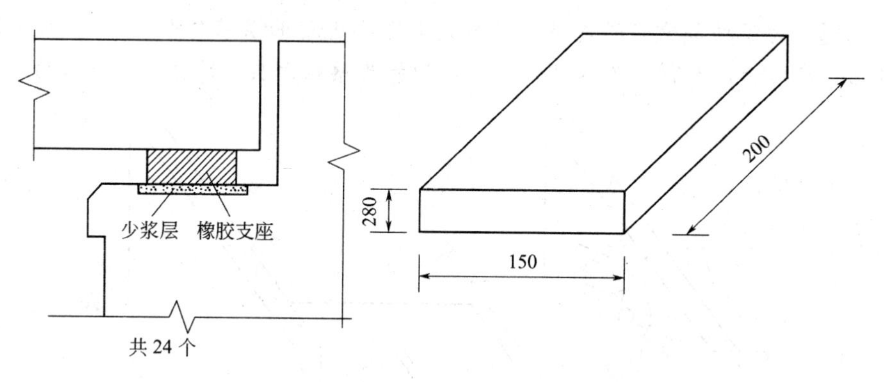

图 8-22 板式橡胶支座（单位：mm）

【解】 （1）清单工程量

根据 GB 50500—2008 清单工程量计算规则按设计图示数量计算为 24 个。

清单工程量计算见表 8-35。

表 8-35 橡胶支座清单工程量

项目编码	项目名称	项目特征描述	计量单位	工程量
040309002001	橡胶支座	板式橡胶支座 200mm×150mm×280mm	个	24

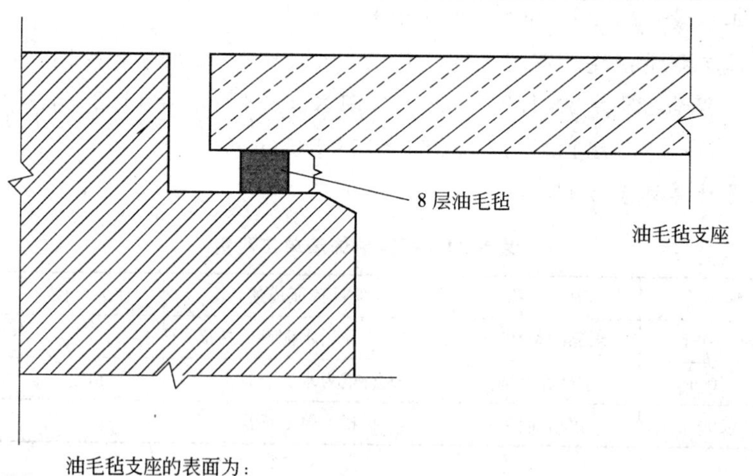

油毛毡支座的表面为：

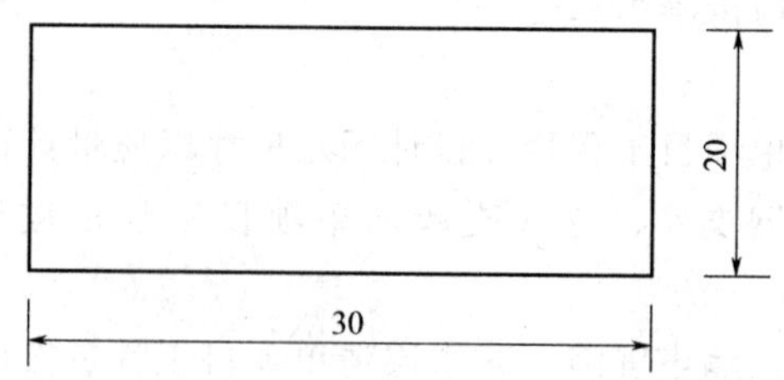

图 8-23 简支桥梁油毛毡支座示意图（单位：mm）

（2）定额工程量同清单工程量。

【例 8-23】 某简支桥梁采用油毛毡支座，全桥共用 8 个，其简图如图 8-23 所示，计算油毛毡工程量。

【解】（1）清单工程量

$$S_1=0.03\times0.02=0.0006\ (m^2)$$

因其 8 层为一个油毛毡支座，全桥共有 8 个，故油毛毡支座的工程量为：

$$S=0.0006\times8\times8=0.04\ (m^2)$$

清单工程量计算见表 8-36。

表 8-36　油毛毡支座清单工程量

项目编码	项目名称	项目特征描述	计量单位	工程量
040309005001	油毛毡支座	油毡支座 30mm×20mm	m^2	0.04

（2）定额工程量同清单工程量。

【例 8-24】 某桥梁上的泄水管采用钢筋混凝土泄水管，其构造如图 8-24 所示，计算其工程量。

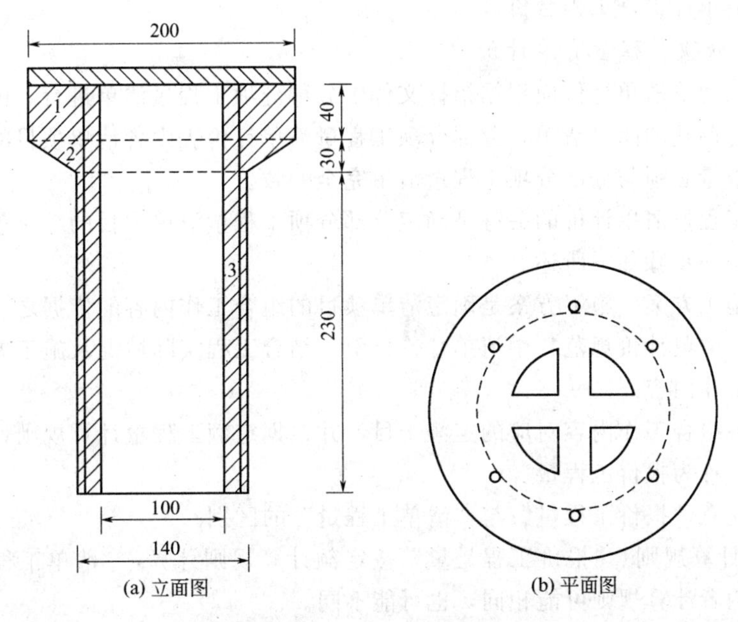

图 8-24　泄水管示意图（单位：mm）

【解】（1）清单工程量

$$L=0.23+0.03+0.04=0.30\ (m)$$

清单工程量计算见表 8-37。

表 8-37　桥面泄水管清单工程量

项目编码	项目名称	项目特征描述	计量单位	工程量
040309008001	桥面泄水管	钢筋混凝土泄水管，管径 140mm	m	0.30

（2）定额工程量

$$V_1=\left[\pi\times\left(\frac{0.2}{2}\right)^2-\pi\times\left(\frac{0.1}{2}\right)^2\right]\times0.04=0.0009\ (\text{m}^3)$$

$$V_2=\left\{\frac{1}{3}\times\pi\times\left[\left(\frac{0.14}{2}\right)^2+\left(\frac{0.2}{2}\right)^2+\frac{0.14}{2}\times\frac{0.2}{2}\right]-\left(\frac{0.1}{2}\right)^2\times\pi\right\}\times0.03=0.0005\ (\text{m}^3)$$

$$V_3=\left[\pi\times\left(\frac{0.14}{2}\right)^2-\pi\times\left(\frac{0.1}{2}\right)^2\right]\times0.23=0.0017\ (\text{m}^3)$$

$$V=V_1+V_2+V_3$$

$$=0.0009+0.0005+0.0017$$

$$=0.003\ (\text{m}^3)$$

第三节　桥涵护岸工程量清单计价与实例

一、桥涵护岸工程工程量清单计价

桥涵护岸工程工程量清单计价的程序为：分部分项工程量清单计价→措施项目清单计价→其他项目清单计价→工程合价。

（一）分部分项工程量清单计价

分部分项工程量清单计价应根据招标文件中分部分项工程量清单进行，由于分部分项工程量清单是不可调整的闭口清单，分部分项工程量清单计价表中各清单项目的项目名称、项目编码、工程数量必须与分部分项工程量清单完全一致。

分部分项工程量清单计价的关键是确定分部分项工程量清单项目的综合单价。分部分项工程量清单计价的步骤如下所述。

(1) 确定施工方案　施工方案是确定清单项目的组合工作内容的依据之一。

(2) 参照《清单计价规范》中清单计价指引、结合工程实际情况及施工方案，确定各清单项目的组合工作内容。

(3) 确定各组合工作内容对应的定额子目，并根据定额工程量计算规则计算各组合工作内容的工程量，称为报价工程量。

特别需要注意“报价工程量”与“清单工程量”的区别。

① 工程量计算规则　“报价工程是量”按定额计算规则计算，“清单工程量”按清单计算规则计算。两者计算规则可能相同，也可能不同。

② 工程量计量单位　“报价工程量”采用定额的计量单位，“清单工程量”采用清单的计量单位。两者计量单位可能相同，也可能不同。

(4) 确定人工、材料、机械单价　在工程量清单计价时，人工、材料、机械单价可由企业自主参照市场信息确定。

(5) 确定取费基数及综合费用费率，并考虑风险费用　先根据工程实际情况，参照《山东省建筑安装市政工程费用项目组成及计算规则》(2006 版) 确定工程类别，再确定取费基数，然后确定企业管理费、利润费率，并根据企业自身情况考虑风险费用。

(6) 计算分部分项工程量清单项目综合单价　清单项目综合单价在计算完成后按统一格式形成分部分项工程量清单综合单价计算表。

(7) 分部分项工程量清单费用计算　分部分项工程量清单项目综合单价计算完成后，可进行分部分项工程量清单费用的计算，按统一格式形成分部分项工程量清单计价表。

分部分项工程量清单项目费＝∑分部分项工程量清单项目合价

＝∑(分部分项工程量清单项目的工程数量×综合单价)

（二）措施项目清单计价

措施项目清单计价应根据招标文件提供的措施项目清单进行，由于措施项目清单是可调整的清单，所以在措施项目清单计价时，企业可根据工程实际情况、施工方案等增列措施项目。

措施项目清单计价分为施工组织措施项目计价和施工技术措施项目计价。

1. 施工技术措施项目计价

由于措施项目清单只列项，没有提供施工技术措施项目的工程量，故需计算措施项目工程量及其综合单价后，才能进行措施项目清单计价。

施工技术措施项目清单计价的步骤如下所述。

(1) 参照措施项目清单，根据工程实际情况及施工方案，确定施工技术措施清单项目。如上例桥梁桩基础施工中，施工方案考虑桥台基坑开挖主要采用挖掘机施工、人工辅助开挖。基坑开挖时采用井点降水，则该桥梁桩基础工程施工时，施工技术措施清单项目有大型机械进出场及安拆、井点降水。

需注意的是，施工技术措施清单项目的计量单位为“项”，工程数量为“1”。

(2) 参照《清单计价规范》，结合施工方案，确定施工技术措施清单项目所包含的工程内容及其对应的定额子目，按定额计算规则计算施工技术措施项目的报价工程量。如上例桥梁桩基础施工中，“大型机械进出场及安拆”这个技术措施清单项目包括“工程内容”有：挖掘机进出场、桩机进出场及竖拆。若施工方案考虑两侧桥台钻孔灌桩基础同时施工，则桩机进出场的报价工程量为 2 个台次。若施工方案考虑先施工一侧桥台钻孔灌注桩基础、再施工另一侧桩基础，则桩机进出场的报价工程量为 1 个台次。

又如上例桥梁桩基础施工中，“井点降水”技术措施清单项目包括的工程内容有轻型井点的安装、轻型井点的使用，应分别按相应的定额计算规则计算各工程内容的报价工程量。

(3) 确定人工、材料、机械单价　人工、材料、机械单价可由企业自主参照市场信息确定。

(4) 确定取费基数及综合费用费率，并考虑风险费用　先确定工程类别，再确定取费基数，然后参照《费用项目组成及计算规则》确定企业管理费、利润费率，并根据企业自身情况考虑风险费用。

(5) 计算施工技术措施清单项目综合单价　施工技术措施清单项目综合单价计算方法与分部分项工程量清单项目综合单价计算方法相同。

需要注意的是，措施清单项目工程量计量单位为“项”，工程数量为“1”。措施清单项目所包括工程内容采用对应定额子目的计量单位，工程量按定额计算规则计算，即报价工程量。

(6) 合计施工技术措施清单项目费用

施工技术措施清单项目费＝∑施工技术措施清单项目合价

＝∑(施工技术措施清单项目的工程数量×综合单价)

2. 施工组织措施项目计价

施工组织措施项目计价步骤如下所述。

(1) 确定、计算取费基数　清单计价以“人工费＋机械费”为取费基数时：

施工组织措施费的计费基数＝分部分项工程量清单项目费中的人工费＋分部分项工程量清单项目费中的机械费＋施工技术措施项目清单费中的人工费＋施工技术措施项目清单费中的机械费

清单计价以“人工费”为取费基数时：

施工组织措施费的计费基数＝分部分项工程量清单项目费中的人工费＋施工技术措施项目清单费中的人工费

(2) 根据工程实际情况、参照《费用项目组成及计算规则》确定各项施工组织措施的费率。

(3) 计算各项组织措施费用、合计

施工组织措施清单项目费＝∑各项施工组织措施费

＝∑(计费基数×各项施工组织措施费费率)

3. 措施项目清单计价

合计施工组织措施清单项目费、施工技术措施清单项目费，形成措施项目清单计价表。

(三) 其他项目清单计价

(1) 招标人部分　预留金、材料购置费的金额按招标文件中其他项目清单填写。

(2) 投标人部分　总承包服务费按其他项目清单规定的取费基数和费率计算。

(3) 投标人部分　零星工作项目费根据招标文件中零星工作项目表提供的人工、材料、机械台班数量、规格（型号），结合市场信息，企业自主确定综合单价，计算费用。

(4) 合计招标人部分、投标人部分费用，形成其他项目清单计价表。

(四) 工程造价

按《费用项目组成及计算规则》规定的费用计算程序计算规费、税金，并计算工程造价。

(1) 规费＝计费基数×费率

清单计价以“人工费＋机械费”为取费基数时：

规费计费基数＝分部分项工程量清单项目费＋措施项目清单费

清单计价以“人工费”为取费基数时：

规费计费基数＝分部分项工程量清单项目费中的人工费＋施工技术措施项目清单费中的人工费。

规费费率根据工程情况按照《费用项目组成及计算规则》规定计取。

(2) 税金＝(分部分项工程量清单项目费＋措施项目清单费＋其他项目清单费＋规费)×费率

税金费率根据《费用项目组成及计算规则》规定计取。

(3) 工程造价＝分部分项工程量清单项目费＋措施项目清单费＋其他项目清单费＋规费＋税金

二、桥涵护岸工程量清单计价实例

本工程为3m×20m预应力混凝土空心板梁桥，桥宽20m。根据地质资料显示没有地下水，原地面以下21m内为三类土，21m以下为次坚石。桥梁桩基为直径1.5m、长22m的C20混凝土挖孔灌注桩，共20棵，桩顶距原地面2.0m，该桥剖面图、立面图如图8-25所示。

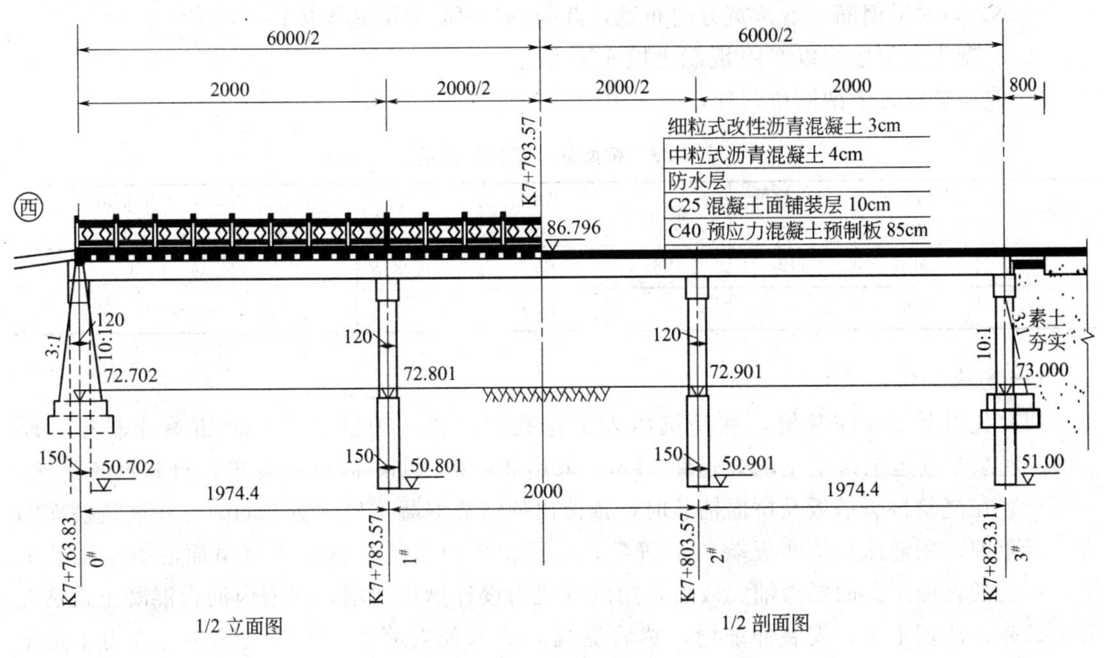

图8-25　桥梁剖面图、立面图（单位：cm）

桥面采用C-40型型钢伸缩缝，结构如图8-26所示，伸缩缝长度与桥宽相同，在两桥台处各设一道。C-40型型钢伸缩缝暂定单价：2200元/m。钢筋用量见表8-38。试计算该桥梁工程桩基础及桥梁伸缩缝工程量清单，并计算其清单费用。

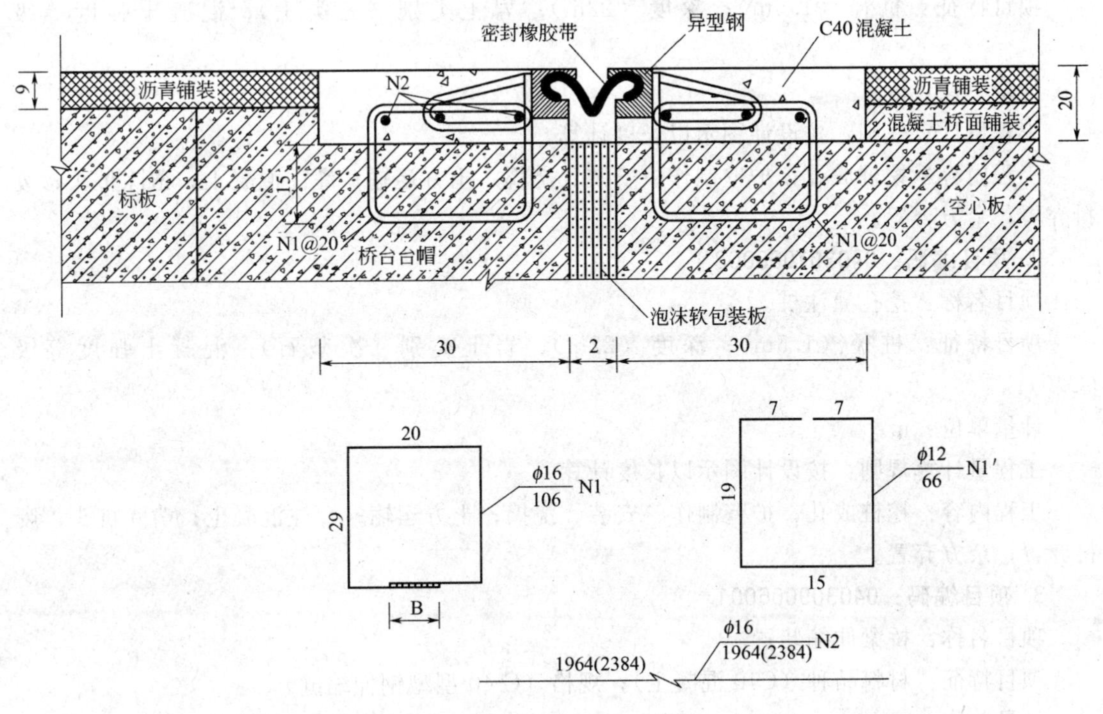

图8-26　桥面伸缩缝示意图（单位：cm）

说明：① 本图尺寸除钢筋直径以“mm”计外，其余均以“cm”计；

② N1 为预制空心板、现浇台顶的预埋钢筋，沿桥宽方向按 20cm 间距布置；

③ N2 为水平钢筋，沿桥宽方向布置，并与 N1 钢筋交接处焊接；

④ 混凝土预留槽内以 C40 混凝土填充捣实；

⑤ 伸缩缝设置于两侧桥台处，共 2 道。

表 8-38 桥面伸缩缝钢筋用量表

钢筋编号	钢筋直径/mm	每根长度/cm	根数	共长/m	共重/kg	合计/kg	C40 混凝土/m^3
N1	ϕ16	112	196	219.5	346.8	532.9	1.05
N2	ϕ16	1964	6	117.8	186.1		

（一）施工组织设计

（1）先开挖 2m 深基坑，在基坑内人工挖孔灌注桩，护壁采用 C20 混凝土护壁，厚 8cm。余方弃置运至指定土场，运距 5km，采用装载机（1m³以内）装车，自卸汽车运输。

（2）在浇筑桥头搭板及桥面铺装时，预留出伸缩缝混凝土槽（宽 62cm），在铺筑桥面沥青混凝土前，用泡沫板填塞板端 2cm 缝隙，在预留槽内浇筑贫混凝土至桥面混凝土铺装上平，摊铺沥青面层。面层摊铺完成后，用隔缝机沿设计槽边切割，将槽内沥青混凝土及贫混凝土破除并清理干净，安装伸缩缝，然后浇筑 C40 水泥混凝土。废渣破除后，人力车运至 50m 以内存放。

（二）分部分项工程量清单的编制

1. 项目编码：040301006001

项目名称：挖孔灌注桩。

项目特征：桩径（1.5m）；深度（22m）；岩土类别（三类土）；混凝土强度等级（C20）。

计量单位：m。

工程量计算规则：按设计图示以长度计算。

工程内容：挖桩成孔；护壁制作、安装、浇捣；土方运输；灌注混凝土；凿除桩头；废料弃置；余方弃置。

2. 项目编码：040301006002

项目名称：挖孔灌注桩。

项目特征：桩径（1.5m）；深度（22m）；岩土类别（次坚石）；混凝土强度等级（C20）。

计量单位：m。

工程量计算规则：按设计图示以长度计算。

工程内容：挖桩成孔；护壁制作、安装、浇捣；土方运输；灌注混凝土；凿除桩头；废料弃置；余方弃置。

3. 项目编码：040309006001

项目名称：桥梁伸缩装置。

项目特征：材料品种（C40 混凝土）；规格（C-40 型型钢伸缩缝）。

计量单位：m。

工程量计算规则：按设计图示尺寸以延长米计算。

工程内容：制作、安装；嵌缝。

工程数量：

(1) 人工挖孔灌注桩（三类土）：19m/棵×20 棵=380.00m

(2) 人工挖孔灌注桩（次坚石）：3m/棵×20 棵=60.00m

(3) 桥梁伸缩装置：20×2=40.00m

将上述结果及相关内容填入“分部分项工程量清单”，如表 8-39 所示。

表 8-39　分部分项工程量清单

工程名称：某工程　　　　第 1 页　共 1 页

序号	项目编码	项目名称	项目特征描述	计量单位	工程量
1	040301006001	挖孔灌注桩	1. 桩径：1.5m 2. 深度：22m 3. 岩土类别：三类土 4. 混凝土强度等级：C20	m	380.00
2	040301006002	挖孔灌注桩	1. 桩径：1.5m 2. 深度：22m 3. 岩土类别：次坚石 4. 混凝土强度等级：C20	m	60.00
3	040309006001	桥梁伸缩装置	1. 材料品种：C40 混凝土 2. 规格：C-40 型型钢伸缩缝	m	40.00

（三）分部分项工程量清单计价表的编制

(1) 根据现行的计量规则计算实际工程量

① 人工挖孔灌注桩（三类土）：19m/棵×20 棵=380m。凿桩头计入上层土，下层不再计算。

a. 人工挖桩成孔：$3.14\times0.83^2\times19\times20=822.00$（$m^3$）

b. 现浇混凝土护壁（厚 8cm）：$3.14\times1.58\times0.08\times19\times20=150.82$（$m^3$）

c. 灌注混凝土：$3.14\times0.75^2\times19.5\times20=688.84$（$m^3$）

d. 凿桩头：$3.14\times0.75^2\times0.5\times20=17.66$（$m^3$）

e. 弃方外运（运距 5km）：$822.00+17.66=839.66$（m^3）

② 人工挖孔灌注桩（次坚石）：3m/棵×20 棵=60m

a. 人工挖桩成孔：$3.14\times0.83^2\times3\times20=129.79$（$m^3$）

b. 现浇混凝土护壁（厚 8cm）：$3.14\times1.58\times0.08\times3\times20=23.81$（$m^3$）

c. 弃石外运（运距 5km）：$3.14\times0.83^2\times3\times20=129.79$（$m^3$）

d. 灌注混凝土：$3.14\times0.75^2\times3\times20=105.98$（$m^3$）

③ 桥梁伸缩装置：40m

a. 柔性路面切缝：$20\times4=80.00$（m）

b. 拆除沥青混凝土路面 9cm：$0.62\times20\times2=24.80$（$m^2$）

c. 拆除贫混凝土：$0.62\times20\times2\times0.11=2.73$（$m^3$）

d. 人力车运渣 50m：0.62×20×2×0.2=4.96（m^3）

e. 安装毛勒缝：20×2=40.00（m^3）

f. 钢筋制作安装：0.5329×2=1.07（m）

g. 伸缩缝处混凝土 C40：1.05×2=2.10（m^3）

（2）根据桥涵护岸工程及施工组织设计选定额，确定人、材、机消耗量。

（3）人、材、机单价选用造价信息价或市场价，为简化计算，本实例按 2006 年山东省价目表计算清单项目每计量单位所含各项工程内容人、材、机价款计算。

（4）根据企业情况确定管理费率为 18%，利润率 7%，采用费率和 25%乘人机费计算管理费和利润。

（5）将上述计算结果及相关内容填入“工程量清单综合单价分析表（表 8-40）”，计算出各清单项目综合单价。

表 8-40　工程量清单综合单价分析表

工程名称：某工程　　　　第 1 页共 3 页

项目编码	040301006001	项目名称	挖孔灌注桩	计量单位	m
清单数量	380.00	项目合价	328830.63	综合单价	865.34

清单综合单价组成明细

定额编号	定额名称	定额单位	数量	单价				合价			
				人工费	材料费	机械费	管理费和利润	人工费	材料费	机械费	管理费和利润
3-199	人工挖桩孔土方(三类土)	10m^3	82.20	337.40	11.68	576.17	228.39	27734.28	960.096	47361.17	18773.66
3-201	现浇混凝土护壁(混凝土)	10m^3	15.08	1414.28	1539.38	650.25	516.13	21327.34	23213.85	9805.77	7783.24
1-93	装载机装土方(斗容量 1m^3 以内)	100m^3	8.40	16.80		130.90	36.93	141.12		1099.56	310.21
1-109	自卸汽车运土(12t 以内第一个 1km)	100m^3	8.40		4.56	661.94	165.49		38.304	5560.30	1390.12
1-110 * 4	自卸汽车运土(12t 以内,10km 内每增运 1km)	100m^3	8.40			135.35	33.84			4547.76	1137.02
3-346	灌注桩混凝土(人工挖孔)	10m^3	68.88	358.68	1450.94	295.78	163.62	24705.88	99940.75	20373.33	11270.15
3-714	凿除桩顶(钢筋混凝土)	10m^3	1.77	396.20	15.00	205.01	150.30	701.27	26.55	362.87	266.03
人工单价		小计						74609.89	124179.55	89110.76	40930.43
28 元/工日		未计价材料费						0.00			
项目合价								328830.63			

工程名称：某工程　　　　第 2 页共 3 页

项目编码	040301006002	项目名称	挖孔灌注桩	计量单位	m
清单数量	60.00	项目合价	54044.28	综合单价	900.74

清单综合单价组成明细											
定额编号	定额名称	定额单位	数量	单价				合价			
				人工费	材料费	机械费	管理费和利润	人工费	材料费	机械费	管理费和利润
1-2-36（建筑）	人工凿岩石桩孔（松石）	10m³	12.98	986.44	118.37		246.61	12803.99	1536.44		3201.00
3-201	现浇混凝土护壁（混凝土）	10m³	2.38	1414.28	1539.38	650.25	516.13	3365.99	3663.72	1547.60	1228.39
1-96	装载机装石方（1m³以内）	100m³	1.30	16.80		280.43	74.31	21.84		364.56	96.60
1-185	自卸汽车运石渣（15t 以内第一个1km）	100m³	1.30		4.56	1103.69	275.92		5.93	1434.80	358.70
1-186 * 4	自卸汽车运石渣（15t以内，每增运 1km）	100m³	1.30			223.45	55.86			290.49	72.62
3-346	灌注桩混凝土（人工挖孔）	10m³	10.60	358.68	1450.94	295.78	163.62	3802.01	15379.96	3135.27	1734.37
人工单价		小　计						19993.83	20586.05	6772.72	6691.68
28 元/工日		未计价材料费						0.00			
项目合价								54044.28			

工程名称：某工程　　　　第 3 页共 3 页

项目编码	040301006003	项目名称	桥梁伸缩装置	计量单位	m
清单数量	40.00	项目合价	95963.95	综合单价	2399.10

清单综合单价组成明细											
定额编号	定额名称	定额单位	数量	单价				合价			
				人工费	材料费	机械费	管理费和利润	人工费	材料费	机械费	管理费和利润
2-239	柔性路面切缝	100m	0.8	30.80	34.31	24.96	13.94	24.64	27.45	19.97	11.15
1-320	拆除沥青混凝土类路面层（机械拆除，厚10cm 内）	100m²	0.25	134.68	4.44	111.23	61.48	33.67	1.11	27.81	15.37
1-406	拆除混凝土障碍物（机械拆除，无筋）	100m³	0.03	506.8	4.44	496.07	250.72	15.20	0.13	14.88	7.52
1-28	装、运土方人力车运土（运距 50m 以内）	100m³	0.05	442.40			110.6	22.12			5.53
3-668	安装伸缩缝（毛勒缝）	10m	4.00	132.44	56.98	342.18	118.66	529.76	227.92	1368.72	474.64
3-382	钢筋制作安装现浇混凝土（ϕ10mm 外）	t	1.07	227.08	3816.48	91.17	79.56	242.98	4083.63	97.55	85.13
3-478（换）	桥面混凝土铺装（C40 现浇混凝土）	10m³	0.21	567.56	2058.24	174.65	185.55	119.19	432.23	36.68	38.97
人工单价		小　计						987.56	4772.47	1565.61	638.31
28 元/工日		未计价材料费						88000.00			
项目合价								95963.95			

材料费明细	主要材料名称、规格、型号	单位	数量	单价	合价	暂估单价	暂估合价
	C-40 型型钢伸缩缝	m	40.00			2200.00	88000.00

根据清单计价办法的要求，将上述计算结果及相关内容填入“分部分项工程量清单与计价表（表 8-41）”中。

表 8-41　分部分项工程量清单与计价表

工程名称：某工程　　　　　　　　　　　　　　　　第 1 页共 1 页

序号	项目编码	项目名称	项目特征描述	计量单位	工程量	金额/元		
						综合单价	合价	其中：暂估价
1	040301006001	挖孔灌注桩	1. 桩径:1.5m 2. 深度:22m 3. 岩土类别:三类土 4. 混凝土强度等级:C20	m	380.00	865.34	328829.20	
2	040301006002	挖孔灌注桩	1. 桩径:1.5m 2. 深度:22m 3. 岩土类别:次坚石 4. 混凝土强度等级:C20	m	60.00	900.74	54044.40	
3	040309006003	桥梁伸缩装置	1. 材料品种:C40 混凝土 2. 规格:C-40 型型钢伸缩缝	m	40.00	2399.10	95964.00	88000.00
本页小计							1342513.60	88000.00
合　计							1342513.60	88000.00

本 章 小 结

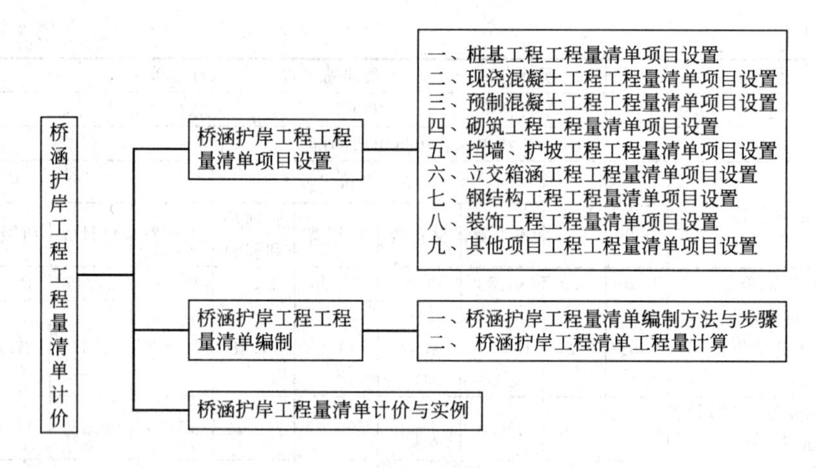

复习思考题

1. 桥涵工程进行分部分项工程量清单编制时，清单项目特征、工程内容的规定对项目编码、项目名称有何影响？

2. 常见的桥涵工程清单项目有哪些？

3. 定额计价模式与清单计价模式下，桥梁工程的计量有何区别？

4. 定额计价模式与清单计价模式下，桥梁工程的计价有何区别？

5. “钻孔灌注桩”清单项目一般有哪些可组合的工作内容？

6. “预制混凝土梁”清单项目一般有哪些可组合的工作内容？

第九章　市政管网工程工程量清单计价

知识目标

- 了解排水工程清单项目的设置。
- 掌握排水工程清单项目工程量的计算规则与计算方法。
- 掌握排水工程清单计价的步骤与方法。

能力目标

- 能应用清单工程量计算规则与方法计算清单项目的工程量。
- 能完成排水工程清单计价文件的编制。

第一节　市政管网工程工程清单项目设置

一、市政管网工程工程清单项目设置

《建设工程工程量清单计价规范》（GB 50500—2008）（以下简称《清单计价规范》）中的市政管网工程将市政管网工程分为管道敷设；管件、钢支架制作安装及新旧管连接；阀门、水表、消火栓安装；井类、设备基础及出水口；顶管；构筑物；设备安装7部分，共设置110个清单项目，适用于市政管网工程及市政管网专用设备安装工程。

市政管网工程包括城市给水、排水、燃气、供热工程，本章主要介绍市政排水管道工程清单项目设置、清单工程量计算及清单计价。

1. 管道敷设

本部分根据管（渠）道材料、敷设方式的不同，共设置12个清单项目。

工程量清单项目设置及工程量计算规则，应按《清单计价规范》规定执行，见表9-1。

表9-1　管道敷设（编码：040501）

项目编码	项目名称	项目特征	计量单位	工程量计算规则	工程内容
040501001	陶土管敷设	1. 管材规格； 2. 埋设深度； 3. 垫层厚度、材料品种、强度； 4. 基础断面形式、混凝土强度等级、石料最大粒径	m	按设计图示中心线长度以延长米计算，不扣除井所占的长度	1. 垫层铺筑； 2. 混凝土基础浇筑； 3. 管道防腐； 4. 管道敷设； 5. 管道接口； 6. 混凝土管座浇筑； 7. 预制管枕安装； 8. 井壁（墙）凿洞； 9. 检测及试验

续表

项目编码	项目名称	项目特征	计量单位	工程量计算规则	工程内容
040501002	混凝土管道敷设	1. 管有筋或无筋； 2. 规格； 3. 埋设深度； 4. 接口形式； 5. 垫层厚度、材料品种、强度； 6. 基础断面形式、混凝土强度等级、石料最大粒径		按设计图示管道中心线长度以延长米计算，不扣除中间井及管件、阀门所占的长度	1. 垫层铺筑； 2. 混凝土基础浇筑； 3. 管道防腐； 4. 管道敷设； 5. 管道接口； 6. 混凝土管座安装； 7. 预制管枕安装； 8. 井壁（墙）凿洞； 9. 检测及试验； 10. 冲洗消毒或吹扫
040501003	镀锌钢管敷设	1. 公称直径； 2. 接口形式； 3. 防腐、保温要求； 4. 埋设深度； 5. 基础材料品种、厚度		按设计图示管道中心线长度以延长米计算，不扣除管件、阀门、法兰所占的长度	1. 基础铺筑； 2. 管道防腐、保温； 3. 管道敷设； 4. 接口； 5. 检测及试验； 6. 冲洗消毒或吹扫
040501004	铸铁管敷设	1. 管材材质； 2. 管材规格； 3. 埋设深度； 4. 接口形式； 5. 防腐、保温要求； 6. 垫层厚度、材料品种、强度； 7. 基础断面形式、混凝土强度、石料最大粒径	m	按设计图示管道中心线长度以延长米计算，不扣除中间井及管件、阀门所占的长度	1. 垫层铺筑； 2. 混凝土基础浇筑； 3. 管道防腐； 4. 管道敷设； 5. 管道接口； 6. 混凝土管座浇筑； 7. 井壁（墙）凿洞； 8. 检测及试验； 9. 冲洗消毒或吹扫
040501005	钢管敷设	1. 管材材质； 2. 管材规格； 3. 埋设深度； 4. 防腐、保温要求； 5. 压力等级； 6. 垫层厚度、材料品种、强度； 7. 基础断面形式、混凝土强度、石料最大粒径		按设计图示管道中心线长度以延长米计算（支管长度从主管中心到支管末端交接处的中心），不扣除中间井及管件、阀门所占的长度（新旧管连接时，计算到碰头的阀门中心处）	1. 垫层铺筑； 2. 混凝土基础浇筑； 3. 混凝土管座浇筑； 4. 管道防腐、保温敷设； 5. 管道敷设； 6. 管道接口； 7. 检测及试验； 8. 冲洗消毒或吹扫
040501006	塑料管道敷设	1. 管道材料名称； 2. 管材规格； 3. 埋设深度； 4. 接口形式； 5. 垫层厚度、材料品种、强度； 6. 基础断面形式、混凝土强度等级、石料最大粒径； 7. 探测线要求			1. 垫层铺筑； 2. 混凝土基础浇筑； 3. 管道防腐； 4. 管道敷设； 5. 探测线敷设； 6. 管道接口； 7. 混凝土管座浇筑； 8. 井壁（墙）凿洞； 9. 检测及试验； 10. 冲洗消毒或吹扫

续表

项目编码	项目名称	项目特征	计量单位	工程量计算规则	工程内容
040501007	砌筑渠道	1. 渠道断面； 2. 渠道材料； 3. 砂浆强度等级； 4. 埋设深度； 5. 垫层厚度、材料品种、强度； 6. 基础断面形式、混凝土强度等级、石料最大粒径	m	按设计图示尺寸以长度计算	1. 垫层铺筑； 2. 渠道基础； 3. 墙身砌筑； 4. 止水带安装； 5. 拱盖砌筑或盖板预制、安装； 6. 勾缝； 7. 抹面； 8. 防腐； 9. 渠道渗漏试验
040501008	混凝土渠道	1. 渠道断面； 2. 埋设深度； 3. 垫层厚度、材料品种、强度； 4. 基础断面形式、混凝土强度等级、石料最大粒径			1. 垫层铺筑； 2. 渠道基础； 3. 墙身砌筑； 4. 止水带安装； 5. 拱盖砌筑或盖板预制、安装； 6. 抹面； 7. 防腐； 8. 渠道渗漏试验
040501009	套管内敷设管道	1. 管材材质； 2. 管径、壁厚； 3. 接口形式； 4. 防腐要求； 5. 保温要求； 6. 压力等级		按设计图示管道中心线长度计算	1. 基础铺筑（支架制作、安装）； 2. 管道防腐； 3. 穿管敷设； 4. 接口； 5. 检测及试验； 6. 冲洗消毒或吹扫； 7. 管道保温； 8. 防护
040501010	管道架空跨越	1. 管材材质； 2. 管径、壁厚； 3. 跨越跨度； 4. 支撑形式 5. 防腐、保温要求； 6. 压力等级		按设计图示管道中心线长度计算，不扣除管件、阀门、法兰所占的长度	1. 支承结构制作、安装； 2. 防腐； 3. 管道敷设； 4. 接口； 5. 检测及试验； 6. 冲洗消毒或吹扫； 7. 管道保温； 8. 防护
040501011	管道沉管跨越	1. 管材材质； 2. 管径、壁厚； 3. 跨越跨度； 4. 支撑形式； 5. 防腐要求； 6. 压力等级； 7. 标志牌灯要求； 8. 基础厚度、材料品种、规格			1. 管沟开挖； 2. 管沟基础铺筑； 3. 防腐； 4. 跨越拖管头制作； 5. 沉管敷设； 6. 检测及试验； 7. 冲洗消毒或吹扫； 8. 标志牌灯制作、安装
040501012	管道焊口无损探伤	1. 管材外径、壁厚； 2. 探伤要求	口	按设计图示要求探伤的数量计算	1. 焊口无损探伤； 2. 编写报告

2. 管件、钢支架制作安装及新旧管连接

本部分为给水、燃气、供热管道工程设置的15个清单项目。

工程量清单项目设置及工程量计算规则，应按《清单计价规范》规定执行，见表 9-2。；

表 9-2　管件、钢支架制作安装及新旧管连接（编码：040502）

<table>
<tr><th>项目编码</th><th>项目名称</th><th>项目特征</th><th>计量单位</th><th>工程量计算规则</th><th>工程内容</th></tr>
<tr><td>040502001</td><td>预应力混凝土管转换件安装</td><td>转换件规格</td><td rowspan="6">个</td><td rowspan="10">按设计图示数量计算</td><td rowspan="2">安装</td></tr>
<tr><td>040502002</td><td>铸铁管件安装</td><td>1. 类型；
2. 材质；
3. 规格；
4. 接口形式</td></tr>
<tr><td>040502003</td><td>钢管件安装</td><td rowspan="2">1. 管件类型；
2. 管径、壁厚；
3. 压力等级</td><td>1. 制作；
2. 安装</td></tr>
<tr><td>040502004</td><td>法兰钢管件安装</td><td>1. 法兰片焊接；
2. 法兰管件安装</td></tr>
<tr><td>040502005</td><td>塑料管件安装</td><td>1. 管件类型；
2. 材质；
3. 管径、壁厚；
4. 接口；
5. 探测线要求</td><td>1. 塑料管件安装；
2. 探测线敷设</td></tr>
<tr><td>040502006</td><td>钢塑转件安装</td><td>转换件规格</td><td>安装</td></tr>
<tr><td>040502007</td><td>钢管道间法兰连接</td><td>1. 平焊法兰；
2. 对焊法兰；
3. 绝缘法兰；
4. 公称直径；
5. 压力等级</td><td>处</td><td>1. 法兰片焊接；
2. 法兰连接</td></tr>
<tr><td>040502008</td><td>分水栓安装</td><td>1. 材质；
2. 规格</td><td rowspan="3">个</td><td>1. 法兰片焊接；
2. 安装</td></tr>
<tr><td>040502009</td><td>盲（堵）板安装</td><td>1. 盲板规格；
2. 盲板材料</td><td>1. 法兰片焊接；
2. 安装</td></tr>
<tr><td>040502010</td><td>防水套管制作、安装</td><td>1. 钢性套管；
2. 柔性套管；
3. 规格</td><td>1. 制作；
2. 安装</td></tr>
<tr><td>040502011</td><td>除污器安装</td><td rowspan="2">1. 压力要求；
2. 公称直径；
3. 接口形式</td><td rowspan="2">个</td><td rowspan="2">按设计图示数量计算</td><td>1. 除污器组成安装；
2. 除污器安装</td></tr>
<tr><td>040502012</td><td>补偿器安装</td><td>1. 焊接钢套筒补偿器安装；
2. 焊接法兰、法兰式波纹补偿器安装</td></tr>
<tr><td>040502013</td><td>钢支架制作、安装</td><td>类型</td><td>kg</td><td>按设计图示尺寸以质量计算</td><td>1. 制作；
2. 安装</td></tr>
<tr><td>040502014</td><td>新旧管连接（碰头）</td><td>1. 管材材质；
2. 管材管径；
3. 管材接口</td><td>处</td><td>按设计图示数量计算</td><td>1. 新旧管连接；
2. 马鞍卡子安装；
3. 接管挖眼；
4. 钻眼攻丝</td></tr>
<tr><td>040502015</td><td>气体置换</td><td>管材内径</td><td>m</td><td>按设计图示管道中心线长度计算</td><td>气体置换</td></tr>
</table>

3. 阀门、水表、消火栓安装

本部分为给水、燃气、供热管道工程设置的 3 个清单项目。

工程量清单项目设置及工程量计算规则，应按《清单计价规范》规定执行，见表9-3。

表9-3　阀门、水表、消火栓安装（编码：040503）

项目编码	项目名称	项目特征	计量单位	工程量计算规则	工程内容
040503001	阀门安装	1. 公称直径； 2. 压力要求； 3. 阀门类型	个	按设计图示数量计算	1. 阀门解体、检查、清洗、研磨； 2. 法兰片焊接； 3. 操纵装置安装； 4. 阀门安装； 5. 阀门压力试验
040503002	水表安装	公称直径			1. 丝扣水表安装； 2. 法兰片焊接、法兰水表安装
040503003	消火栓安装	1. 部位； 2. 型号； 3. 规格			1. 法兰片焊接； 2. 安装

4. 井类、设备基础及出水口

本部分主要按照井的材料、用途的不同，共设置8个清单项目。

工程量清单项目设置及工程量计算规则，应按《清单计价规范》规定执行，见表9-4。

表9-4　井类、设备基础及出水口（编码：040504）

项目编码	项目名称	项目特征	计量单位	工程量计算规则	工程内容
040504001	砌筑检查井	1. 材料； 2. 井深、尺寸； 3. 定型井名称、定型图号、尺寸及井深； 4. 垫层与基础的厚度、材料品种、强度	座	按设计图示数量计算	1. 垫层铺筑； 2. 混凝土浇筑； 3. 养生； 4. 砌筑； 5. 爬梯制作、安装； 6. 勾缝； 7. 抹面； 8. 防腐； 9. 盖板、过梁制作、安装； 10. 井盖及井座制作、安装
040504002	混凝土检查井	1. 井深、尺寸； 2. 混凝土强度等级、石料最大粒径； 3. 垫层厚度、材料品种、强度			1. 垫层铺筑； 2. 混凝土浇筑； 3. 养生； 4. 爬梯制作、安装； 5. 盖板、过梁制作、安装； 6. 防腐涂刷； 7. 井盖及井座制作、安装
040504003	雨水进水井	1. 混凝土强度、石料最大粒径； 2. 雨水井型号； 3. 井深； 4. 垫层厚度、材料品种、强度； 5. 定型井名称图号、尺寸及井深			1. 垫层铺筑； 2. 混凝土浇筑； 3. 养生； 4. 砌筑； 5. 勾缝； 6. 抹面； 7. 预制构件制作、安装； 8. 井箅安装

续表

项目编码	项目名称	项目特征	计量单位	工程量计算规则	工程内容
040504004	其他砌筑井	1. 阀门井； 2. 水表井； 3. 消火栓井； 4. 排泥湿井； 5. 井的尺寸深度； 6. 井身材料； 7. 垫层与基础的厚度、材料品种、强度； 8. 定型井名称、图号、尺寸及井深	座	按设计图示数量计算	1. 垫层铺筑； 2. 混凝土浇筑； 3. 养生； 4. 砌支墩； 5. 砌筑井身； 6. 爬梯制作、安装； 7. 盖板与过梁制作、安装； 8. 勾缝(抹面)； 9. 井盖及井座制作、安装
040504005	设备基础	1. 混凝土强度等级、石料最大粒径； 2. 垫层厚度、材料品种、强度	m^3	按设计图示尺寸以体积计算	1. 垫层铺筑； 2. 混凝土浇筑； 3. 养生； 4. 地脚螺栓灌浆； 5. 设备底座与基础间灌浆
040504006	出水口	1. 出水口材料； 2. 出水口形式； 3. 出水口尺寸； 4. 出水口深度； 5. 出水口砌体强度； 6. 混凝土强度等级、石料最大粒径； 7. 砂浆配合比； 8. 垫层厚度、材料品种、强度	处	按设计图示数量计算	1. 垫层铺筑； 2. 混凝土浇筑； 3. 养生； 4. 砌筑； 5. 勾缝； 6. 抹面
040504007	支(挡)墩	1. 混凝土强度等级； 2. 石料最大粒径； 3. 垫层厚度、材料品种、强度	m^3	按设计图示尺寸以体积计算	1. 垫层铺筑； 2. 混凝土浇筑； 3. 养生； 4. 砌筑； 5. 抹面(勾缝)
040504008	混凝土工作井	1. 土壤类别； 2. 断面； 3. 深度； 4. 垫层厚度、材料品种、强度	座	按设计图示数量计算	1. 混凝土工作井制作； 2. 挖土下沉定位； 3. 土方场内运输； 4. 垫层铺设； 5. 混凝土浇筑； 6. 养生； 7. 回填夯实； 8. 余方弃置； 9. 缺方内运

5. 顶管

本部分根据顶进管材的不同，共设置 5 个清单项目。

工程量清单项目设置及工程量计算规则，应按《清单计价规范》规定执行，见表 9-5。

表 9-5　顶管（编码：040505）

<table>
<tr><th>项目编码</th><th>项目名称</th><th>项目特征</th><th>计量单位</th><th>工程量计算规则</th><th>工程内容</th></tr>
<tr><td>040505001</td><td>混凝土管道顶进</td><td>1. 土壤；
2. 管径；
3. 深度；
4. 规格</td><td rowspan="5">m</td><td rowspan="5">按设计图示尺寸以长度计算</td><td rowspan="2">1. 顶进后座及坑内工作平台搭拆；
2. 顶进设备安装、拆除；
3. 中继间安装、拆除；
4. 触变泥浆减阻；
5. 套环安装；
6. 防腐涂刷；
7. 挖土、管道顶进；
8. 洞口止水处理；
9. 余方弃置</td></tr>
<tr><td>040505002</td><td>钢管顶进</td><td>1. 土壤类别；
2. 材质；
3. 管径；
4. 深度</td></tr>
<tr><td>040505003</td><td>铸铁管顶进</td><td rowspan="2">1. 土壤类别；
2. 管径；
3. 深度</td><td rowspan="2">1. 顶进后座及坑内工作平台搭拆；
2. 顶进设备安装、拆除；
3. 套环安装；
4. 管道顶进；
5. 洞口止水处理；
6. 余方弃置</td></tr>
<tr><td>040505004</td><td>硬塑料管顶进</td></tr>
<tr><td>040505005</td><td>水平导向钻进</td><td>1. 土壤类别；
2. 管径；
3. 管材材质</td><td>1. 钻进；
2. 泥浆制作；
3. 扩孔；
4. 穿管；
5. 余方弃置</td></tr>
</table>

6. 构筑物

本部分根据构筑物不同的施工方法、结构部位，共设置 31 个清单项目

工程量清单项目设置及工程量计算规则，应按《清单计价规范》规定执行，见表 9-6。

表 9-6　构筑物（编号：040506）

<table>
<tr><th>项目编码</th><th>项目名称</th><th>项目特征</th><th>计量单位</th><th>工程量计算规则</th><th>工程内容</th></tr>
<tr><td>040506001</td><td>管道方沟</td><td>1. 断面；
2. 材料品种；
3. 混凝土强度等级、石料最大粒径；
4. 深度；
5. 垫层与基础的厚度、材料品种、强度</td><td>m</td><td>按设计图示尺寸以长度计算</td><td>1. 垫层铺筑；
2. 方沟基础；
3. 墙身砌筑；
4. 拱盖砌筑或盖板预制、安装；
5. 勾缝；
6. 抹面；
7. 混凝土浇筑</td></tr>
<tr><td>040506002</td><td>现浇混凝土沉井井壁及隔墙</td><td>1. 混凝土强度等级；
2. 混凝土抗渗需求；
3. 石料最大粒径</td><td rowspan="2">m^3</td><td>按设计图示尺寸以体积计算</td><td>1. 垫层铺筑、垫木铺设；
2. 混凝土浇筑；
3. 养生；
4. 预留孔封口</td></tr>
<tr><td>040506003</td><td>沉井下沉</td><td>1. 土壤类别；
2. 管径；
3. 深度</td><td>按自然地坪至设计底板垫层底的高度乘以沉井外壁最大断面面积以体积计算</td><td>1. 垫木拆除；
2. 沉井挖土下沉；
3. 填充；
4. 余方弃置</td></tr>
</table>

续表

项目编码	项目名称	项目特征	计量单位	工程量计算规则	工程内容
040506004	沉井混凝土底板	1. 混凝土强度等级； 2. 混凝土抗渗需求； 3. 石料最大粒径； 4. 地梁截面； 5. 垫层厚度、材料品种、强度	m^3	按设计图示尺寸以体积计算	1. 垫层铺筑； 2. 混凝土浇筑； 3. 养生
040506005	沉井内地下混凝土结构	1. 所在部位； 2. 混凝土强度等级、石料最大粒径			1. 混凝土浇筑； 2. 养生
040506006	沉井混凝土顶板	1. 混凝土强度等级、石料最大粒径； 2. 混凝土抗渗需求			
040506007	现浇混凝土池底	1. 混凝土强度等级、石料最大粒径； 2. 混凝土抗渗需求； 3. 池底形式； 4. 垫层厚度、材料品种、强度			1. 垫层铺筑； 2. 混凝土浇筑； 3. 养生
040506008	现浇混凝土池壁（隔墙）	1. 混凝土强度等级、石料最大粒径； 2. 混凝土抗渗需求			1. 混凝土浇筑； 2. 养生
040506009	现浇混凝土池柱	1. 混凝土强度等级、石料最大粒径； 2. 规格	m^3	按设计图示尺寸以体积计算	1. 混凝土浇筑； 2. 养生
040506010	现浇混凝土池梁				
040506011	现浇混凝土池盖				
040506012	现浇混凝土板	1. 名称、规格； 2. 混凝土强度等级、石料最大粒径			
040506013	池槽	1. 混凝土抗渗需求、石料最大粒径； 2. 池槽断面	m	按设计图示尺寸以长度计算	1. 混凝土浇筑； 2. 养生； 3. 盖板； 4. 其他材料铺设
040506014	砌筑导流壁、筒	1. 块体材料； 2. 断面； 3. 砂浆强度等级	m^3	按设计图示尺寸以体积计算	1. 砌筑； 2. 抹面
040506015	混凝土导流壁、筒	1. 断面； 2. 混凝土强度等级、石料最大粒径			1. 混凝土浇筑； 2. 养生
040506016	混凝土扶梯	1. 规格； 2. 混凝土强度等级、石料最大粒径			1. 混凝土浇筑或预制； 2. 养生； 3. 扶梯安装
040506017	金属扶梯、栏杆	1. 材质； 2. 规格； 3. 油漆品种、工艺要求	t	按设计图示尺寸以质量计算	1. 钢扶梯制作、安装； 2. 除锈、刷油漆
040506018	其他现浇混凝土构件	1. 规格； 2. 混凝土强度等级、石料最大粒径	m^3	按设计图示尺寸以体积计算	1. 混凝土浇筑； 2. 养生

续表

项目编码	项目名称	项目特征	计量单位	工程量计算规则	工程内容
040506019	预制混凝凝土板	1. 混凝土强度等级、石料最大粒径； 2. 名称、部位、规格	m³	按设计图示尺寸以体积计算	1. 混凝土浇筑； 2. 养生； 3. 构件移动及堆放； 4. 构件安装
040506020	预制混凝土槽	1. 规格； 2. 混凝土抗渗需求、石料最大粒径			
040506021	预制混凝土支墩				
040506022	预制混凝土异型构件				
040506023	滤板	1. 滤板材质； 2. 滤板规格； 3. 滤板厚度； 4. 滤板部位	m²	按设计图示尺寸以面积计算	1. 制作； 2. 安装
040506024	折板	1. 折板材料； 2. 折板形式； 3. 折板部位			
040506025	壁板	1. 壁板材料； 2. 壁板部位			
040506026	滤料铺设	1. 滤料品种； 2. 滤料规格	m³	按设计图示尺寸以体积计算	铺设
040506027	尼龙网板	1. 材料品种； 2. 材料规格	m²	按设计图示尺寸以面积计算	1. 制作； 2. 安装
040506028	刚性防水	1. 工艺要求； 2. 材料规格			1. 配料； 2. 铺筑
040506029	柔性防水				涂、贴、粘、刷防水材料
040506030	沉降缝	1. 材料品种； 2. 沉降缝规格； 3. 沉降缝部位	m	按设计图示以长度计算	铺、嵌沉降缝
040506031	井、池渗漏试验	构筑物名称	m³	按设计图示储水尺寸以体积计算	渗漏试验

7. 设备安装

本部分为构筑物内专用设备安装的 36 个清单项目。

工程量清单项目设置及工程量计算规则，应按《清单计价规范》规定执行，见表 9-7。；

表 9-7　设备安装（编码：040507）

项目编码	项目名称	项目特征	计量单位	工程量计算规则	工程内容
040507001	管道仪表	1. 规格、型号； 2. 仪表名称	个	按设计图示数量计算	1. 取源部件安装； 2. 支架制作、安装； 3. 套管安装； 4. 表弯制作、安装； 5. 仪表脱脂； 6. 仪表安装

续表

项目编码	项目名称	项目特征	计量单位	工程量计算规则	工程内容
040507002	格栅制作	1. 材质； 2. 规格、型号	kg	按设计图示尺寸以质量计算	1. 制作； 2. 安装
040507003	格栅除污机	规格、型号	台	按设计图示数量计算	1. 安装； 2. 无负荷试运转
040507004	滤网清污机				
040507005	螺旋泵				
040507006	加氯机		套		
040507007	水射器	公称直径	个		
040507008	管式混合器	1. 滤料品种； 2. 滤料规格			
040507009	搅拌机械	1. 规格、型号； 2. 重量	台		
040507010	曝气器	1. 工艺要求； 2. 材料规格	个		
040507011	布气管	1. 材料品种； 2. 直径	m	按设计图示以长度计算	1. 钻孔； 2. 安装
040507012	曝气机	规格、型号	台	按设计图示数量计算	1. 安装； 2. 无负荷试运转
040507013	生物转盘	规格			
040507014	吸泥机	规格、型号			
040507015	刮泥机				
040507016	辊压转鼓工吸泥脱水机				
040507017	带式压滤机	设备质量			
040507018	污泥造粒脱水机	转鼓直径			
040507019	闸门	1. 闸门材质； 2. 闸门形式； 3. 闸门规格、型号	座	按设计图示数量计算	安装
040507020	旋转门	1. 材质； 2. 规格、型号			
040507021	堰门	规格、型号			
040507022	升杆式铸铁泥阀	公称直径			
040507023	平底盖闸				
040507024	启闭机械	规格、型号	台		
040507025	集水槽制作	1. 材质； 2. 厚度	m²	按设计图示尺寸以面积计算	1. 制作； 2. 安装
040507026	堰板制作	1. 堰板材质； 2. 堰板厚度； 3. 堰板形式			
040507027	斜板	1. 材料品种； 2. 厚度			安装
040507028	斜管	1. 斜管材料品种； 2. 斜管规格	m	按设计图示以长度计算	

续表

项目编码	项目名称	项目特征	计量单位	工程量计算规则	工程内容
040507029	凝水缸	1. 材料品种； 2. 压力要求； 3. 型号、规格； 4. 接口	组	按设计图示数量计算	1. 制作； 2. 安装
040507030	调压器	规格、型号			安装
040507031	过滤器				
040507032	分离器				
040507033	安全水封	公称直径			
040507034	检漏管	规格			
040507035	调长器	公称直径	个		
040507036	牺牲阳极、测试桩	1. 牺牲阳极安装； 2. 测试桩安装； 3. 组合及要求	组		1. 安装； 2. 测试

8. 其他相关问题

（1）顶管工作坑的土石方开挖、回填夯实等，应按建筑工程相关项目编码列项。

（2）市政管网工程设备安装工程只列市政管网专用设备的项目，标准、定型设备应按安装工程相关项目编码列项。

二、市政管网工程工程量清单项目设置的说明

排水工程分部分项工程量清单的编制，应根据《清单计价规范》中市政管网工程设置的统一项目编码、项目名称、计量单位和工程量计算规则编制。

除上述清单项目以外，一个完整的排水工程分部分项工程量清单，一般还包括《清单计价规范》土石方工程中的有关清单项目，还可能包括《清单计价规范》钢筋工程中的有关清单项目。如果是改建排水工程，还应包括《清单计价规范》拆除工程中的有关清单项目。

钢筋工程的清单项目有：预埋铁件、非预应力钢筋、先张法预应力钢筋、后张法预应力钢筋、型钢。排水工程中应用普遍的是非预应力钢筋。

拆除工程的清单项目有拆除路面、拆除基层、拆除人行道、拆除侧缘石、拆除管道、拆除砖石结构、拆除混凝土结构、伐树、挖树蔸。

1. 项目名称

市政管网工程清单项目名称，一般是以工程实体的名称来命名的。如混凝土管道敷设、铸铁管敷设、砌筑检查井、雨水进水井等清单项目名称。

2. 项目编码

每个清单项目有一个项目编码，项目编码分为五级，用12位阿拉伯数字表示。一、二、三、四级编码统一，必须依据《清单计价规范》设置；第五级编码由工程量清单编制人根据工程特征自行编排。各级编码代表的含义如下。

（1）第一级（第1、2位）表示分类码：04为市政工程。

（2）第二级（第3、4位）表示章顺序码：05为市政管网工程。

（3）第三级（第5、6位）表示节顺序码：01为管道敷设；02为管件、钢支架制作、安装及新旧管连接；03为阀门、水表、消火栓安装；04为井类、设备基础及出水口；05为顶

管；06 为构筑物；07 为设备安装。

（4）第四级（第 7、8、9 位）表示清单项目顺序码：从 001 开始。

（5）第五级（第 10、11、12 位）表示具体清单项目码：从 001 开始由工程量清单编制人编码。

以 040501004001 为例，项目编码结构如图 9-1。

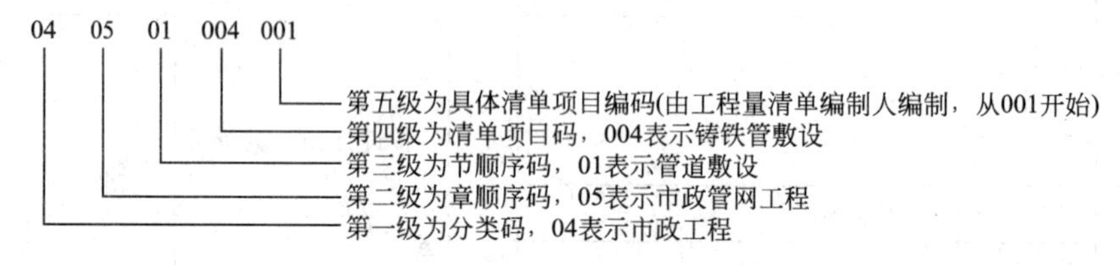

图 9-1 工程量清单项目编码结构

3. 项目特征

项目特征是对清单项目准确具体的描述。例如，管道敷设的项目特征都包括：①管道规格；②埋设深度；③接口形式；④垫层厚度、材料品种、强度；⑤基础断面形式、混凝土强度等级、石料最大粒径。

又如，井类的项目特征都包括：①井的材料；②井深；③尺寸；④垫层与基础的厚度、材料品种、强度。

具体设置清单项目时，应根据设计图纸的设计数据，明确描述各清单项目的特征内容，同一个清单项目的特征必须完全一致。若项目的某项特征值有改变，就意味着该工程项目实体的改变，即应视为是另一个具体的清单项目，需要有一个对应的项目编码，该具体项目名称的编码前 9 位相同，后三位不同。

例如，某排水工程施工设计图设计有 *DN*300mm 和 *DN*400mm 两种塑料管敷设，则项目名称根据《清单计价规范》“管道敷设”中的项目名称、项目特征、结合施工设计图设置为两项，见表 9-8。

表 9-8 分部分项工程量清单

工程名称：某排水工程

项目编码	项目名称	项目特征	计量单位	工程数量
040501006001	塑料管敷设	1. 规格：*DN*300mm； 2. 埋设深度：1.58m； 3. 接口形式：粘接		
040501006002	塑料管敷设	1. 规格：*DN*400mm； 2. 埋设深度：1.78m； 3. 接口形式：粘接		

总之，编制分部分项工程量清单时，应根据《清单计价规范》中“市政管网工程”的项目名称，同时考虑规格、接口形式等项目特征要求，结合拟建工程施工设计图纸标明的具体项目特征数值，设置清单项目，使分部分项工程量清单项目名称具体、准确、不漏项。

4. 工程内容

工程内容指完成该清单项目可能发生的具体工序，清单编制时可填写在相应的清单项目名称栏内，供招标人确定清单项目和投标人投标报价参考。至于使用什么方法、用什么机械、采取什么措施均由投标人自主决定，在清单项目设置中不做具体规定。

工程内容也是招标人对已列出的清单项目，检查是否重列或漏列的主要依据。例如，管道敷设清单项目的工程内容，包括从垫层铺筑至混凝土基础浇筑、管道防腐、管道敷设、管道接口、检测及试验等全部施工工艺过程，不能再另外列出垫层铺筑、混凝土基础浇筑、管道接口、检测及试验等清单项目名称，否则就属于重列。

但是，管道敷设清单项目不包括管道沟槽挖填土，也不包括基础混凝土浇筑时模板及支架的安拆。管道沟槽挖填土按“土石方工程”另列清单项目计算，混凝土模板及支架列入施工技术措施项目计算。

又如，井类清单项目的工程内容，包括井垫层铺筑、井底混凝土浇筑、养生、井身砌筑、井身勾缝、抹面、井内爬梯制作安装、盖板制作安装、过梁制作安装、井圈制作安装、井盖井座（井箅）制作安装。

但是，井类清单项目不包括井底混凝土浇筑时模板及支架的安拆，也不包括检查井（井深大于 1.5m）砌筑时所需的井字架工程。井底混凝土浇筑时模板及支架、井字架均列入施工技术措施项目计算。

5. 计量单位、工程量计算规则

计量单位与工程量计算规则是对市政管网工程各清单项目工程数量的计算规定。清单项目的工程量，应根据工程量计算规则和计量单位，采用数学方法和公式进行计算。

第二节　市政管网工程清单工程量计算

一、清单工程量计算规则与方法

（一）管道敷设

1. 计算规则

按设计图示管道中心线长度以延长米计算，不扣除中间井及管件、阀门所占的长度，计量单位为“m”。

2. 计算方法

管道敷设清单工程量的计算，应首先根据施工图纸数据，结合项目特征要求，区分不同管材、规格、埋深、接口形式、垫层、基础断面形式、混凝土基础强度等设置不同的清单项目，再分别统计其清单工程量。

管道敷设清单工程量＝设计图示井中心至井中心的距离

（二）井类

1. 计算规则

各种砌筑检查井、混凝土检查井、雨水进水井、其他砌筑井的工程量按设计图示数量计算，计量单位为“座”。

2. 计算方法

井类清单工程量的计算，应首先根据施工图纸数据，结合项目特征要求，按不同井深、井径设置不同的清单项目，再分别统计其清单工程量。

井类清单工程量＝井的设计数量

【例 9-1】 图 9-2 为某段 *DN*400mm 及 *DN*500mm 钢筋混凝土排水管道，排水井分别为砖砌圆形排水检查井 ϕ700mm 和 ϕ1000mm，试计算钢筋混凝土管道敷设及砌筑检查井的清单工程量。

【解】 DN400mm 钢筋混凝土管道的清单工程量：15＋20＋15＝50（m）

DN500mm 钢筋混凝土管道的清单工程量：30＋20＝50（m）

砖砌圆形排水检查井 ϕ700mm 的清单工程量：4 座

砖砌圆形排水检查井 ϕ1000mm 的清单工程量：2 座

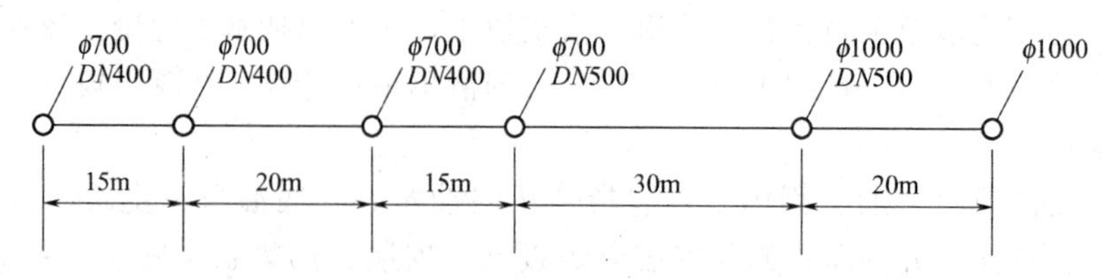

图 9-2 排水管道示意图（单位：mm）

二、清单工程量计算与计价工程量计算的区别

（一）管道敷设

管道敷设清单项目的工程内容，包括从垫层铺筑至混凝土基础浇筑、管道防腐、管道敷设、管道接口、检测及试验等全部施工工艺过程。计价时应考虑清单项目的工程内容，结合具体施工方案，根据计价定额工程量计算规则计算计价工程量，组价计算清单项目的综合单价。管道敷设的清单工程量计算规则与计价定额工程量规则的区别如下。

（1）管道敷设的清单工程量计算规则规定　按设计图示管道中心线长度以延长米计算，不扣除中间井及管件、阀门所占的长度。

（2）管道敷设的计价定额工程量计算规则规定

① 各种角度的混凝土基础、混凝土管、缸瓦管敷设，井中心至井中心扣除检查井长度，以延长米计算工程量。每座检查井扣除长度按表 9-9 计算。

表 9-9　每座检查井扣除长度

检查井规格/mm	所占长度/m	检查井类型/mm	所占长度/m
ϕ700	0.4	各种矩形井	1.0
ϕ1000	0.7	各种交汇井	1.20
ϕ1250	0.95	各种扇形井	1.0
ϕ1500	1.20	圆形跌水井	1.60
ϕ2000	1.70	矩形跌水井	1.70
ϕ2500	2.20	阶梯式跌水井	按实扣

② 管道接口区分管径和做法，以实际接口个数计算工程量。

③ 管道闭水试验，以实际闭水长度计算，不扣除各种井所占长度。

【例 9-2】 按照计价定额计算规则，计算图 9-2 所示钢筋混凝土管道敷设工程量。

【解】 按计价定额计算规则：定额规定每座 ϕ700mm 检查井应扣除长度 0.4m；定额规定每座 ϕ1000mm 检查井应扣除长度 0.7m。

DN400mm 钢筋混凝土管道：

管道敷设的工程量＝15＋20＋15－0.4×3＝48.8（m）

混凝土基础的工程量＝15＋20＋15－0.4×3＝48.8（m）

管道接口＝48.8÷2＝25（个）

管道闭水试验的工程量＝15＋20＋15＝50（m）

DN500mm 钢筋混凝土管道：

管道敷设的工程量＝30＋20－0.7×2＝48.6（m）

混凝土基础的工程量＝30＋20－0.7×2＝48.6（m）

管道接口＝48.6÷2≈25（个）

管道闭水试验的工程量＝30＋20＝50（m）

（二）管沟土石方

由于管沟土石方的清单工程量是按原地面线以下构筑物最大水平投影面积乘以挖土深度以体积计算，但在实际施工时，需要根据地质情况、所采用的施工方案等确定方坡系数、施工工作面的土石方开挖，此部分的土石方为管道结构以外的土石方，计价时在综合单价中考虑，方法是结合具体施工方案，根据计价定额工程量计算规则计算计价工程量，组价计算综合单价，如图 9-3 所示。

1. 管沟土石方清单工程量计算

（1）管道工程沟槽土石方的挖方清单工程量，按原地面线以下构筑物最大水平投影面积乘以挖土深度（原地面平均标高至槽底平均标高）以体积计算，如图 9-4 所示。

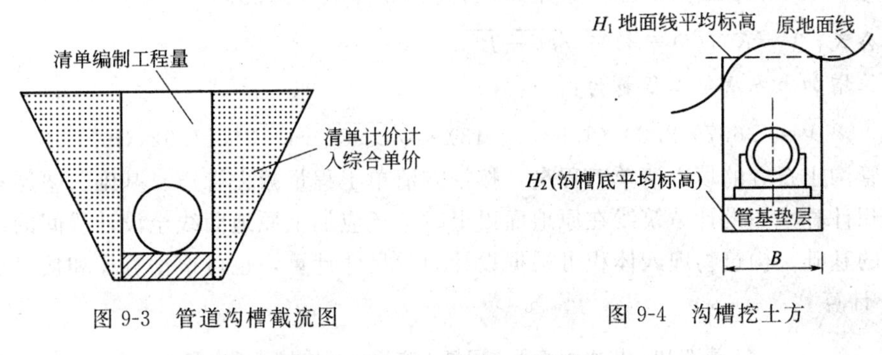

图 9-3　管道沟槽截流图　　　图 9-4　沟槽挖土方

$$V=B\times L\times(H_1-H_2)$$

式中　V——沟槽挖方体积，m^3；

B——管基或垫层宽度，无垫层或基础时按管道外径计算，m；

L——管基长度，m；

H_1——原地面平均标高，m；

H_2——沟槽底平均标高，m。

（2）管网中各种井室的井位挖方清单工程量计算　因为管沟挖方的长度按管网敷设的管道中心线的长度计算，所以管网中的各种井的井位挖方清单工程量必须扣除与管沟重叠部分的土方量。图 9-5 所示的圆形井、矩形井只计算画斜线部分的挖土方量。

图中阴影部分所占的体积按下式计算：

$$V=KH(D-B)\times\sqrt{D^2-B^2}$$

式中　V——井位增加的土方量，m^3；

H——基坑深度，m；

D——井室土方量的计算直径，常为井基础直径，m；

B——沟槽土方量的计算宽度，常为结构最大宽度，m；

K——井室弓形面积计算调整系数，根据 B/D 的值，按图 9-6 选取。

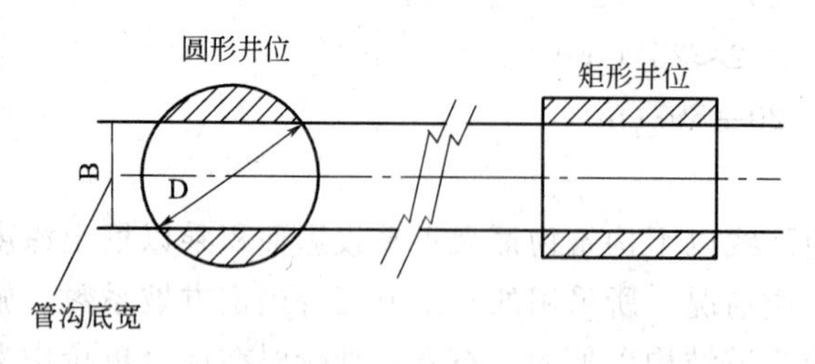

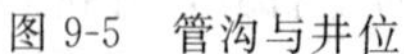
图 9-5 管沟与井位

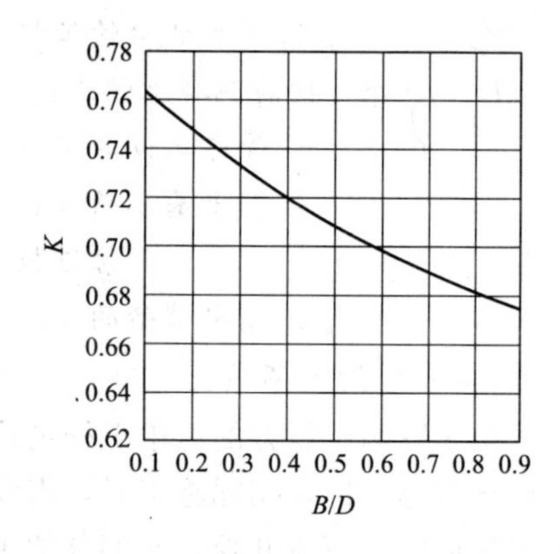

图 9-6 井位弓形面积计算系数

【例 9-3】 某 DN800mm 的钢筋混凝土排水管道，180°混凝土基础，该管道基础结构宽度为 1130mm，排水检查井基础直径为 ϕ1930mm，管沟挖土的平均深度为 2.2m，求井位增加土方清单工程量。

【解】 根据题意已知 $B=1.13$m；$D=1.93$m；$H=2.2$m。

得 $B/D=1.13/1.93=0.59$，由图 9-6 曲线，查得 $K=0.697$。

根据公式：$V=KH(D-B)\times\sqrt{D^2-B^2}$

该井位增加土方清单工程量为：

$$V=0.697\times2.2\times(1.93-1.13)\times\sqrt{1.93^2-1.13^2}=1.92\ (\text{m}^3)$$

（3）管沟土石方的填方清单工程量，按挖方清单工程量减去管道、基础、垫层和构筑物等埋入体积计算。如设计填筑线在原地面以上时，还应加上原地面线至设计线间的体积。

管道的基础、构筑物埋入体积可根据设计图示尺寸计算，也可根据管径和接口形式，参考表 9-10 计算。

表 9-10 排水管道所占回填土方量（管体与基础之和） m^3/m

管径/mm	抹带接口，混凝土基础			套环（承插）接口，混凝土基础		
	90°	135°	180°	90°	135°	180°
150	0.058	0.074	0.083	0.062	0.075	0.085
200	0.086	0.104	0.117	0.089	0.107	0.119
250	0.116	0.137	0.152	0.120	0.141	0.154
300	0.151	0.179	0.201	0.159	0.182	0.203
350	0.190	0.221	0.246	0.194	0.224	0.248
400	0.238	0.276	0.302	0.251	0.279	0.305
450	0.285	0.330	0.361	0.297	0.340	0.371
500	0.349	0.408	0.445	0.363	0.418	0.455
600	0.481	0.564	0.616	0.514	0.580	0.633
700	0.657	0.767	0.837	0.694	0.785	0.846
800	0.849	1.000	1.091	0.884	1.012	1.100
900	1.082	1.273	1.383	1.126	1.292	1.388
1000	1.324	1.561	1.705	1.376	1.543	1.678

续表

管径/mm	抹带接口，混凝土基础			套环(承插)接口，混凝土基础		
	90°	135°	180°	90°	135°	180°
1100	1.600	1.886	2.050	1.645	1.873	1.528
1200	1.192	2.243	2.488	1.936	2.212	2.394
1350	2.368	2.783	3.015	2.464	2.806	3.042
1500	3.006	3.564	3.868	3.103	3.516	3.798
1650	3.610	4.279	4.644	3.673	4.202	4.540
1800	4.329	5.110	5.569	4.365	5.020	5.452
2000	5.388	6.378	6.949	5.415	6.279	6.817

2. 管沟土石方计价工程量计算

(1) 沟槽挖方根据施工方法按沟槽开挖断面形式计算工程量，见图 9-7 所示。

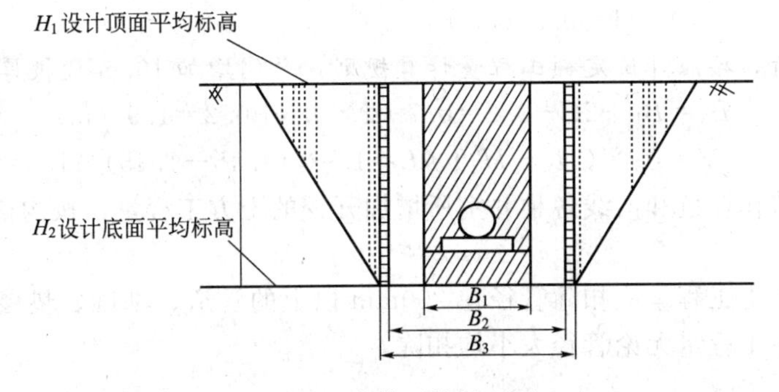

图 9-7　沟槽开挖断面图

需放坡时挖方量 $V=[B_2+i\times(H_1-H_2)]\times(H_1-H_2)\times L$

需支挡土板时挖方量 $V=B_3\times(H_1-H_2)\times L$

$$B_3=B_1+2C+0.2$$

$$放坡时\ B_2=B_1+2C$$

式中 B_1——管道结构宽度，无管座按管道外径计算，有管座按管道基础外缘计算，m；

B_2——沟槽底宽度，m；

C——槽底工作面宽度，m（见表 9-11）；

B_3——支挡土板时沟槽底宽每侧增加 10cm 模板厚度，m；

H_1——原地面平均标高，m；

H_2——槽底平均标高，m；

i——放坡系数，见表 9-12；

L——沟槽长度，m。

表 9-11　管沟底部每侧工作面宽度

管道结构宽/cm	混凝土管道(基础≤90°)/cm	混凝土管道基础(>90°)/cm	金属管道/cm	构筑物	
				无防潮层/cm	有防潮层/cm
50 以内	40	40	30	40	60
100 以内	50	50	40		
250 以内	60	50	40		

表 9-12 放坡系数

土壤类别	放坡起点深度/m	机械开挖		人工开挖
		坑内作业	坑上作业	
一、二类土	1.20	1∶0.33	1∶0.53	1∶0.50
三类土	1.50	1∶0.25	1∶0.47	1∶0.33
四类土	2.00	1∶0.10	1∶0.23	1∶0.15

【例 9-4】 如图 9-7 所示，管道为直径 500mm 的混凝土管，混凝土基础宽度 $B_1=0.7$m，设沟槽长度 $L=150$m，$H_1=4.450$m，$H_2=1.450$m，计算沟槽挖方计价工程量。

【解】 根据施工方案计算计价工程量。当放坡开挖时，按照计价定额工程量计算规则。槽底工作面宽度 C 取 0.5m；机械坑上开挖二类土；放坡系数 i 取 0.53。

则：$B_2=B_1+2C=0.7+2\times0.5=1.7$ (m)

$$V=[B_2+i\times(H_1-H_2)]\times(H_1-H_2)\times L$$

$$=[1.7+0.53\times(4.45-1.45)]\times(4.45-1.45)\times150$$

$$=1480.5\ (m^3)$$

当支护开挖时，按照计价定额工程量计算规则，每侧增加 10cm 模板厚度：

$$B_3=B_1+2C+0.2=0.7+2\times0.5+0.2=1.9\ (m)$$

$$V=B_3\times(H_1-H_2)\times L=1.9\times(4.45-1.45)\times150=855\ (m^3)$$

(2) 管道接口作业坑和沿线各种井室所增加开挖的土方工程量，按沟槽全部土石方挖方量的 2.5%计算。

(3) 沟槽回填土工程量应扣除管径在 200mm 以上的管道、基础、垫层和各种构筑物所占的体积。但清单工程量无论管径大小均扣除。

第三节 市政管网工程工程量清单计价编制实例

某新建排水管道工程，雨水主管道为 DN500mm 的钢筋混凝土管，雨水支管道为 DN300mm 的钢筋混凝土管，雨水支管道埋设深度为 1m，管道基础采用 180° C15 混凝土基

mm

管内径 D	管壁厚 t	管肩宽 a	管基宽 B	管基宽	
				C_1	C_2
300	30	80	520	100	180
400	35	80	630	100	235
500	42	80	744	100	292
600	50	100	900	100	350
700	55	110	1030	110	405
800	65	130	1190	130	465
900	70	140	1320	140	520
1000	75	150	1450	150	575
1100	85	170	1610	170	635
1200	90	180	1740	180	690

续表

管内径 D	管壁厚 t	管肩宽 a	管基宽 B	管基宽	
				C_1	C_2
1350	105	210	1980	210	780
1500	115	230	2190	230	865
1650	125	250	2400	250	950
1800	140	280	2640	280	1040
2000	155	310	2390	310	1155
2200	175	350	3250	350	1275
2400	185	370	3510	370	1385

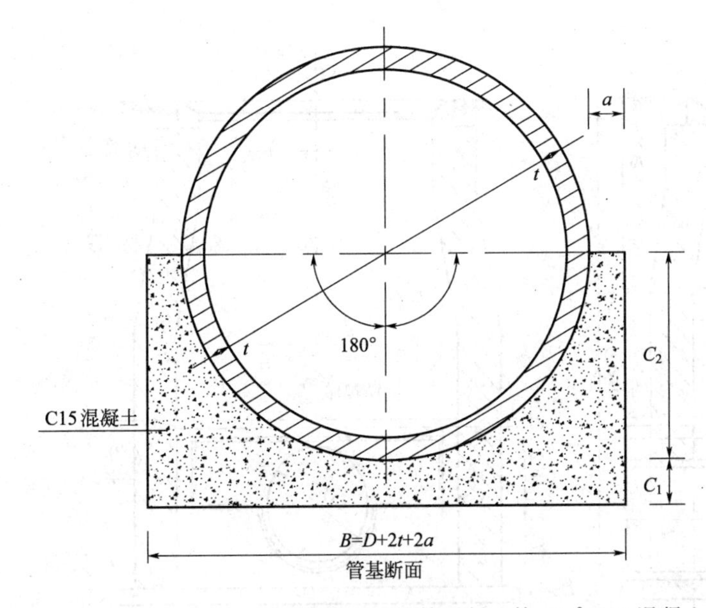

说明：1. 本图适用于开槽施工的雨水和合流管道及污水管道。
2. C_1、C_2分开浇筑时，C_1部分表面要求做成毛面并冲洗干净。
3. 表中B值根据国际GB 11836—89所给的最小管壁厚度所定，使用时可根据管材机体情况调整。
4. 覆土4m<H≤6m。

图 9-8　钢筋混凝土管 180° C15 混凝土基础标准图

础（标准图见图 9-8），接口形式采用平接口水泥砂浆抹带接口。

排水检查井为 ϕ1000mm 砖砌圆形雨水检查井（标准图见图 9-9），雨水井采用 680mm×380mm 平箅式单箅雨水进水井（标准图见图 9-10）。

其他数据见图 9-11，土质类别为三类土，挖方为可利用回填土方，余方不外运。试编制该排水管道工程工程量清单并计价。

一、工程量清单的编制

（一）分部分项工程量清单的编制

分部分项工程量清单的编制步骤为：列项、计算工程量→编制分部分项工程量清单。

1. 列项、计算工程量

根据施工图纸设计内容，列出清单项目；根据计价定额的工程量计算规则，计算各清单项目工程量。

本工程设计施工内容包括主支管道敷设、A～F 六座检查井、12 座雨水进水井的施工及管沟土石方施工。清单工程量计算见表 9-13。

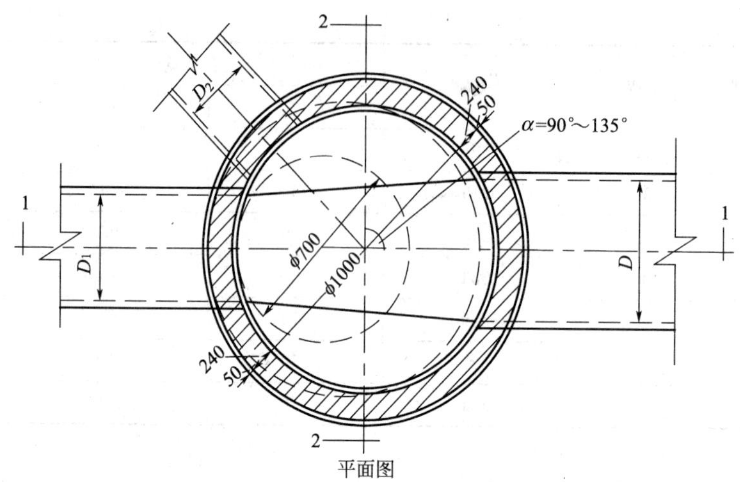

说明：1. 单位：mm。
2. 井墙用75号水泥砂浆砌75号砖，无地下水时，可用50号混合砂浆砌75号砖。
3. 抹面、勾缝、坐浆均用1:2水泥砂浆。
4. 遇地下水时井外壁抹面至地下水位以上500，厚20，井底铺碎石，厚100。
5. 接入支管超挖部分用级配砂石，混凝土或砌砖填实。
6. 井室高度：自井底至收口段一般为1800，当埋深不允许时可酌情减小。
7. 井基材料采用现浇混凝土C15-20(碎石)，厚度等于干管管基厚度；若干管为土基时，井基厚度为100。

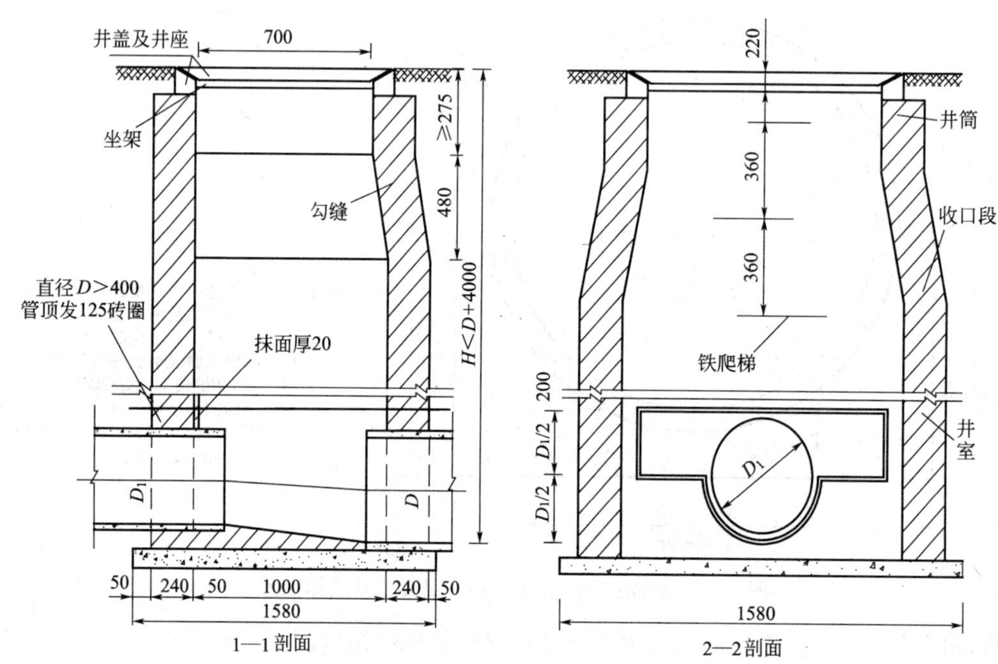

图 9-9 φ1000mm 砖砌圆形雨水检查井标准图

表 9-13 清单工程量计算表

序号	项目名称	计量单位	计算式	工程量
一	土石方			
1	挖土方	m^3	主管管沟土方量(见表 9-14)＋支管管沟土方量(见表 9-15)＋管道接口和各种井室增加开挖的土方量 (693.57＋180.58)×1.025＝896	896
2	回填土	m^3	挖土方量－管道与基础的体积(见表 9-16)＝896－91.58＝804.42	804.42
二	DN300mm 混凝土管道敷设			
3	DN300mm 混凝土管道人机配合下管	m	(14＋10＋8＋8＋8＋8＋8＋8＋8＋12＋8＋8)－0.7×6－1.0×6＝108－10.2＝97.8	97.8
4	DN300mm 混凝土管道 180°C15 管道混凝土基础	m		97.8
5	DN300mm 混凝土管道水泥砂浆接口	个	按管长 2m 一节计 97.8÷2≈49	49

续表

序号	项目名称	计量单位	计算式	工程量
三	DN500mm 混凝土管道敷设			
6	DN500mm 混凝土管道人机配合下管	m	(12＋30＋30＋45＋40)－0.7×5＝157－3.5＝153.5	153.5
7	DN500mm 混凝土管道 180°C15 管道混凝土基础	m		153.5
8	DN500mm 混凝土管道水泥砂浆接口	个	按管长 2m 一节计：153.5÷2＝77	77
四	井类			
9	ϕ1000mm 砖砌圆形雨水检查井，井深 2.5m 以内	座		6
10	680mm×380mm 平箅式单箅雨水进水井，井深 1m	座		12

注：1. 定额规定每座 ϕ1000 检查井应扣除长度 0.7m；每座矩形检查井应扣除长度 1.0m。

2. 定额管道接口作业坑和沿线各种井室所需增加开挖的土方工程按沟槽全部土方量 2.5%计算。

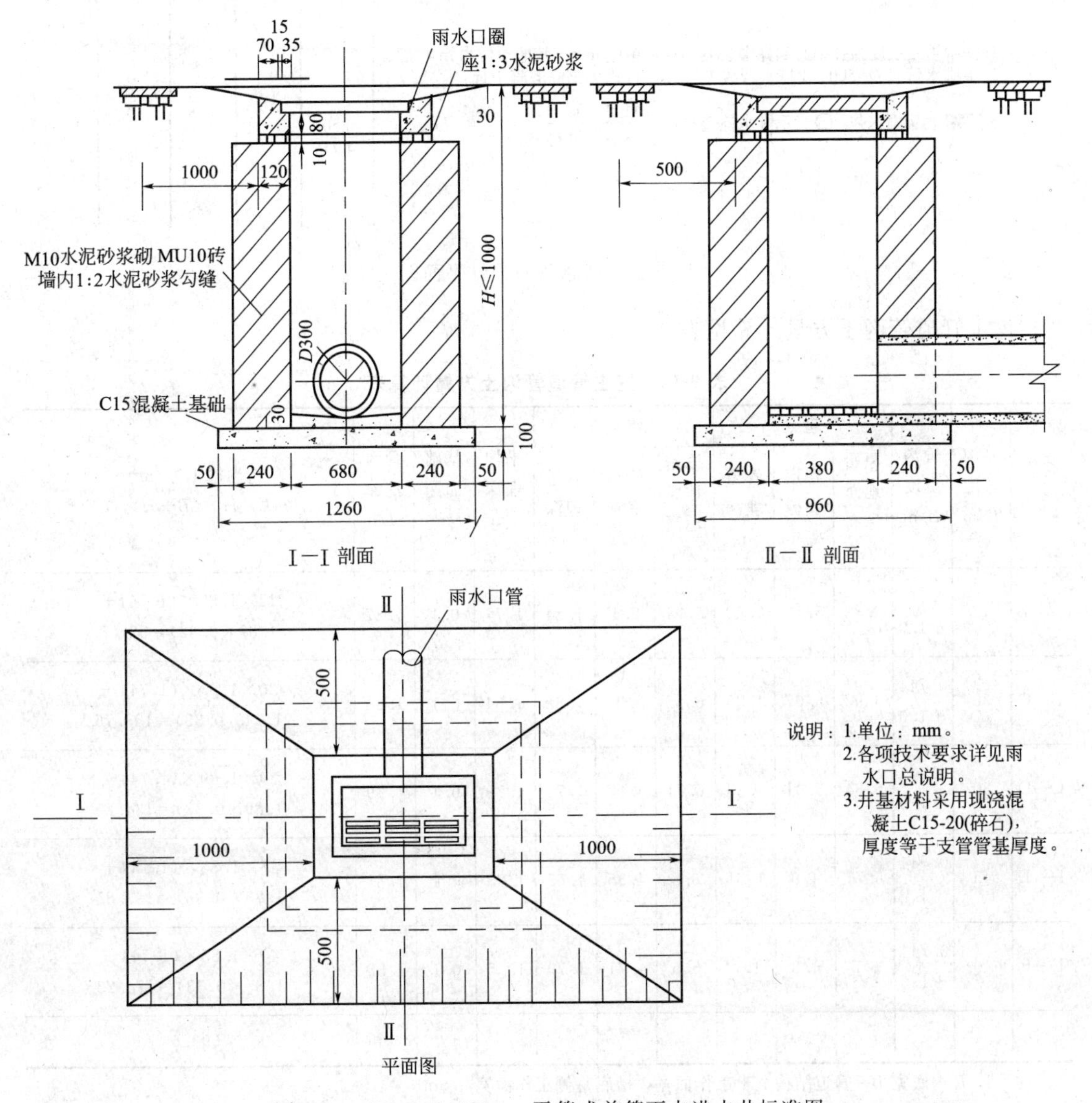

图 9-10　680mm×380mm 平箅式单箅雨水进水井标准图

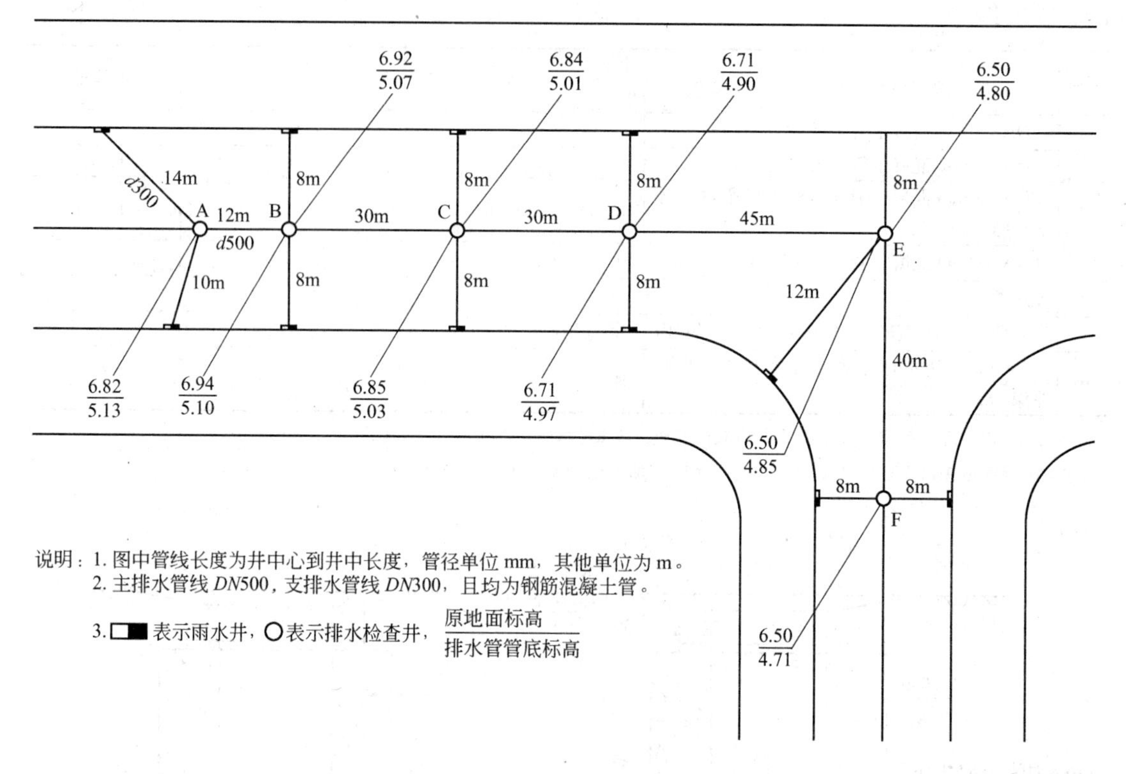

图 9-11 排水管道设计平面图

挖主管道管沟土方量计算见表 9-14。

表 9-14 挖主管道管沟土方量计算表

管段号	管沟长度 L/m	管沟宽度 B/m	起点			终点			平均埋深/m	基础加深/m	管沟挖深 H/m	挖沟槽土方/m³ = L×H×(B+H×i)
			原始地面标高/m	管道底标高/m	管道埋深/m	原始地面标高/m	管道底标高/m	管道埋深/m				
A—B	12	0.744+1.0	6.82	5.13	1.69	6.94	5.1	1.84	1.77	0.1	1.87	12×1.87×(1.744+1.87×0.33)=52.98
B—C	30	0.744+1.0	6.92	5.07	1.85	6.85	5.03	1.82	1.84	0.1	1.94	30×1.94×(1.744+1.94×0.33)=138.76
C—D	30	0.744+1.0	6.84	5.01	1.83	6.71	4.97	1.74	1.79	0.1	1.89	30×1.89×(1.744+1.89×0.33)=134.25
D—E	45	0.744+1.0	6.71	4.9	1.81	6.5	4.85	1.65	1.73	0.1	1.83	45×1.83×(1.744+1.83×0.33)=193.35
E—F	40	0.744+1.0	6.5	4.8	1.7	6.5	4.71	1.79	1.75	0.1	1.85	40×1.85×(1.744+1.85×0.33)=174.23
合计												693.57

注：1. 管沟底宽 B=管道结构宽+工作面宽，槽底每侧工作面宽 0.5m。
2. 按人工开挖考虑，三类土放坡系数 i 为 0.33。

挖支管道管沟土方量计算见表 9-15。

表 9-15　挖支管道管沟土方量计算表

管沟长度 L/m	管沟宽度 B/m	管道埋深 /m	基础加深 /m	管沟挖深 H/m	计算式 $(L\times B\times H)/m^3$
108	0.52＋0.5×2	1	0.1	1.1	108×1.52×1.1＝180.58

注：管沟宽度 ＝结构宽度＋工作面宽度。

管道与基础的体积计算见表 9-16。

表 9-16　管道与基础的体积计算表

管道与基础的体积	DN300mm 管道与基础的体积＝0.201m^3/m×108m＝21.71(m^3) DN500mm 管道与基础的体积＝0.445m^3/m×157m＝69.87(m^3) 故管道与基础总体积＝21.71＋69.87＝91.58(m^3)

2. 编制分部分项工程量清单

根据上述资料，结合常规施工方法，从计价定额中找到相对应的内容；按照给定的项目编码，填表完成分部分项工程量清单，见表 9-17 所示。

表 9-17　分部分项工程量清单表

序号	项目编码	项目名称	计量单位	工程数量
一		土石方		
1	040101002005	人工挖沟槽土方(三类土),深度在 2m 以内	m^3	896
2	040103001003	人工填土夯实槽、坑	m^3	804.42
二		DN300mm 混凝土管道敷设		
3	040501002019	混凝土管平接(企口)式人机配合下管,管径 300mm 以内	m	97.8
4	040501014018	平接(企口)式管道基础(180°),管径 300mm 以内	m	97.8
5	040501016016	排水管平(企)水泥砂浆接口(180°管基),管径 300mm 以内	个	49
三		DN500mm 混凝土管道敷设		
6	040501002021	混凝土管平接(企口)式人机配合下管,管径 500mm 以内	m	153.5
7	040501014020	平接(企口)式管道基础(180°),管径 500mm 以内	m	153.5
8	040501016018	排水管平(企)水泥砂浆接口(180°管基),管径 500mm 以内	个	77
四		井类		
9	040504001002	砖砌圆形雨水检查井,井径 1000mm,井深 2.5m 内	座	6
10	040504003001	定型砖砌雨水进水井单平箅(680mm×380mm),井深 1.0m	座	12

（二）措施项目清单的编制

措施项目清单分为技术措施项目清单和组织措施项目清单两部分。

1. 技术措施项目清单的编制

技术措施项目是指计价定额中规定的，在施工过程中耗费的非工程实体的措施项目，内容包括：大型机械设备进出场及安拆、混凝土和钢筋混凝土模板及支架、脚手架、施工排水降水、围堰、现场施工围栏、便道、便桥等。

在编制技术措施项目清单时，应根据常规施工方法进行项目设置，并按照计价定额规定的技术措施项目工程量计算规则计算工程量。

本工程混凝土管道基础浇筑、井底混凝土基础浇筑，采用木模板支撑；砖砌圆形雨水检查井，采用木制井字架。

“混凝土模板及支架安拆”的计价定额工程量计算规则为：按现浇混凝土构件与模板的接触面积以“m^2”为单位计算。

“井字架”的计价定额工程量计算规则为：井字架区分材质和搭设高度以“座”为单位计算，每座井计算一次。

技术措施项目工程量计算见表 9-18。

表 9-18 施工技术措施项目计价工程量计算表

序号	工程项目	计量单位	计　算　式	工程量
1	现浇混凝土基础垫层木模安拆	m^2	按混凝土基础与模板的接触面积计算： (1)DN300mm 混凝土管道混凝土基础木模： 103.8×(0.1+0.18)×2=58.13 (2)DN500mm 混凝土管道混凝土基础木模： 153.5×(0.1+0.292)×2=120.34 (3)检查井井底混凝土基础木模： 3.14×1.58×0.1×6=2.98 (4)进水井井底混凝土基础木模： 0.1×(1.26+0.96)×2×12=5.33 合计 58.13+120.34+2.98+5.33=186.78	186.78
2	雨水检查井木制井字架，井深 2m 以内	座		6

本工程技术措施项目清单见表 9-19。

表 9-19 技术措施项目清单

序号	项目编码	项目名称	计量单位	工程数量
1	040508001001	现浇混凝土基础垫层木模	m^2	186.78
2	040508005001	木制井字架(井深 2m 以内)	座	6

2. 组织措施项目清单的编制

组织措施项目是指计价定额中规定的措施项目中不包括的且不可计量的，为完成工程项目施工，发生于该工程施工前和施工过程中非工程实体项目。如安全文明施工、夜间施工、二次搬运、冬雨季施工等。措施项目以“项”为计量单位，相应数量为“1”。本工程的组织措施项目清单见表 9-20。

表 9-20 组织措施项目清单

序号	项　目　名　称
1	安全文明施工
2	夜间施工
3	二次搬运
4	已完工程及设备保护
5	冬雨季施工
6	市政工程施工干扰

(三) 其他项目清单的编制

其他项目清单包括暂列金额、暂估价、计日工、总承包服务费。本工程其他项目暂不考虑，所以其他项目清单为空白表格，表格格式略。

（四）填写封面、总说明

根据有关工程信息，按照《清单计价规范》规定的统一格式填写，表格格式略。

二、工程量清单计价

（一）分部分项工程量清单计价

分部分项工程量清单计价的步骤为：计算清单项目综合单价→分部分项工程量清单计价。

1. 计算清单项目综合单价

综合单价＝人工费单价＋材料费单价＋机械费单价＋管理单价＋利润单价

《辽宁省市政工程计价定额》的清单项目与定额子目一一对应，本工程根据分部分项工程量清单中各清单项目所对应的定额子目及未计价材料市场价格，计算清单项目的人工费单价、材料费单价、机械费单价。*DN*300mm 混凝土管道 30 元/m，*DN*500mm 混凝土管道 60 元/m。

根据《辽宁省建设工程费用标准》，本工程按总承包工程四类标准规定：管理费按人工费与机械费之和的 18.20％计取，利润按人工费与机械费之和的 23.40％计取。

综合单价计算见表 9-21。

表 9-21　分部分项清单项目综合单价计算表

工程名称：排水工程　　计量单位：m^3

项目编码：040101002005　　工程数量：1

项目名称：人工挖沟槽土方　　综合单价：27.86

定额编号	工程内容	定额单位	数量	综合单价组成				
				人工费	材料费	机械费	管理费和利润	小计
1-8	人工挖沟、槽土方(三类土)，深度在 2m 以内	$100m^3$	0.01	1967.32			818.41	2785.73
	单价			19.67			8.19	27.86

工程名称：排水工程　　计量单位：m^3

项目编码：040103001003　　工程数量：1

项目名称：人工填土夯实槽、坑　　综合单价 14.71

定额编号	工程内容	定额单位	数量	综合单价组成				
				人工费	材料费	机械费	管理费和利润	小计
1-374	人工填土夯实槽、坑	$100m^3$	0.01	838.12	4.03	197.66	430.88	1470.70
	单价			8.38	0.04	1.98	4.31	14.71

工程名称：排水工程　　计量单位：m

项目编码：040501002019　　工程数量：1

项目名称：管径 300mm 混凝土管道敷设　　综合单价 37.84

定额编号	工程内容	定额单位	数量	综合单价组成				
				人工费	材料费	机械费	管理费和利润	小计
5-28	混凝土管平接(企口)式人机配合下管，管径 300mm 以内	100m	0.01	320.38	3030	212.03	221.48	3783.90
	单价			3.20	30.30	2.12	2.22	37.84

工程名称：排水工程　　　　计量单位：m

项目编码：040501014018　　　　工程数量：1

项目名称：管径 300mm 混凝土管道基础　　　　综合单价 32.60

定额编号	工程内容	定额单位	数量	综合单价组成				
				人工费	材料费	机械费	管理费和利润	小计
5-582	平接(企口)式管道基础(180°)，管径 300mm 以内	100m	0.01	864.94	1638.76	279.58	476.12	3259.40
	单价			8065	16.39	2.80	4.76	32.60

工程名称：排水工程　　　　计量单位：m

项目编码：040501016016　　　　工程数量：1

项目名称：管径 300mm 混凝土管水泥砂浆接口　　　　综合单价 5.26

定额编号	工程内容	定额单位	数量	综合单价组成				
				人工费	材料费	机械费	管理费和利润	小计
5-642	排水管平(企)水泥砂浆接口(180°管基)，管径 300mm 以内	10 个口	0.1	32.07	7.17		13.34	52.58
	单价			3.21	0.72		1.33	5.26

工程名称：排水工程　　　　计量单位：m

项目编码：040501002021　　　　工程数量：1

项目名称：管径 500mm 混凝土管道敷设　　　　综合单价 72.53

定额编号	工程内容	定额单位	数量	综合单价组成				
				人工费	材料费	机械费	管理费和利润	小计
5-30	混凝土管平接(企口)式人机配合下管，管径 500mm 以内	100m	0.01	501.35	6060	340.93	350.39	7252.67
	单价			5.01	60.60	3.41	3.51	72.53

工程名称：排水工程　　　　计量单位：m

项目编码：040501014020　　　　工程数量：1

项目名称：管径 500mm 混凝土管道基础　　　　综合单价 54.25

定额编号	工程内容	定额单位	数量	综合单价组成				
				人工费	材料费	机械费	管理费和利润	小计
5-584	平接(企口)式管道基础(180°)，管径 500mm 以内	100m	0.01	1440.53	2724.84	466.24	793.22	5424.83
	单价			14.41	27.25	4.66	7.93	54.25

工程名称：排水工程　　　　计量单位：m

项目编码：040501016018　　　　工程数量：1

项目名称：管径 500mm 混凝土管水泥砂浆接口　　　　综合单价 6.52

定额编号	工程内容	定额单位	数量	综合单价组成				
				人工费	材料费	机械费	管理费和利润	小计
5-644	排水管平(企)水泥砂浆接口(180°管基)，管径 500m 以内	10 个口	0.1	37.86	11.55		15.75	65.16
	单价			3.79	1.15		1.58	6.52

工程名称：排水工程　　　　　　　　　　　　　　　　　　　　　　　计量单位：座

项目编码：040504001002　　　　　　　　　　　　　　　　　　　　工程数量：1

项目名称：1000mm 砖砌圆形雨水检查井砌筑　　　　　　　　　　　　综合单价 1314.25

定额编号	工程内容	定额单位	数量	综合单价组成				
				人工费	材料费	机械费	管理费和利润	小计
5-1755	砖砌圆形雨水检查井，井径1000mm，井深2.5m以内	座	1	184.94	1043.68	6.14	79.45	1314.25
	单价			184.94	1043.68	6.14	79.45	1314.25

工程名称：排水工程　　　　　　　　　　　　　　　　　　　　　　　计量单位：座

项目编码：040504003001　　　　　　　　　　　　　　　　　　　　工程数量：1

项目名称：雨水进水井　　　　　　　　　　　　　　　　　　　　　综合单价：529.73

定额编号	工程内容	定额单位	数量	综合单价组成				
				人工费	材料费	机械费	管理费和利润	小计
5-1911	定型砖砌雨水进水井单平箅(680mm×380mm)，井深1.0m以内	座	1	70.35	424.38	4.05	30.95	529.73
	单价			70.35	424.38	4.05	30.95	529.73

2. 分部分项工程量清单计价

根据各清单项目综合单价，计算各清单项目费，汇总计算分部分项工程费，见表9-22。

$$分部分项工程费=\sum清单项目合价=\sum(工程数量\times综合单价)$$

表9-22　分部分项工程量清单计价表

序号	项目编码	项目名称	计量单位	工程数量	金额/元	
					综合单价	合价
一		土石方				
1	040101002001	人工挖沟槽(一、二类土)，深度在2m以内	m^3	896	27.86	24962.56
2	040103001003	人工填土夯实槽、坑	m^3	804.42	14.71	11833.02
二		*DN*300mm混凝土管道敷设				
3	040501002019	混凝土管平接(企口)式人机配合下管，管径300mm以内	m	97.8	37.84	3700.75
4	040501014018	平接(企口)式管道基础(180°)，管径300mm以内	m	97.8	32.60	3188.28
5	040501016016	排水管平(企)水泥砂浆接口(180°管基)，管径300mm以内	个	49	5.26	257.74
三		*DN*500mm混凝土管道敷设				
6	040501002021	混凝土管平接(企口)式人机配合下管，管径500mm以内	m	153.5	72.53	11133.36
7	040501014020	平接(企口)式管道基础(180°)，管径500mm以内	m	153.5	54.25	8327.38
8	040501016018	排水管平(企)水泥砂浆接口(180°管基)，管径500mm以内	个	77	6.52	502.04
四		井类				
9	040504001002	砖砌圆形雨水检查井，井径1000mm，井深2.5m以内	座	6	1314.25	7885.50
10	040504003001	定型砖砌雨水进水井单平箅(680mm×380mm)，井深1.0m以内	座	12	529.73	6356.77
		合计				78147.40

（二）措施项目清单计价

措施项目清单计价分为技术措施项目计价和组织措施项目计价两部分。

措施项目清单计价的步骤为：技术措施项目计价→组织措施项目计价→措施项目清单计价。

1. 技术措施项目计价

技术措施项目采用综合单价法计价。

（1）计算技术措施项目综合单价　《辽宁省市政工程计价定额》技术措施项目与定额子目一一对应，本工程根据技术措施项目清单所列各项对应的定额子目，计算技术措施项目人工费单价、材料费单价、机械费单价。

根据《辽宁省建设工程费用标准》，本工程按总承包工程四类标准规定：管理费按人工费与机械费之和的18.20%计取，利润按人工费与机械费之和的23.40%计取。

技术措施项目综合单价计算见表9-23。

表9-23　技术措施项目综合单价计算表

工程名称：排水工程　　计量单位：m^2

项目编码：040508001001　　工程数量：1

项目名称：现浇混凝土基础垫层木模　　综合单价：26.37

定额编号	工程内容	定额单位	数量	综合单价组成				
				人工费	材料费	机械费	管理费和利润	小计
5-2907	现浇混凝土基础垫层木模	$100m^2$	0.01	450.41	1934.26	46.12	206.56	2637.35
单价				4.50	19.34	0.46	2.07	26.37

工程名称：排水工程　　计量单位：座

项目编码：040508005001　　工程数量：1

项目名称：木制井字架（井深2m以内）　　综合单价：64.64

定额编号	工程内容	定额单位	数量	综合单价组成				
				人工费	材料费	机械费	管理费和利润	小计
5-2987	木制井字架，井深2m以内	座	1	31.85	19.54		13.25	64.64
单价				31.85	19.54		13.25	64.64

（2）计算技术措施项目费　根据各技术措施项目综合单价，计算各技术措施项目费，汇总计算技术措施项目费，见表9-24。

$$技术措施项目费=\sum技术措施项目合价=\sum(工程数量\times综合单价)$$

表9-24　技术措施项目清单计价表

序号	项目编码	项目名称	计量单位	工程数量	金额/元	
					综合单价	合价
1	040508001001	现浇混凝土基础垫层木模	m^2	186.78	26.37	4925.39
2	040508005001	木制井字架，井深2m以内	座	6	64.64	387.84
合计						5313.23

2. 组织措施项目计价

组织措施项目计价，应根据拟建工程的施工组织设计计价。

本工程为保证工程施工顺利进行采取必要的安全文明施工措施、雨季施工措施、避免行车行人干扰措施。

组织措施项目费＝∑组织措施项目金额＝∑(取费基数×费率)

根据辽宁省《建设工程费用标准》规定，本工程按总承包工程四类标准取费，措施项目费的计算，见表9-25。

表9-25 组织措施项目清单计价表

序号	项目名称	计算基数	费率/%	金额/元
1	安全文明施工措施费	分部分项人工费＋分部分项机械费＋技术措施项目人工费＋技术措施项目机械费	10.4	3640
2	夜间施工增加费			
3	二次搬运费			
4	已完工程及设备保护费			
5	雨期施工费	分部分项人工费＋分部分项机械费＋技术措施项目人工费＋技术措施项目机械费	1	350
6	市政工程干扰费	分部分项人工费＋分部分项机械费＋技术措施项目人工费＋技术措施项目机械费	4	1400
合计				5390

3. 措施项目清单计价

合计技术措施项目费、组织措施项目费，计算措施项目费。

措施项目费＝技术措施项目费＋组织措施项目费

＝5313.23＋5390＝10703.23（元）

（三）其他项目清单计价

本工程暂不考虑其他项目，所以其他项目费为零，表格格式略。

（四）单位工程投标报价汇总

根据各地区有关规定，计算规费和税金，汇总单位工程费，见表9-26。

本工程规费按（分部分项工程费＋措施项目费＋其他项目费）的6.26%计取；税金按（分部分项工程费＋措施项目费＋其他项目费＋规费）的3.445%计取。

表9-26 单位工程投标报价汇总表

序号	项 目 名 称	金额/元
1	分部分项工程费	78147.40
2	措施项目费	10703.23
3	其他项目费	0
4	规费	5562.05
5	税金	3060.90
合计		97473.58

（五）投标总价

按照“投标总价表”的统一格式填写，见表9-27所示。

表 9-27 投标总价

投标总价
投标人：（略）
工程名称：新建排水管道工程
投标总价(小写)：97473.58
(大写)：玖万柒仟肆佰柒拾叁元伍角捌分
投标人：（略）（单位盖章）
法定代表人：（略）（签字或盖章）
编制人：（略）（造价人员签字盖专用章）
编制时间：（略）

本章小结

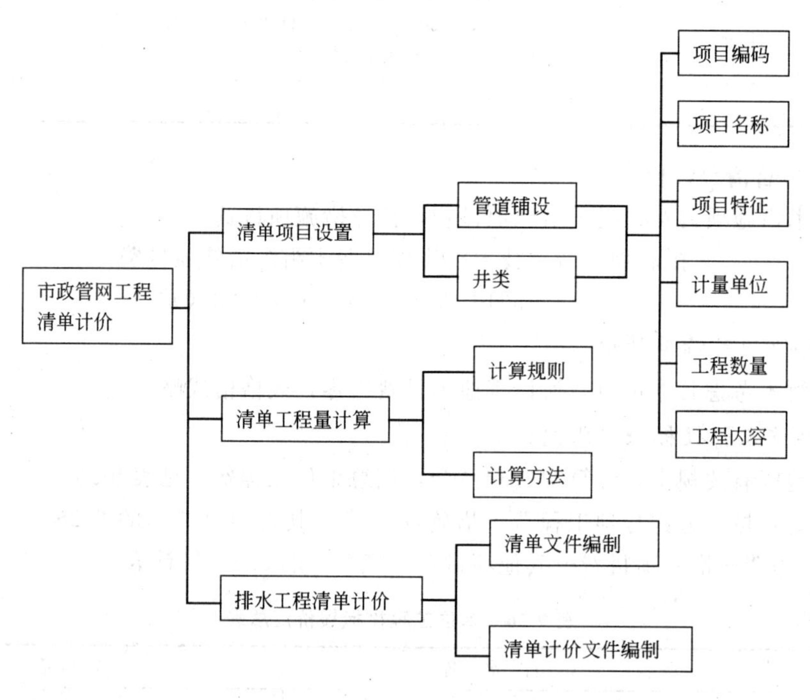

复习思考题

一、简答题

1.《建设工程工程量清单计价规范》中的市政管网工程主要设置了哪些清单项目？

2.“钢筋混凝土管道敷设”清单项目与定额子目有何不同？

3.“管道敷设”清单项目的清单工程量计算规则与计价定额工程量计算规则有何区别？

二、计算题

某新建排水管道平面图如 9-12，采用 *DN*600mm 钢筋混凝土管、180°C15 混凝土管道基础（标准图见图 9-8)、钢丝网水泥砂浆抹带接口、ϕ1000mm 砖砌圆形污水检查井（标准图见图 9-9)，土壤类别为二类土，挖方为可利用回填土方。编制该排水管道工程量清单并计价。

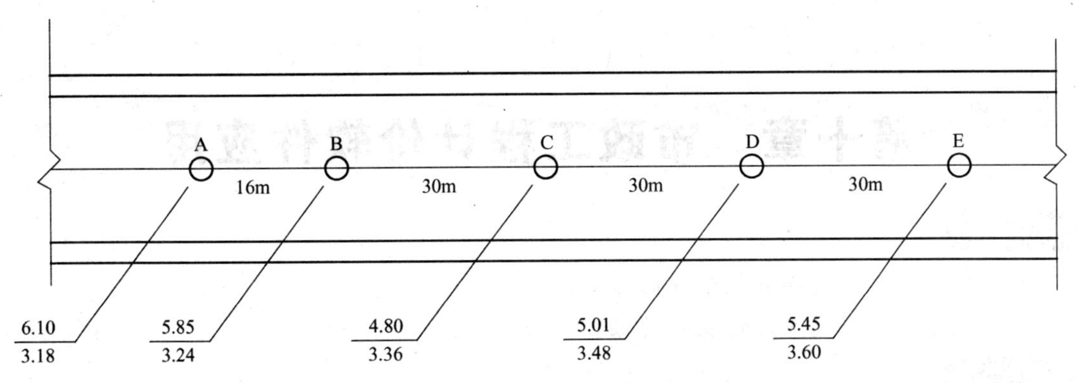

图 9-12　排水管通平面图

说明：1. 图中管线长度为井中心到井中长度，管径单位“mm”，其他单位为“m”。

2. 排水管为 *DN*600 钢筋混凝土管。

3. ○为排水检查井 ϕ1000；$\dfrac{\text{原地面标高}}{\text{排水管管底标高}}$。

第十章　市政工程计价软件应用

知识目标

- 掌握市政工程清单计价软件的操作方法。
- 掌握市政工程定额计价软件的操作方法。

能力目标

- 能应用清单计价软件编制市政工程清单与计价文件。
- 能应用定额计价软件编制市政工程预算文件。

市政工程计价文件的编制工作量大、功效低，而且易出差错，因此往往不能赶上生产的需要。随着工程计价软件的开发与应用，市政工程计价文件的编制效率得到大大提高，将广大的造价技术人员从繁琐的计算工作中解放出来。

目前，市政工程专业使用的计价软件，有多家专业公司的不同版本，这些软件虽然在功能方面有所区别，但运行操作的程序基本相同。这里以“广联达计价软件 GBQ4.0”为例，介绍市政工程清单计价与定额计价软件的使用操作。

第一节　市政工程清单计价软件应用

一、启动

软件安装完成后，双击桌面上的 GBQ4.0 图标，弹出的界面默认为清单计价，软件进入“新建清单计价单位工程”界面。

二、新建单位工程

(1) 点击【新建单位工程】，选择【按向导新建】，选择需要使用的清单库、定额库及专业；

(2) 在工程名称栏输入工程名称，如新建道路工程，则保存的工程文件名也为新建道路工程。另外报表也会显示工程名称为新建道路工程；

(3) 点击【确定】完成新建工程，进入软件主界面。如图 10-1 所示。

三、工程概况

点击【工程概况】，工程概况包括工程信息、工程特征、指标信息三部分，可以在右侧界面相应的信息内容中输入相应信息，用于记录工程的基本信息。

(1) 根据工程的实际情况在工程信息、工程特征界面输入工程名称、建设单位、设计单位、开竣工日期等一些基本信息，封面等报表会自动关联这些信息。如图 10-2 所示。

(2) 指标信息：显示工程总造价和单方造价，系统根据用户编制预算时输入的资料自动计算，此页面的信息是不允许修改的。

四、分部分项

点击【分部分项】，进入分部分项界面，在本界面用于编制分部分项工程量清单及组价。

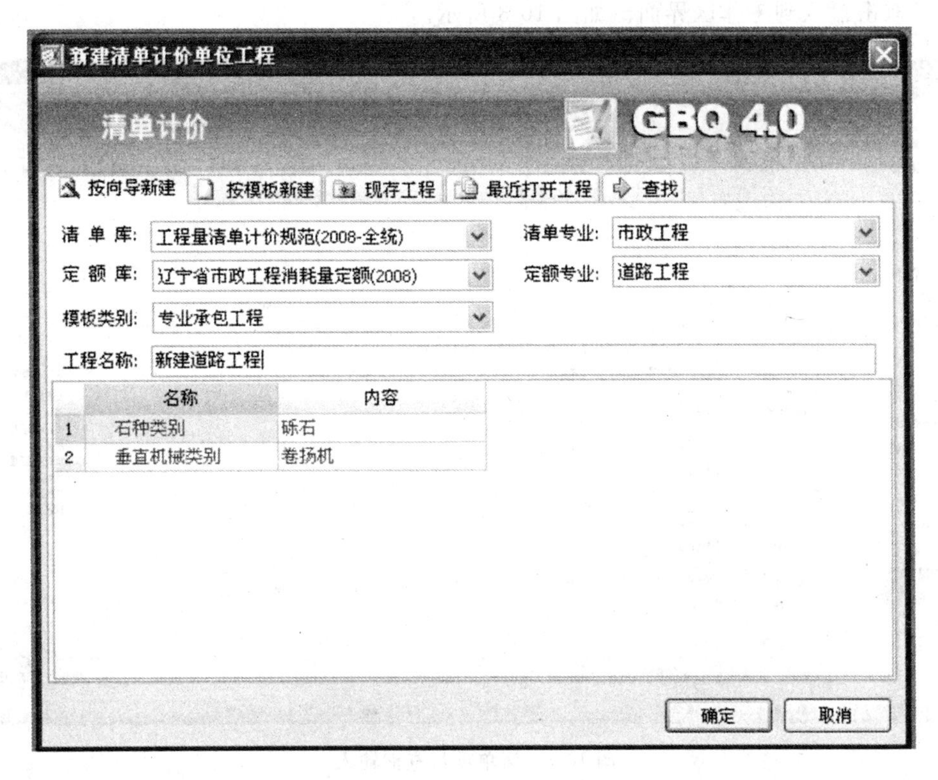

图 10-1　新建单位工程

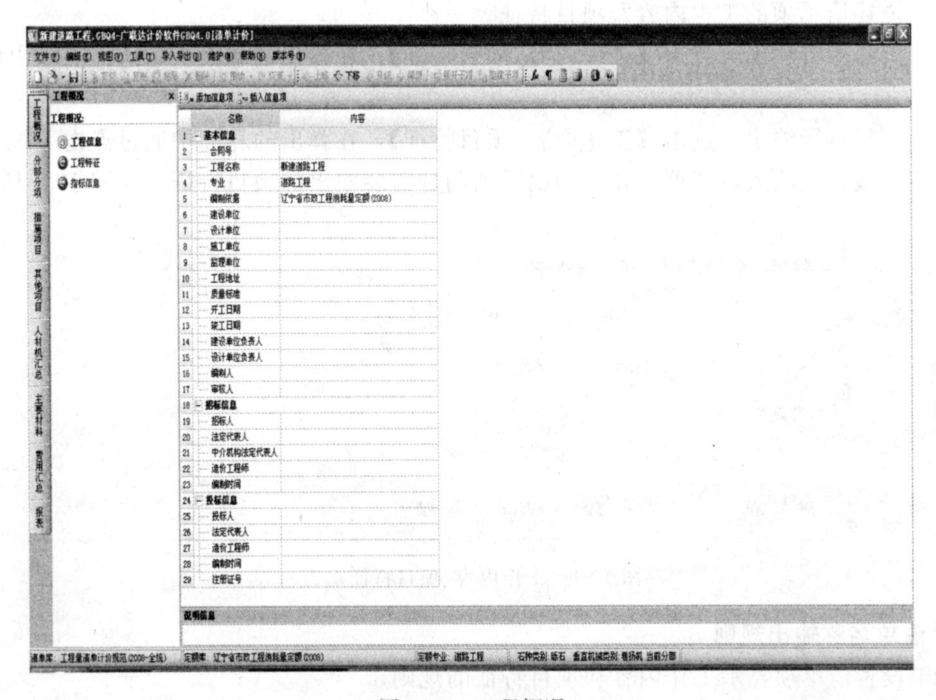

图 10-2　工程概况

1. **清单项查询输入**

单击【查询清单库】，在“查询清单库”界面中选择您所需要的清单项，如挖一般土石方，然后双击输入到工作区界面。如图 10-3 所示。

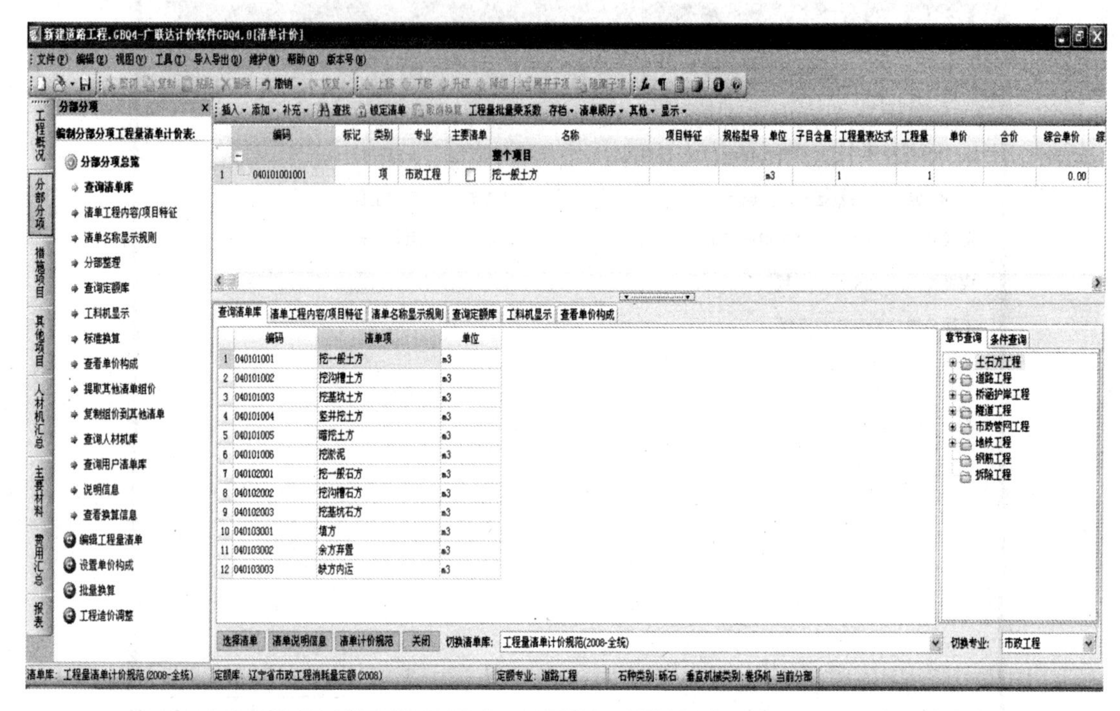

图 10-3　清单项目查询输入

2. 工作内容/项目特征

用于描述清单项的工程内容及项目特征。

(1) 工作内容输出　点击【工作内容/项目特征】，在弹出的界面中勾选需要输出的工作内容；

(2) 项目特征输出　点击【工作内容/项目特征】，在弹出的界面中通过点击下拉选项选择特征值，或直接输入特征值；在“输出”列勾选需要输出的项目特征。如图 10-4 所示。

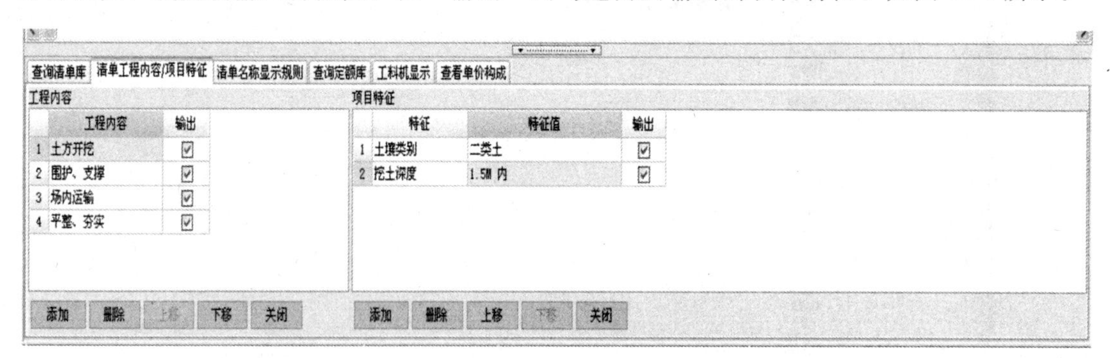

图 10-4　工作内容/项目特征输出

3. 清单名称输出规则

用于设置清单项显示工作内容和项目特征的规则。

(1) 点击【清单名称输出规则】，点选复选框选择添加位置、显示格式以及名称附加内容。

(2) 点击【应用规则到全部清单项】或【应用规则到所选清单项】，工作内容或项目特征将输出到清单名称中。如图 10-5 所示。

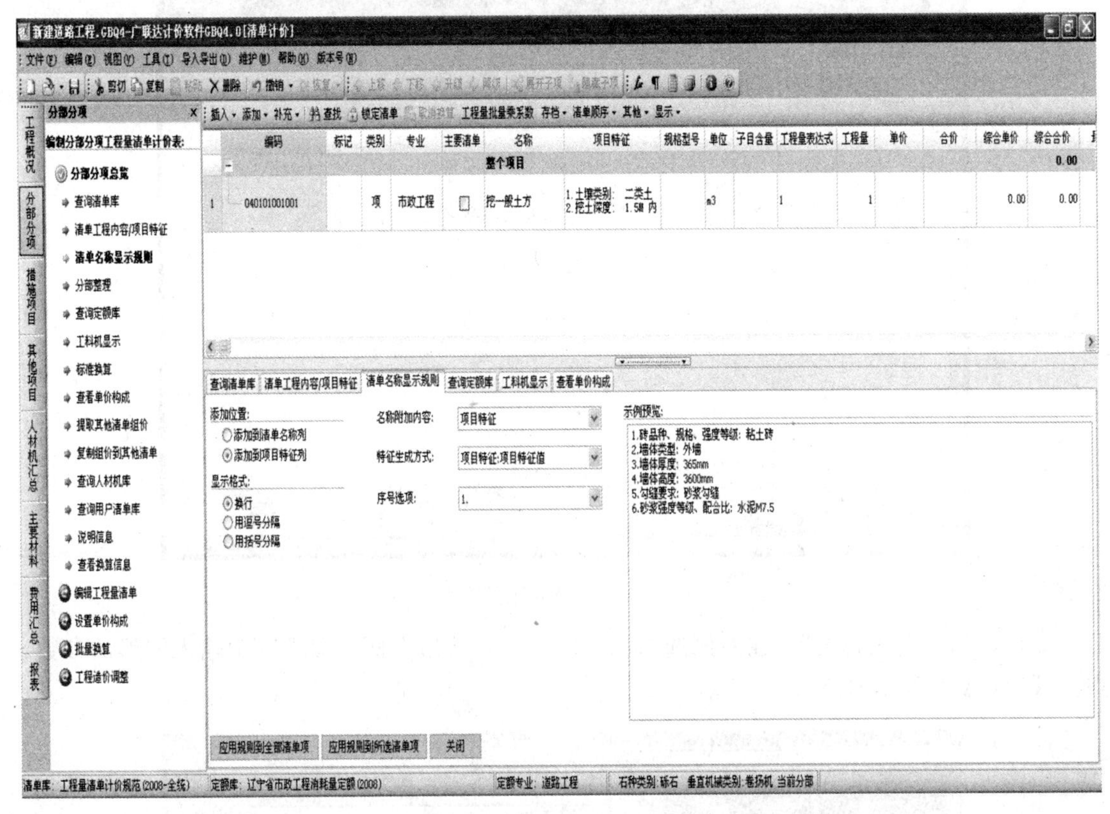

图 10-5　清单名称输出规则

4. 清单工程量输入

在“工程量”列输入清单的工程量或工程量表达式，输入工程量的方法有：直接输入工程量、工程量计算明细、图元计算公式。

(1) 直接输入工程量　直接在“工程量”列表中输入预先计算完成的清单工程量。如图 10-6 所示。

	编码	标记	类别	专业	主要清单	名称	项目特征	规格型号	单位	子目含量	工程量表达式	工程量	单价	合价	综合单价	综合合价
-						整个项目										0.00
1	040101001001		项	市政工程	□	挖一般土方	1.土壤类别: 二类土 2.挖土深度: 1.5M 内		m3		1	1024			0.00	0.00

图 10-6　直接输入工程量

(2) 工程量计算明细　在“工程量计算明细”中可以输入工程量的计算公式，软件会自动将计算出的结果显示在工程量列。

双击工程量单元格会出现小三点按钮，点击此按钮后软件出现“工程量计算明细”界面，输入计算公式，然后点击【确定】即可。如图 10-7 所示。

(3) 图元计算公式　有些计算工程量常用的公式，软件用图样表示出来，只要给出相应的参数，系统会自动计算出工程量。

点击【图元公式】，软件会进入“图元公式”界面。单击“公式类别”下拉选框，选择

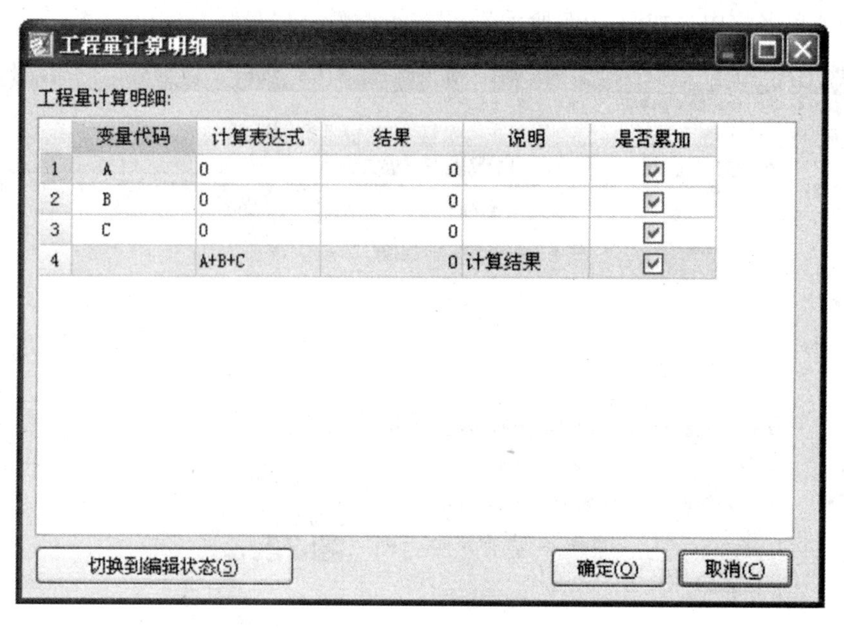

图 10-7　工程量计算明细

公式类别，如“面积公式”。在左侧选择相应的图形，然后右侧“参数”中输入图形的参数，点击【确定】即可。如图 10-8 所示。

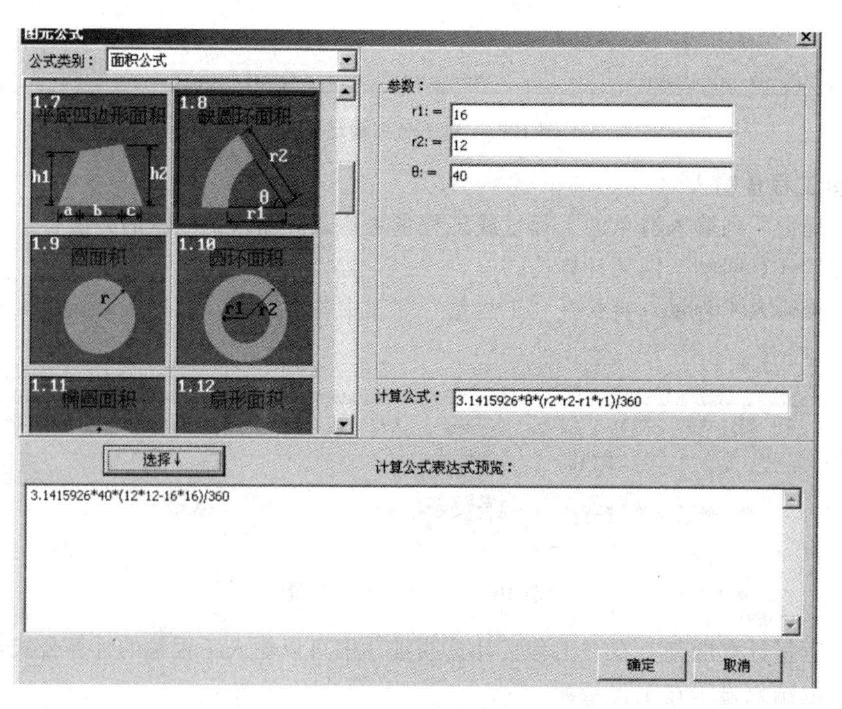

图 10-8　图元计算公式

5. 组价

输入组价的定额子目及子目工程量，软件会自动计算出清单项目的综合单价和分部分项工程费。

（1）定额子目输入方法　软件提供了多种输入定额子目的方法。

① 直接输入　在操作区界面中直接输入定额子目。如，在“编码”列输入 1-83 按回车键，该子目会自动进入界面中。

② 查询输入　在软件中可以通过查询定额库输入子目。点击【定额查询】，在操作界面下方会显示“定额查询”窗口。右边窗口是章节查询，左边窗口是查询结果。可以在窗口右侧翻阅定额章节，在左侧查找需要的定额子目，选中后双击即可输入定额子目。如图 10-9 所示。

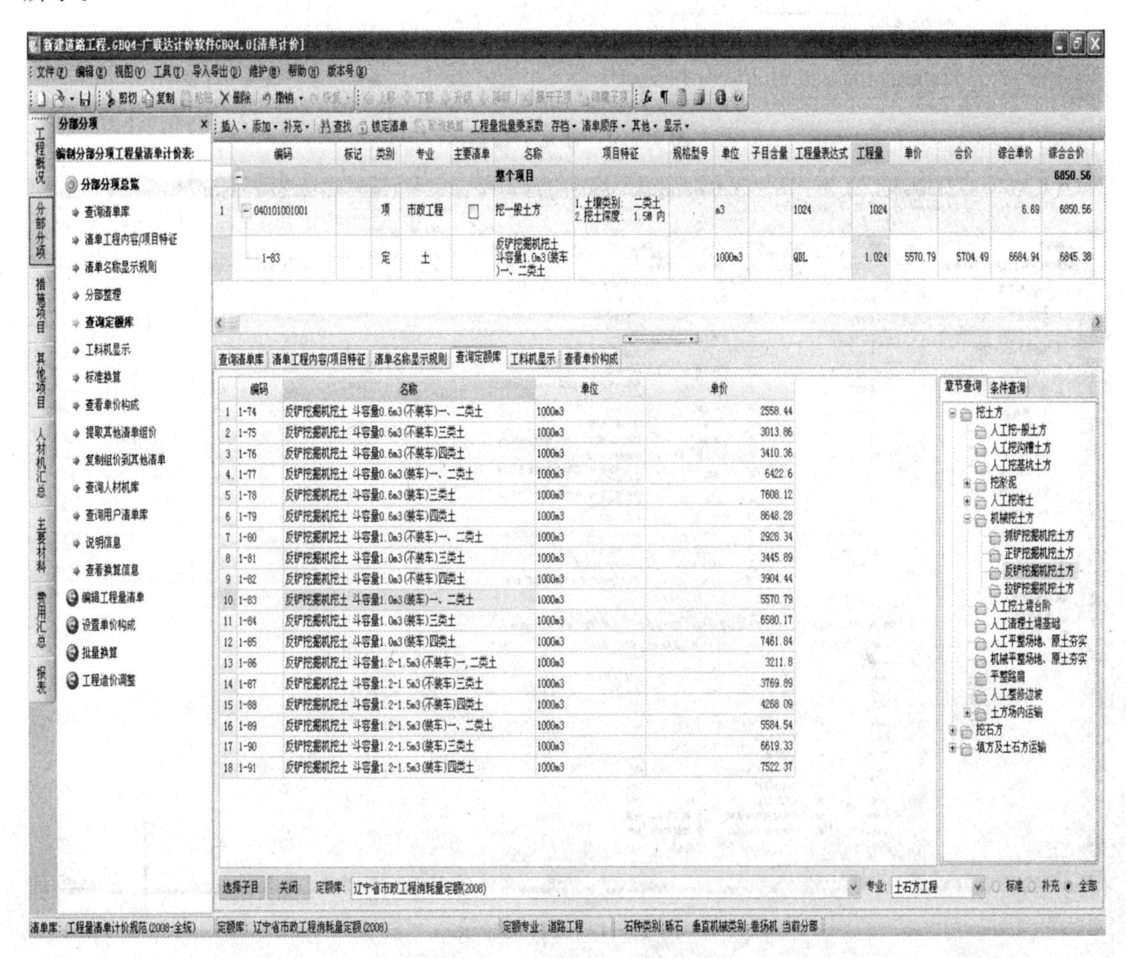

图 10-9　定额子目查询输入

③ 补充子目输入　用于补充定额中没有的子目，通过制作补充定额的方法输入到清单下。在定额编号中直接输入 B：001，或点击界面中【补充】→【子目】，软件会弹出“补充子目”界面，在此界面可以具体输入补充子目的名称、单位、人工费、材料费、机械费、主材费、设备费等数据，输入完毕后点击【确定】，该补充子目自动进入预算书中。如图 10-10 所示。

（2）定额子目工料机显示　点击【工料机显示】，可查看和编辑定额子目的人材机组成。选中要查看和编辑的定额子目，点击【工料机显示】按钮，则可看到被选中子目的人、材、机组成，然后进行人、材、机编辑。如图 10-11 所示。

（3）查看清单项目的单价构成　点击【查看单价构成】，可查看并修改清单项目的单价构成。

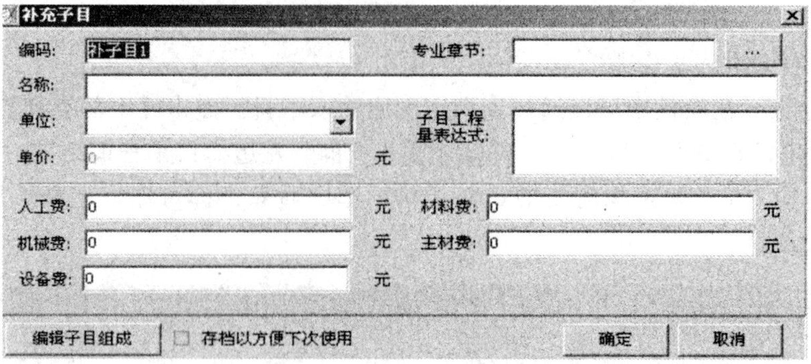

补充子目

编码： 补子目1 专业章节： …

名称：

单位： 子目工程量表达式：

单价： 0 元

人工费： 0 元 材料费： 0 元

机械费： 0 元 主材费： 0 元

设备费： 0 元

编辑子目组成 存档以方便下次使用 确定 取消

图 10-10 补充子目输入

新建道路工程.GBQ4-广联达计价软件GBQ4.0[清单计价]

文件(F) 编辑(E) 视图(V) 工具(T) 导入导出(D) 维护(M) 帮助(H) 版本号(B)

工程概况 分部分项 措施项目 其他项目 人材机汇总 主要材料 费用汇总 报表

分部分项

编制分部分项工程量清单计价表：

分部分项总览

查询清单库

清单工程内容/项目特征

清单名称显示规则

分部整理

查询定额库

工料机显示

标准换算

查看单价构成

提取其他清单组价

复制组价到其他清单

查询人材机库

查询用户清单库

说明信息

查看换算信息

编辑工程量清单

设置单价构成

批量换算

工程造价调整

插入 · 添加 · 补充 · 查找 锁定清单 工程量批量乘系数 存档 · 清单顺序 · 其他 · 显示 ·

	编码	标记	类别	专业	主要清单	名称	项目特征	规格型号	单位	子目含量	工程量表达式	工程量	单价	合价	综合单价
	−					整个项目									
1	− 040101001001		项	市政工程	□	挖一般土方			m3		1024	1024			7.18
	1-83		定	土		反铲挖掘机挖土 斗容量1.0m3(装车)一、二类土			1000m3		QDL	1.024	5570.79	5704.49	7186.32
2	− 040103001001		项	市政工程	□	填方			m3		178	178			4.85
	1-383		定	土		机械填土夯实 平地			100m3		QDL	1.78	376.17	669.58	485.26
3	− 040103002001		项	市政工程	□	余方弃置			m3		846	846			50.19
	1-429		定	土		自卸汽车运土方(载重10t以内)运距25km以内			1000m3		QDL	0.846	38918.49	32925.04	50195.80
4	− 040202008001		项	市政工程	□	砂砾石			m2		6640	6640			20.21
	2-110		定	道路		路床碾压检验			100m2		QDL	66.4	169.15	11231.56	218.20
	2-206		定	道路		砂砾石底基层人机配合厚度20cm以内			100m2		QDL	66.4	1700.19	112892.62	1802.79
5	− 040202014001		项	市政工程	□	水泥稳定碎(砾)石			m2		6640	6640			40.76
	2-246		定	道路		水泥稳定砂砾 路拌机械摊铺 水泥6% 压实厚度10cm			100m2		QDL	66.4	1344.44	89270.82	1442.10
	2-248		定	道路		水泥稳定砂砾 路拌机械摊铺 水泥6% 压实厚度20cm			100m2		QDL	66.4	2493.29	165554.46	2632.03
6	− 040202005001		项	市政工程	□	石灰、碎石、土			m2		6640	6640			18.63
	2-189		定	道路		石灰:土:碎石(8:72:20)机拌厚20cm			100m2		QDL	66.4	1751.12	116274.37	1863.41
7	− 040203004001		项	市政工程	□	沥青混凝土			m2		6400	6400			38.94
	2-416		定	道路		石油沥青 粘油层			100m2		QDL	64	189.26	12112.64	197.84
	2-377		定	道路		粗粒式沥青混凝土机械摊铺厚度6cm			100m2		QDL	64	3607.33	230869.12	3696.89

查询清单库 清单工程内容/项目特征 清单名称显示规则 查询定额库 工料机显示 查看单价构成

	编码	类别	名称	规格及型号	单位	损耗率	数量	定额价	市场价	合价	是否暂估
1	R0001	人	技工		工日		28.224	55	55	1552.32	
2	R0002	人	普工		工日		110.656	40	40	4426.24	
3	C0064	材	柴油		t		0.384	5810	5810	2231.04	□
4	C0626	材	煤		t		1.28	600	600	768	□
5	C0642	材	木柴		kg		204.8	0.31	0.31	63.488	□
6	C0711	材	其他材料费		元		898.56	1	1	898.56	□
7	C0794	材	石油沥青		kg		2688	3.8	3.8	10214.4	□
8	+ 13-216	砼	粗粒式沥青混凝土		m3		387.84	534.22	534.22	207191.8848	□
14	01056	机	光轮压路机	8t	台班		10.432	309.99	309.99	3233.8157	
15	01058	机	光轮压路机	15t	台班		10.432	502.09	502.09	5237.8029	
16	01079	机	汽车式沥青喷洒机	大 箱容量400	台班		3.072	543.12	543.12	1668.4846	
17	J0064	机	沥青混凝土摊铺机	大 摊铺宽度9	台班		2.112	2601.75	2601.75	5494.896	

关闭

清单库：工程量清单计价规范(2008-全统) 定额库：辽宁省市政工程消耗量定额(2008) 定额专业：土石方工程 石种类别：砾石 垂直机械类别：卷扬机 当前分部 2009年8月13日

图 10-11 工料机显示

① 选中要查看的清单项目，点击【查看单价构成】按钮，则可看到被选中清单项目的单价构成。如图 10-12 所示。

② 点击【编辑】按钮可修改清单项目的单价构成。在编辑单价构成界面修改管理费和利润的计算基数和费率，再选择应用方式，点击应用即可。如图 10-13 所示。

五、措施项目

点击【措施项目】，进入措施项目界面，在本界面用于编制措施项目清单及组价。

1. 编制措施项目清单

在措施项目界面中，软件默认显示常用的措施项目。在此界面可以增加、删除或保存措施项目清单中的内容。

2. 措施项目组价

措施项目组价有以下两种方式。

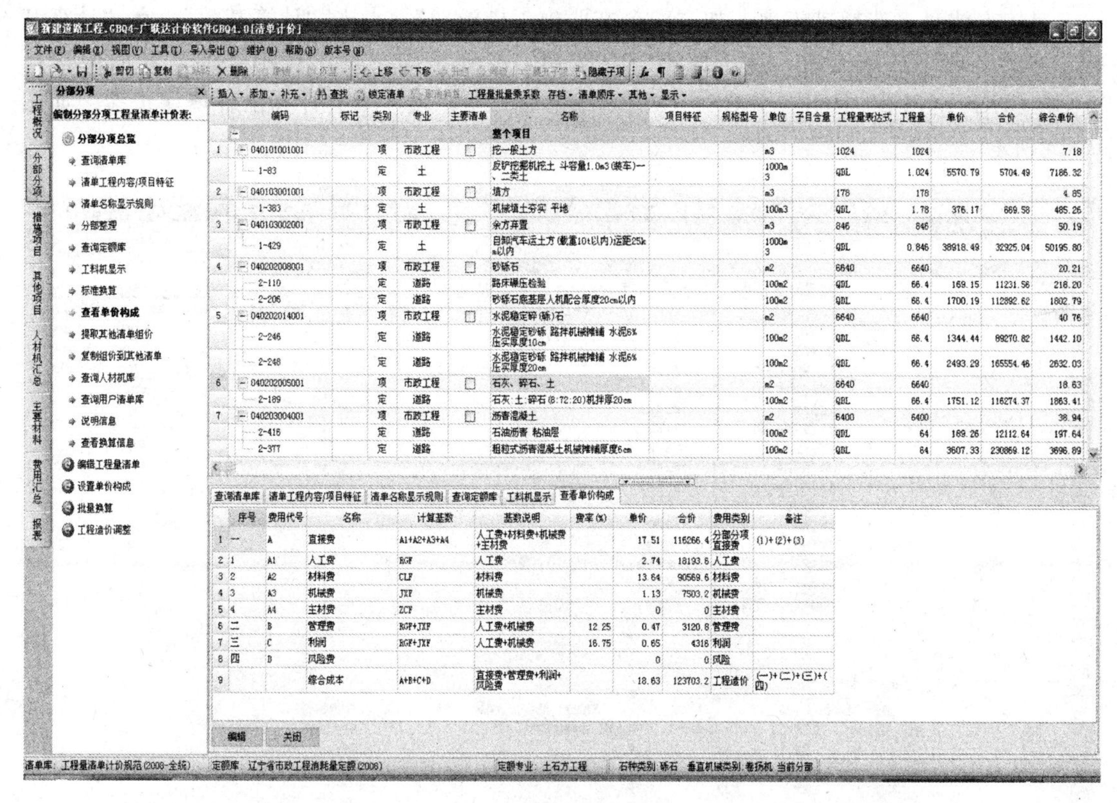

	序号	费用代号	名称	计算基数	基数说明	费率(%)	单价	合价	费用类别	备注
1	一	A	直接费	A1+A2+A3+A4	人工费+材料费+机械费+主材费		17.51	116266.4	分部分项直接费	(1)+(2)+(3)
2	1	A1	人工费	RGF	人工费		2.74	18193.6	人工费	
3	2	A2	材料费	CLF	材料费		13.64	90569.6	材料费	
4	3	A3	机械费	JXF	机械费		1.13	7503.2	机械费	
5	4	A4	主材费	ZCF	主材费		0	0	主材费	
6	二	B	管理费	RGF+JXF	人工费+机械费	12.25	0.47	3120.8	管理费	
7	三	C	利润	RGF+JXF	人工费+机械费	16.75	0.65	4318	利润	
8	四	D	风险费				0	0	风险	
9			综合成本	A+B+C+D	直接费+管理费+利润+风险费		18.63	123703.2	工程造价	(一)+(二)+(三)+(四)

图 10-12　查看单价构成

编辑单价构成

载入模板　保存为模板　查询费用代码　查询费率信息　上移　下移

	序号	费用代号	名称	计算基数	基数说明	费率(%)	单价	合价	费用类别
1	一	A	直接费	A1+A2+A3+A4	人工费+材料费+机械费+主材费		38.92	32926.32	分部分项直接费
2	1	A1	人工费	RGF	人工费		0	0	人工费
3	2	A2	材料费	CLF	材料费		0.03	25.38	材料费
4	3	A3	机械费	JXF	机械费		38.89	32900.94	机械费
5	4	A4	主材费	ZCF	主材费		0	0	主材费
6	二	B	管理费	RGF+JXF	人工费+机械费	12.25	4.76	4026.96	管理费
7	三	C	利润	RGF+JXF	人工费+机械费	16.75	6.51	5507.46	利润
8	四	D	风险费					0	风险
9			综合成本	A+B+C+D	直接费+管理费+利润+风险费		50.19	42460.74	工程造价

选择应用方式：所有引用到该费用文件的清单/子目　应用　取消

图 10-13　修改单价构成

（1）计算公式组价　用于对施工组织措施项目的组价。施工组织措施项目费用是由“计算基础×费率”来计算的。例如：“安全文明施工措施费”的计算方式是由“（人工费＋机械费）×费率”计算出来的。

具体方法是：选择措施项，如“安全文明施工措施费”，点击“计算基数”，在“计算基数”右侧出现小三点按钮，点击此小三点按钮，在弹出的“费用代码查询”界面中选择“RGF+JXF+JSCS _ RGF+JSCS _ JXF”，费率输入 5，软件则会计算出环境保护费。如图 10-14 所示。

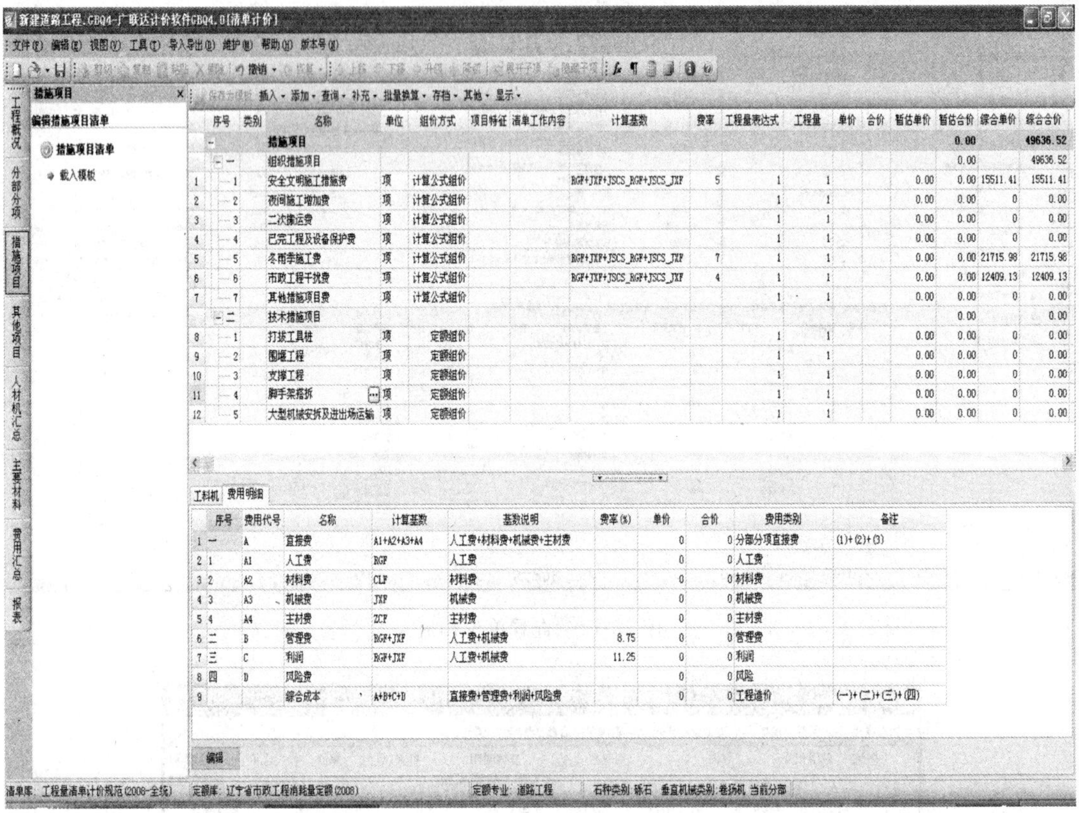

图 10-14 计算公式组价

（2）定额组价 用于对施工技术措施项目的组价。施工技术措施项目费用是由套入的定额来计算的。例如：“脚手架”是套用定额和对应的工程量计算的。

具体方法是：①选中需要组价的措施项，如“脚手架”，单击右键，选择【插入】→【插入子目】→【查询】→【查询定额库】，在弹出的“查询定额库”界面中选择相应的定额子目，点击【关闭】退出；②在定额子目的“工程量”窗口输入定额子目的工程量，即可完成脚手架措施项目的组价。如图 10-15 所示。

六、其他项目

点击【其他项目】，在其他项目界面中，软件提供了编辑其他项目、暂列金额明细表、计日工表、总承包服务费计价表等的相关操作。

编辑其他项目用于其他项目清单计算基数、费率、费用类别等内容的编辑。

（1）查询项目代码 查询费用代码用于设定其他项目费的计算基数。点击【查询费用代码】按钮，可调用软件内置的费用代码。将光标定位在“计算基数”列上，在窗口下方“费用代码”中选中需要的费用代码如“ZJF”，点击【选择】按钮或双击代码。如图 10-16 所示。

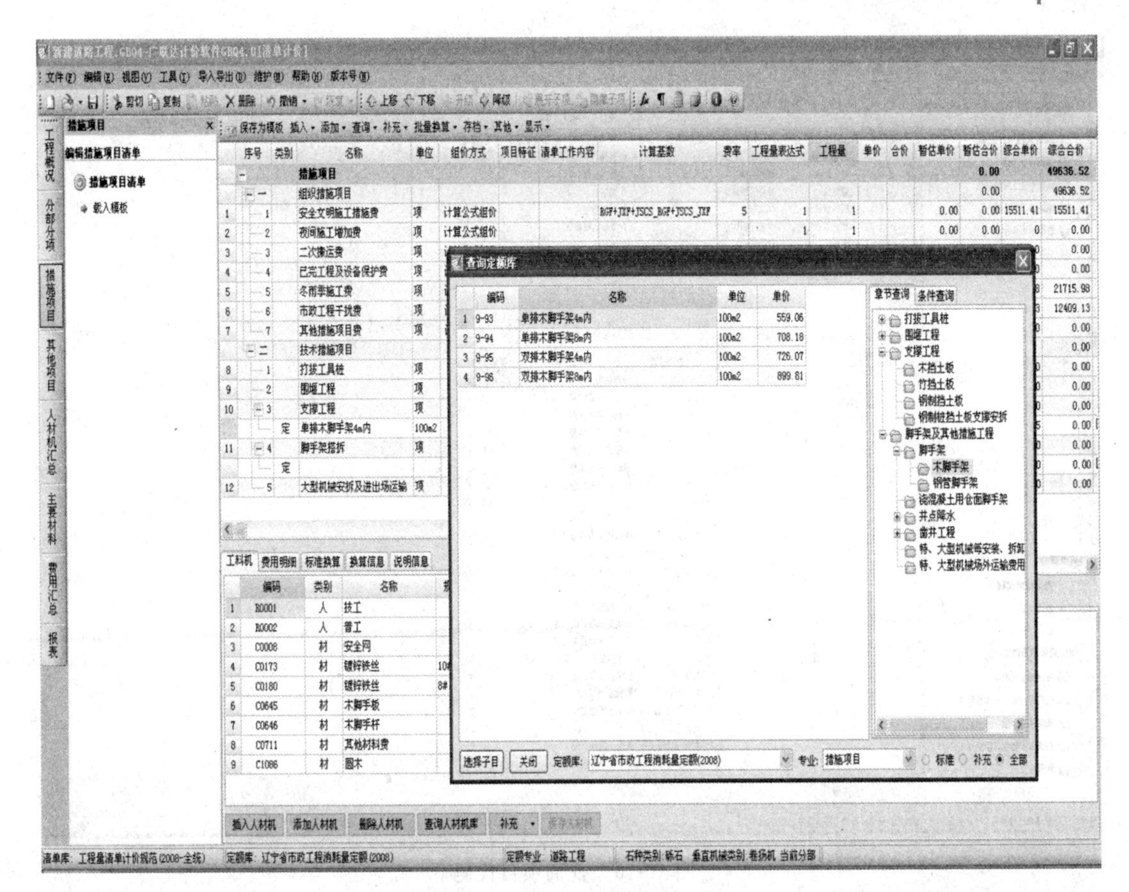

图 10-15　定额组价

(2) 查询费率信息　查询费率信息用于查询和选择其他项目清单的费率。点击【查询费率信息】按钮，可调用软件内置的费率。操作时根据实际工程要求来选择费率信息，然后在选定的费率值上双击左键，则相应数值自动套用到费用项上。如图 10-17 所示。

七、人材机汇总

点击【人材机汇总】，在人材机汇总界面用于查看、设置人材机及调整人材机市场价格。

1. 查看人材机汇总

人材机汇总界面左侧为人材机的类别列表，右侧为人材机明细。在左侧选择不同类别的人材机表，右侧会显示当前类别表的相应内容。如图 10-18 所示。

2. 市场价调整

在人材机汇总界面中，市场价调整用于调整人工、材料、机械的市场价格，调整方式有：载入市场价、直接输入市场价等。

(1) 修改市场价　选中需要调整市场价的材料，直接修改材料的市场价，修改完以后软件会以颜色标示出来。

(2) 载入市场价　点击【人材机汇总】→【载入市场价】，在"载入市场价"窗口选择"载入单个市场价文件"，点击【请选择…】，然后在弹出的窗口中选择相应的市场价文件。如图 10-19 所示。

八、主要材料

用于浏览甲供材料表和主要材料指标表。也可以自动设置主要材料，点击【自动设置主

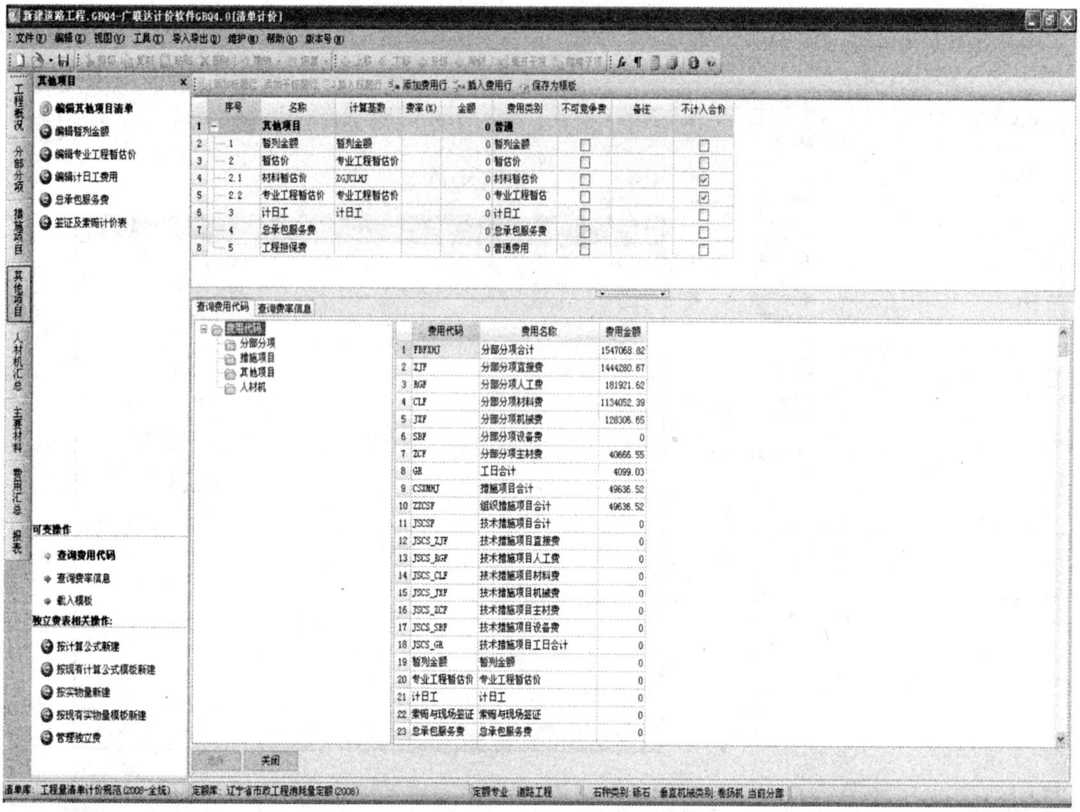

新建道路工程.GBQ4-广联达计价软件GBQ4.0[清单计价]

文件(F) 编辑(E) 视图(V) 工具(T) 导入导出(Q) 维护(M) 帮助(H) 版本号(B)

其他项目

编辑其他项目清单
编辑暂列金额
编辑专业工程暂估价
编辑计日工费用
总承包服务费
签证及索赔计价表

添加费用行 插入费用行 保存为模板

	序号	名称	计算基数	费率(%)	金额	费用类别	不可竞争费	备注	不计入合价
1	−	其他项目			0	普通			
2	1	暂列金额	暂列金额		0	暂列金额	☐		☐
3	2	暂估价	专业工程暂估价		0	暂估价	☐		☐
4	2.1	材料暂估价	ZGJCLHJ		0	材料暂估价	☐		☑
5	2.2	专业工程暂估价	专业工程暂估价		0	专业工程暂估	☐		☑
6	3	计日工	计日工		0	计日工	☐		☐
7	4	总承包服务费			0	总承包服务费	☐		☐
8	5	工程担保费			0	普通费用	☐		☐

查询费用代码 查询费率信息

费用代码：分部分项、措施项目、其他项目、人材机

	费用代码	费用名称	费用金额
1	FBFXHJ	分部分项合计	1547068.82
2	ZJF	分部分项直接费	1444280.67
3	RGF	分部分项人工费	181921.62
4	CLF	分部分项材料费	1134052.39
5	JXF	分部分项机械费	128306.65
6	SBF	分部分项设备费	0
7	ZCF	分部分项主材费	40666.55
8	GR	工日合计	4099.03
9	CSXMHJ	措施项目合计	49636.52
10	ZZCSF	组织措施项目合计	49636.52
11	JSCSF	技术措施项目合计	0
12	JSCS_ZJF	技术措施项目直接费	0
13	JSCS_RGF	技术措施项目人工费	0
14	JSCS_CLF	技术措施项目材料费	0
15	JSCS_JXF	技术措施项目机械费	0
16	JSCS_ZCF	技术措施项目主材费	0
17	JSCS_SBF	技术措施项目设备费	0
18	JSCS_GR	技术措施项目工日合计	0
19	暂列金额	暂列金额	0
20	专业工程暂估价	专业工程暂估价	0
21	计日工	计日工	0
22	索赔与现场签证	索赔与现场签证	0
23	总承包服务费	总承包服务费	0

可选操作：查询费用代码、查询费率信息、载入模板

独立费表相关操作：按计算公式新建、按现有计算公式模板新建、按实物量新建、按现有实物量模板新建、管理独立费

选择 关闭

清单库：工程量清单计价规范(2008-全统)　定额库：辽宁省市政工程消耗量定额(2008)　定额专业：道路工程　石种类别：碎石　垂直机械类别：卷扬机　当前分部

图 10-16　查询项目代码

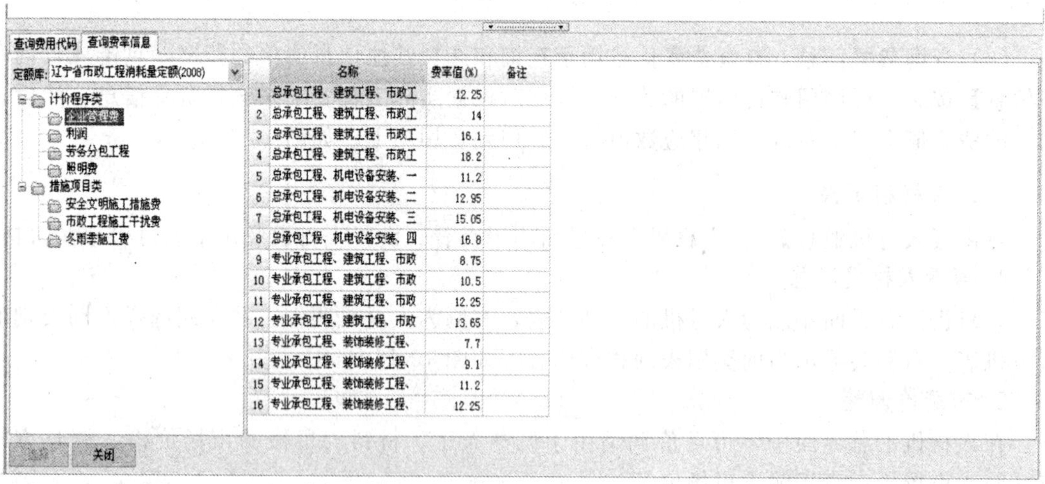

查询费用代码 查询费率信息

定额库：辽宁省市政工程消耗量定额(2008)

计价程序类：企业管理费、利润、劳务分包工程、照明费

措施项目类：安全文明施工措施费、市政工程施工干扰费、冬雨季施工费

	名称	费率值(%)	备注
1	总承包工程、建筑工程、市政工	12.25	
2	总承包工程、建筑工程、市政工	14	
3	总承包工程、建筑工程、市政工	16.1	
4	总承包工程、建筑工程、市政工	18.2	
5	总承包工程、机电设备安装、一	11.2	
6	总承包工程、机电设备安装、二	12.95	
7	总承包工程、机电设备安装、三	15.05	
8	总承包工程、机电设备安装、四	16.8	
9	专业承包工程、建筑工程、市政	8.75	
10	专业承包工程、建筑工程、市政	10.5	
11	专业承包工程、建筑工程、市政	12.25	
12	专业承包工程、建筑工程、市政	13.65	
13	专业承包工程、装饰装修工程、	7.7	
14	专业承包工程、装饰装修工程、	9.1	
15	专业承包工程、装饰装修工程、	11.2	
16	专业承包工程、装饰装修工程、	12.25	

选择 关闭

图 10-17　查询费率信息

要材料】，在“主要材料表设置”界面中选择“方式一”，然后输入需要的数据位数，如前20位，点击【确定】即可。如图 10-20 所示。

九、费用汇总

点击【费用汇总】，进入计价程序界面。GBQ4.0 内置了本地的计价程序，软件按照本地的计价程序自动计算工程造价，如果有特殊需要，也可以自由修改。如图 10-21 所示。

(1) 查询费用代码　用于查询、输入费用的计算基数。点击【查询费用代码】，在弹出

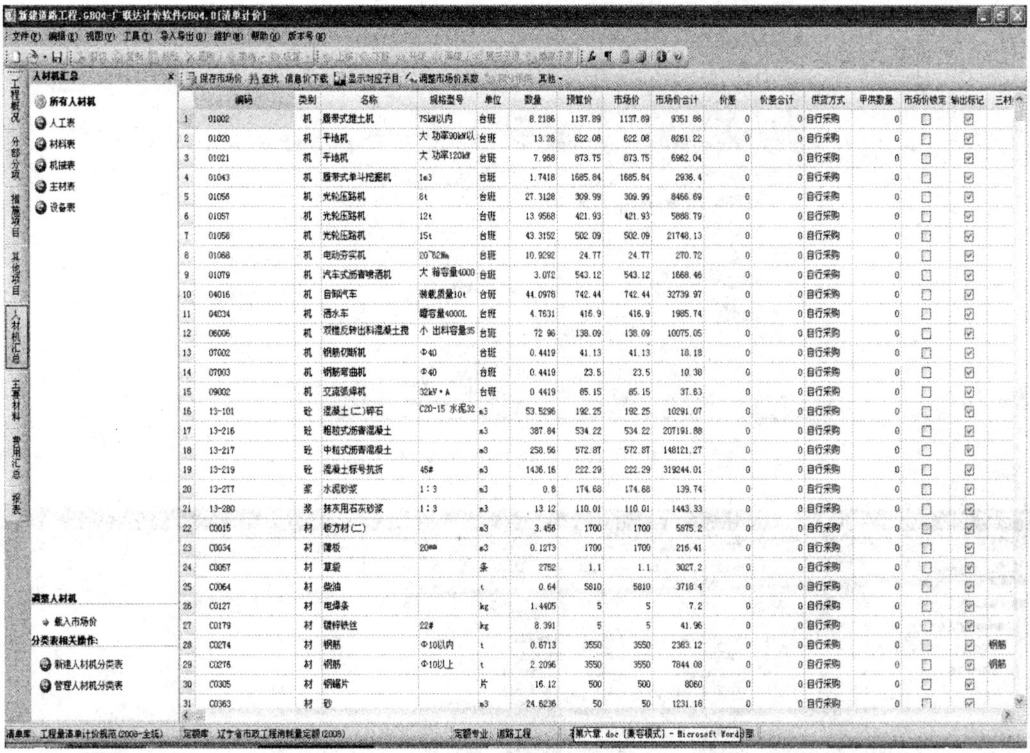

新建道路工程.GBQ4-广联达计价软件GBQ4.0[清单计价]

文件(F) 编辑(E) 视图(V) 工具(T) 导入导出(I) 维护(M) 帮助(H) 版本号(B)

工程概况 分部分项 措施项目 其他项目 人材机汇总 主要材料 费用汇总 报表

人材机汇总

所有人材机
人工表
材料表
机械表
主材表
设备表

保存市场价 查找 信息价下载 显示对应子目 调整市场价系数 其他

	编码	类别	名称	规格型号	单位	数量	预算价	市场价	市场价合计	价差	价差合计	供货方式	甲供数量	市场价锁定	输出标记	三材
1	01002	机	履带式推土机	75kW以内	台班	8.2186	1137.89	1137.89	9351.86	0	0	自行采购	0	☐	☑	
2	01020	机	平地机	大 功率90kW以	台班	13.28	622.08	622.08	8261.22	0	0	自行采购	0	☐	☑	
3	01021	机	平地机	大 功率120kW	台班	7.968	873.75	873.75	6962.04	0	0	自行采购	0	☐	☑	
4	01043	机	履带式单斗挖掘机	1m3	台班	1.7418	1685.84	1685.84	2936.4	0	0	自行采购	0	☐	☑	
5	01056	机	光轮压路机	8t	台班	27.3128	309.99	309.99	8466.69	0	0	自行采购	0	☐	☑	
6	01057	机	光轮压路机	12t	台班	13.9568	421.93	421.93	5888.79	0	0	自行采购	0	☐	☑	
7	01058	机	光轮压路机	15t	台班	43.3152	502.09	502.09	21748.13	0	0	自行采购	0	☐	☑	
8	01068	机	电动夯实机	20~62Nm	台班	10.9292	24.77	24.77	270.72	0	0	自行采购	0	☐	☑	
9	01079	机	汽车式沥青喷洒机	大 箱容量4000	台班	3.072	543.12	543.12	1668.46	0	0	自行采购	0	☐	☑	
10	04016	机	自卸汽车	装载质量10t	台班	44.0978	742.44	742.44	32739.97	0	0	自行采购	0	☐	☑	
11	04034	机	洒水车	罐容量4000L	台班	4.7631	416.9	416.9	1985.74	0	0	自行采购	0	☐	☑	
12	06006	机	双锥反转出料混凝土搅	小 出料容量35	台班	72.96	138.09	138.09	10075.05	0	0	自行采购	0	☐	☑	
13	07002	机	钢筋切断机	Φ40	台班	0.4419	41.13	41.13	18.18	0	0	自行采购	0	☐	☑	
14	07003	机	钢筋弯曲机	Φ40	台班	0.4419	23.5	23.5	10.38	0	0	自行采购	0	☐	☑	
15	09002	机	交流弧焊机	32kV·A	台班	0.4419	85.15	85.15	37.63	0	0	自行采购	0	☐	☑	
16	13-101	砼	混凝土(二)碎石	C20-15 水泥32	m3	53.5296	192.25	192.25	10291.07	0	0	自行采购	0	☐	☑	
17	13-216	砼	粗粒式沥青混凝土		m3	387.84	534.22	534.22	207191.88	0	0	自行采购	0	☐	☑	
18	13-217	砼	中粒式沥青混凝土		m3	258.56	572.87	572.87	148121.27	0	0	自行采购	0	☐	☑	
19	13-219	砼	混凝土标号抗折	45#	m3	1436.16	222.29	222.29	319244.01	0	0	自行采购	0	☐	☑	
20	13-277	浆	水泥砂浆	1:3	m3	0.8	174.68	174.68	139.74	0	0	自行采购	0	☐	☑	
21	13-280	浆	抹灰用石灰砂浆	1:3	m3	13.12	110.01	110.01	1443.33	0	0	自行采购	0	☐	☑	
22	C0015	材	板方材(二)		m3	3.456	1700	1700	5875.2	0	0	自行采购	0	☐	☑	
23	C0034	材	薄板	20mm	m3	0.1273	1700	1700	216.41	0	0	自行采购	0	☐	☑	
24	C0057	材	草袋		条	2752	1.1	1.1	3027.2	0	0	自行采购	0	☐	☑	
25	C0064	材	柴油		t	0.64	5810	5810	3718.4	0	0	自行采购	0	☐	☑	
26	C0127	材	电焊条		kg	1.4405	5	5	7.2	0	0	自行采购	0	☐	☑	
27	C0179	材	镀锌铁丝	22#	kg	8.391	5	5	41.96	0	0	自行采购	0	☐	☑	
28	C0274	材	钢筋	Φ10以内	t	0.6713	3550	3550	2383.12	0	0	自行采购	0	☐	☑	钢筋
29	C0276	材	钢筋	Φ10以上	t	2.2096	3550	3550	7844.08	0	0	自行采购	0	☐	☑	钢筋
30	C0305	材	钢锯片		片	16.12	500	500	8060	0	0	自行采购	0	☐	☑	
31	C0363	材	砂		m3	24.6236	50	50	1231.18	0	0	自行采购	0	☐	☑	

调整人材机

载入市场价

分类表相关操作:

新建人材机分类表

管理人材机分类表

清单库：工程量清单计价规范(2008-全统)　定额库：辽宁省市政工程消耗量定额(2008)　定额专业：道路工程　第六章.doc [兼容模式] - Microsoft Word 部

图 10-18　查看人材机汇总

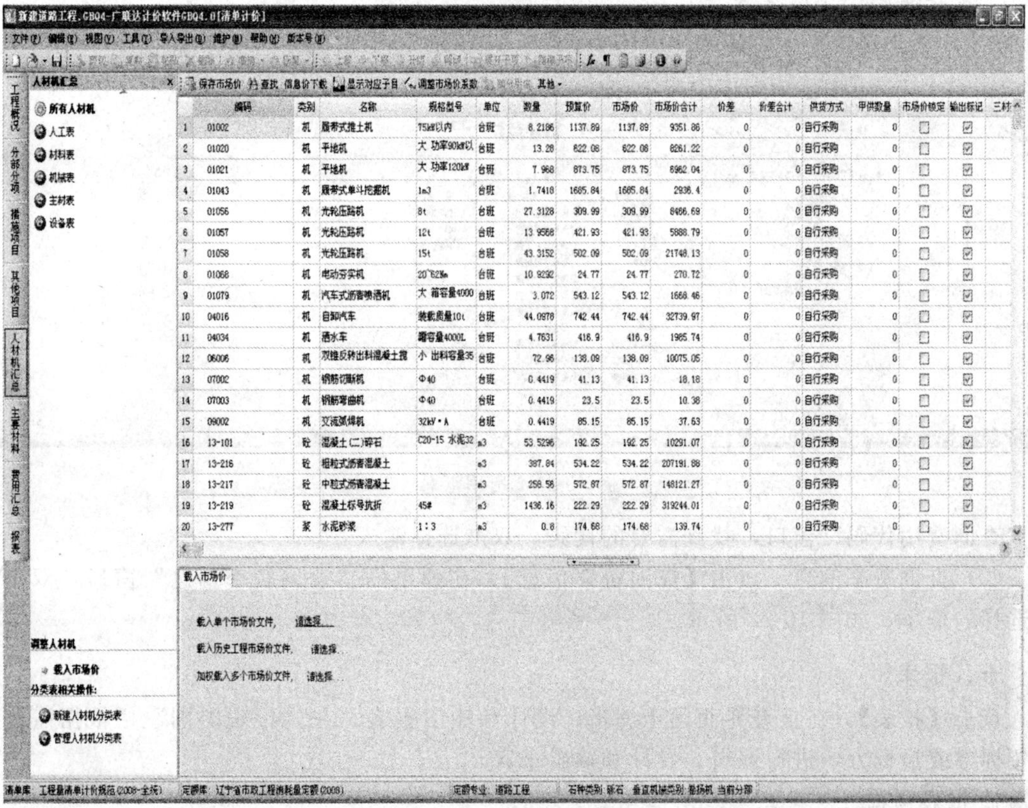

新建道路工程.GBQ4-广联达计价软件GBQ4.0[清单计价]

文件(F) 编辑(E) 视图(V) 工具(T) 导入导出(I) 维护(M) 帮助(H) 版本号(B)

工程概况 分部分项 措施项目 其他项目 人材机汇总 主要材料 费用汇总 报表

人材机汇总

所有人材机
人工表
材料表
机械表
主材表
设备表

保存市场价 查找 信息价下载 显示对应子目 调整市场价系数 其他

	编码	类别	名称	规格型号	单位	数量	预算价	市场价	市场价合计	价差	价差合计	供货方式	甲供数量	市场价锁定	输出标记	三材
1	01002	机	履带式推土机	75kW以内	台班	8.2186	1137.89	1137.89	9351.86	0	0	自行采购	0	☐	☑	
2	01020	机	平地机	大 功率90kW以	台班	13.28	622.08	622.08	8261.22	0	0	自行采购	0	☐	☑	
3	01021	机	平地机	大 功率120kW	台班	7.968	873.75	873.75	6962.04	0	0	自行采购	0	☐	☑	
4	01043	机	履带式单斗挖掘机	1m3	台班	1.7418	1685.84	1685.84	2936.4	0	0	自行采购	0	☐	☑	
5	01056	机	光轮压路机	8t	台班	27.3128	309.99	309.99	8466.69	0	0	自行采购	0	☐	☑	
6	01057	机	光轮压路机	12t	台班	13.9568	421.93	421.93	5888.79	0	0	自行采购	0	☐	☑	
7	01058	机	光轮压路机	15t	台班	43.3152	502.09	502.09	21748.13	0	0	自行采购	0	☐	☑	
8	01068	机	电动夯实机	20~62Nm	台班	10.9292	24.77	24.77	270.72	0	0	自行采购	0	☐	☑	
9	01079	机	汽车式沥青喷洒机	大 箱容量4000	台班	3.072	543.12	543.12	1668.46	0	0	自行采购	0	☐	☑	
10	04016	机	自卸汽车	装载质量10t	台班	44.0978	742.44	742.44	32739.97	0	0	自行采购	0	☐	☑	
11	04034	机	洒水车	罐容量4000L	台班	4.7631	416.9	416.9	1985.74	0	0	自行采购	0	☐	☑	
12	06006	机	双锥反转出料混凝土搅	小 出料容量35	台班	72.96	138.09	138.09	10075.05	0	0	自行采购	0	☐	☑	
13	07002	机	钢筋切断机	Φ40	台班	0.4419	41.13	41.13	18.18	0	0	自行采购	0	☐	☑	
14	07003	机	钢筋弯曲机	Φ40	台班	0.4419	23.5	23.5	10.38	0	0	自行采购	0	☐	☑	
15	09002	机	交流弧焊机	32kV·A	台班	0.4419	85.15	85.15	37.63	0	0	自行采购	0	☐	☑	
16	13-101	砼	混凝土(二)碎石	C20-15 水泥32	m3	53.5296	192.25	192.25	10291.07	0	0	自行采购	0	☐	☑	
17	13-216	砼	粗粒式沥青混凝土		m3	387.84	534.22	534.22	207191.88	0	0	自行采购	0	☐	☑	
18	13-217	砼	中粒式沥青混凝土		m3	258.56	572.87	572.87	148121.27	0	0	自行采购	0	☐	☑	
19	13-219	砼	混凝土标号抗折	45#	m3	1436.16	222.29	222.29	319244.01	0	0	自行采购	0	☐	☑	
20	13-277	浆	水泥砂浆	1:3	m3	0.8	174.68	174.68	139.74	0	0	自行采购	0	☐	☑	

载入市场价

载入单个市场价文件，　请选择...

载入历史工程市场价文件，　请选择...

加权载入多个市场价文件，　请选择...

调整人材机

载入市场价

分类表相关操作:

新建人材机分类表

管理人材机分类表

清单库：工程量清单计价规范(2008-全统)　定额库：辽宁省市政工程消耗量定额(2008)　定额专业：道路工程　石种类别：碎石　垂直机械类别：卷扬机 当前分部

图 10-19　市场价调整

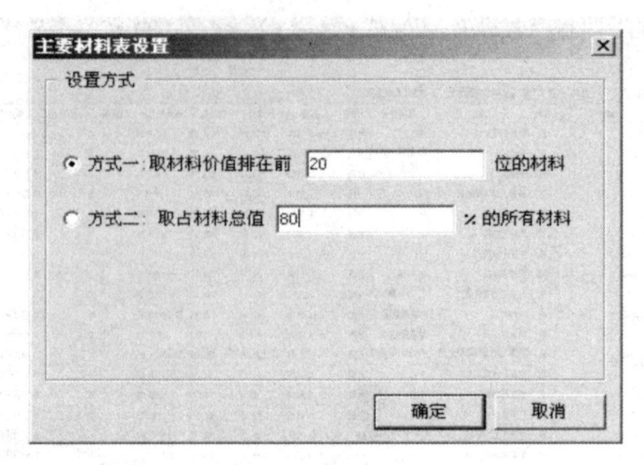

图 10-20　自动设置主要材料

	序号	费用代号	名称	计算基数	基数说明	费率(%)	金额	费用类别	备注
1									
2	一	A	分部分项工程费	FBFXHJ	分部分项合计		1,547,068.82	分部分项工程费	
3	二	B	措施项目费	CSXMHJ	措施项目合计		49,636.52	措施项目费	
4	2.1	B1	安全文明施工费	CSF_AQWM	安全文明施工费		15,511.41		
5	三	C	其他项目费	QTXMHJ	其他项目合计		0.00	其他项目费	
6	四	D	规费	D1+D2+D3+D4	工程排污费+社会保障费+住房公积金+危险作业意外伤害保险		106,625.44	规费	
7	4.1	D1	工程排污费					工程排污费	
8	4.2	D2	社会保障费	D21+D22+D23+D24+D25	养老保险+失业保险+医疗保险+生育保险+工伤保险		81,248.77	社会保障费	
9	4.2.1	D21	养老保险	RGF+JXF	分部分项人工费+分部分项机械费	16.36	50,753.34	养老保险费	
10	4.2.2	D22	失业保险	RGF+JXF	分部分项人工费+分部分项机械费	1.64	5,087.74	职工失业保险	
11	4.2.3	D23	医疗保险	RGF+JXF	分部分项人工费+分部分项机械费	6.55	20,319.95	医疗保险费	
12	4.2.4	D24	生育保险	RGF+JXF	分部分项人工费+分部分项机械费	0.82	2,543.87	女工生育保险	
13	4.2.5	D25	工伤保险	RGF+JXF	分部分项人工费+分部分项机械费	0.82	2,543.87	农民工工伤保险	
14	4.3	D3	住房公积金	RGF+JXF	分部分项人工费+分部分项机械费	8.18	25,376.67	住房公积金	
15	4.4	D4	危险作业意外伤害保险					危险作业意外伤害保险	
16	五	E	税金	A+B+C+D	分部分项工程费+措施项目费+其他项目费+规费	3.445	58,679.75	税金	市内：3.445%，县、镇：3.381，乡：3.252
17	六	F	工程造价	A+B+C+D+E	分部分项工程费+措施项目费+其他项目费+规费+税金		1,762,010.53	工程造价	

	费用代码	费用名称	费用金额
1	FBFXHJ	分部分项合计	1547068.82
2	ZJF	分部分项直接费	1444280.67
3	RGF	分部分项人工费	181921.62
4	CLF	分部分项材料费	1134052.39
5	JXF	分部分项机械费	128306.65
6	ZCF	分部分项主材费	40666.55
7	SBF	分部分项设备费	0
8	GR	工日合计	4099.03
9	CSXM_RGF	措施项目人工费	0
10	CSF_JSCS	技术措施费	0
11	CSF_AQWM	安全文明施工费	15511.41

图 10-21　费用汇总

的“查询费用代码”窗口，找到需要的代码，双击选择输入。

(2) 查询费率信息　点击【查询费率信息】，在弹出的“查询费率信息”窗口，双击需要选择的费率。如图 10-22 所示。

十、报表

点击【报表】，在报表界面用于编辑、设计和输出报表。在“报表类别”栏根据需要选择招标方或投标方，进行编辑、设计和输出报表。

1. 报表预览

用于浏览报表格式及报表数据。窗口左侧为报表名称列表，可直接选择报表，窗口右方

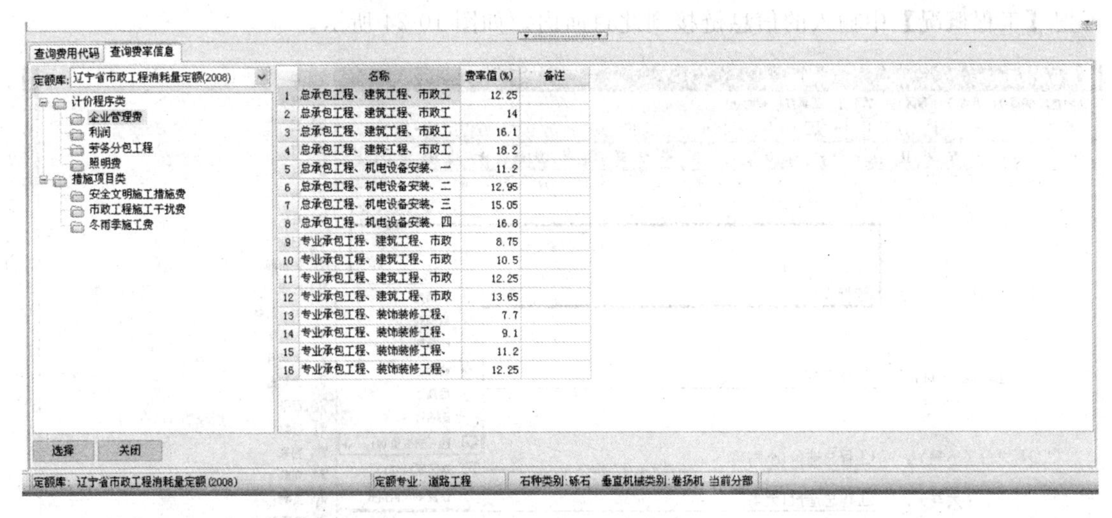

	名称	费率值(%)	备注
1	总承包工程、建筑工程、市政工	12.25	
2	总承包工程、建筑工程、市政工	14	
3	总承包工程、建筑工程、市政工	16.1	
4	总承包工程、建筑工程、市政工	18.2	
5	总承包工程、机电设备安装、一	11.2	
6	总承包工程、机电设备安装、二	12.95	
7	总承包工程、机电设备安装、三	15.05	
8	总承包工程、机电设备安装、四	16.8	
9	专业承包工程、建筑工程、市政	8.75	
10	专业承包工程、建筑工程、市政	10.5	
11	专业承包工程、建筑工程、市政	12.25	
12	专业承包工程、建筑工程、市政	13.65	
13	专业承包工程、装饰装修工程、	7.7	
14	专业承包工程、装饰装修工程、	9.1	
15	专业承包工程、装饰装修工程、	11.2	
16	专业承包工程、装饰装修工程、	12.25	

图 10-22　查询费率信息

即报表预览界面。如图 10-23 所示。

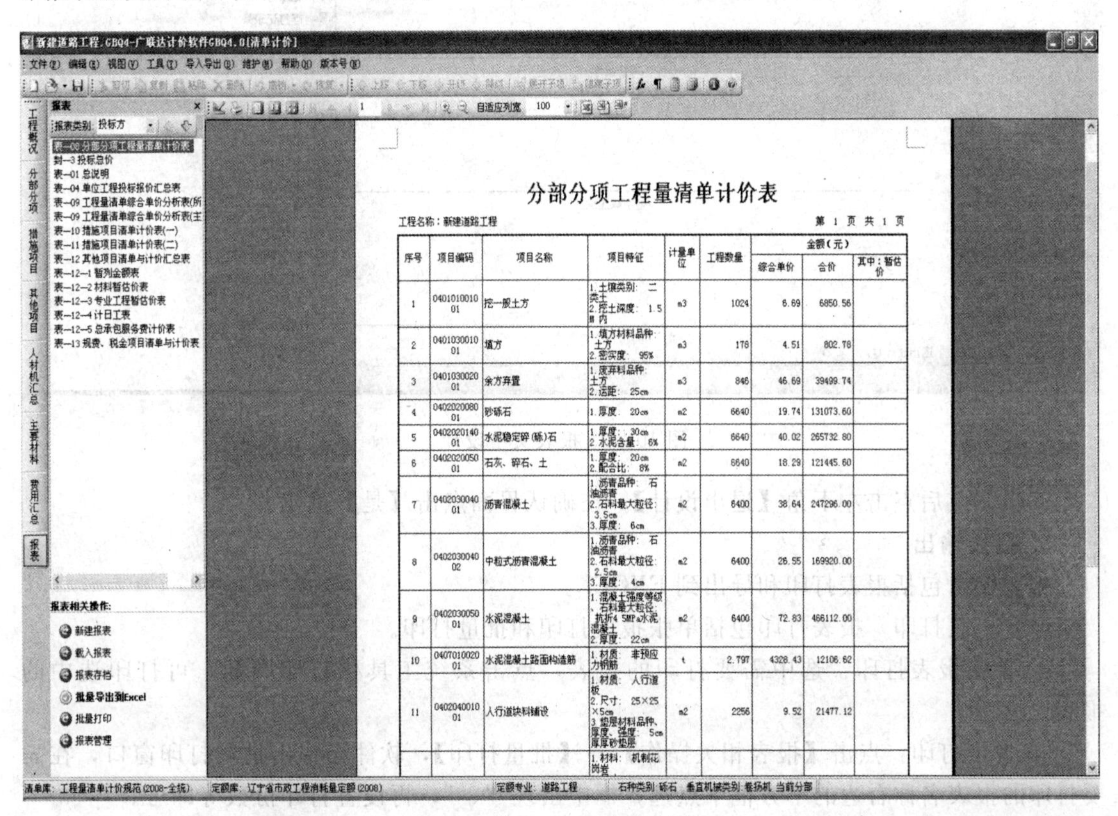

分部分项工程量清单计价表

工程名称：新建道路工程　　第 1 页 共 1 页

序号	项目编码	项目名称	项目特征	计量单位	工程数量	金额(元) 综合单价	合价	其中：暂估价
1	040101001001	挖一般土方	1.土壤类别：二类土 2.挖土深度：1.5M内	m3	1024	6.69	6850.56	
2	040103001001	填方	1.填方材料品种：土方 2.密实度：95%	m3	178	4.51	802.78	
3	040103002001	余方弃置	1.废弃料品种：土方 2.运距：25cm	m3	846	46.69	39499.74	
4	040202008001	砂砾石	1.厚度：20cm	m2	6640	19.74	131073.60	
5	040202014001	水泥稳定碎(砾)石	1.厚度：30cm 2.水泥含量：6%	m2	6640	40.02	265732.80	
6	040202005001	石灰、碎石、土	1.厚度：20cm 2.配合比：8%	m2	6640	18.29	121445.60	
7	040203004001	沥青混凝土	1.沥青品种：石油沥青 2.石料最大粒径：3.5cm 3.厚度：6cm	m2	6400	38.64	247296.00	
8	040203004002	中粒式沥青混凝土	1.沥青品种：石油沥青 2.石料最大粒径：2.5cm 3.厚度：4cm	m2	6400	26.55	169920.00	
9	040203005001	水泥混凝土	1.混凝土强度等级、石料最大粒径：抗折4.5MPa水泥混凝土 2.厚度：22cm	m2	6400	72.83	466112.00	
10	040701002001	水泥混凝土路面构造筋	1.材质：非预应力钢筋	t	2.797	4328.43	12106.62	
11	040204001001	人行道块料铺设	1.材质：人行道板 2.尺寸：25×25×5cm 3.垫层材料品种、厚度、强度：5cm厚厚砂垫层	m2	2256	9.52	21477.12	
			1.材料：机制花岗岩					

图 10-23　报表预览

2. 报表设计

当软件中提供的报表格式不符合要求时，可以利用报表设计功能，设计出自己需要的文字等报表形式。报表文字设计用于编辑工程总说明和封面等文字报表。

选择【投标报价】，在右边出现的封面报表上点右键选择【设计】，进入“报表设计器”界面；点击单元格内容直接编辑，或点右键【插入宏变量】，根据需要点选所要的信息，即可把【工程概况】中输入的信息链接到此封面内。如图 10-24 所示。

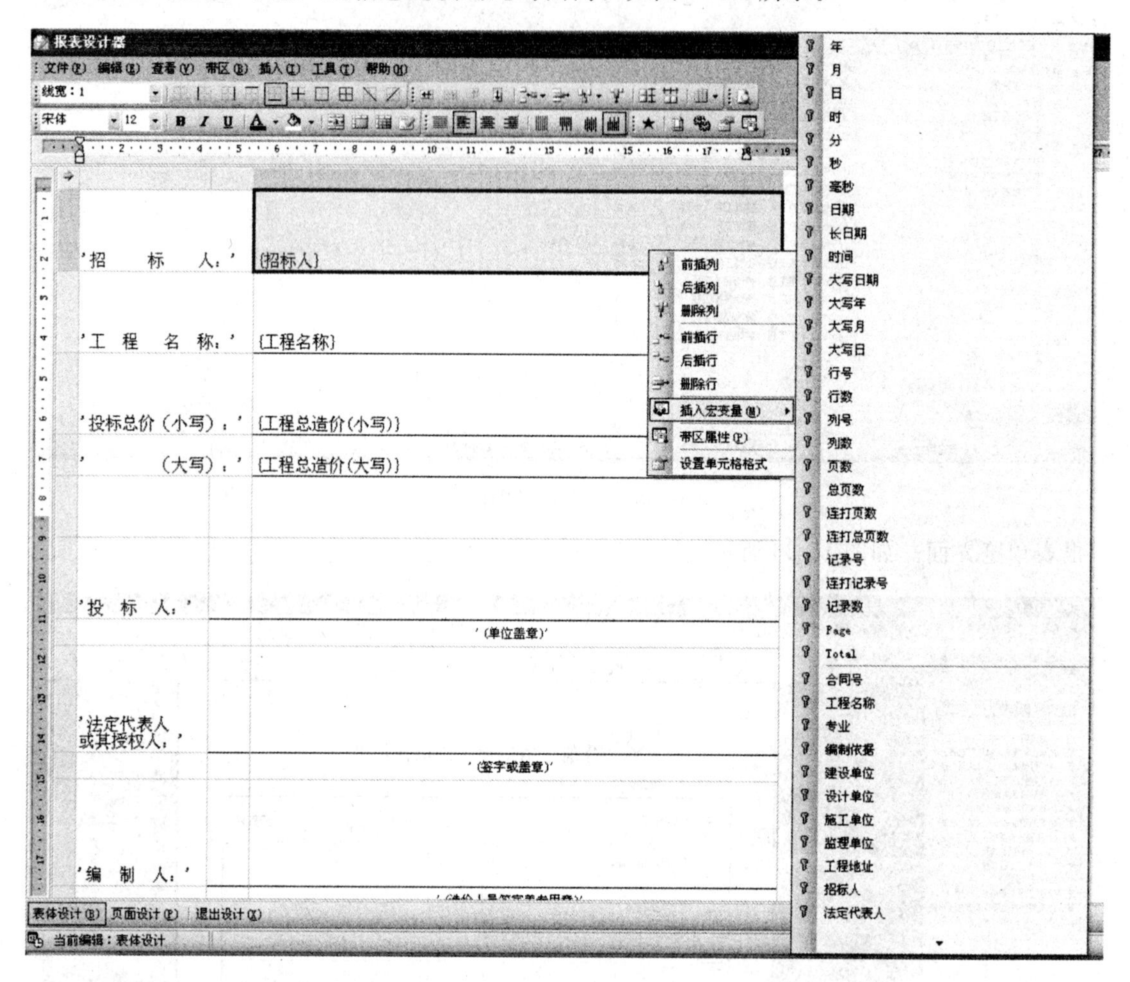

图 10-24 报表文字设计

编辑完成后点击左下角【退出设计】，在确认界面点击【是】退出。

3. 报表输出

报表输出包括报表打印和导出到 EXCEL。

(1) 报表打印 报表打印包括单张报表打印和批量打印。

① 单张报表打印：选中需要打印的报表，点击系统工具栏打印图标，可打印选中的报表。

② 批量打印：点击【报表相关操作】→【批量打印】，软件会弹出批量打印窗口，在需要打印的报表名称右边的小方框中点选，框中出现"√"，再设置打印份数等即可。

(2) 导出到 EXCEL 软件中的报表可以导出到 EXCEL 中，导出方式包括单张报表导出和批量导出。

① 单张报表导出：选中需要导出的报表，点击系统工具栏打印图标，可导出选中的报表到指定位置。

② 批量导出：点击【报表相关操作】→【批量导出到 EXCEL】，可选择多张报表一起导出。如图 10-25 所示。

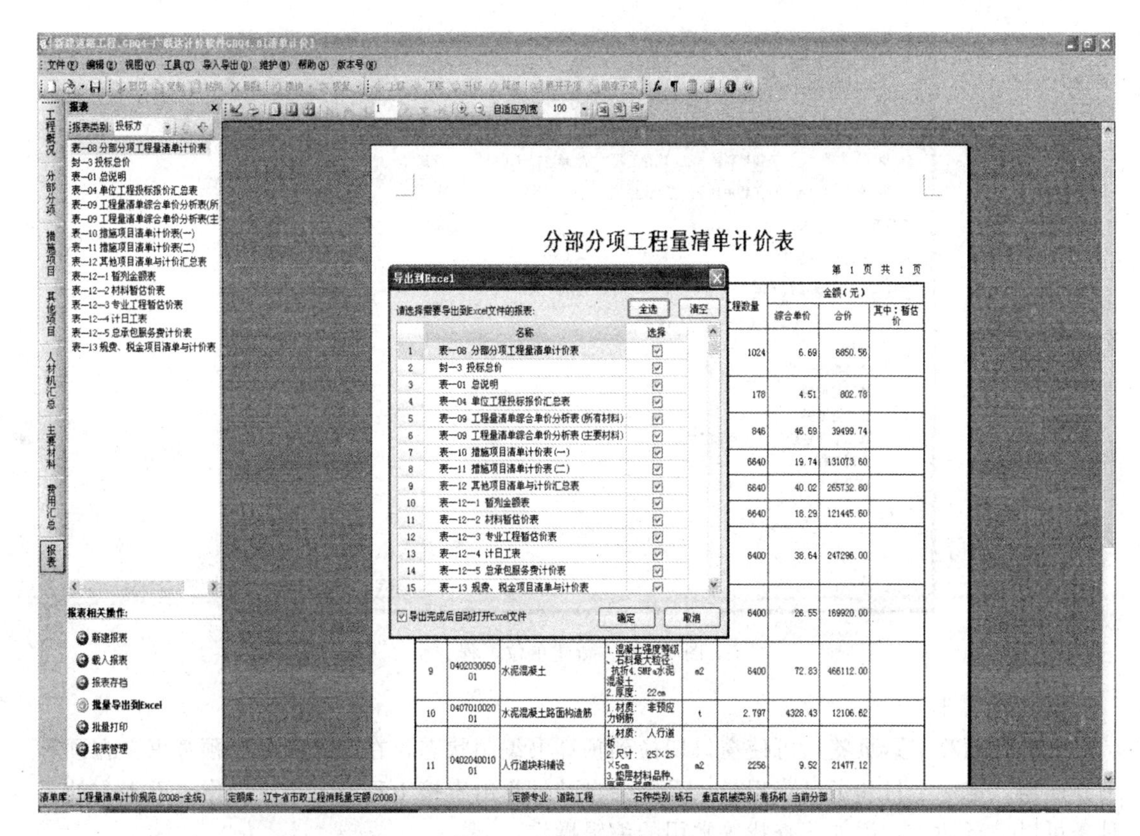

图 10-25 报表批量导出

4. 保存、退出

(1) 点击菜单的【文件】→【保存】，保存编制的计价文件。

(2) 点击菜单的【文件】→【退出】，退出 GBQ4.0 软件。

第二节 市政工程定额计价软件应用

一、启动

双击桌面上的 GBQ4.0 图标，在弹出的界面中点选为定额计价，软件会进入“新建定额计价单位工程”界面。

二、新建单位工程

(1) 点击【新建单位工程】，选择【按向导新建】，点击“定额库”右端的下拉箭头，选择需要使用的定额库，同样方式可选择定额专业。

(2) 输入工程名称和其他工程信息，如新建道路工程，点击【确定】后，即可进入定额计价单位工程主界面。如图 10-26 所示。

三、工程概况

点击【工程概况】，工程概况包括工程信息、工程特征、指标信息三部分，可以在右侧界面相应的信息内容中输入相应信息，用于记录工程的基本信息。方法与清单计价操作方法相同，这里不再赘述。

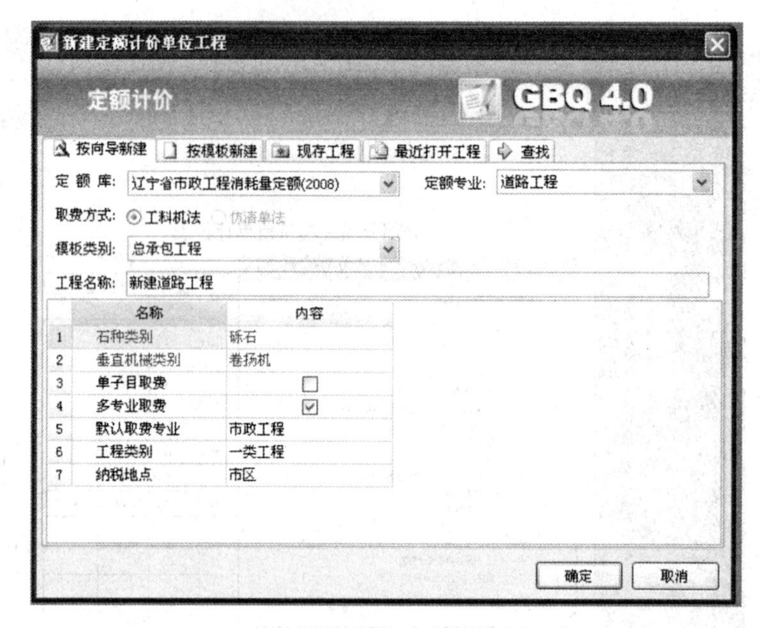

图 10-26　新建单位工程

四、预算书

点击【预算书】页签，可使窗口切换到预算书编制状态，在此界面编制预算书。在预算书界面输入定额子目和子目工程量，系统会自动计算出直接工程费。点击操作界面上方的工具条可以进行插入、添加、查找等常用的编辑操作。

1. 子目输入

软件提供了多种输入定额子目的方法，并可以对定额子目进行换算。

(1) 直接输入　在预算书界面可以直接输入定额子目。如输入 1-83 按回车键，该子目会自动进入预算书中。

(2) 查询输入　可查询并输入定额子目。点击【查询定额库】，在操作界面下方会显示“查询定额库”窗口；在窗口右侧进行章节查询，在左侧查找需要的定额子目，选中后双击即可输入定额子目。如图 10-27 所示。

(3) 补充子目　用于输入补充定额子目。在定额编号中直接输入 B：001 或点击界面中【补充】→【子目】，软件会弹出“补充子目”界面，在此界面可以具体输入补充子目名称、单位、人工费、材料费、机械费、主材费、设备费等数据，输入完毕后点击【确定】退出。

2. 工程量输入

根据不同的操作习惯及工作需要，软件提供了多种工程量输入的方法。

(1) 直接输入工程量　输入定额子目后，直接在“工程量”列表中输入定额子目的工程量。

(2) 工程量计算明细　在“工程量计算明细”中可以输入工程量的计算公式。双击工程量单元格会出现小三点按钮，点击此按钮后软件会“出现工程量计算明细”界面，输入计算公式，然后点击【确定】即可。

(3) 图元计算公式　软件内置了常见图形的计算公式，选择相应图形并输入图形的参数后，软件会按照内置的计算公式计算工程量。

点击【图元公式】，软件会进入“图元公式”界面。单击“公式类别”下拉选框，选择

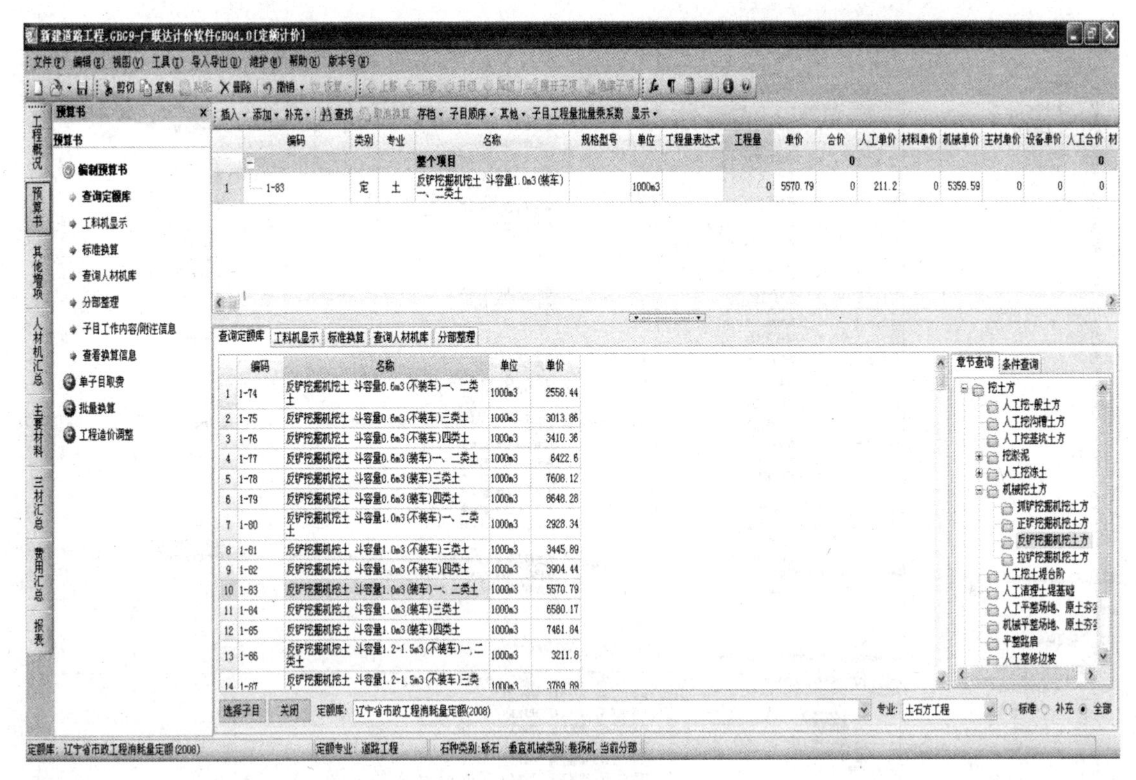

图 10-27　输入定额子目

公式类别，如“面积公式”。在左侧选择相应的图形，然后在右侧“参数”中输入图形的参数，点击【确定】退出。

五、人材机汇总

点击【人材机汇总】，在人材机汇总界面用于查看、设置人材机及调整人材机市场价格。

（1）人材机汇总界面左侧为人材机的类别列表，右侧为人材机明细。在左侧选择不同类别的人材机表，右侧会显示当前类别表的相应内容。操作方法与清单计价方法相同，这里不再赘述。

（2）市场价调整　在人材机汇总界面中，市场价调整用于调整人工、材料、机械的市场价格，调整方式有：载入市场价、修改市场价等。操作方法与清单计价方法相同，这里不再赘述。

六、主要材料

用于浏览甲供材料表和主要材料指标表，也可以自动设置主要材料，操作方法与清单计价方法相同，这里不再赘述。

七、费用汇总

点击【费用汇总】，进入计价程序界面。GBQ4.0 内置了本地的计价程序，软件按照本地的计价程序自动计算工程造价。如图 10-28 所示。如果有特殊需要，可以通过查询费用代码、查询费率信息自由修改，操作方法与清单计价方法相同，这里不再赘述。

八、报表

点击【报表】，选择需要浏览或打印的报表。操作方法与清单计价方法相同，这里不再

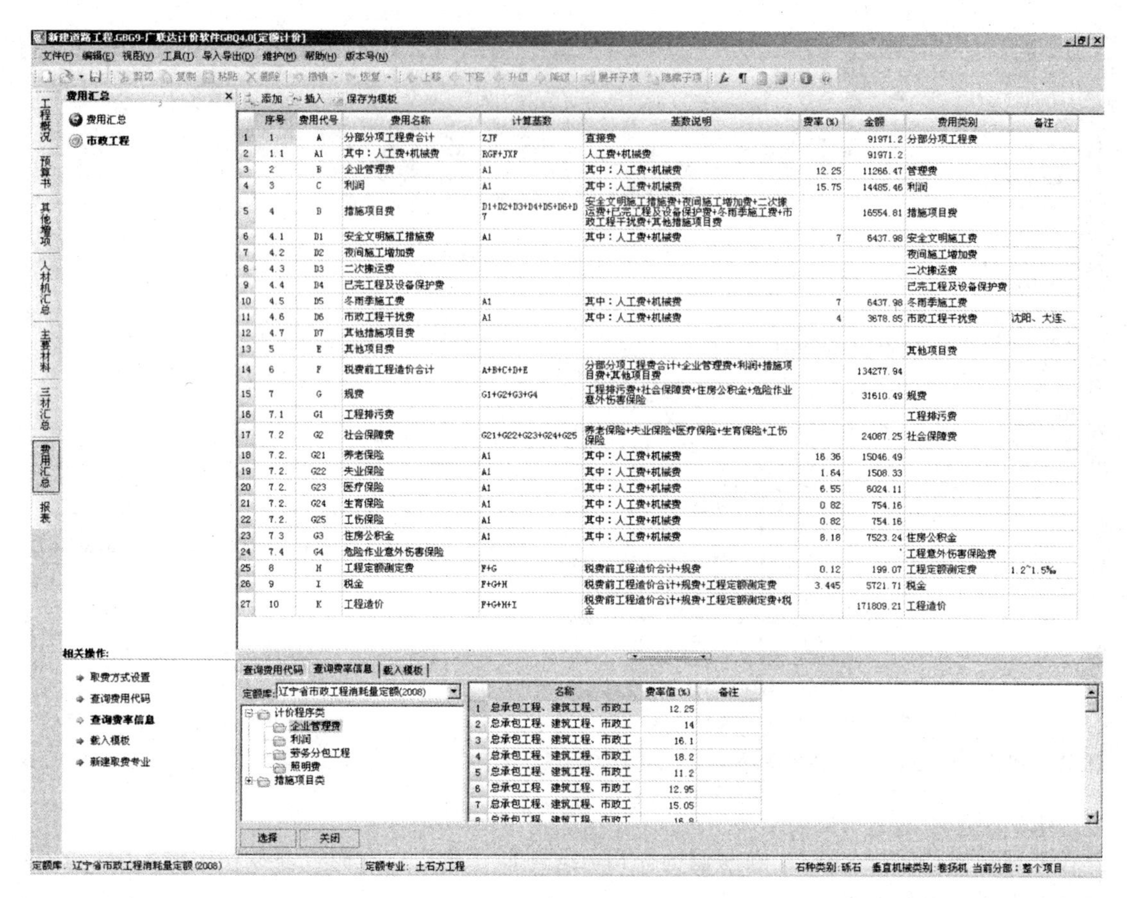

图 10-28 费用汇总

赘述。

九、保存、退出

（1）点击菜单的【文件】→【保存】，保存编制的计价文件。

（2）点击菜单的【文件】→【退出】，退出 GBQ4.0 软件。

本 章 小 结

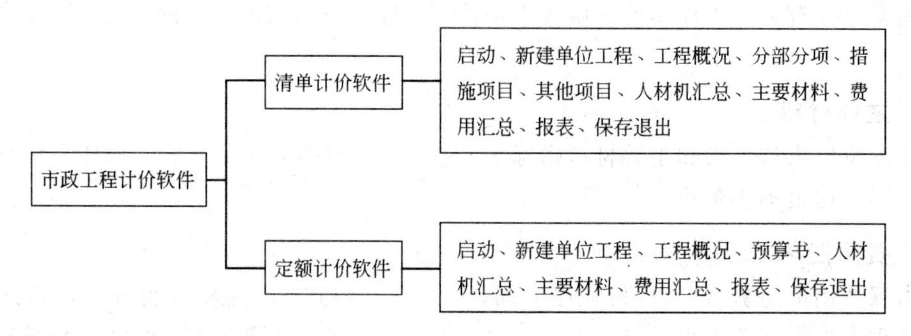

参 考 文 献

[1] 中华人民共和国住房和城乡建设部．建设工程工程量清单计价规范（GB 50500—2008）．北京：中国计划出版社，2008．

[2] 山东省建设厅．山东省市政工程消耗量定额．北京：中国建筑工业出版社，2002．

[3] 山东省建设厅．山东省市政工程价目表．北京：中国建筑工业出版社，2006．

[4] 山东省建设厅．山东省市政工程费用项目组成及计算规划．北京：中国建筑工业出版社，2006．

[5] 辽宁省建设厅．市政工程计价定额．沈阳：辽宁人民出版社，2008．

[6] 辽宁省建设厅．建设工程费用标准．沈阳：辽宁人民出版社，2008．

[7] 张玲．市政工程计量与计价．北京：高等教育出版社，2007．

[8] 王云江，郭良娟．市政工程计量与计价．北京：北京大学出版社，2009．

[9] 工程造价员网校．市政工程工程量清单分部分项计价与预算定额计价对照实例详解．北京：中国建筑工业出版社，2009．

[10] 张国栋．图解市政工程工程量清单计算手册．北京：机械工业出版社，2010．

参考文献